기술 거버넌스를 위한 질문 파일

김지연 지음

드림미디어

들어가며

기술은 권력인가

과학기술이 그야말로 현대사회를 구축했다고 할 수 있다. 이 말은 듣는 순간 누구나 수긍하는 것이지만 일상적으로 인식하지는 못하면서 살고 있다. 과학기술이 우리에게 너무나도 자연스러운 것이 되었기 때문일 것이다. 그만큼 과학기술이 우리에게 주는 영향도 크다. 그에 비해서 우리가 과학기술에 대해 이해하거나 개입하는 정도는 매우 적다. 왜 그런가?

우리는 대체로 과학기술에 대해서 긍정적 태도를 가지고 있다. 2016년 발간한 한 보고서(Technology at Work ver. 2.0)에 따르면 기술낙관론자는 76%이며, 기술비관론자는 21%에 그쳤다. 아마도 이것은 우리나라에서도 유사한 현상일 것이다. 과학기술이 우리의 삶을 풍요롭게 한다는 믿음이 있다. 그리고 언제든지 과학기술을 통제할 수 있다고 간주한다.

그런데도 우리는 정작 과학기술에 대해서 잘 알지 못한다. 우리는 교과서 속의 공식이나 완성된 상품의 형태처럼 과학기술의 결과만 향유하고자 한다. 과학기술이 어떻게 형성되고 어떻게 변이하며 우리와 어떻게 연결되는지에 대해서 무관심하다. 과학기술은 그저 이해하기 어렵고 지루한 것일 뿐이다.

그래서 과학기술 분야는 전문가들만이 의사결정을 할 수 있다는 생각이 일반적이었다. 만약 어떤 사회적 문제가 해당 지역 주민들의 동의 없이 결정된다면 사람들은 강력하게 항의했을 것이다. 그런데 과학기술 영역만은 유독 관련 이해당사자들을 제외하고 의사 결정하는 것을 문제 삼지 않아왔다.

일단 수용된 과학기술은 하나의 질서를 형성하며 권력 체계가 된다. 과학기술에 대한 정부 투자는 항상 '선한 선택'으로 간주되어 왔다. 과학기술은 그 성격상 많은 사람들의 삶에 영향을 줄 수 있다. 그런 점에서 그 질서 내에 있는 사람들은 해당 의사결정에 참여하지 않더라도 자동적으로 그 결정에 따르는 이득은 물론이고 그로 인한 위험과 불확실성도 떠안게 된다.

과학기술의 중립성 신화

우리는 그저 "과학기술은 중립적이다"라는 신화를 믿으며 과학기술의 성장은 모든 사람에게 공평하게 배정될 것이라고 믿는다. 과연 그런가? 최근 원자력 발전소 문제, 기술로 인한 환경오염 문제 등에 직면하면서 사람들의 인식은 변하고 있다.

과학기술에 대한 투자가 항상 '선한 선택'인 것만은 아니며 종종 '나쁜 선택'이 될 수 있다. 어떤 과학기술은 누군가에게는 이익이 되는 방향으로 발전할 수도 있고 어떤 누군가에게는 손해가 되는 방향으로 전개될 수도 있다. 따라서 과학기술의 의사결정은 공적인 의사결정 영역이 되어야 한다. 게다가 대부분의 과학기술은 정부투자로 이루어진다는 점에서 모든 국민은 과학기술 의사결정의 주요한 이해당사자들이기도 하다.

과학기술의 중립성 신화는 힘을 잃어가고 있지만 여전히 강력한 힘을 발휘하고 있다. 우리가 여전히 과학기술에 대한 막연한 환상을 가지고 있기 때문이다. 과학기술은 그 자체로 전문가들에 의해서 잘 작동할 것이라고 여겨지며 그들에게 위임된 이후 아무도 관여하지 않는 '신성한 지역'으로 남아 있다.

해당 과학기술이 우리 사회에 엄청난 문제를 일으킨 후에야 비로소 그 블랙박스를 열어보고자 한다. 어쩌면 자연스러운 현상이다. 평범한 생활인이 왜 전문적 과학기술 영역을 이해해야 하나? 엄청난 시간과 노력을 필요로 하는 일이데 말이다.

가장 가까운 사례로 법원이 채택하고 있는 국민 참여 재판을 떠올려보자. 일반 대중은 해당 사건의 내용에 대해서도 모르고, 법적 전문가도 아니지만 재판에 참여해서 분쟁 중인 양자의 진술을 경청하고 평결을 내린다. 사법제도가 국민 참여 재판 제도를 도입한 이유는 일반 대중들이 가지고 있는 생활 속의 경험과 지식이 법적 분쟁을 해석하는데 도움을 주기 때문이다.

최근 국제적인 추세는 과학기술이 문제를 일으킨 다음에 사회적 개입을 하는 것보다, 해당 과학기술이 만들어지는 과정부터 사회적 참여를 하는 것을 더 권장하고 있다. 시민과학, 스마트 시티, 메이커 운동, 리빙랩, 오픈 사이언스 등이 구체적인 모델로 등장하고 있다.

과학기술도 질문과 해석의 대상이 되어야

그동안 과학기술의 성격에 대한 연구는 철학, 역사, 사회학 영역에서 다양하게 진행되었다. 대표적으로 과학기술학(Science & Technology Studies) 분야가 있다. 이 책은 과학기술학적 관점에서 정보기술 사회에서 발생하거나 발생할 가능성이 있는 질문들을 제시하고, 그 질문에 대한 해석을 제안하기 위해서 기획되었다. 과학기술에 대한 우리의 이해와 개입은 질문과 그에 대한 해석을 들어보는 것으로 시작될 수 있다.

이 책이 제안하는 설명과 해석은 독자들이 고려할 수 있는 하나의 제안이다. 질문에 대한 '답'이 아니라 '해석'을 제시하는 것에 만족하는 것은 다른 해석이 존재할 수 여지를 남겨두기 위해서이다. 과학기술에 대한 해석의 방식은 한 가지만 있지 않을 것이다. 그럼에도 불구하고 이 책의 질문과 해석은 의미가 있다. 그동안 과학기술에 대한 사회적 차원의 질문도 드물었고 해석도 드물었기 때문이다.

누구든지 기술을 사용하는 과정에서 일상적 질문을 생성할 수 있다. 개인 차원의 질문들이 자연스럽게 제기되고, 다른 사람들과 질문을 공유하면서 사회화 될 필요가 있다. 다른 사람들에게도 그것이 질문되어야 할 가치가 있다고 승인된다면 그 질문은 사회적 차원의 질문이 될 것이다. 그러는 순간 그 질문은 해결을 찾아가는 여정을 시작할 것이다.

누구나 참여하는 과학기술 정책

여러 연구를 참조해 볼 때, 전문가만이 아니라 일반인들도 일견 복잡해 보이는 과학기술 문제를 이해하고 관련 정책을 수립하는데 참여하고 기여할 수 있다. 그들은 과학기술의 투자자이면서 사용자이며 최종적으로 그 위험 부담을 져야 하는 사람들이다. 그러므로 그들의 정책 참여는 자연스러운 일이며 마땅한 일이다.

다만 이 일은 상당한 노력을 요구한다. 무엇보다 우리모두가 일반인들의 참여의 당위성을 승인해야 한다. 오랜 동안 과학기술은 전문가들이 하는 것이라는 인식 때문에 일반인들은 과학기술을 이해하기를 꺼린다. 우리는 누구나 사회적으로 문제가 될 수 있는 과학기술적 사안을 잘 이해할 수 있는 방법을 개발해야 하고 해당 문제에 쉽게 접근할 수 있도록 지원 구조를 구축해야 한다.

논쟁적인 과학기술 주제는 그렇지 않는 과학기술 주제 보다 사람들에게 훨씬 더 잘 이해되는 경향이 있다. 보통 논쟁적인 문제는 이해당사자들 사이 이해가 충돌하고 있기 때문에 발생한다. 이해당사자들은 아무리 어려운 문제더라도 자신의 이해를 관철시키기 위해서 관련 문제를 이해하고 정보를 잘 정리하곤 한다. 이를 통해서 알 수 있는 것은 우리가 과학기술 문제의 이해당사자가 된다면 해당 문제를 잘 이해할 가능성이 있다는 것이다. 다시 말해서 우리가 과학기술 문제의 이해당사자라는 것을 인식하는 것이 중요하다.

기술 거버넌스

이 책에서는 특히 정보기술(Information technology) 분야를 중심으로 다룰 예정이다. 특히 기술 거버넌스 과정에서 발생하거나 발생할 것으로 기대되는 질문들에 대해 이야기할 것이다. 그런데 여기서 거버넌스(Governance)는 정책입안자나 연구자들에게는 익숙한 단어지만 일반인 모두에게 익숙하지는 않은 개념이다.

거버넌스라는 용어는 정부(Government)와 유사한 유형의 단어다. 다만 기존 정부방식보다 좀 더 유연하고 다양한 사회 관리 형식을 의미한다. 정보기술이라는 새로운 기술 분야가 형성되면 그 기술이 형성되는 과정이나 형성 이후 사회적 영향으로 다양한 이해관계가 새롭게 출현한다. 새로운 규칙의 합의가 필요하고 새로운 방식의 유지관리를 요구하게 된다. 정보기술은 이미 상당히 많은 진행을 겪어왔지만 다시 인공지능 시대를 맞이하며 여전히 거버넌스는 진화 중이다.

이 책의 제목이 "기술 거버넌스를 위한 질문 파일"인 이유는 기술 전문가만이 이 기술의 참여자가 아니라, 우리 모두가 이 기술의 형성과 관리에 참여자가 되어야 한다는 점 때문이다. 우리는 이 기술에 대해 참여자로서 질문을 탐색해 내고 그 질문에 대한 해결책을 발견해가는 과정에 개입할 자격과 의무가 있다.

오늘날 우리가 살고 있는 시공간은 정보로 구성된 사회이다. 정보란, 단지 기술적인 것에 머물지 않는다. 정보는 우리 인간의 인식 문제와 결부되어 있다. 인류는 지속적으로 인간 자신을 포함하여 자연 전체를 탐구해왔고 정보 또는 지식의 형태로 변환해왔다. 세계에 대해 이해하고자 하는 인간의 지적 열망은 인간 행동의 본성적인 토대를 이룬다. 그래서 우리 인간은 자신의 인식적 능력을 강화하기 위한 기술을 항상 열망해왔다. 우리 사회에 승인되어 왔던 새로운 기술들은 언제나 인간의 인식적 능력을 확장하는데 기여했다. 이런 점에서 새로운 기술은 언제나 새로운 지식(정보)의 출현을 의미했다.

이 책의 구성

이 책의 전체 서술 방식은 질문에 직면하여 질문을 이해하고자 탐색하는 경로를 따라가는 형태로 구성되었다. 이 책이 던지는 질문은 잘 알려진 질문일 수도 있고, 질문 자체가 새로운 것일 수도 있다. 이미 잘 알려진 질문이라면 그 질문은 지금까지 어떤 여정을 지나왔고 앞으로 어떠해야 할지 가늠해보자. 새로운 질문이라면 왜 그것이 우리의 질문이 되어야 하는지 알아보자.

우선 1장에서는 과학기술학의 기본 이론을 간단히 소개한다. 기술의 사회구성주의(SCOT), 행위자연결망이론(ANT), 사이보그이론(Cyborg theory), 생명-정치론(Biopolitics)으로 구성했다. 우리는 언제 어디서나 일상적으로 기술을 사용하고 있고 여러 기술 현상을 경험하지만 '관찰자'가 되지 못하고 있다. 관찰자가 될 수 있어야 문제를 발견할 수도 있고 제기할 수도 있다. 이론은 경험을 관찰로 전환하는데 도움을 준다. 물론 모든 이론은 한계가 있고 현실과 맞지 않을 때도 있다.

그럼에도 불구하고 이론은 이전의 관찰 사실을 구조화함으로써 향후 관찰의 안내자 역할을 한다. 과학기술학 이론은 정보기술을 관찰하는데 좋은 안내자가 될 것이다. 저자는 2000년대 인터넷 기업에서 정책업무를 수행한 적이 있고 그 후 과학기술학 연구자가 되었다. 당시 인터넷 기술의 확산으로 인하여 기존의 사회 규칙들이 재정립되는 시기였고, 인터넷 산업은 새로운 규칙을 둘러싸고 다양한 이해 상충이 넘쳐나는 '분쟁 지역'이었다. 분쟁은 여러 사회 집단을 구체적으로 드러내게 해주고 조정과 새로운 규칙의 수립 그리고 유지관리라는 거버넌스를 탄생시킨다. 이런 개인적 경험에서 현장 실무와 이론이 상호보완적으로 도움을 줄 수 있다는 것을 알고 있다. 1장을 반드시 읽지 않아도 좋다. 나머지 장을 읽은 후에 읽을 수도 있다. 1장에 소개한 이론과 그 이론들이 제시하는 주요 개념들이 나머지 장에 등장하는 문제 해설을 이해하는데 어느 정도 도움을 줄 것이다.

2장에서는 정보기술의 출발이라고 할 수 있는 컴퓨터의 등장과 진화 그리고 인공지능의 배경적 개념을 소개한다. 컴퓨터의 등장은 다른 어떤 도구보다도 독특하다. 특히 미니컴퓨터인 알테어 8800은 '아무런 기능 없이' 태어났다. 컴퓨터는 개념적으로 '생각하는 기계'라는 지향 안에서 시작되었다. 이제 우리에게 컴퓨터는 친구보다 일상적 존재가 되었다. 우리와 컴퓨터 사이의 물리적 관계는 매우 긴밀하지만, 그에 비해서 이 기계와 우리의 사회적 관계는 그것에 훨씬 미치지 못하고 있다.

우리는 이 기계를 단순한 도구로만 간주하고 있다. 도구란 언제든지 통제 가능한 대상을 의미하는데 오늘날 컴퓨터는 결코 그런 대상에 머물지 않는다. 또한 클로드 섀넌의 정보이론(Information Theory)의 형성과 작동원리에 대해서 알아본다. 특히 정보이론에서 '정보'란 우리의 상식과 달리 '메시지의 의미'가 아니라는 전체 집합 내에서 선택된 확률 통계적 기표라는 것도 알아본다.

3장에서는 기술이 사회와 관계를 형성하는 가장 대표적인 방식 중 하나로 법과 제도에 관한 내용을 다룬다. 기술은 기술 자체로 분리되어 있지 않다. 기술은 사회 속으로 진입하면서 사회의 규범을 내장한다. 개발자의 도덕의식, 정치적 신념이 기술 개발 과정에서 기술적 장치 속으로 흡수될 수도 있다. 기술은 대중화되는 과정에서 해당 기술을 통제하기 위해서 만든 법률에 따르기 위해서, 기술적 규격을 수정하는 방식으로 사회 규범을 내장하기도 한다.

이 장에서는 최초의 정보기술에 관한 법이라고 할 수 있는 미국의 무선법에 대해서 알아본다. 무선법에는 정보기술이 사회적으로 준수해야할 의무들을 포함하고 있다. 그 외 저작권법, 청소년보호법, 게임산업법 등 한국에서 정보기술이 일상적 기술이 되면서 개정되거나 제정된 법제도들에 대해서 알아본다. 이어서 정보사회 속에서 우리 자신의 정체성이 어떻게 변이하는지에 대한 문제를 다룰 것이다. 우리의 정체성이 변이하는 이유는 우리 자신이 데이터화되기 때문이다. 어떻게 데이터가 되는지 따라가 본다.

4장에서는 한국 사회에서 기술이 구성되는 방식에 대해서 다룬다. 과학기술학 이론에 따르면 기술은 그 기술이 적응해야 하는 사회 환경의 영향을 받으면서 형성된다. 이를 고려할 때 한국 사회에서 정보기술은 다른 나라와 다른 특징들을 보여줄 것이다. 1980년데 체신부는 정보기술에서 국가정책의 형성 양상을 대표적으로 보여준다. 이 방식은 이후 한국의 정보기술 규제 제도의 근간을 이루며 전달되어 오고 있다. 한국의 통신회사 역시 체신부 활동의 결과였다.

한국 사용자들도 인터넷 사용에서 특성을 보여주었다. 한국은 전 세계적으로 자국의 검색엔진을 사용하는 몇 개 안되는 지역 중 하나다. 한국적 특징을 드러내는 또 다른 대표적인 제도 중 하나는 인터넷 중독 예방 (국가정보화기본법 30조)제도다. 지난 동안의 법제도와 정보기술의 상관관계를 살펴봄으로써 우리 자신의 기술사용 양상을 더 잘 이해할 수 있을 것이다.

5장에서는 최근 등장한 시민과학에 대해서 소개한다. 과학은 왜 민주주의와 관련이 깊은지를 알아본다. 일반 시민은 비전문가인데 과학기술 문제에 어떤 역할을 해야 하는지

의문이 들 수 있다. 해외 시민과학 사례들을 통해서 교훈을 얻을 수 있다. 이 문제는 "누가 과학의 주체인가"라는 질문과 연결되어 있다. 우리는 그동안 과학의 주체는 과학기술자라고 여겨왔다. 과연 과학기술자만 참여하는 것으로 과학은 충분히 발전 가능할 것인가?

지금 국제적인 동향은 그럴 수 없다고 말하고 있다. 과학은 일반 시민 모두가 수행하는 활동이 될 때 '좋은 과학'이 될 수 있다. 더 나아가 시민과학 모델은 오늘날 4차 산업혁명 패러다임과도 연관이 있다. 우리나라의 시민과학은 왜 활성화되지 못하고 있나? 우리는 시민과학을 못하는 것이 아니라 우리 스스로 못한다고 믿고 있었기 때문에 시도하지 않은 것일 뿐이라는 해석을 제시할 것이다. 시민과학에서 특히 과학과 기술은 밀접하게 결합하고 있는데, 시민들이 과학 활동에 쉽게 참여할 수 있도록 지원하는 기술이라는 형태로 등장하고 있다.

6장에서는 인공지능과의 공존 가능성을 논의해 본다. 인공지능은 정보기술 영역의 최신 영역이며 미래 영역이다. 인공지능(기계학습)에 대한 기본적인 이해를 돕기 위해서 가장 큰 대중적 관심을 불러 일으켰던 알파고(AlphaGo)와 이세돌 대국에 대한 사회적 의미에 대해서도 돌아본다.

한편 특이점론 문제나 트롤리 문제처럼 많이 언급되는 논제에 대한 비평도 포함할 것이다. 인공지능에 대한 낙관론과 비관론이 상충하면서 사람들은 크게 혼란스러워하고 있다. 대중적 관심이 큰 사안에 대해서 널리 유통되는 설명들 중에는 별다른 근거 없이 유통되는 논거들도 많다. 예술이 그렇듯이 과학 콘텐츠도 엄격한 비평의 대상이 되어야 한다. 마지막으로 인공지능의 윤리 문제를 다룬다. 인공지능의 윤리는 인공지능의 성패를 가늠하는 기준이 될 것이라는 점에서 일반 사회구성원들만이 아니라 관련 개발자(기업)들에게도 중요한 문제다. 특히 인공지능이 노동을 대체할 것이라는 주장은 아무도 의심하지 않는 명제가 되어버렸다. 여기서는 그 단단한 명제에 질문을 던지고자 한다.

CONTENS

CHAPTER 5 시민과학으로 혁신하기

CHAPTER 6 인공지능과 공존하기

나가며 4차 산업혁명 시대 희망 만들기

이론을 사용하는 방법

CHAPTER 1

학문 분야에서 통용되는 이론(theory)은 전문 연구자들만의 것이었다. 일반인들이 이론에 관심이 없는 이유는 일상 생활에 이론을 직접 쓸 일이 없다고 생각하기 때문이다. 전문 연구자가 아니라면 이론을 배우는데 많은 시간을 들이기는 어렵기도 하다. 하지만 교양 수준의 이론을 알아둔다면 일상의 문제를 제기하고 탐색하는데 도움이 될 것이다. 마치 도서관에서 색인을 만들어 두는 것과 같을 것이다. 색인이 있다면 책을 찾기 수월하다.

우리는 언제 어디서나 일상적으로 기술을 사용하고 있고 여러 기술 현상을 경험하지만, 정작 '관찰자'이기도 하다는 생각은 하지 못하고 있다. 관찰자가 될 수 있어야 문제를 발견할 수도 있고 제기할 수도 있다. 이론은 개인의 경험을 사회적 관찰로 전환하는데 도움을 준다. 물론 모든 이론은 결함이 있고 현실과 맞지 않을 때도 있다. 그러나 이론은 이전의 관찰 사실을 구조화함으로써 향후 관찰의 안내자 역할을 할 수 있다.

일반시민들이 이론을 교양으로 이해하는 정도가 되면 전문연구자들의 연구도 촉진할 수 있다. 이론은 항상 결핍이 있으므로 현실로부터 보충이 요구되는데, 삶의 현장으로부터 관찰 보고와 문제제기가 흘러들어온다면 이론의 영역은 크게 진전할 수 있다. 저자는 인터넷 산업 분야에서 정책 업무를 수행한 적이 있고 그 후 과학기술학을 공부했다. 이런 개인적 경험에 근거해서 현장 실무와 이론이 상호보완적으로 도움을 줄 수 있다고 믿는다.

이 장에서는 기술의 사회구성주의(SCOT), 행위자연결망이론(ANT), 사이보그이론(Cyborg theory), 생명-정치론(Bio-politics) 등 과학기술학(Science and Technology Studies) 이론을 간단히 소개한다. 이 외에도 다양한 이론이 많지만 여기에서 모두 다루기 어려워서 이상 5가지만 선별했다. 과학기술학은 일상적 삶과 과학기술이 결합된 문제를 다루는 독자적인 세계관을 구축해 왔다. 아직 과학기술학 이론이 충분한 것은 아니지만 어떤 이론보다도 기술을 관찰하는데 좋은 안내자가 될 것이다.

1 기술은 도구인가, 지배자인가

"우리는 모든 곳에서 기술에 매어있으며 자유롭지 못하다. 우리가 기술을 열정적으로 선호하든지 또는 거부하는지에 관계없이 그렇다. 그런데 기술을 중립적인 것으로 간주할 때가 가장 최악의 접근법이다. 그런 개념이 기술을 특별한 것으로 또는 신성한 것으로 만들고 우리자신을 기술의 본질에 대해 장님이 되도록 만든다."

Heidegger, 1977

마틴 하이데거(M. Heidegger)는 기술을 단지 도구로 보는 것에 반대한 거의 최초의 철학자다. 그 때문에 그는 매우 중요한 기술철학자로 알려지게 된다. 지금도 다수의 철학자들은 하이데거의 견해를 계속 왕성하게 인용하고 있다. 사실 기술은 인간 존재를 특징짓는 영역이다. 기술이 없는 상태의 인간 존재는 상상하기 어렵다. 하이데거에 따르면 인간을 다른 동물종과 분리하는 지점이 바로 기술이다. 기술에 대한 정의는 곧 인간에 대한 정의와 강하게 연결되어 있다. 뿐만 아니라 기술의 존재와 인간 존재는 분리될 수 없다. 따라서 기술을 이해하는 과정은 우리 자신을 이해하는 과정이 되어야 한다.

인간은 인간 자신을 포함하여 자연 전체를 탐구해왔고 정보 또는 지식의 형태로 변환해왔다. 세계에 대해 이해하고자 하는 인간의 지적 열망은 인간 행동의 본성적인 토대로부터 나오는 듯이 보인다. 그와 같은 맥락에서 우리는 '인간의 인식적 능력을 강화하기 위한 기술'을 항상 열망해왔다. 우리 사회에 승인되어 왔던 새로운 기술들은 언제나 인간의 인식적 능력을 확장하는데 관여해 왔다. 그런 점에서 세계에 대한 우리의 이해(관점)는 기술에 대한 이해(관점)에 의존해 왔다. 그 반대 방향도 마찬가지로 성립한다. 기술에 대한 우리의 이해(관점)는 세계에 대한 이해(관점)에 의존한다. 세계와 기술에 관한 이해는 상호적으로 형성되면서 우리의 관점을 구축해왔다.

이와 같은 점을 염두에 두면서 이제 기술에 대한 이해로 들어가 보자. 먼저 기술에 대한 오래된 관점 두 가지를이야기 해보려고 한다. 하나는 "기술도구주의" 관점이고 다른 하나는 "기술결정론"이다.

기술도구주의 관점은 가장 오래된 것이어서 가장 익숙한 것인데, 이것은 멀리 그리스 철학으로부터 왔다. 플라톤주의 철학은 일반적으로 철학을 '물질적'이라기보다는 '개념적'이라고 생각했다. 그리스 철학에서 과학과 기술의 관계는 소홀하게 취급되었다. 과학은 이론적(개념, 정신)적인 것으로 간주되고 기술은 물질적(실천, 육체)인 것으로 취급되었다. 그래서 철학과 과학은 신성한 것으로 기술은 천한 것으로 구분했다.

그리스 사회에서 철학은 자유인(시민)의 일이었고, 기술은 노예(노동)의 일이었기 때문에 그런 이미지가 강화되었다. 이는 이론과 실천을 분리하는 이원론적 세계관을 형성했다. 그렇지만 그리스인들은 적어도 기술이 인간의 삶에 핵심적이라는 것은 부정하지는 않았다. 그들은 한편으로는 테크네(techne)에 내재된 의미를 찬양하기도 하고 다른 한편으로 격하시키기도 하는 이중적 태도를 취했다.

사실 동양의 유교 사상도 도구주의와 관련이 깊다. 유교 사상은 인간을 능동적 주인으로, 기술 장치를 수동적 대상으로 간주한다. 기술 장치(기계)는 인간의 명령에 따라 움직이며 언제든지 통제 가능한 것이라고 여겨졌다.

가장 오래된 기술관, 도구주의

기술에 대한 관점은 기술과 사회의 관계를 포함한다. 전통적으로 도구주의(Instrumentalism) 관점은 인간과 기술을 주인과 도구의 관계로 설정한다. 그리고 기술은 인간에 의해 만들어졌으므로 인간이 기술의 주인이며 기술을 통제한다고 생각하는 기술낙관론을 형성한다. 여기서 기술은 그 자체로 어떤 자율성도 없으며 중립적이다.

"도구로서 기술"은 프로메테우스가 인간에게 가져다 준 불과 같은 이미지로 상징되곤 한다. 여기서 기술은 프로메테우스가 신들의 세계에서 훔쳐낸 불처럼 외부로부터 주어진 것이며 인간을 현실의 고통으로부터 구원하는 '무엇'이다. 그런 배경 때문에 현대의 기술자들은 프로메테우스의 후예들로 비유되곤 한다.

이 관점은 근대의 인본주의(Humanism)와 토대를 같이한다. 인본주의는 중세시대 유일신의 관점에서 인간의 관점으로 인식을 전환했다는 점에서 기여한 바가 있다. 그런데 이 관점이 과도하게 확장되면서 인간이 세계의 주인인 것처럼 세계의 모든 것을 통제할 수 있는 것처럼 강화되었다. 인본주의 사상은 세계에 대한 우리의 자신감의 표명이었다. 그런 세계관 내에서 기술의 지위는 인간에 의해 통제받는 대상에 불과했다.

도구는 능동성이 없으므로 그 사용의 결과에 대한 책임은 인간에게 있다. 예를 들어서 칼은 음식을 만들 때 사용할 수도 있고 누군가를 헤치는데 사용될 수도 있다. 이 때 칼은 아무 잘못이 없다. 그것을 어떤 목적으로 사용할 것인지는 그 칼의 사용자인 인간이 결정한 것이다. 그래서 칼 자체는 중립적이다. 도구주의 관점은 어느 정도는 진실이다. 칼이 스스로 움직인 것은 아니기 때문이다. 도구주의는 인간의 책임과 윤리를 강조한다는 점에서도 사회적 질서를 유지하는데 도움을 주었다.

[그림 1-1] 〈불을 훔친 프로메테우스〉 얀 코시에르(Jan Cossierss), 스페인 마드리드, 프라도미술관, 구글검색.

그런데 도구주의 관점을 적용해 가다보면 그런 설명만으로는 충분하지 않은 지점에 도달하게 된다. 대표적으로 총기 판매 논쟁이 있다. 도구주의에 따르면 총 자체는 중립적이다. 도구주의 관점에 따르면 총을 사용하는 사람이 어떻게 사용할지를 결정하므로 총기 소유 자체를 금지할 필요가 없다. 그러나 총은 분명 어느 정도 촉발적 작용을 한다. 사람들이 격렬하게 싸우는 현장을 가정해 보자. 그들은 아무리 심하게 분노하더라도 주먹다짐을 하는 정도에서 그칠 것이다. 그런데 그들에게 총이 있다면 총을 사용해서 상대를 제압하고 싶어지게 될 것이다. 개인이 소유한 총기 수가 많은 미국은 다른 선진국들과 비교해서 총기사고 사망자가 압도적으로 많다.

근대 산업과 함께 등장한 기술결정론

한편 기술결정론(technological determinism)은 도구주의 보다는 최근에 등장했다. 근대 산업사회에서 거대한 증기 엔진이 등장하면서 사람들은 기계(기술)에 위압감을 느끼기 시작했다. 거대한 증기 엔진을 중심으로 모여서 일하는 공장 제도가 등장했고 공장의

기술낙관 대 기술 비관

citi GPS 2016년 보고서 <Technology at Work v2.0>에 따르면, 기술(자동화)에 대한 사람들의 반응은 낙관적이다. 기술낙관론자 76%, 기술비관론자 21%로 나타났다.

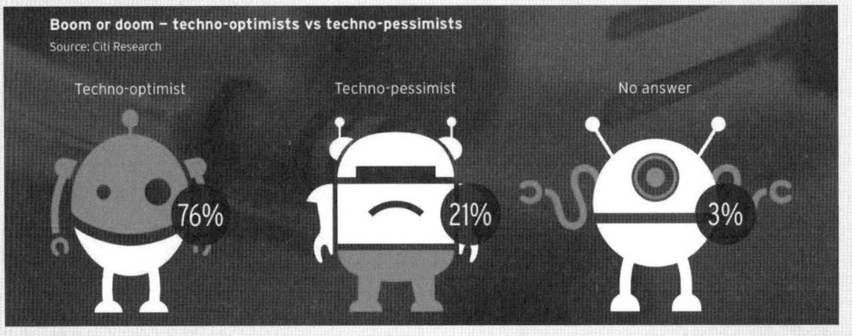

도구주의 관점은 인간이 기술을 통제할 수 있다고 보기 때문에 기술낙관주의자일 가능성이 높다. 한편 기술결정론은 좀 더 양면적이다. 기술이 자율성을 가지며 인간의 통제에서 벗어난다는 점에서 기술비관주의가 될 가능성이 있다. 한편으로 기술변화가 곧장 사회 변화를 불러올 것이라고 믿는다는 점에서 기술낙관론을 유포하기도 한다. 예를 들어 정부 정책가들은 선진 기술을 도입하면 선진국처럼 될 수 있다고 주장한다.

규율이 형성되면서 기계를 중심으로 인간을 배치하기 시작했다. 공장 내에서 기계와 인간의 지위는 역전되었다. 거대한 기계로 인한 사고도 자주 발생했다. 그로 인해 사람들은 심리적·물리적 압박을 받았다.

대표적인 기술결정론자인, 기술철학자 자크 엘륄(J. Ellul)에 따르면 기술이란, "인간 활동의 모든 분야에서 합리적으로 도달될 수 있는 방법과 절대적 효율성을 갖는 총체"이다. 그리고 기술시스템이 어느 정도 성숙하면 사람들은 시스템의 일부가 되어 살아가게 된다. 그는 기계가 창조자로부터 벗어나 자신의 고유한 법칙에 따라서 진화하는 유기체적 생명체와 유사해진다는 의미에서 '기술의 자율성(autonomy of technology)'개념을 주장했다.

기술결정론은 기술에 대한 인간의 통제 불가능성을 경고하고 있다. 그런 점에서 도구주의와 달리 기술에 대한 비관적 경향을 보인다. 순진한 낙관주의와 도구주의 관점에 대항하고 있다는 점에서 기술결정론은 그 자체로 기술비판의 시작이라는 의미가 있다.

최초의 SF 소설, 프랑켄슈타인

소설 프랑켄슈타인의 원제는 <Frankenstein : Or the Modern Prometheus(프랑켄슈타인 : 또는 현대의 프로메테우스)>이다. 초판이 1818년 익명으로 영국에서 출간되었으며, 1831년에 작가 메리 셸리의 본명을 밝혀 개정판이 출간되었다. 최초의 SF소설로 평가받고 있으며, 이 소설의 등장은 기술 비판의 시작이라고 할 수 있다.

프랑켄슈타인 박사가 창조한 괴물은 납골당의 뼈와 도살장 재료들로 만들어진 키메라다. 이 괴물은 기술혐오의 대표적 사례가 되었다. 괴물은 이름이 없다. 창조자인 프랑켄슈타인 박사는 괴물이 탄생하자마자 너무 두려워 떠났고, 만나는 사람들마다 괴물에 놀라서 도망쳤기 때문이다.

그러나 언젠가부터 많은 사람들에 의해 괴물은 '프랑켄슈타인'으로 불리게 된다. 소설 안에서는 이름이 없었지만 소설 밖에서 이름을 얻은 것이다. 괴물은 프랑켄슈타인 박사에 의해 태어났으므로 박사의 '아이'라고 볼 수도 있다.

소설의 결말에서 박사가 죽은 후 괴물은 이제 자신을 알아줄 자가 아무도 없다는 것을 슬퍼하면서 스스로를 파괴하겠다고 선언하고 눈보라 속으로 떠난다. '괴물을 파괴하는 것'은 원래 프랑켄슈타인 박사의 의지였다. 결과적으로 괴물은 자신의 '아버지'의 의지를 자신의 의지로 받아들인 것으로 볼 수 있다. 이것은 인간 아이의 정체성 구성과 동일한 것이다.

괴물 프랑켄슈타인은 인간에 의해서 창조되었으나 인간에 의해서 버림받고 떠돌면서 인간에게 복수하다가 결국에는 인간의 의지를 수용한 것이다.

한편, 기술결정론은 다양하게 변이하고 있다. 예를 들어서 정부 관료들은 선진 기술을 도입하면 사회도 선진화될 것이라고 주장하곤 한다. 이는 기술이 사회의 영향과 관계없이 기술의 자체 발전 경로를 보유하고 있고 그러므로 기술이 사회변화에 주도적 영향을 준다는 논리다. 이는 기술이 사회와 분리된 존재이고 매우 강한 자율성을 가지고 있음을 전제하는 것이다.

이 논리에 따르면 기술이 자체의 고유한 발전 논리를 가지고 있기 때문에, 기술 발전은 시공간(사회)과는 무관하게 동일한 경로를 밟는다. 여기서 사회구조는 기술의 논리 자체에 영향을 미치지 않으며 단지 기술발전의 속도를 조절할 수 있을 뿐이다.

기술결정론적 관점을 가진 정책입안자는 대체로 해당 기술이 이전될 사회의 맥락적 조건을 고려하지 않고 선진국의 사례만으로 기술의 도입을 정당화 하는 태도를 보인다. 선진기술이 사회를 발전시킬 것이라는 신념은 기술 선택에 관한 의사결정을 단순화한다. 그래서 정책입안자들은 기술결정론적 관점을 선호하는 경향이 있다.

우리나라의 산업화와 정보화 과정에서 정부 관료와 전문가들은 이런 믿음을 강하게 가지고 있었다. 기술발전만으로 사회경제적 발전을 달성할 수 있다고 보았다. 그 결과 해당 기술에 대한 기능적 이해만 있고 기술에 대한 사회적 이해는 언제나 결여되어 있었다.

기술과 사회의 이분법을 넘어서

기술결정론은 도구주의와 달리 기술의 능동성을 강조한다는 점에서 차이가 있지만, 다른 한편으로 기술결정론 역시 도구주의와 마찬가지로 기술과 사회(인간)을 분리하는 태도라는 점에서 공통적이다. 도구주의는 사회(인간)의 능동성을 강조하고 기술결정론은 기술의 능동성을 강조한다는 차이가 있을 뿐이다.

그럼에도 불구하고 도구주의와 기술결정론이 호소력을 가지는 것은 각각 어느 정도의 진실을 담고 있기 때문이다. 기술은 단편적이지 않으며 상이한 여러 모습을 혼합적으로 가지고 있다. 그래서 우리사회는 특정 기술을 만났을 때 대체로 도구주의와 기술결정론 태도를 동시에 보이곤 한다.

예를 들어서 우리나라에서 인터넷이 확대되면서 그로 인한 사회 규제가 제기되었을 때, 한편에서는 인터넷 기술 자체는 중립적이며 다만 그것을 사용하는 사람에 의해 악용된 것이라는 도구주의적 관점이 있었고, 다른 한편으로는 인터넷 서비스가 사람들에게 강한 영향(예를 들어 '중독')을 준다고 주장하며 강한 규제를 주장하는 결정론적 관점도 존재했다.

양 주장은 어느 정도 진실을 담고 있다. 여기서 문제가 되는 것은 기술과 사회(인간) 둘 중 하나를 주도적 자리에 놓고 나머지는 수동적 자리에 놓음으로써, 한 쪽에게만 책임을 묻는다는 것이다. 기술과 사회(인간) 어느 한 쪽에게 완전한 책임을 묻는 방식으로, 새롭게 등장하는 정보사회의 복잡하고 불확실한 문제들을 적절하게 조정할 수 있을까?

하이데거의 기술관, 기술은 "진리의 형식"

[그림 1-2] 하이데거의 대표 저술. 국내에서는 "기술과 전향"이라는 제목으로 번역되어 있다.

마틴 하이데거(M. Heidegger)는 도구주의와 기술 결정론을 모두 부정하며 전통적인 기술관을 폐기한다. 그에 따르면, 기술은 단지 수단이 아니다. 기술은 "드러냄의 방법(a way of revealing)"이다. 여기서 '드러냄'이란 특히 "진리의 드러냄(revealing of truth)"을 의미한다. 인간존재를 탐구하던 하이데거가 특히 기술에 매료되었던 것은 기술을 "진리의 형식(mode of truth)"의 구성 과정이라고 보았기 때문이다.

기술은 단순한 기능의 출현이 아니라 세계에 질서를 부여하는 행위다. 그런 질서화(ordering)는 곧 드러냄(revealing)으로 이어진다. 그렇게 드러나게 되는 것은 마치 예술에서와 같은 창조이며 탄생이다. 하이데거는 그런 질서화 과정을 "Gestell", 즉 틀짓기(Enframing)라고 이름 붙인다. 독일어 Gestell(Ge + stell)은 하이데거에 의해 만들어진 용어로서, 뼈대를 수립한다는 의미다.

기술은 특정 세계에 질서를 부여하여 그 세계를 드러내는 일이다. 그런데 여기서 그 세계란 이미 존재하던 것이 아니다. 기술에 의해 질서를 부여하는 순간 태어나는 세계다. 그 세계가 드러나는 순간 우리는 그 세계를 '이해'할 수 있게 되고, 그 세계에 대한 '통제력'을 가질 수 있게 된다.

기술이 세계에 대한 통제력을 줄 수 있기 때문에 기술은 매력적이다. 우리는 기술의 역량에 의존하여 세계를 질서화하는 방향으로 나아가게 된다. 질서화의 결과 드러나는 형식 속의 '실재'는 언제든지 동원가능한 '자원'이 된다. 마치 회계 장부 속의 항목들처럼 호수와 강 같은 자연조차도 단지 인간의 자원처럼 그리고 소유물처럼 배치된다. 그 장부 속에서 인간 역시 인적 자원으로 기입된다. 이 장부는 하나의 질서가 관통하는 특별한 세계를 구축한다.

하이데거에 따르면 기술은 인간의 근본적인 존재 방식이다. 그에 따르면 우리의 모든 영역은 재해석되어야 한다. 기술은 '진실'을 생산한다. 예를 들어 보자. 근대 지리학의 발전은 지도제작으로 이어졌다. 위도와 경도라는 특정한 형식 안으로 육지와 바다의 경계, 산의 높고 낮음이 재현되었다. 지도는 실재 그 자체(real itself)는 아니지만 실재를 대표한다.

지도기술은 우리에게 세계를 이해하는 방식, 세계에 대한 진실을 제공한다. 우리는 지도를 통해서 마치 신이 하늘위에서 모든 것을 내려다 보듯이 세계를 한 눈에 볼 수 있게 되었다. 지도를 그리는 방법에 따라 지형은 조금씩 다른 모양으로 출현하는데 이것은 사물을 존재하는 것으로 드러내는 '형식'이 얼마나 중요한지를 보여준다. 지도가 우리에게 당연한 것이 된 이 후, 위도와 경도는 배경 속으로 사라졌고, 우리는 그 형식 자체를 인식하지 못하게 된다. 이렇게 기술은 단순한 기능이 아니라 진실을 드러내는 형식의 구성이다.

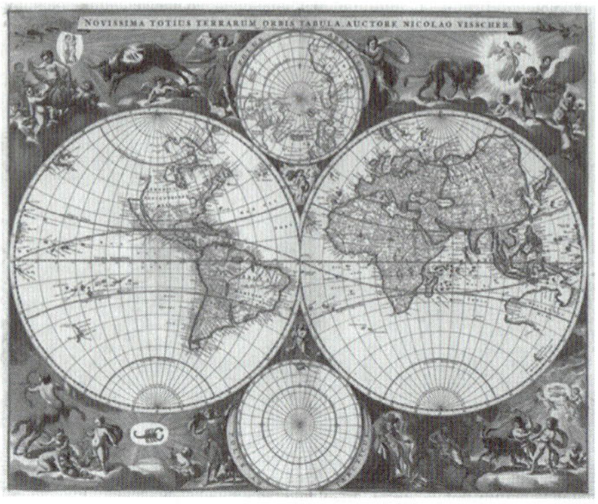

[그림 1-3] 1695년 네덜란드 암스테르담의 비셔(Visscher N.)에 의해 제작된 세계지도. 현대 지도의 유래를 보여준다. 동반구와 서반구로 나누어 그렸고, 위도와 경도가 뚜렷하게 드러나 있다. (자료: https://sanderus-maps.com)

하이데거는 기술에 대한 정의만이 아니라, 현대 기술에 대한 비판으로도 잘 알려져 있다. 그에 따르면 현대기술은 세계를 극단적으로 통제하고자 한다. 현대기술은 자연에 대해서 불합리한 요구를 하고 있다. 지구의 대지는 석탄과 광석의 채취 대상일 뿐이다. 현대 기술은 지구를 단지 인간을 위한 석탄과 금속의 저장지로, 에너지의 저장소로서만 간주하고 있다.

현대 기술이 드러내 보여주는 세계는 마치 지구의 자원이 무한할 것으로 상정하고 있다. 그런데 그런 드러냄은 결코 원하는 목적에 도달하지 못할 것이다. 우리의 기술은 "진리의 형식"이지만 실재 그 자체(real itself)를 보여주는 것은 아니다. 우리의 기술은 자신의 방식으로 세계를 구성하여 보여줄 뿐이다. 따라서 우리는 여전히 불확정적인 것들에 둘러싸여 있다. 우리는 기술에 대한 관점의 변화가 필요하다는 것을 깨닫는 중이다.

기술과 사회의 상호 구성

하이데거의 영향으로부터 최근 과학기술학은 도구주의와 기술결정론을 극복하고자 했다. 대신 기술과 사회가 상호적으로 구성하는 관계라는 해석으로 향하고 있다. 기술에 대한 구성주의적 관점은 기술과 사회의 관계를 이분법적으로 보는 대신에 그 관계의 역동성을 이해할 수 있게 해준다. 이것은 기술이 고정되어 있지 않다는 것이며 지속적으로 형성 중이라는 의미이다. 기술은 형성 과정에서 한편으로 정치사회적인 성격을 내재화하며, 다른 한편으로 사회를 구성할 수도 있다.

오늘날 인터넷과 무선통신 기술은 기술과 사회의 경계를 무너뜨리고 있다. 전문가와 엔지니어만이 아니라 이용자들도 기술 형성에 광범위하게 개입하고 있다. 모든 기술이 그렇듯이 정보기술도 한 번 완성된 다음 고정되는 것이 아니라, 다수의 행위자들에 의해 계속 변이해가고 있다. 정보기술의 특성으로 인해 더 많은 사람들이 개입함으로써 정보기술은 더욱 빠르게 변이하고 있다. 기술 형성의 불확실성이 높다는 인식이 공감을 얻으면서 기술에 대한 관리 권한이 전문가에 의한 통제에서 사회적 통제 쪽으로 이전하고 있다.

그럼에도 불구하고 기술에 대한 이분법적 인식이 완전히 해소된 것은 아니다. 이분법적 세계관은 이론적으로는 비판받지만, 실천적으로 심리적 편안함을 제공하는 매력이 있다. 어느 한 쪽을 모든 행위의 근원으로 지정하고 그 쪽에 책임을 묻는다면 문제가 발생했을 때 의사결정을 빠르게 내릴 수 있다. 마치 이야기 속에서 선과 악의 구분이 분명할 때 통쾌함을 느끼는 것과 유사해서 이분법적 세계관은 여전히 강력하다.

굳이 이론의 도움이 아니더라도 우리는 일상적으로 기술과 사회가 분리되어 있기 보다는 상호적 지지 관계에 있음을 목격한다. 다만 그런 실천적 경험이 사회적인 인식으로 전환이 되지 못했을 뿐이다. 목격한다는 것은 눈으로 보는 것(경험)만으로는 부족하다. 구성주의 세계관은 우리에게 도구주의나 기술결정론과는 또 다른 '진리의 형식'을 제공한다. 구성주의는 우리의 경험을 재배치함으로써 새로운 질문을 생성할 수 있고 그 질문에 대한 새로운 해석으로 나갈 수 있게 해줄 것이다.

[참고문헌]

김지연 2018. 『머신러닝 기술의 이해: 기술사회학과 공학적 측면을 중심으로』. 드림미디어.

실라 재써노프 2010. "정치의 장소이자 대상인 기술", 『창작과비평』, 149호.

한국과학기술학회 2014. 『과학기술학의 세계: 과학기술과 사회를 이해하기』. 휴먼사이언스.

Heidegger, M. 1977. *The Question Concerning Technology and Other Essays*, trans. by William Lovitt, Harper & Row: New York.

2 사회는 어떻게 기술을 구성하나

1980년, 과학기술학자 랭던 위너(L. Winner)는 "인공물은 정치적인가?(Do Artifacts Have Politics)"라는 도발적 논문을 발표했다. 이 논문은 1970년대 뉴욕의 도시 설계가 계급적, 인종적 편견을 내장하고 있음을 주장했다.

[그림 1-4] 로버트 모제스, 1970년대 뉴욕시 설계자, 건축가

당시 도시 설계자였던 로버트 모제스(Robert Moses)는 존스비치 공원 진입로 위쪽으로 고가도로가 지나가도록 만들었다. 이 고가도로는 높이가 약 2.7 미터밖에 되지 않아서 자동차는 통과할 수 있지만 3.7 미터 높이의 버스는 지나갈 수 없었다.

중상층 이상의 백인들은 자동차를 이용하지만 빈민이나 흑인들은 버스 같은 대중교통을 이용했다. 자동차가 없는 사람들은 그 공원에 가기 위해서는 고가도로를 우회해야만 했다. 그 공원의 진입로는 백인과 흑인, 중산층과 빈민층을 차별하도록 만들어진 것이었다. 그 진입로로 인해서 누군가는 혜택을 받을 수 있었고 누군가는 방해를 받은 것이기 때문에 결과적으로 그 진입로는 정치적 행위를 하고 있는 것이다.

이러한 건축물의 정치성은 일상적인 사례에서도 찾을 수 있다. 고층 건물들은 보통 계단과 엘리베이터로 이동할 수 있다. 만약 건물에 화재가 발생했다면 사람들은 엘리베이터를 이용할 수 없을 것이고 계단으로 이동해야 한다. 그런데 그런 비상 상황에서 휠체어를 타는 장애인은 이동 경로가 없다. 고층 건물들은 일반인들에게 보다 장애인에게 덜 친절하다. 때로는 단지 불친절하다는 것에 머물지 않고 더 위험하게 만들 수도 있다. 고층 건물은 일반인의 기준에 맞추어서 설계되고 운영되며 상대적으로 장애인의 활동을 지원하지 않는다. 그런 점에서 대부분의 건축물은 '정치적으로 행동'한다.

그 외 다수의 사례들에서 우리는 기술이 기술의 내재적 논리로만 발전하는 것이 아니라 사회적 관계를 반영한다는 것을 관찰할 수 있다. 기술은 사회적 불평등을 포함함으로써 모든 사람에게 동등하게 대우하지 않는다. 때로는 의도적으로 때로는 의도하지 않았지만 충분한 숙고가 부족한 결과로, 기술은 편향적으로 제공된다. 기술은 본래적으로 중립적이지 않으며 오히려 정치성을 내장한 채로 작동한다.

기술은 탄생에서부터 중립적일 수 없는데 특정한 장소와 시간에 특정한 사회에 의해서 구성되기 때문이다. 어떤 기술이든지 역사적으로 그 사회가 가진 편향도 내장하게 된다. 그러므로 기술의 형성 과정에서부터 사회정치적 관심이 요구된다. 기술의 공공성은 그냥 얻어지는 것이 아니라 무수한 숙고와 논쟁 속에서 가까스로 얻을 수 있는 것이다.

선형모델 기술연구 비판

그동안 기술 혁신 연구는 혁신의 성공조건을 찾으려는 경제학자들에 의해 수행되어왔다. 기술혁신에 대한 경제학적 분석은 기술 혁신의 맥락 전체에 대해서는 설명하지 않으면서 혁신에 영향을 미치는 개별요소들만을 분석하려 했다. 그 결과 기술혁신 과정을 단순한 선형 모델(linear model)로 도식화했다. 이 모델에서는 기초연구, 응용연구, 기술개발, 제품개발, 생산, 사용이라는 몇 단계로 기술 개발 과정을 단순화했다. 이런 방식은 기술혁신의 경제적 성공에 대한 조건을 빠르게 이해하는데 도움이 되기도 했지만 기술에 대한 단편적 이해에 머물게 만들었다.

또한 기존 기술사 연구에서 가장 큰 문제 중 하나는 '성공한 사례'만을 분석하고 '실패한 사례'는 연구하지 않는다는 것이다. 이것은 경제적 성공만을 중시하는 선형모델에 대한 믿음 때문이다. 또한 '성공한 기술 사례'만을 다루게 되면 기술개발 과정이 질서정연하고 합리적인 경로를 따르는 것처럼 보이게 된다.

기술결정론적 관점을 가진 학자들은 특정 기술의 성공이 마치 예견되어있던 것처럼 묘사하는 경향이 있다. 예를 들어 플라스틱(베이클라이트)을 탐구했던 과학기술학 연구자들은 이 기술의 등장을 위대하고 당연한 것으로 서술한다. 그러나 "베이클라이트가 처음부터 경이로운 합성수지로 인식된 것은 아니었다. 제 1차 세계대전 까지 합성수지 시장은 전망이 없었다. 그러나 1918년 페놀(베이클라이트 원료)의 가격이 급락하자 합성수지 가격이 자연 수지와 경쟁할 만큼 낮아졌다."

선형모델 기술 연구는 특정 기술의 성공을 평가하는 과정에서 기술 진화를 과도하게 단순화하고, 많은 사회 맥락적 사실을 삭제해 버린다. 선형모델 관점에서 사람들은 '성공적인 혁신'을 선호하는데 그런 성공이 후속 기술의 방향을 알려준다고 믿기 때문이다. 마치 현재의 세계가 있기까지 모든 의사결정이 추구해야 할 정확한 목표가 미리 있었던 것처럼 간주하는 것이다.

기술연구에서 '성공한 기술'만이 아니라 실패한 기술도 동등하게 다루어질 필요가 있다. 그렇게 되면 성공한 기술의 원인으로 지목되었던 것이 실패한 기술 과정에서도 존재했다는 것을 발견하게 될 것이다. 몇 개의 개별요소가 성공이나 실패를 결정짓는 원인이 아니라는 사실을 확인할 수 있다.

기술의 사회구성주의

기술과 인공물의 성공은 당연한 것으로 수용되어야 할 것이 아니라 설명을 필요로 한다. 과학기술학(science & Technology Studies, STS)은 '성공한 인공물(기술)'만큼이나 동등한 방식으로 '실패한 인공물(기술)'도 연구해야 한다고 주장한다. 어떤 인공물은 성공하고 어떤 인공물은 실패했는지를 설명할 때 단지 그 인공물이 '훌륭했기' 때문이거나 '부족했기' 때문이라고 설명하는 것은 적절하지 않다. '훌륭하다'와 '부족하다'는 절대적 기준을 설정하기 어렵기 때문이다. 어떤 인공물(기술)의 성공여부는 사회적 맥락 안에서 설명되어야 한다.

이런 연구 관점을 대표하는 이론이 기술의 사회구성주의(Social Construction of Technology, SCOT)다. 미셸 깔롱(Michel Callon)은 1960-75년 프랑스에서 벌어진 전기 자동차에 대한 논쟁을 분석하면서, 어떤 것도 정해진 것이 없고 언제나 협상가능하다는 것을 보여주었다. 무엇이 확실하고 무엇이 불확실한가?, 누가 과학자이고 누가 기술자인가?, 무엇이 기술적인 것이고 무엇이 사회적인 것인가?, 누가 논쟁에 참여할 수 있는가? 등 기술개발과정에서 다양한 의제가 등장하는데, 사회적 차원에서 협상된다.

데이비드 노블(David Noble)의 공작기계에 관한 연구 역시 기술의 사회구성주의 이론에 기여했다. 그는 성공한 기술과 실패한 기술을 모두 다루면서 양자를 동등한 방식으로 설명했다. 그리고 직조기계의 일종인 자동뮬(self-acting mule)의 도입을 마르크스주의적 관점에서 분석했는데, 자동뮬이 기술발전의 내재적 논리보다는 사회적 생산관계에 의해 더 잘 이해될 수 있다는 점을 제시했다.

여기서는 기술의 사회구성주의 분석사례 두 가지를 소개한다. 하나는 19세기 말 자전거의 변천에 관한 것이고, 다른 하나는 20세기 중반 공작기계 선택에 관한 것이다.

자전거 변천에 대한 사례 분석

트레버 핀치와 위비 바이커(T. Pinch & W. Bijker)는 기술혁신을 설명하기 위해서 선형 모델 대신 다방향 모델(multidirectional model)을 제안했다. 이 모델에 따르면 '성공한 기술'이 유일한 발전 경로가 아니다. 기술혁신 과정에서 우리는 다른 경로를 따라 갔을 가능성도 있었고 그 결과 현재의 모습이 아니었을 수 있다. 다방향 모델에서 기술 발전 과정은 미리 결정된 것이 없고 끝이 열려 있다(open-ended).

[그림 1-5] 자전거 시골여행(1887 작품). 맨 앞에 여성이 타고 있는 세발자전거가 보인다. 자료: 위키피디아

다방향 모델에 근거하여 관찰한다면, "왜 어떤 (인공물의) 변종은 사라졌고 어떤 변종은 살아남았는가?"라는 질문에 대한 설명을 찾을 수 있다. 다방향 모델은 인공물의 발전에 사회(환경)가 영향을 준다고 본다. 마치 다윈의 자연선택론이 생명종의 진화를 자연(환경)과의 관계로 설명하는 것과 유사하다. 인공물의 변종들로 분기하면서 번져간다. 생명종이든 인공물이든 하나의 독립체는 고립된 것이 아니라 자신의 환경과의 관계에서 형성된다는 것이다. 이런 방식으로 기술선택 과정을 검토하면 각 인공물에 대해 제기된 문제점과 그 해결책을 구체적으로 살펴볼 수 있다.

기술선택 과정을 검토하기 위해서 과학 논쟁분석에서 사용하는 '해석적 유연성' 개념도 유용하다. 과학기술학에서 '과학적 사실'은 유일한 하나의 모습으로 등장하지 않는다. 과학자 집단들 마다 여러 해석들을 내놓고 경합을 통하여 합의에 이르게 되는데, 그 결과 '진실'인 것으로 승인된다. 그렇게 과학적 사실은 과학자 사회에 의해서 사회적으로 구성되는 것이다. [우리는 과학자 사회의 합의 이후의 과학적 사실만을 목격하기 때문에 마치 유일한 하나의 정답이 있었던 것으로 느낄 뿐이다] 이렇게 다양한 해석이 경합하는 상황을 해석적 유연성(interpretative flexibility)라고 하는데 기술적 인공물에서도 유사한 현상을 목격할 수 있다.

기술의 사회구성주의 이론에서 대표적인 기술분석으로는 1890년대 유행했던 앞바퀴가 큰 페니 파딩(Penny Farthing) 자전거가 '안전 자전거'로 변이하는 과정에 대한 연구가 있다. 당시 자전거는 단일한 형태가 아니었고 수많은 변종들이 존재했다. 이 변종들은 서로 경쟁하는 관계였고 안전 자전거는 여러 변종 중 하나였을 뿐이었다.

연관사회집단

기술의 사회구성주의 분석에서는 인공물만이 아니라 연관사회집단(relevant social group)을 함께 주목한다. "문제점을 규정하는 것은 그것을 '문제거리'로 삼는 사회집단이 등장했을 때 발생하기 때문이다. 다시 말해서 인공물 자체에 문제점이 내재해 있는 것이 아니라 문제를 삼는 사회집단에 의해서 문제점으로 등장하는 것이다." 이 때 이들 사회집단이 인공물을 둘러싼 '환경'을 형성한다.

연관사회집단은 어느 정도 자연발생적 집합인데, 그 구성원들이 특정 인공물에 대하여 동일한 의미를 공유할 때 형성된다. 연관사회집단을 분류하려면 그 집단 구성원들에게 그 인공물이 어떤 의미를 가지는지 살펴야 한다. 대표적으로 특정 기술(인공물)에 대한 '소비자' 또는 '사용자' 집단이 있다. 그런데 연관사회집단을 분류할 때 통상적인 분류가 적당하지 않을 수도 있다. 예를 들어 소비자 집단은 때로는 동질적이지만 때로는 그렇지 않을 수 있다. 예를 들어 백열등에 대한 분류라면 여성은 소비자 집단으로 묶일 수 있다. 그러나 패니 파딩 자전거에 대해서 여성은 소비자 집단으로 함께 묶을 수 없다. 그들은 그 인공물에 대해서 다른 소비자들(남성)과 동일한 의미를 부여하지 않았다.

19세기 높은 앞바퀴 자전거는 여러가지 의미로 해석되었다. 당시 이 자전거를 사용하는 사회집단은 전문직업인, 회사원, 교사와 같이 요령과 담력을 가진 젊은 남성들이었다. 이들은 주로 스포츠를 위해서 자전거를 사용했다. 여성을 위한 자전거로는 세발자전거가 있었다. 그러나 일부 엔지니어들과 생산자들은 여성이 잠재적으로 두발자전거 사용자가 될 수 있다는 점을 주목했다. 당시 여성들은 앞바퀴가 큰 자전거에 대해서 안전문제와 의상문제('긴치마가 앞바퀴에 걸린다')를 제기했다.

"경제력이 있는 젊은 남성 집단에게 있어서 속도가 빠르고 앞바퀴가 큰 자전거는 매력적이고 '남성적인' 인공물이었다. 그러나 여성 및 노인 집단에게 그 자전거는 안정성이 결핍된 인공물이었다. 그 자전거는 '남성다운' 기계이자 '불안전한' 기계였다. 전자의 집단은 높은 앞바퀴 자전거의 설계를 유발했다면 후자 집단은 앞바퀴를 낮추고 안장을 뒤로 이

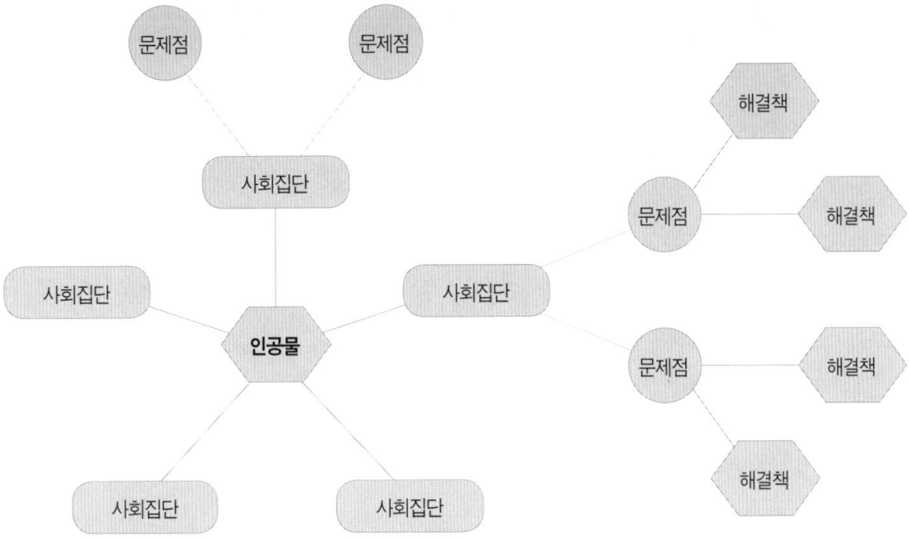

[그림 1-6] 인공물과 연관사회집단의 관계, 한 사회집단이 제기하는 문제점은 여러가지일 수 있다. 그리고 그 문제점에 대한 해결책도 매우 다양할 수 있다.

동시키고 바퀴 구동 순서를 변경하는 설계를 압박했다."

한편 다소 불분명한 의미를 부여하는 집단들도 있었다. 당시 '자전거 반대자들(anticyclists)'은 자전거에 대해서 비웃으면서 갈채를 보내거나 또는 돌을 던지는 등 혐오하는 행위까지 매우 다양하게 행동했다. 그들도 자전거라는 인공물에 분명히 어떤 의미('자전거는 나쁘다')를 부여하고 있었다.

특정 인공물에 대한 연관사회집단을 규정하고 나면 그 집단들이 그 인공물에 대해서 부여했던 문제점들을 정리해 볼 수 있다. 그리고 각 문제점에 대한 여러 해결책들을 열거해 볼 수 있다. 하나의 문제점을 어떻게 해결할 것인지도 하나의 방법만 존재하는 것이 아니기 때문이다. 안전문제에 대한 해법으로 어떤 엔지니어는 앞바퀴는 낮추는 방법을 채택했고 다른 엔지니어는 브레이크를 장착하는 방법을 고안해냈다.

특정 인공물에 대한 사회집단의 형성, 각 사회집단이 제기하는 문제점, 그 문제점에 대한 기술자(기업)의 해결책을 모두 연결하면 여러 연관사회집단들 사이의 갈등과 변이 과정을 들여다 볼 수 있다. 19세기 말 높은 바퀴 자전거가 지배적인 모델이 되었던 것은, 당시 자전거의 주 소비자였던 경제력이 있는 젊은 남성들이 자전거를 '남성적이고 속도가 빠른 인공물'로 규정했기 때문이다.

젊은 남성 집단의 의미부여는 앞바퀴가 큰 자전거(바퀴의 반경을 확대하면 동일한 각속도에서도 지면에 대한 전진 속도가 빨라진다)의 개발을 유발했다. 당시 자전거 경주대회가 유

[그림 1-7] 로슨스 자전거(Lawson's cihain-driven Bicyclette, 1879)

행했고 경주에서 승리하기 위해서 속도는 중요했기 때문에 자전거 애호가들에게 자전거의 속도는 자전거를 구매하는데 있어서 중요한 요소였다. 속도를 중요하게 여기는 애호가들에게 안전문제는 덜 중요했다. 때로 안전을 고려한 자전거는 속도라는 측면과 상충되는 것으로 생각되기도 했다.

속도가 빠르고 앞바퀴가 높은 자전거는 안전하지 않았다. 특히 당시에는 도로 상태도 좋지 않았다. 패니 파딩 자전거는 사회적 갈등과 문제를 일으켰다. 그로인해 심지어 윤리적 성격-예를 들어 바지를 입은 여성에 대한 태도의 변화-에 이르기까지 다양한 변화가 일어났다. 그 발전 과정을 따라가면 상이한 인공물이 안정화되는 정도가 증가하기도 하고 감소하기도 했다. 안전 자전거의 발명은 특정 시기의 특정 사건으로 한정된 것이 아니라 1879-98년 사이 약 20년에 걸친 과정이었다.

그 과정에서 다소 이상한 모양을 한 로슨스 자전거(Lawson's Bicyclette)도 있었는데, 이 자전거는 앞바퀴가 약간 낮아졌고 뒷바퀴 체인에 의해 구동되었다. 그 외에도 무수히 많은 자전거 변종들이 등장했다. 이 시기가 끝나갈 무렵 '안전 자전거'라는 말은 낮은 바퀴에 뒷바퀴 체인 구동, 다이아몬드형 차체, 공기 타이어를 구비한 오늘날과 유사한 자전거를 지칭하는 것이 되었다.

안전 자전거의 혁신 과정에서 사람들이 자전거에 대하여 해석하는 방식이 상이했고 문제를 해결할 목적으로 등장한 자전거들의 설계 방식도 다양했다. 인공물을 설계하는 방식은 유일한 최상의 방식이 존재하지 않았다. 패니 파딩 자전거의 안전성을 문제삼는 집단이 없었다면 안전 자전거로의 경로는 형성되지 않았을 수도 있다.

공기타이어의 해석적 유연성

하나의 인공물에 대해서 해석적 유연성이 발생하듯이 문제 해결책에 대한 해석 과정에도 해석적 유연성이 출현한다. 공기 타이어에 대한 해석도 처음부터 긍정적이었던 것은 아니었다.

안전 자전거를 만들기 위해서 개발자들은 앞바퀴를 낮추었다. 그러자 속도가 나지 않았을 뿐만 아니라 진동이 발생했다. 그래서 진동문제를 다시 해결해야 했다. 이 때 등장한 것이 공기 타이어였다. 당시 공기 타이어는 거친 도로를 통과할 때 필요한 장치로 고안되었고, 특히 어린이용 세발자전거, 환자용 의자, 앰뷸런스 등 차량에 주로 사용되었다.

존 보이드 던롭(J. B. Dunlop)은 공기타이어를 자전거의 진동문제 해결책으로 개량했다. 당시 진동문제의 해결책으로 공기 타이어 외에도 스프링 장착, 안장, 조향 핸들 장치 등이 개발되었다.

당시 공기타이어에 대한 사람들의 생각은 다양했다. 어떤 사람들에게는 공기 타이어가 외양을 나쁘게 하고 낮은 바퀴의 차량을 더욱 불안하게 만드는 것으로 보였다. [그림 1-8]에서처럼 초기 공기타이어는 볼품없이 보인다. 어떤 사람들은 진흙 길에서 미끄러지기 쉽고 널리 사용되지 않을 것이라고 예견했다.

그런데 어느 순간 경주용 자전거 애호가들은 공기 타이어를 장착한 자전거를 받아들였다. 공기 타이어 자전거가 자전거 경주대회에 출전했고 빠른 속도로 우승했기 때문이다. 이제 사람들은 공기 타이어 자전거를 속도문제 해결책이라고 생각하게 되었다. 그들에게 진동문제는 원래 관심사가 아니었다. 그들은 공기타이어 자전거가 등장하기 전에 앞바퀴가 낮은 자전거를 타지 않았기 때문에 진동문제를 알지 못하며, 따라서 진동문제를

[그림 1-8] 존 보이드 던롭이 공기타이어를 시험하고 있다(1887)

제기한 적도 없다. 그들에게 공기타이어는 속도를 개선하는 장치로만 이해되었다. 그 결과 연관사회집단 사이에 공기타이어에 대한 수용 의사가 넓게 형성되었다.

종결과 안정화

인공물에 대한 논쟁이 종결되면 그 인공물은 안정화된다. 이것을 '블랙박스(black-box)'화 된다고 말한다. 공기타이어를 장착한 안전 자전거가 자전거 경주에서 승리한 이후 공기 타이어에 대한 논쟁은 사라졌다. "공기 타이어는 진동문제를 제기한 집단에서는 진동문제의 해결이었지만, 속도를 중요시하는 집단에게는 속도문제 해결책으로 '번역'되었다." 이처럼 공기 타이어가 해결해야 하는 핵심 문제점이 '재정의'되면서 연관사회집단 사이 논쟁이 종결되었다.

이런 종결은 필연적인 것은 아니며 영구적인 것도 아니다. 자전거의 속도가 자전거에게 요구되는 미덕의 전부는 아니다. 자전거 경주는 사실 자전거의 '실제' 속도를 검사하는 방법도 아니다. 경주용 트랙은 이상적인 공간으로서 일상적인 도로 조건과도 상이하다. 그럼에도 불구하고 자전거 경주는 그런 기능을 한다고 간주되어왔고 논쟁 종결을 촉발했다. 그렇게 종결된 자전거에게는 사회적 차원에서 '안전 자전거'라는 이름이 명명되었다.

또 다른 사례, 기계설계의 사회적 선택

19세기에 기계 가공의 기술적 진보는 공작기계(Machine Tool)를 자동화했던 혁신적인 기계공들 덕분이었다. 공작기계는 '기계를 만드는 기계(Mother Machine)'다. 공작기계의 기본 작동은 크랭크, 지레, 핸들을 사용하여 기계공들이 자신의 의도를 기계로 전달하는 것이다. 기계로부터의 피드백은 기계공의 감각을 통해 이루어졌다. 숙련 기계공이 공작기계를 적절하게 설정해주면 덜 숙련된 기계공도 그 공작기계를 사용하여 기계를 제작할 수 있었다.

현대 산업에서 공작기계는 더욱 자동화되었다. 이제 공작기계는 컴퓨터 명령 모듈과 같은 저장 매체 안에 정밀하게 프로그램된 명령에 의해 작동한다. "공작기계의 자동화는 크게 두 과정으로 이루어진다. 첫째는 매체로부터 정보를 얻어내는 과정이고, 두 번째는 공작 기계로 정보를 전달하는 과정이다. 첫 번째 과정은 테이프 판독이고 두 번째 과

[그림 1-9] 19세기 공작기계(위) 수치제어 공작기계(아래) [자료: 위키피디아]

정은 기계제어에 해당한다. 여기서 결정적인 것은 첫 번째 과정이다. 기계 제어는 기존의 기술을 확장하여 해결할 수 있었지만 테이프를 제작하는 일은 단순한 확장만으로 해결할 수 없었다."

해결책으로 제시된 것이 1940년대 중반 제너럴 일렉트릭과 일부 기업들이 개발했던 기록재생 시스템(Record Playback System)이었다. 이 시스템은 기계공이 부품을 제작하는 동안 기계공의 명령에 따라 작동하는 기계의 동작을 자기 테이프에 기록한다. 첫 부품이 제작되면, 테이프의 기록에 의해 기계 작동이 재생될 수 있고 자동적으로 동일 부품들이 생산될 수 있다. 그런데 이 기술은 오래 지속되지 않았다.

다음에 등장한 해결책이 수치제어 시스템(Numerical Control System)이었다. 미공군의 하청계약자인 존 파슨스의 아이디어를 기반으로 MIT 서보 메커니즘 연구소가 개발했다. "설계도에 포함된 정보는 부품에 대한 수학적 표현이고, 절삭공구를 인도하는 것도 수학적 서술이며 모든 지시사항도 간단한 숫자 부호로 변경된 후 기계 제어를 위한 전기적 신호로 번역되었다. 기록재생 시스템의 원천이 기계공의 실천으로부터 온다면 수치제어 시스템은 그것을 우회하려는 것이었다."

데이버드 노블에 따르면, 기록재생(RP) 시스템 보다 수치제어(NC) 시스템이 선택된 과정은 단지 기술적 우월성이나 경제적인 효율성만으로 설명되지 않는다. 특히 인간의 능력을 신뢰하지 않고 인간의 판단을 오류로 간주하는 통제 이데올로기가 기술 채택의 동기로 작동했다. 이 이데올로기는 자본주의적 생산양식에서 온 것이었다. 기계공에 대한 불신은 자본의 노동에 대한 불신이 표상된 것이다. 기계가 인간의 오류와 불확실성을 제거한다는 주장은 자본의 노동 의존도를 최소화하려는 의도였다. 수치제어 시스템의 선택은 자본주의 생산 과정에 내재되어있던 적대적인 사회적 관계를 반영한 것이었다.

기록재생(RP) 시스템은 기술적인 차원에서가 아니라 개념적인 차원에서 생산에 대한 경영진의 통제를 만족시킬 수 없었다. 제너럴 일렉트릭 엔지니어들은 "경영진은 수치제어(NC)를 더 좋아했다. 사무실에 앉아서 원하는 것을 지시할 수 있기 때문이다"고 증언했다.

경영진은 수치제어 방식이 생산에 대한 그들의 권위를 고양시키는 잠재력이 있음을 발견했다. 당시 경영진의 주요 관심은 통제의 권한을 작업장에서 사무실로 이전하는 것이었다. 그들은 비용효과때문에 수치제어 방식을 선택한 것이 아니었다.

사실 수치제어 시스템도 원천적으로 숙련노동자집단의 실행을 표준화함으로써 내장되어야 할 수치(기호)를 생성할 수 있다. 그런 점에서 수치제어 시스템도 숙련노동자에게 의존하는 것이었지만 그 부분은 은폐되었다. 단지 인간 노동자의 개입을 최소화하고 기계를 중심으로 배치된 공장시스템이라는 점만 강조되었다. 그런 설명이 경영진에게 더 많은 통제권을 부여할 수 있기 때문이었다.

사람들은 여전히 수치제어(NC)방식이 기록재생(RP)방식보다 더 훌륭한 기술이었기 때문에 성공했을 것이라는 믿음을 버리지 못할 수 있다. 그러나 기록재생(RP) 방식은 결코 덜 좋은 방식이 아니다. 기록재생(RP) 방식이 여전히 사용되는 사례를 통해서 알 수 있다.

예를 들어서 요리하는 로봇, 몰리(Moley)는 유명한 요리사들의 요리 실행 과정을 저장하고 그 기록을 재생하는 방식으로 요리를 한다. 수치제어(NC) 방식이 기록재생(RP) 방식보다 훌륭하다면, 요리 로봇 개발자들은 왜 수치제어(NC) 방식을 도입하지 않고 기록재생(RP) 방식을 채택했을가? 수치제어(NC) 방식이 매우 제한적인 환경에서만 사용가능하기 때문이다. 요리는 불확실성이 높은 실천이다. 재료에 쓰이는 감자 하나도 모두 다 다르다. 공작기계의 자동화 과정에서 단지 수치제어(NC) 방식은 더 훌륭했기 때문에 선택된 것이 아님을 추론할 수 있다.

사회문화적 맥락

기술적 인공물은 기능적 기술만이 아니라 광범위한 사회정치적 문화적 환경과 관련되어 있다. 사회집단의 사회문화적, 정치적 상황은 그 집단의 규범과 가치를 형성하고, 결과적으로 그런 맥락은 사회집단이 인공물에 어떤 의미를 부여할지를 형성한다. 기술의 사회구성주의(SCOT) 설명 모델은 사회적 의미가 기술의 발전 계보를 구성하는 방식에 주목함으로써 기술과 사회(환경)의 관계를 효과적으로 분석할 수 있었다.

기술은 '외부로부터' 인간의 사건에 영향을 미치는 독립적이고 자율적인 힘이 아니라, 사회적 과정의 산물로서 사회 집단의 특정한 목적을 위하여 실행되는 역사적 활동이다. 그러므로 기술은 단선적으로 발전하지 않는다. 특정 집단의 의도, 이념, 사회적 지위, 다른 집단과의 관계 등을 반영하는 사회적 선택에 의해서 어떤 기술은 채택되고 어떤 기술은 무시된다.

[참고문헌]

송성수 편저. 1999 〈과학기술은 사회적으로 어떻게 구성되는가〉. 새물결.

노블, D. F. 1995. "기계 설계에 있어서 사회적 선택". 〈우리에게 기술이란 무엇인가〉 송성수 편역. 녹두출판. 199-236.

Winner, L. 1980. Do Artifacts Have Politics, Daedalus, 109(1): 121-136.

Pinch, T. and Bijker, W. (1989), The social Construction of Facts and Artifacts: Or How the Sociology of Science and the Sociology of Technology Might Benefit Each Other, in *The Social Construction of Technological Systems: New Directions in the Sociology and History of Technology*, The MIT Press.

3 인공물도 행동하나

'행위자 연결망 이론(Actor-Network Theory, ANT)'은 비교적 최근에 등장했지만 꾸준히 호응을 얻어가고 있다. 1980년대 중반, 미셸 깔롱과 브뤼노 라투르(M. Callon & B. Latour)의 주도로 등장한 행위자 연결망 이론(ANT)은 기존의 사회구성주의의 한계를 지적하면서 이를 극복하려는 새로운 접근이었다.

ANT 역시 구성주의의 토대 위에서 성장했는데, 사회구성주의가 사회의 역할을 강하게 강조했다면, ANT는 사회와 과학기술의 상호적 구성에 주목했다. 사회는 과학기술을 형성하고 구성하지만 과학기술 역시 사회를 형성하고 구성한다는 것이다. 그런 맥락에서 ANT는 사회(인간)의 능동성만이 아니라 과학기술(인공물)의 능동성도 동등한 정도의 의미를 부여한다.

칼롱과 라투르는 기존 이론들이 자연과 사회라는 이분법적이고 근대주의적 인식론에서 벗어나지 못하고 있다고 비판했다. 이분법적 근대 인식론에서는 인간에게만 능동적 행위능력을 부여할 뿐 동물이나 사물 등 비인간(non-human)은 수동적 존재로 보기 때문에 사회적인 원인으로만 설명하는 환원주의에 빠진다는 것이다.

인간이 아닌 자연물이나 인공물 같은 비인간에게 능동성을 전제하는 생각은 이론 연구자에게도 익숙하지 않다. 마치 모든 자연물에 영적 힘이 깃들어 있다고 믿었던 근대 이전의 애니미즘(Animism) 사상과도 닮았다. 전혀 '과학적 설명'처럼 보이지 않는다. 그럼에도 불구하고 오늘날 ANT 설명모델은 과학기술학을 넘어서 다양한 학문 분과로 확산되고 있다.

근대적 사유를 넘어서

ANT는 과학기술 영역을 넘어서 근대 세계 전체의 성격을 해부하면서 소위 "비근대주의(NonModernism)" 철학으로 확장해 갔다. 라투르의 저서 〈우리는 근대적이었던 적이 없

"공기펌프 실험 논쟁" 또는 "홉스-보일 논쟁"

홉스(T. Hobbes)는 사회 질서를 고안하고 실현하려는 정치철학자이고, 보일(R. Boyle)은 자연에 관한 지식을 추구하는 실험과학자로 알려져 있다. 두 학자는 17세기 후반 실험과학의 등장을 두고 격론을 벌였다. 당시 정치와 과학 실험은 분리되지 않은 영역이었다. 이 논쟁은 결국 보일의 승리로 귀결되었다. 그 결과 정치와 과학은 분리되었다.

[그림 1-10] 조지프 라이트 1768년작, '공기펌프 실험', 공기펌프의 진공을 증명하기 위해서 투명한 펌프 용기 안에 새를 넣는데, 곧 새는 질식해서 죽게 된다. 한 소녀는 새의 죽음을 보며 눈을 가리고 있다.

보일은 '객관적인 사실'을 만들어낼 수 있는 '실험 프로그램'을 지향했다. 공기펌프와 같은 실험 장치는 실험 결과를 객관화하고 실험의 성패를 가늠하는 기준이 되었다. 실험의 성공은 주관적인 실험자의 개입이 아니라 객관적인 실험기구로부터 나오는 것으로 보이도록 구현되었다. 보일은 실험을 공적인 자리에서 재연함으로써 과학 실험을 집단적인 체험으로 만들었다. 실험을 목격한 집단은 실험의 객관성을 보장하는 역할을 했다. 보일의 실험실은 사실의 생산 과정이 목격될 수 있는 공적 공간이 되었다.

한편 홉스는 보일의 공기펌프에서 진정한 진공이 만들어진 적이 없었다고 비판했다. 홉스는 보일의 공기펌프에 새는 곳이 많다고 지적했다. 과학 실험에서 재현은 중요한 미덕이라고 실험과학자들이 주장했던 것과 달랐다. 보일은 공기펌프를 계속 개조해 복제가 어려웠기 때문에 다른 사람들이 보일의 주장을 검증하는 것도 어려웠다. "불완전한 기계로 수행하는 불완전한 실험이었다."

당시 사회는 홉스식 절대주의 보다는 보일식의 경험주의를 지지했다. 실험과학은 근본적으로 불안정했기 때문에 정당화가 필수적이었는데, 실험적 증거 이상의 '정치'를 필요로 했다. 실험 장치를 중요한 실험 준거로 내세우고 목격자를 두어 실험의 정당성을 확보하는 절차는 모두 정치적 과정이었다. 사실 실험 과학은 사실 결코 정치로 부터 분리된 적이 없다.

shapin & schaffer, 1985

었다(We have naver been modern)〉에서 그는 근대 세계의 이원적 존재론의 역사적 기원으로 철학자 데카르트와 칸트 그리고 사회학자 뒤르켐을 지적했다.

데카르트는 몸-마음 또는 물질-의식을 분리하여 마음(의식)에 중요성을 부여했다. 이

후 데카르트의 이분법은, 칸트 철학에서 객체-주체 이분법이 되었고, 뒤르켐의 사회학에 이르러서는 자연-사회의 이분법이 되었다. 근대주의(modernism) 세계관에서 자연(몸, 물질, 객체)은 물리법칙이 지배하는 비인간의 세계이며, '사실'의 세계이고, 사회(마음, 의식, 주체)는 영혼과 자유의지가 작동하는 인간의 세계이며, '가치'의 세계였다.

그 결과 인간에게만 행위능력을 부여하고 비인간은 아무런 능동성도 없는 것으로 간주하는 근대인의 뿌리 깊은 인간중심적 인식이 형성되었다. 이러한 이분법이 근대 초기 강하게 형성되었는데, 과학 영역과 정치 영역을 서로 다른 두 개의 세계로 분리했다. 결정적 계기는 17세기 토마스 홉스와 로버트 보일 사이에 있었던 "공기펌프 실험 논쟁"이었다.

라투르는 "실험실 연구"와 같은 경험적인 민속지적 연구를 통해 근대의 이분법적 전통을 뒤엎고자 했다. ANT 연구자들은 사회과학이 기술과 자연과학으로 향하도록 길을 열었다. 사실 기술과 자연과학은 사회와 분리할 수 없으며 사회의 중심을 이루고 있다. ANT의 접근법과 관련 용어를 차용한다면 현대 과학기술의 현상을 해석하는데 도움이 될 것이다.

주변의 사소한 사물들을 해석하기

라투르는 안전 벨트, 도로 방지턱, 문 경첩, 문 닫힘 장치 등 우리가 무심코 흘려지나가는 주변의 사소한 사물들에 대해서 새로운 시각으로 해석해준다. 우리도 라투르의 방식으로 주변의 사물들을 관찰하기 시작한다면 ANT를 쉽게 이해할 수 있다. 이 방법은 우리를 ANT의 세계관에 익숙하도록 만들어 줄 것이다.

예를 들어서, 우리는 자동차를 타고 안전벨트를 매지 않으면 경고음이 듣게 된다. 우리는 귀찮기도 하고 기분이 나쁠 수도 있지만 그런 경고를 순순히 받아들인다. 안전벨트 매기를 무시할 수도 있지만 그 경고를 받아들이는 것이 우리를 더 안전하게 할 것이라는데 동의하기 때문이다. 사실 자동차의 경고음은 우리 사회의 합의를 위임받은 결과다. 우리는 그런 합의에 직접적이건 간접적이건 동의했다. 그것이 사회적 동의가 되어 인공물 속에 내장되는 순간 우리는 인공물의 지시에 자발적으로 순종한다. 그렇게 자동차의 경고음은 '안전벨트를 해야 한다'는 우리 사회의 도덕성을 구현한다.

도로 방지턱은 운전자에게 감속할 것을 '명령'한다. 운전자는 감속하지 않을 경우 자동차 바닥이 방지턱에 닿게 되어 망가질 것을 알고 감속하게 된다. 방지턱의 존재는 그 어떤 규칙보다도 즉각적인 효과를 낸다. 방지턱을 무시하고 지나가는 일은 특수한 상황에

ANT의 주요 개념들

ANT는 인간/비인간을 구분하지 않고 동등한 행위자로 설명하기 때문에, 인간중심의 근대적 사고방식에 익숙한 우리들에게 난해할 수도 있다. 이하 ANT의 주요 개념 소개는 김환석의 논문(2009)을 참조했다.

- 행위자(actor) : '행위자'는 "어떤 행위를 하는 실체들(entities that do things)"이다. 이미 수립되어 있는 실체들로부터 출발하는 대신에, ANT는 한 행위자가 존재하기까지 겪는 복잡하고 논쟁적인 과정에 초점을 맞춘다. '그것이 무엇이냐?'라는 정의는 처음부터 존재하는 것이 아니라, 이른바 '시험'을 통해 나타내는 '성능들'에 의해서 정의되며, 그 결과로써 그것의 '능력' 혹은 '본질'이 연역되는 것이다.

- 연결망(network) : '연결망'이란 용어는 "그 성격이 아직 미결정된 실체들 사이의 비구체화된 관계들의 집합"이다. 연결망은 인간(사람)과 비인간(사물) 동맹을 연결한다. 어떤 사실이나 인공물의 발명, 구성, 분배 및 사용에 관여된 모든 행위자들이 연결망에 포함된다. 행위자와 연결망은 서로가 서로를 구성한다. 행위자는 연결망이 없이는 행위할 수 없고, 연결망은 행위자들로 이루어져 있다. 행위자와 연결망은 서로를 지속적으로 재규정하면서 서로에게 의존한다.

- 기입(inscription) : 어떤 실체가 기호, 기록, 문서, 논문, 흔적 등으로 구현되면서 겪는 모든 종류의 변형들이 바로 '기입'이다. 모든 행위자는 '기입'을 통해서 자신의 의지를 다른 행위자에게 번역(확산)하려고 시도한다. ANT 관점에서 볼 때, 모든 행위자는 우선 기입되어야 한다. 그런 점에서 볼 때 모든 행위자는 기호적 존재(semiotic being)다.

- 번역(translation) : '번역'은 다른 행위자들에 의한 치환을 의미한다. 행위자들은 자신의 다양하고 모순적인 이해관계를 수정하고 치환하며 위임하는 번역의 연쇄라는 형식으로 존재한다. 보다 일반적으로 말해서 번역은, 어떤 행위자가 다른 행위자를 대신해서 말하거나 행동할 수 있는 권위를 갖게 만드는 모든 형태의 협상, 음모, 계산, 설득과 폭력 행동들을 지칭하는 것이다. 번역은 권력을 창출하는 정치적 성격의 행위다. ANT는 스스로를 '번역의 사회학'(sociology of translation)이라 부르기도 한다.

놓였을 때 뿐일 것이다. 결과적으로 도로 방지턱은 운전자의 도덕성을 보증해준다. 오늘날 우리의 도덕성의 상당 부분은 이런 인공물들에 의해서 구현되고 있다. 우리는 이 부분을 무시할 수 없다.

출입문 위에 부착된 닫힘 장치는 누군가가 나가면서 의식적으로 문을 닫지 않더라도 자연스럽게 문이 닫히도록 해준다. 그래서 문을 닫지 않고 나간 사람을 책망할 필요가 없어진다. 문지기를 고용할 필요도 없어진다. 원래는 인간이 처리해야 하는 일이었지만 닫힘 장치에게 위임됨으로써 인간이 수행해야 하는 역할이 생략될 수 있다. 물론 그 장치는 문지기처럼 '완전하게' 그 일을 수행하지는 못한다. 문지기는 그 문을 통과할 자격이 있는 사람을 구분할 수도 있고 언제 문을 닫아야 하는지도 안다.

우리는 비인간에게 많은 것을 위임해 왔다. 단지 힘으로 하는 것만이 아니라 가치, 의무, 윤리에 관한 일도 위임해왔다. 이처럼 작은 인공물들조차도 인간의 행동의 변화를 불러일으킨다. 라투르는 그동안 사회적 현상을 연구할 때 인간의 행동만 연구하고 사물의 행동은 배제함으로써 충분히 설명되지 못한 것이 있었음을 알려주었다. 그동안 설명되지 못한 부분, '잃어버린 양(missing mass)'을 채우기 위해서 우리는 비인간(nonhumans)에게 관심을 돌려야 한다. 마치 물리학에서 우주의 암흑물질의 양을 계산하지 못한 것과 같이 사회이론 내에서도 인공물이 수행하는 분량을 계산하지 못하고 있다는 것이다.

더 나아가 세포나 분자와 같은 자연물들도 능동성을 가지고 있어서 인간 행위자에게 일정한 영향을 준다. 실험실에서 과학자와 실험장치(인공물)만이 아니라 실험 대상(자연물)도 다른 행위자와 상호작용하고 있다. 실험 대상(자연물)의 능동성은 실험 대상이 과학자의 실험을 쉽게 허락하지 않는 형태(실험자와 실험대상 사이의 '힘겨루기')로 출현한다. 과학자(인간행위자)는 실험장치와 그리고 실험대상(비인간행위자)과 힘겨루기를 통해 진정한 연결망을 구성할 수 있다.

권력 설명 모델

ANT에서 가장 인상 깊은 부분은 권력에 대한 설명이다. 라투르에 따르면, "권력은 소유할 수 있는 것이 아니다". 권력은 행동의 원인이라기보다는 그것의 결과다. ANT는 권력 확산모델(a diffusion model)보다는 번역모델(translation model of power)로 권력의 형성을 설명한다.

확산모델은 우리가 잘 알고 있는 전통적 설명 방식이다. 이 모델에 따르면 하나의 질서가 충실히 집행되면 '권력자'가 권력을 많이 가졌다고 말하고, 그렇지 않으면 그가 많은 저항에 직면했다고 설명한다. 확산모델은 사회질서(주장)가 물리적 관성과 유사한 내적 힘(an inner force)이 있다고 전제한다. 어떤 사회질서(주장)를 토큰이라고 명명해 보자. 관성의 원리에 따라 그 토큰은 달리 장애가 없다면 같은 방향으로 이동할 것이다. 이런 확산모델에서 '내적 힘'의 방향은 일정할 것이므로 토큰의 역동적 변화를 설명할 수 없다.

반면에 번역 모델에서 권력은 해당 정치사회적 구조에 많은 행위자들을 등록(기입)함으로써 구성된다. 권력은 이미 존재하는 '사회'에 의해 축적되거나 권력을 가진 특정한 사람(무엇)으로 정의되지 않는다. 번역모델에서 권력은 누군가에 의해서 소유되거나 축적될 수 있는 것이 아니다. 다만 상호작용적 실행 속에서 구성되고, 유지될 수 있을 뿐이다.

여기서 권력은 역설적이다. 흔히 말하는 '권력자'는 권력을 소유하지 않는다. 반대로 연결망 속 다른 사람들이 '권력'을 소유한다. 이 역설은 그 권력을 이해하기 위해서 독재자, 관리자, 우두머리를 관찰하는 것으로 알 수 없고 오직 그들에게 복종하는 사람들의 행동에 의해서만 설명될 수 있다. '권력자'의 권력은 그 '권력자'로부터 나오는 것이 아니라 권력자가 아닌 사람들이 '권력'을 인정하고 번역하고 전달할 때 형성된다.

번역모델에서 주장, 질서, 인공물, 상품의 시공간적 확산은 연결망의 매듭에 위치해 있는 행위자들의 손에 있다. 사람들은 저마다의 방식으로 행동하기 때문에 토큰(주장, 질서, 인공물 등)의 속도와 방향을 미리 알 수 없다. 사람들은 때로는 토큰을 떨구기도 하고 때로는 수정하거나 우회하거나 배반하거나 추가한다. 행위자들이 하나의 질서(토큰)를 충실히 전달하는 일은 드문 일이다. 다시 말해, 토큰의 확산을 설명하는 내적 관성은 없다. 만약 전달받은 토큰을 누구도 다음으로 전달하지 않는다면 그 권력은 정지한다.

토큰(질서 등)의 이동은 연결망 속에서 무엇인가를 하고 있는 모든 행위자들에 의해 토큰에 주입된 에너지의 결과이다. 연결망 속의 행위자들은 토큰의 존재와 유지를 위한 필수적인 무엇인가를 하고 있다. 그 연결망은 무엇인가를 전달하는 행위자들에 의해 만들어진 것이다. 결과적으로 토큰은 모든 행위자들의 손에 달려 있다. 토큰은 '손'에서 '손'으로 이동하면서 변이한다.

권력의 연결망은 사람들이 자신의 목적을 달성하기 위해 그 질서를 수정하고 변형시키려는 행위들로부터 만들어진다. 권력은 수많은 상이한 사람들에 의해 완전히 다른 것으로 서서히 변화될 수 있다. 권력은 그들의 행동의 결과이며 효과이다. 따라서 권력은 저장되지 않는다. 권력은 연결망 속 참가자들에 의해 될 수 있을 뿐이다.

따라서 권력의 개념은 잠재적으로 비어있는 것이다. 그 내부에는 아무 것도 없다. 다만 그 권력에 동조하는 사람들의 실행에 의해서 '실재하는 것'으로 부상한다. 소위 '권력의 저수지'는 사람들에 의해서 착실히 가득 채워지는 동안은 권력을 필요로 하지 않는다. 그들이 충실히 권력을 전달하기 때문에 권력을 사용할 필요가 없다. 그런데 사람들이 그것을 더 이상 채우지 않아서 '권력자'가 그것을 필요로 할 때는 그 저수지가 비어 있을 때다. 비어 있기 때문에 그 권력은 더이상 작동할 수 없다. 이 역설을 빠져 나올 방법은 없다!

번역의 과정, 4가지 계기들

행위자-연결망은 기본적으로 행위자들의 '번역' 행위에 의해서 생성된다. 그러면 번역의 구체적 과정은 어떻게 이루어지는가?

(1) 문제화 단계: 문제화란 어떤 행위자가 문제를 제기하는 단계다. 문제화에 성공한다면 그 행위자는 해당 연결망에서 '필수통과지점(obligatory passage point: OPP)'이 될 것이다. 이로써 그는 동맹의 형성을 가능하게 하고 목표를 성취하는 데 필요한 자원에 대해 통제권을 갖게 한다.

(2) 이해관계 부여 과정 : 문제화를 통해서 행위자들과 필수통과지점이 규정되면, 해당 문제를 겪고 있는 행위자들이 다른 경쟁적 연결망과의 관계를 끊어야 한다. 이로써 행위자들은 자신들의 정당성에 도전할 수 있는 다른 동맹이나 간섭의 가능성을 막을 수 있다. 그 결과로 그들의 정체성은 강화된다.

(3) 번역 단계 : 연결망 내에서 각 행위자에게 역할이 부여되는데, 이를 그 행위자가 받아들이면 동맹이 실현된다. 이 단계가 성공적이면 협상과 양보의 과정을 통해 해당 동맹이 공고화된다.

(4) 동맹자 동원하기: 어떤 프로젝트가 성공하려면 이러한 동원화가 반드시 일어나야 한다. '동원'한다는 것은 이전에는 움직일 수 없었던 것들을 이제 움직일 수 있게 되었다는 것을 의미한다. 이 연결망 속의 모든 존재들은 일단 무엇(기호)인가로 번역·치환되었다가, 원하는 장소와 시간에 재조립이 될 수 있다.

'실재(reality)'라는 것을 믿는가?

ANT에 따르면, '실재(reality)'란 이상과 같은 번역 과정을 통해서 협상된 결과다. 사회와 마찬가지로 과학도 행위자들의 연결망으로 형성된 권력의 한 형태다. 사회적 권력과 마찬가지로 과학의 권력도 같은 방식으로 작동한다.

브뤼노 라투르의 책 함께 읽어보기

ANT에 관한 더 상세한 내용을 알고자 한다면, 최근 번역된 라투르의 책, <판도라의 희망: 과학기술학의 참모습에 관한 에세이>와 <실험실 생활: 과학적 사실의 구성>을 추천한다. 특히 이 책에는 각각 식물학자/토양학자와 신경물질 연구자들이 과학적 사실('실재')을 형성하는 과정을 보여준다. 마치 과학자들의 연구 과정을 함께 관찰하는 듯이 생생하다.

그 외 이론 부분은 초보자가 혼자 읽기에는 다소 어렵다. 혼자 읽는 것보다 그룹으로 함께 읽고 토론하는 방식을 권장한다. 이 이론이 우리에게 낯설기 때문에 신선하기도 하고 어렵기도 하다. 이 이론은 지금도 구성 중이다.

과학자의 주장은 실험 대상물과 실험장치, 논문 등 여러 행위자로 구성된 행위자연결망 안에서 힘겨루기와 동맹에 의해서 결합되고 채택되고 번역되고 전달되는 가운데 '실재'인 것으로 부상하게 된다. 그 '실재'는 다시 실험실 밖의 사회라는 더 큰 연결망 속 행위자들에 의해서 채택되고 번역되고 전달되는 가운데 더 강한 '실재'로 구성된다. 과학자의 주장이 '실재'인 것으로 승인되는 순간 그의 주장은 힘(권력)을 가지게 된다.

그러므로 그 '실재'라는 것은 언제든지 부서질 수도 있는 것이다. '실재'란 외부로부터 주어진 절대적인 것이 아니라, 행위자들의 동맹에 의해서 형성되었기 때문이다. 물론 그들의 동맹은 나름의 정합적 과정을 통해서 형성되었기 때문에 어느 정도 안정성과 지속성을 지닌다. 라투르의 책 〈판도라의 희망〉은 그 과정을 상세히 따라가면서 설명하고 있다. 라투르의 과학적 실재에 대한 해석은 앞서 하이데거가 '진실의 드러냄(revealing of truth)' 또는 '진실의 형식(mode of truth)'이라고 명명했던 것과 유사하다. 과학은 진실을 드러내는 기술이다.

이 설명 모델은 기술적 인공물에도 그대로 적용가능하다. 특정한 인공물이 일련의 행위자들에게 자신의 존재를 주장하면서 다가갈 때 행위자들은 그 인공물을 저마다의 방식으로 번역하고 전달함으로써 연결망을 형성할 수 있다. 물론 아무 것도 하지 않을 수도 있는데 그렇게 되면 그 인공물이 가지는 힘은 정지할 것이다. 만약 연결망을 형성하는데 성공한다면 그 인공물은 그 연결망 안에서 힘을 가지게 된다. 그 인공물의 권력은 그 인공물 자체에 내장되어 있는 것이 아니라 그 인공물을 받아들이는 연결망 속의 행위자들로부터 나온 것이다.

우리는 번역 모델을 스마트폰과 같은 인공물에 적용해 볼 수도 있다. 우리는 스마트폰을 저마다의 방식으로 사용하고 그에 관한 견해를 전달함으로써 이 연결망 속의 행위자가 된다. 스마트폰의 행위자들은 매우 빠르고도 열광적으로 동맹을 형성했다. '스마트폰의 권력'은 스마트폰 자체에 내장되어 있는 것이 아니라 그 장치를 사용하고 수용하는 연결망 속의 사용자(행위자)들로부터 나오는 것이다. 이제 사람들은 누구나 스마트폰을 사용해야 한다고 믿는다. 그들이 그렇게 믿고 행동하는 동안 '스마트폰의 권력'은 지속된다.

[참고문헌]

김환석. 2009. 두 문화, 과학기술학, 그리고 관계적 존재론, 문화과학 57: 40-60.

브루노 라투르. 2010. 인간·사물·동맹: 행위자네트워크 이론과 테크노사이언스. 홍성욱 엮음. 이음.

브뤼노 라투르. 2018. 판도라의 희망: 과학기술학의 참모습에 관한 에세이. 장하원·홍성욱 책임번역, Humainst.

Callon, M. 1986. "Some Elements of a Sociology of Translation: Domestication of the Scallops and the Fisherman of St. Brieuc's Bay". J. Law, ed. *Power, Action and Belief: a New Sociology of Knowledge?. Sociological Review.* Monograph 32. London: Routledge.

Latour, B. 1992. "Where Are the Missing Masses? The Sociology of a Few Mundane Artifacts". W. Bijker & J. Law. eds. *Shaping Technology/Building Society.* Cambridge: MIT Press.

Latour, B. and S. Woolgar. 1986. *Laboratory Life: the Construction of Scientific Facts.* Princeton,

NJ: Princeton University Press.

Latour, B. 1986. 'The powers of association', in *Power, Action and Belief: a New Sociology of Knowledge?, The Sociological Review,* J. Law (ed.) Routledge and Kegan Paul.

Shapin, S. & Schaffer, S. 1985. Leviathan and the Air-pump : Hobbes, Boyle, and the Experimental Life, Princeton University Press.

4 우리는 사이보그인가

우리에게 잘 알려진 사이보그(cyborg) 개념은 사이버네틱스(cybernetics, 인공두뇌학)로부터 나왔다. 사이버네틱스는 인문사회과학, 자연과학, 기계공학의 융합학문으로서, 1948년 노버트 위버(N. Weiner)가 생명체와 기계와의 의사소통 및 통제에 관한 학문을 지칭하기 위해 만든 단어였다.

위너의 사이버네틱스 개념에 자극받아서 1960년 맨프레드 클라인즈(M. Clynes)와 나단 클라인(N. Kline)은 〈사이보그와 우주(Cyborg and Space)〉라는 책을 발표했다. 그들은 삼투압 펌프(osmotic pressure pump)를 이식한 쥐를 최초의 사이보그라고 지명했다. 이 쥐는 우주공간처럼 생명유지가 어려운 환경에 적응할 수 있는 '인간-기계 체계'를 연구하기 위한 실험 버전이었다. 특정한 화학물질을 서서히 쥐의 신체 내부로 주입하여 심장 수축과 같은 유기체 순환 메커니즘을 통제하려는 목적으로 제작되었다. 이것이 성공적으로 인간에게 적용될 수 있다면, 우주공간과 같은 극한의 환경에서도 심장마비 같은 문제 상황을 극복할 수 있다.

제2차 세계대전을 거치면서 국가 간 군사적 무기경쟁, 그리고 자본주의의 심화로 인간의 사이보그화는 더 급속히 진행되고 있다. 클라인즈와 클라인에 따르면, 핵무기와 같은 신무기 개발, 군사적 목적으로 개발된 인터넷 등으로 기계가 인간 생활을 지배하는 신세계가 만들어졌다. 이 과정에서 "사이보그는 단순한 우주 탐험만이 아니라 정신과 물질이

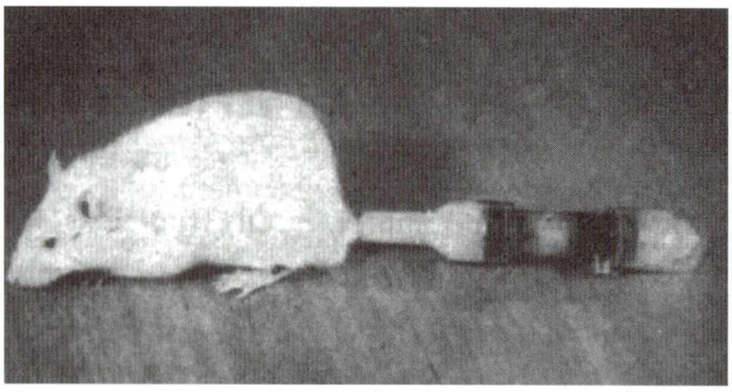

[그림 1-11] 삼투압 펌프를 이식한 사이보그 쥐

라는 내면의 우주와 외면의 우주에 가교를 놓는 새로운 개척자"였다.

사이보그 선언

도나 해러웨이(D. Harraway)는 1995년 〈사이보그 선언(A Manifesto for Cyborgs)〉이라는 도발적인 논문을 발표했다. 클리인즈와 클라인의 사이보그가 물리적 융합에 주목했다면, 해러웨이의 사이보그 개념은 존재론적 차원으로 확장되었다. 이제 사이보그란 물리적 결합은 물론이고 경계를 뛰어넘어 이종적인 특질을 가지는 존재들을 지칭하는 용어가 되었다. 그는 경계를 넘나들고 교란시키는 이 존재들을 포괄적으로 '사이보그 가족(Cyborg family)'이라고 불렀다.

우리 주위에 "사이보그 가족"이 넘쳐난다. 예를 들어 유방암 치료약 임상실험을 위해서 유방암 가지고 태어나도록 유전자 조작된 실험쥐, "앙코마우스(Onco-mouse)"는 유기체이면서 만들어진 상품이다. 생명공학 속 유전자는 생명의 기본이면서 기호로 된 사물이다. 여성인간(female man) 역시 생물학적 여성이면서 사회적으로 구성된 상품이다.

그 외에도 해러웨이는 다양한 사이보그 예시 [표 1-1]를 제시하고 있다. 우리 자신과 유기적 창조물의 혼합일 수도 있고 우리 자신과 기계의 혼합일 수도 있으며, 유기적 창조물과 기계의 혼합일 수도 있다. 또는 그것들 전부와의 혼합일 수도 있다. 이 개념에 따르면 우리 인간은 이미 사이보그다. 예를 들어 우리는 언어와 문자를 배우며 사회 생활이 가능한 존재가 된다. 언어와 문자를 체화한 우리는 이미 생물학적이고 자연적인 종이 아니다.

[표 1-1] 사이보그의 구성 요소들

우리자신 (Ourselves)	유기적 창조물 (Other Organic Creatures)	기계 (Machines)
우리자신	- 정보 시스템 (information systems) - 문자 (texts) - 인간공학적으로 통제되는 노동 및 재생산 시스템 (ergonomically controlled laboring, desiring, & reproducing systems)	- 의사소통 시스템 (communications systems) - 문자 (texts) - 자율적 장치들, 인간공학적으로 설계된 장치들 (self-acting, ergonomically designed apparatuses)

경계 무너뜨리기

사이보그는 괴물같지만 반드시 나쁜 것은 아니다. 해러웨이는 오히려 사이보그가 근대주의의 이분법을 깨트릴 것으로 기대하고 있다. 사이보그는 인간-비인간, 문화-자연, 남성-여성, 기술-생물학, 신성한 것-인공물, 현실-가상, 주체-대상이라는 이분법을 붕괴시킨다. 순수한 것은 없다. 사이보그의 경계 허물기의 대표적인 사례는 다음과 같다.

① 인간과 동물 사이의 경계

동물학자들은 인간의 모델로서 유인원의 생태를 연구함으로써 인간의 행동양식을 유추해낸다. 그 결과 개념적으로 유인원은 인간과 동물간의 경계를 흐리게 만든다. 유인원의 행동은 인간의 기원적 행동으로 규정됨으로써 유인원과 인간의 정체성은 중첩된다. 다시 유인원의 행동은 동물의 행동 범주에 포함되므로 인간의 행동과 동물의 행동 사이의 경계는 명백하지 않게 된다.

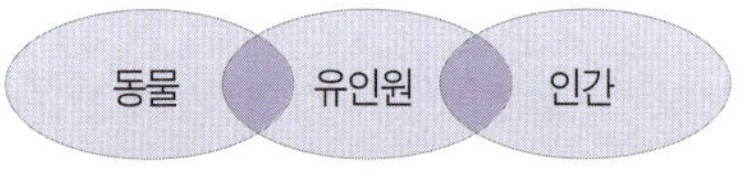

이런 맥락에서 볼 때 동물권 운동은 인간의 고유성을 이유없이 거부하는 것이 아니다. 이 운동은 자연과 인간문화 사이의 구별을 거부한다. 사이보그는 인간과 동물의 경계가 없어지는 바로 그 지점에서 출현한다. 이런 점에서 사이보그는 수사적 차원에서 발생하는 것이다. 그러나 사이보그 개념의 영향력은 실천적이다. 다른 생명체와 인간이 별개의 것이 아니라는 점을 인정하게 만드는 데 바로 그 순간 사람들의 행동은 달라질 것이기 때문이다.

② 유기체와 기계 사이의 경계

유기체(동물-인간)와 기계 사이의 경계 구분도 명확한 것이 아니다. 기계/인간이라는 이분법은 근대주의 초기 유물론과 관념론 사이의 대화에 잘 어울렸다. 당시 기계는 불안한 것이었고, 언제나 유령의 모습이었다. 기본적으로 기계는 스스로 운동하거나, 자기 의도를 가지는 자율적인 것이 아니었다. 그러나 조금만 자세히 들여다보면 유기체는 명백히 기계성(자동성)을 내장하고 있다. 또한 기계는 항상 유기체를 모방한다. 기계는 인간의 꿈을 성취시켜 준다기 보다는 인간을 꿈꾸게 만든다.

③ 물리적인 것과 비물리적인 것 사이의 구별

물리적인 것과 비물리적인 것 사이의 구별은 인간-기계 구별의 부분 집합인데, 그 구별이 쉽지 않다. 현대의 기계는 본질적으로 마이크로전자 장치들이다. 이런 기계들은 도처에 존재하지만 보이지 않는다. 해러웨이는 그래서 마이크로장치를 아주 '건방진 신'이라고 지목했다. 보이지 않으면서 모든 질서를 관장하기 때문이다. 실리콘 칩은 글쓰기를 할 수 있는 표면이다. 실리콘 칩은 분자적 단위로 각인되는데, 그것은 핵 눈금 정도의 극소 간섭, 즉 원자적 잡음에 의해 교란된다. 글쓰기, 권력, 기술 등이 미소화(miniturization)되면서 우리의 경험을 변모시킨다. 그런 방식으로 권력을 형성한다.

현대 과학 속 사이보그

현대 과학 역시 유기체와 기계, 동물과 기계, 자연과 인공물이 짝지어진 사이보그로 가득 차 있다. 유전자 조합으로 생산된 농작물에서 보듯이 사이보그 복제는 유기적인 재생산 속으로 스며든다. 플레이버 세이브(Flavr Savr)는 썩지 않도록 유전자 조작된 식품(GMO)이다. 자연의 토마토가 아니라 유전자 문법상의 조작이 가해진 존재라는 점에서 사이보그다. 심해넙치의 유전자를 이식한 딸기는 동물과 식물이라는 큰 경계를 횡단했다. 유기체들의 고유한 일이었던 종의 재생산이 사이보그로 대체되고 있다.

[그림 1-12] 사이보그 예시: 미 육군 랜드 워리어

원자력 발전에 사용하는 플로토늄(Pu 239)은 자연상태에서는 거의 존재하지 않는다. 과학자들은 원소주기율표 상에서 빈 자리에 해당하는 원소가 존재한다고 가정했고 인위적으로 Pu 238을 분해하여 Pu 239를 얻어냈다. Pu 239는 자연과 인공의 합작품이다. 나일론도 자연에는 존재하지 않는 물질이다. 이 합성물은 근대 산업과 문명을 대표할 만큼 널리 퍼져 있다.

현대 전쟁 또한 사이보그들이 넘쳐나고 있다. 지휘-통제-통신-정보로 구성된 체계(C_3I, command-control-communication-intelligence)는 암호화된 전쟁을 치루고 있다. 미 육군 랜드 워리어(land warier)는 첨단 통신장비를 장착하고 교전 임무를 수행한다. 랜드 워리어의 머리에 장착된 카메라는 통제본부와 연결되어 있어서 현장의 상황을 직접 보고 명령을 내릴 수 있다. 랜드 워리어는 정보기술을 통해 지구 반대편에서 내려진 작전명령을 실시간으로 수행할 수 있다.

사이보그는 시간과 공간도 변형시킨다. 더 이상 시간은 과거의 방식대로 흐르지 않는다. 어떤 곳에서는 시간이 더욱 빨라져서 사물들이 빠르게 성장한다. 메시지는 더욱 빠르게 전달된다. 그리고 다른 곳에서는 시간이 점차 느려진다. 토마토(플레이브 세이버)는 아주 천천히 썩는다.

"우리"라는 정체성

정체성(identity)이란 우리의 견고한 내면이 아니라, 모순적이고 부분적이며 전략적인 개념이다. 사람들은 이제서야 정체성이 사회적, 역사적인 구성물이라는 인식을 획득할 수 있었다. 정체성이라는 개념은 성별, 인종 혹은 계급의식, 가부장제, 식민주의, 자본주의라는 모순적인 사회적 실체를 경험함으로써 우리에게 강제적으로 부과된 것이다.

'여성'이라는 정체성 범주 역시 순수한 것이 아니다. '여성'으로 묶일 수 있는 특이성(singularity)은 어디에도 없으며 오직 차이의 바다(sea of differences)만이 있을 뿐이다. 사회적 성(gender)으로서 여성(female)은 생물학적인 성(sex)으로서 여성(women)과 곧장 연결되지 않는다. 이런 정체성은 자연스러움에 입각해서가 아니라 단지 의식적인 연합과 친화력 그리고 정치적 유사성을 바탕으로 한 구성된 공간에서 출현한 것이다. 사회적 성(gender)은 내재적이거나 본질적인 것이 아니다. 다만 규칙패턴의 형태로 모방 행위를 학습하는 것이다. 여성성(feminity)이나 남성성(masculinity)이란 자연스러운 것이 아니라 인공적인 것이다.

이럴 경우 '우리'로 간주될 수 있는 사람은 누구인가? '우리'라고 일컬어짐으로써 강력한 정치적 신화에 발판을 제공해주는 정체성은 무엇인가? 우리라는 집단성 속으로 소집될 수 있는 동기는 무엇인가?

20세기 후반, 우리의 활동은 기계의 보조에 의해서 완수되고 있다. 기계 없는 인간 활동은 거의 없다. 우리는 기계와 혼합된다. 즉, 우리는 우리가 만든 인공물과 혼합되는 것이다. 그 결과 우리의 경험과 감정은 변이한다. 마취제는 우리가 마땅히 겪었어야 할 고통을 경감시켜준다. 상처로 고통스러웠을 경험이 인위적으로 제거된다. 백신예방을 통해 특정 질병에 내성을 가진 신체가 된다. 그 질병으로 부터의 경험을 제거하고 그 자리를 다른 일상적 경험으로 대체한다.

해러웨의 사이보그 언급들 몇 가지

해러웨의 표현 방식은 난해해 보이지만 읽어볼 가치가 있다. 해러웨의 언급이 난해한 것은 우리의 관점이 자연과 사회, 동물과 인간, 물질과 비물질을 명백히 구분하려는 이원론적 근대주의 관점에 익숙하기 때문이다. 아래 내용은 해러웨이의 말 중 일부다.

[사진 1-13] 도나 해러웨이와 반려견: 개는 인간에 의해 훈육되고, 인간의 동료가 되기로 했다.

"사이보그는 기계와 유기체의 잡종교배이며 사회적 실재(social reality)임과 동시에 허구(fiction)의 산물이다. 사회적 실재는 우리에게 경험된 사회적 관계이며, 우리들한테는 가장 중요한 정치적 구조물이지만 인공적으로 구성된 것들이다. 사이보그는 인공적으로 만들어진 것이면서도 인간의 경험을 변화시킬 수 있다. 그런 점에서 SF 소설과 사회적 실재 사이의 경계는 그다지 큰 차이가 없으며 시각적 환상에 불과하다."

"사이보그는 허구이면서 물질적인 것이다. 사이보그는 의식에 관한 것이거나 혹은 의식의 시뮬레이션에 관한 것이다. 사이보그는 떠도는 기표(signifier)다. 자연이 생산한 유기물과 인간이 만든 인공물 사이의 구분이 사라지고 물질적인 것과 비물질적인 것(텍스트와 표상) 사이의 경계도 사라진다."

"사이보그 세계는 철저한 통제의 격자망이 될 수도 있고, 방어 전쟁이라는 명목으로 수행되는 별들의 전쟁의 최종적인 종말론이 될 수도 있다. 하지만 다른 관점에서 본다면, 사이보그의 세계는 인간이 동물과 기계와 친척이 되는 것을 두려워하지 않는 것이며, 파편화된 자기정체성과 모순적인 관점이 영구히 지속되더라도 두려워하지 않는 그런 사회적이고 육체적 실재(social and bodily realities)에 관한 것일 수 있다. 사이보그로서의 투쟁은 이 양자의 관점을 동시에 보는 것이다."

과학기술은 우리를 더욱 사이보그화 하고 있다. "사이보그는 우리의 존재론이며, 우리의 정치학이다". 기술에 의해서 우리의 감정과 경험이 변이한다면 우리의 정체성도 변이할 것이다. 과학기술이 우리의 일상적 조건인 상황에서 우리의 정체성, 우리의 자아는 변이하고 있다고 추론할 수 있다.

통신기술의 발전과 함께 사이보그 정체성은 전자적인 것이 되었다. 마돈나의 전자적 신체는 전 세계의 사람들에게 섹시한 이미지로 보여진다. 마돈나는 누구인가? 마돈나의 신체는 전자화되어 여러 통신망 사이를 횡단한다. 마돈나를 알고 있는 대부분의 사람들은 전자적 이미지로서 '마돈나'를 보는 것이다. 대부분의 사람들이 알고 있는 마돈나의 정체성은 전자통신망에서 구성된 것이다. 이와 유사하게 우리의 정체성도 전자적 성격을 포함한다. 해러웨는 사이보그를 포스트모던하고 집합적이며 개인적인 자아(postmodern collective and personal self)라고 표현했다.

지배의 정보학

우리는 산업사회에서 정보사회로 이행하는 시대를 살고 있다. 오래되어 익숙해진 위계질서로부터 빠져나와 새롭지만 두려운 그물망으로 이행하고 있다. 해러웨이에 따르면, 20세기 전반기가 재현(representation)의 그물망이라면, 20세기 후반기는 모의실험(simulation)의 그물망이다.

재현은 과학이 실재를 그대로 재현한다고 믿었던 근대 과학주의(scientism)에서 주로 사용하는 용어이고, 모의실험은 모방과 구성을 전제하는 용어다. 모의실험의 그물망은 '만들어진 것'이라는 점에서 허구적 성격을 인정하는 것이다. 모의실험의 그물망은 구성된 것이지만 강력한 지배력을 가진다. 해러웨이는 그것을 '지배의 정보학'이라고 명명했고, 물질-기호학(material-semiotics)적 성격을 가진다고 규정했다. ANT의 행위자연결망을 떠오르게 하는 개념이다. 각각을 대표하는 주요 예시는 [표 1-2]와 같다.

1950년대 DNA 구조가 정식화되는 것을 기점으로 생물학의 패러다임은 달라졌다. 1940년대 이전의 생물학이 "임상적 실천으로서의 생물학"이었다면 1950년대 이후의 생물학은 "정보기입으로서의 생물학"으로 전환했다. 이제 생물학의 대상은 우리 손으로 경험할 수 있는 유기체에서, A-T-C-G 형식의 디지털 부호들의 조합으로 대체된다. DNA는 물질적인 것이면서 기호적인 것이다.

통신기술(communications technologies)과 생명공학(biotechnologies)은 우리의 몸을 다시 '제작'하고 있다. 이런 도구들은 여성들을 위한 사회관계들을 재구성한다. 기술과 과학 담론은 그들을 구성하는 사회적 상호관계를 공식화한다. 동시에 그 과학기술은 의미를 강요하는 도구들이다. 그렇게 과학기술에 대한 신화가 만들어진다. 실제로 신화와 도구는 상호적으로 서로를 구성한다.

[표 1-2] 재현과 모의실험의 대표적 개념(일부)

재현 (Representation)	모의실험 (Simulation)
임상적 실천으로서의 생물학	정보기입으로서의 생물학
유기체	생명 요소
우생학	인구조절
노동의 유기체적인 분업	노동의 인간공학/인간두뇌학
공적인 것/사적인 것	사이보그 시민권
자연/문화	차이의 장
성	유전공학
노동	로봇공학
제2차 세계대전	우주전쟁
정신	인공지능
백인 자본주의 가부장제	지배의 정보학

통신과학과 현대 생물학은 공통의 관심사가 있다. 도구적 통제에 대항하는 모든 저항을 무력화시키고, 모든 이질성을 분해하여, 재조립, 투자, 교환이 가능한 공통된 언어를 찾으려고 한다. 전화 기술, 컴퓨터 디자인, 무기 배치, 그리고 인공두뇌 체계이론(cybernetic [feedback-controlled] systems theories)에서 알 수 있듯이, 통신과학은 세계를 코드로 번역했다. 그 문제해결 방식은 통제 이론에 의존한다. 주요 작용은 정보량 흐름의 속도·방향·개연성에 달려있다. 이제 세계는 지리적으로 구분되는 대신에 정보의 침투 가능성을 기준으로 재분류된다.

그림으로 표현된 사이보그 이론

해러웨이의 사이보그 이론은 여러 예술가들에게 영감을 주었다. 대표적으로 린 란돌프(L. Randolph)는 사이보그 논문에서 저임금을 받으면서 일하는 아시아 여성에 대한 묘사에 충격을 받았다고 한다. [그림 1-14] 속 여성은 키보드를 타이핑하고 있는데, 가슴에는 컴퓨터 칩과 보드가 박혀있으며 배경에는 다양한 과학/컴퓨터 행위들, 은하계가 묘사되어 있다. 그의 머리에는 호랑이의 머리장식이 보인다. 우주, 단어, 게임, 그림들과 무제한의 상호작용을 하는 거대한 키보드는 그가 무엇이든 할 수 있다는 것을 상징한다.

[그림 1-14] 린 란돌프 작, 해러웨이의 책 "유인원, 사이보그 그리고 여성"의 표지 이미지

히타치사의 자기공명영상(MRI) 장비 광고를 패러디한 랜돌프의 또다른 [그림 1-15] 〈측정불가능한 결과(Immeasurable Results, 1994)〉는 현대의 인간을 그린 일종의 자기-초상화다. 의학적 진단이라는 내적 공간과 인간적이고 기계적인 몸이라는 외적 자세를 보여준다. 중앙의 사각틀 내 이미지는 두뇌와 기계의 접촉면에서 방사되는 짧게 끊긴 정보조각들에 대한 해석적 이미지들이다. 자기공명영상 장비, 컴퓨터가 스캐닝한 이미지, 그 이미지 안에 그려진 꿈(기계의 정보 계산법 내에서는 측정불가능한 꿈, 진단의 불확실성을 무시하고 확실성을 제시하려는 꿈)을 보여주고 있다.

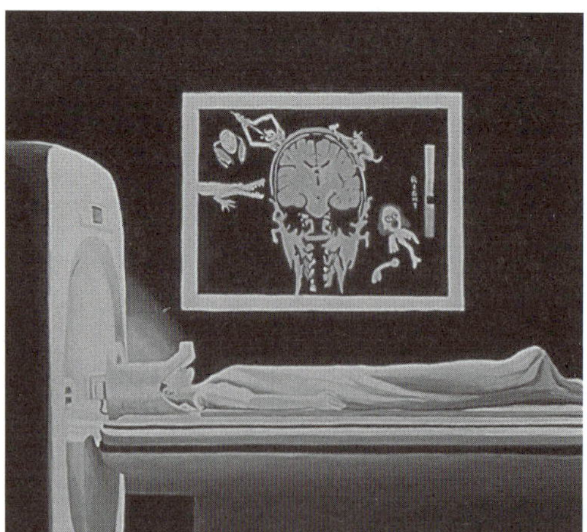

[그림 1-15] 린 란돌프의 그림 〈측정불가능한 결과 (Immeasurable Results, Lynn Randolph, 1994)〉 : 여성의 몸 위로 보이는 진단 필름은 과학기술적 사물들과 꿈들을 묘사하고 있다.

이 전자적 정보로 구성된 이미지들은 잡종적 의사소통 속에서 기계, 몸, 기호작업에 의해 생산된 것들이다. 피를 흘리지 않고도 머리와 목에서 떼어낸 시각적 박편들은 환자의 신체로부터 분리되어 독자적인 것이 된다. 기계가 신체를 읽고 스캐닝하는 순간, 읽혀지고 스캐닝 당하는 신체는 공격당하기 쉬운 취약한 상태에 놓인다. 이로 인한 결과가 긍정적인 것이든 부정적인 것이든 그것을 감당해야 하는 것은 이 기술의 주체들이다. 그들은 스스로 이 기계의 대상이 되기로 한 자들이다.

사이보그 시민권

해러웨이는 사이보그의 존재를 통해서 자본화된 괴물의 위험을 제기하지만, 그렇다고 사이보그 자체를 부정한 것은 아니다. 오히려 사이보그의 존재를 거부하는 것은 일종의 순혈주의, 인종차별주의와 같은 맥락이라고 비판한다. 여성인간, 앙코마우스 같은 사이보그들은 겸손한 목격자들이다. 그들은 기술-과학으로 인한 부담을 떠안는다.

미국에서 '유색 여성'이라는 사이보그 정체성 또한 앙코마우스의 처지와 같다. 미국 내부에서 외국인 여성들은 동일한 산업체 안에서도 분업과 경쟁과 착취를 위한 잠재력이다. 유색여성은 과학기술에 토대를 둔 산업체에서 선호하는 노동력이자, 세계적인 성 시장, 노동시장, 재생산의 정치세계 내에서 그 위험을 감수하는 현실의 여성이다.

해러웨는 한국에서 성산업에 종사하는 여성들은 고등학생 나이에 차출된다고 언급하고 있다. 전자산업체에서 일하는 여성들은 집적회로에 적응하도록 교육받는다. 읽고 쓰는 능력, 특히 영어 능력은 '값싼' 여성 노동을 다국적 기업들에게 매력적이도록 만든다.

[그림 16] 영화 〈싸이보그지만 괜찮아(2006)〉 스틸컷. 주인공(영군)은 반도체공장에서 일한다. "사이보그"와 "반도체공장 여성근로자"라는 조합은 해러웨이의 논문 〈사이보그 선언〉을 연상시킨다.

해러웨이는 정보과학의 시대를 살고 있는 우리의 정체성을 '사이보그 시민권(Cyborg Citizenship)'이라고 정의했다. 사이보그의 형상은 우리의 적이 아니다. 사이보그의 몸은 순수하지 않다; 사이보그는 낙원에서 태어나지 않았다. 그것은 단일 정체성을 추구하지 않으며, 적대적 이원론을 발생시키지 않는다. 사이보그로써 우리의 신체(몸)는 권력과 정체성을 보여주는 지도다.

현대 정보 사회는 기계와의 연결이 더욱 강해지고 있다. 인터넷은 남성이나 여성이라는 이원적 젠더를 해체한다. 이런 첨단기술 문화는 새로운 방식으로 이원론에 도전한다. 인간과 기계 사이의 관계 속에서는 누가 만들고 누가 만들어지는지 분명치 않게 된다. 코드화 된 기계 속에서는 무엇이 정신이고 무엇이 몸인지도 분명치 않다.

기계와 연결 관계가 무성해지면서 기계에 대한 우리의 감각은 민감해지고 있다. 우리 신체는 기계와의 상호작용을 더 잘하게 된다. 컴퓨터 사용자들에 의해 경험된 사이버스페이스 상태는 SF 영화와 문화적 농담의 소재가 되었다. 마비 환자들과 다른 심각한 장애인들이 여러 의사소통 장치를 사용하게 됨에 따라 혼합적(잡종적) 경험을 하게 될 것이다. 우리와 전자통신기술의 더 많은 상호작용은 젠더, 성욕, 체화, 기능, 이 모든 것들을 재구성할 것이다.

[참고문헌]

김지연. 2015. 사이보그 동료: 인간과 기계. 〈한국게임학회논문지〉 15(3): 51-62.

다나 J. 해러웨이. 2006. 〈겸손한 목격자@제2의_천년. 여성인간ⓒ_앙코마우스TM를_만나다: 페미니즘과 기술과학〉. 민경숙 옮김. 갈무리.

다나 J. 해러웨이. 2002. 유인원, 사이보그, 그리고 여자, 민경숙 옮김, 동문선.

Donna Haraway, 1991, "A Manifesto for Cyborgs: Science, Technology, and Socialist Feminism in Late Twentieth Century", in *Simians, Cyborgs, and Women : The Reinvention of Nature*, Routledge/NewYork. pp.149-181.

5 생명-정치(Bio-politics)란 무엇인가

미셸 푸코(M. Foucault)의 저술은 난해하기로 유명하다. 그런데도 많은 연구자들은 푸코의 개념을 차용해서 사회현상을 설명하고자 한다. 우리에게 푸코의 글이 어려운 이유 중 하나는 우리가 근대적 설명 구조에 익숙하기 때문이다. 푸코는 근대 구조를 근대의 밖에서 해석하기 때문에 우리에게 낯설다. 그런 만큼 푸코의 관점은 새롭고 의미가 있다. 근대 내부에서는 근대를 잘 볼 수 없다.

근대 법, 근대 국가, 근대 시민

푸코에 따르면, 근대이전의 군주권력은 물리적 제압과 현란한 상징을 통해 현시되었었다. 반면, 근대권력은 상대적으로 덜 폭력적이면서도 은밀하게 작동하는 권력이다. 이 권력은 누군가가 보유하는 것이 아니며 누군가로부터 발원하는 것도 아니다. 근대의 권력은 어떤 사람이나 집단에 속하는 것이 아니다. 그것은 "타자의 의지 원칙(the principle of the foreign will)"이 작동함으로써 행해지는 초권력(super power)이다. 이 권력은 분산, 중계, 네트워크들, 상호적 지지, 차이들의 체계 안에서 기능한다. 그 결과 근대권력은 물리적으로 제압하는 대신 상대적으로 조용하게 그리고 가장 효율적으로 그리고 자동적으로 집행된다.

근대 이전의 권력이 '지배-복종'의 2자 관계라면, 근대권력은 '법의 의지-주체-제도'로 분리된 3자 관계 안에서 순환한다. 이 권력의 삼각도식은 아래 [표 1-3]과 같이 정리할 수 있다. 첫 번째 자리는 '타자의 의지'가 비대칭적이며 무제한적으로 초권력을 행사하는 자리이다. 구체적 사례로는 근대법이 여기에 놓인다. 두 번째 자리는 타자의 의지(근대법)를 자신의 의지로 대체해버린 주체의 자리이다. '의지'는 개별 시민의 신체 속에 본래 있었던 것이 아니다. 그들은 근대법이 그려내고 있는 시민의 이미지와 자기 자신을 동일시함으로써 자신의 정체성을 형성한다. 그들은 타자의 의지(근대법)를 체화한 자들이다. 세 번

[표 1-3] 근대권력의 도식

1	2	3
근대법	법의 주체(시민)	근대국가
의지/명령	주체	제도

째 자리에는 법의 의지를 집행하는 근대국가가 있다. 이것을 제도화된 신체성(institutional corporeality) 또는 제도화된 신체(institutionalized bodies)라고 한다.

근대국가는 법의 의지를 대행하여 주체의 행위를 관리한다. 유비적으로 두 번째 자리가 '주인의 자리'라면 세 번째 자리는 '시종의 자리'이다. 실제로 정부기관들은 자신을 '집사(steward)'라고 칭하곤 한다. 그렇지만 근대시민은 근대국가의 직접적이고도 완전한 주인이 아니다. 근대국가는 '시민의 명령'을 직접 받지 않는다. 대신 근대법에 따라 '법의 명령'을 집행한다. 근대국가가 시민의 의지에 직접 복종하지 않는 이유는 그의 주인이 '온전하지 않기' 때문이다. 그 주인은 마치 미친 왕과 같다[1]. 19세기 '광인=어린아이'라는 정식화가 일어났는데, 근대법은 이상적인 시민개념을 선포하면서도 실제로는 빈번하게 시민을 '미숙한 아이'로 전제해왔다.

그래서 근대법은 일상적으로 시민의 권리를 제한하며 규율화하려 시도한다. 그럼에도 불구하고 근대권력이 작동할 수 있는 것은 그 법의 주체들이 자신의 권리를 제한하는 그 법의 관점으로 자기 자신을 관찰하고 평가하기 때문이다. 그러므로 근대권력의 작동에서 가장 중요한 토대는 법의 관점을 자신의 관점으로 체화하는 그 법의 주체(시민)의 인식이다.

통치 형식, 사법·규율·안전

푸코에 따르면, 현대사회의 자유주의 시장경제는 경제적 형식이라기보다는 통치(government)의 형식이다. 푸코는 근대국가가 '안전'이라는 말을 어떻게 이해하고, 그에 대해 어떤 지위를 부여하는가를 기준으로 통치의 형식을 구분하고자 했다. 여기서 통치란, 인간 행위에 대한 숙고이며 그 행위에 개입하려는 것이란 점에서 "행위에 대한 행위(conduct of conduct)"다.

1) 근대국가는 그런 왕의 시중을 드는 '건장한 몸집의 시종들'이다. 벤담은 판옵티콘을 관리하는 자에게 헤라클레스 같은 힘을 부여할 것이라고 예견했다(Foucault, 2008). 푸코에 따르면 판옵티콘은 근대국가의 상징이다.

예를 들어 절도와 같은 범죄를 사회경제적으로 다루는 방법은 다음 세 가지로 구분할 수 있다. 첫 번째 형식은 가장 오래된 형식으로 "사법 메커니즘(juridical mechanism)"이다. 이 체계는 허가와 금지라는 이항분할적 단순 구조로 되어 있고, 금지된 행동 유형과 그에 대한 물리적 처벌 유형을 묶어 놓은 것이다. 이것의 목표는 위반자를 발견하고 처벌하는 것이다.

[그림 1-17] 미셸 푸코의 책 〈안전, 영토, 인구〉는 근대의 통치성에 대해서 설명하고 있다.

두 번째 형식은 감시와 교정을 위한 "규율 메커니즘(disciplinary mechanism)"이다. 이 메커니즘 덕분에 근대 권력은 물리적 폭력을 덜 사용하면서도 더 질서 정연한 사회를 형성할 수 있었다. 푸코의 저술로 가장 잘 알려진 〈감시와 처벌〉이 바로 규율 메커니즘에 관한 설명을 제공하고 있다. 이 메커니즘은 모든 개인을 감시하고 진단할 뿐만 아니라 개인의 신체에 침투하여 특정한 방향으로 개인의 행위를 변형하고자 시도한다. 또한 개인, 장소, 시간, 몸짓, 행위, 조작을 분석하고 분해하고 격자화하여 재조합하고, 변형 가능한 것으로 구성해낸다. 이를 통해서 개인의 신체는 자발적으로 순종하는 신체('유순한 신체')가 된다. 대표적으로 감옥과 병원과 학교는 개인들을 적절한 방식으로 규율해 왔다.

세 번째 형식은 "안전장치" 또는 "안전 메커니즘(security mechanism)"이다. 이 메커니즘에서는 절도와 같은 현상을 완전히 배제하려 하기 보다는 사회 안에서 있을 수 있는 사건이라고 간주한다. 대신에 그런 사건들을 면밀히 측정하고 정규분포 상의 평균값과 발생확률로 환원한다. 그리고 그에 준하여 넘어서는 안되는 허용치를 확정한다. 그 허용치는 권력이 반응하는 과정에서 발생할 비용계산에 의해 설정된다. 이 메커니즘은 사법적인 요소들이나 규율적 요소들과 병존하면서 때로 중첩되기도 한다. 때로는 안전 메커니즘에 의해 사법적 요소나 규율적 요소들을 재배치할 수도 있다. 과학기술로 구성된 시장거래제도나 사회보장제도 등과 같은 행정 체계가 여기에 해당한다.

통치의 발명, 통치 대상의 발명

사법적 형식이 어떤 인간의 행위를 물리적으로 금지하는 방식이라면, 규율 메커니즘은 모범적인 인간의 행위를 규정하고 그것을 따르도록 훈육한다. 그에 반해 안전 메커니즘은 금지 규정은 없지만, 결과적으로 금지 도구를 사용한 것과 같은 효과를 낳는다.

안전 메커니즘은 사물과 사건의 정규성을 파악하고 특정하는 방향으로 문제 사건을 제한함으로써, 문제 상황을 무효화해간다. 그래서 안전 메커니즘에서는 상황을 통제하기 위해서 무엇을 문제로 삼을 것이고, 어떻게 문제 사건을 측정하고 표시할 것인지가 중요해진다. 때문에 안전 메커니즘은 통치의 형식일 뿐만 아니라, 지식의 문제 그리고 인식의 문제가 된다.

사법 체계가 자신의 영토를 통치하는 방식이라면, 규율 체계는 개인의 신체를 통치하고자 하며, 안전 메커니즘은 자신의 통치 대상을 발명한다. 이렇게 발명된 통치대상이 바로 "인구(population)"개념이다. 그것은 시민(citizen)이나 인민(people) 개념과는 다르다. 그들은 욕구와 열망을 가진 주체이지만 또한 통치적 조작의 대상이기도 하다.

인구 개념은 통치를 위해 관측되고 분석되고 확인되어 표시된 표준적이고 정규적인 데이터들의 총체이며, 정치-통계학적인 구성물이다. 예를 들면 출생률, 결혼률, 사망률, 특정 범죄 발생율과 같은 데이터들이다. 그런 점에서 이 통치 대상은 자연 상태의 인간이 아니라, 특정한 방식으로 측정된 집합적인 대상이면서 인공적 실재(artificial reality)이고 사회적 몸(social body)이다. 일련의 지식의 총체로서 "인구"는 자연 상태의 구체적인 인간과 반드시 일치하지 않을 수 있지만 근대권력의 통치 질서 안에서는 '실재하는 것(reality)'으로 간주된다.

안전 메커니즘의 통치대상은 '적절한' 범위 내에서 행동하도록 추동된다. 그들의 '자유로운 선택'은 이 통치 메커니즘이 허용하는 범위 안으로 제한된다. 이 메커니즘은 한편으로는 통치대상이 누릴 수 있는 자유를 생산하고 다른 한편으로는 그 자유를 제한할 수 있는 '안전'을 구성한다. 자유와 안전의 순환적 통치형식과 통치의 대응물로서 통치대상-인구-을 발명해내는 것이야말로 자유주의적 통치의 핵심이다.

진실에 관한 새로운 체제

자유주의적 통치의 합리성은 계산하고 표시하고 확인하고 예측하는 기술이다. 또한 이것은 통치 메커니즘 자신이 스스로 제한하는 내적 역량-자기제한의 원리(principle of limitation)-에 의해서 작동한다. 이러한 합리성은 전문가들이 제공하는 지적 도구, 계산과 합리적 형식에 의존한다. 이로써 자유주의적 통치는 모든 영역에서 "진실에 관한 새로운 체제(new regime of truth)" 구성할 수 있었다. 그런 점에서 현대의 자유주의적 통치 시스템은 '지식-권력 장치'이다.

이 새로운 체제는 '무엇'인가를 실재하는 것으로 표지할 수도 있고, 반대로 존재하지 않는 것으로 간주하여 배제할 수도 있다. 자유주의 통치메커니즘에서 이런 일을 담당하는 분야가 바로 과학기술이다. 과학적 합리주의는 정치적·문화적·도덕적 중립성이라는 문화적 환상을 창조했다. 정치적 담론은 과학기술에 의존하며 점점 전문성의 정치(politics of expertise) 형태를 취하게 된다. [5-1장 참조] 전문성과 합리성을 동원하는데 성공한 국가의 통치는 내재적 규칙과 고유한 구조를 형성하며, 주권자로부터 분리되어 자율적인 것이 된다. 이런 경향 때문에 근대국가를 '사이버네틱스 국가(cybernetic state)'라고 한다.

라캉의 주체

근대 권력의 안전메커니즘은 이미 존재하는 대상을 통치하는 것이 아니라, 자신의 통치대상을 발명함으로써 고유한 통치 형식을 수립할 수 있었다. 근대 이전의 권력이 영토를 통치했다면, 근대권력은 자신이 발명한 통치대상-인구-을 통치한다. 이들 통치대상은 통치를 위해 관측되고 분류된 다음, 지표의 형식으로 재현되는 인공물이다. 그들은 특정 효과를 얻기 위해 만들어진 메커니즘이 표적으로 삼았기 때문에 그 대상으로 관측될 수 있었다.

그들이 바로 근대의 시민들인데, 그들을 구성할 수 있었던 것은 근대 권력이 사회통계학이나 정신의학 등과 같은 근대과학을 동원할 수 있었기 때문이다. 근대과학은 인간을 측정할 수 있는 형식을 제공하는 기술들이었다.

근대 권력은 정신의학의 주체 개념을 가장 효과적으로 활용했다. 라캉(J. Lacan)에 의하면, 주체란 본래적으로 주어진 것이 아니다. 주체는 타자에게 매혹되어 타자의 대상이 되기를 스스로 원하기 때문에 출현한다. 근대 시민(주체)에게 있어서 근대 권력과 과학은 매혹적인 타자였다. 주체란 역설적이게도 '스스로의 관점'으로 세계를 관찰하는 자가 아니라, 타자의 시점에서 세계를 관찰하는 자이다. 여기서 중요한 점은 '스스로의 관점'이란 본래 존재하지도 않는다는 것이다. 주체는 타자의 관점을 내장함으로써 세계를 '볼 수 있게 된다'. 주체 자기 자신을 관찰할 때조차도 마찬가지 원리가 적용된다. 주체는 자신이 받아들인 타자의 시점으로 자기 자신을 관찰하고 평가한다는 점에서 자기 자신을 스스로 대상화한다.

근대권력의 주체

근대 권력은 자신의 통치대상들을 더 효과적으로 파악하고자 개별적인 것-개인-으로서 식별하는 방법을 고안해냈다. 오늘날 우리가 "나는 누구인가?"라는 질문을 그토록 많이 던지는 이유도 근대 권력의 관점 자신의 관점으로 받아들인 때문이다. 우리는 끊임없이 스스로가 다른 사람들과 구별되기를 '원한다'. 그런데 그런 희망은 스스로 생성한 것이라기보다는 근대 국가에 의해서 체화된 것이다. 근대 국가는 끊임없이 "너는 누구냐?"고 묻는다.

정체성을 형성하는 지표들은 그 자체로 근대 시민들에게 규율을 요구한다. 어떤 지표든지 표지되는 순간 '정상'과 '비정상' 범주들이 형성되는데, 시민들은 그 기준에 따라 '정상인'이 되기를 요구받는다. 우리는 평균적인 신체, 평균적인 지식, 평균적인 생활 등과 같은 것들을 향해서 항상 노력한다. 그래서 새로운 지표의 등장은 새로운 규범의 등장을 의미한다. 우리는 그 지표의 어딘가에 위치지어지는데 우리는 그 지표의 큰 덩어리(흔히 '평균'이나 '정상범주')로 향하도록 압박을 받는다. 이 점에서 근대 시민들은 통치 차원에서 조작의 대상이다. 지표를 생성하는 순간 우리는 그 지표에 영향을 받는다.

근대 시민의 정체성은 그런 '대상화된 주체'다. 그렇다고 해서 그들이 수동적인 통치대상 또는 관리대상에 그친다는 의미는 아니다. 최초에 그 주체가 타자에게 매혹되기를 갈망해야만 가능하기 때문이다. 그리고 그들은 실천의 차원에서 그로인한 최종적인 부담-이득이거나 손실-을 감당하는 자들이다. 주체는 그 부담을 계속 감수할 수도 있고 그 부담을 더 이상 승인하지 않기로 할 수도 있다.

주체의 윤리

근대 시민 또는 주체란 본래적으로 주어진 것이 아니다. 근대 시민의 정체성은 그들이 받아들인 질서 형식 안에서 구성되고 시뮬레이션되는 것이다. 그 형식 내에서의 관계는 고정적이거나 확정적이지도 않다. 주어진 형식의 격자망 안에서 다른 개별들과의 상대적 관계에 의존하므로 주체의 자리는 매 순간 변조된다. 주체는 다른 기표의 작동에 의해 위치가 변경될 수 있으므로 자신이 어떤 기표에 예속되어 있는지 보아야 할 책임이 있다. 이는 시민 윤리 문제와 연결되는데, 윤리란 주체가 자기 자신을 인식(성찰)하는 과정에서 부상하는 실천 방식이다.

생물학적 시민권

니콜라스 로즈(N. Rose)는 푸코의 통치 개념을 적용해서 생명공학의 작동방식을 설명했다. 로즈에 따르면, '인간'은 결코 '자연적인 것' 아니다. 인간은 과학기술을 통해서 새로운 생명 형식(emergent form of life)안에 인간자신을 배열하는 것이다.

그 형식 안에 배열됨으로써 자기 자신을 이해할 수 있었고, 그 결과 자기 자신을 관리할 수 있게 된다. 그 결과 사람들에게 인종이나 가족과 같은 생물학적인 자격(정체성)을 요구받는다. 근대 국가의 인구조사와 사회통계는 나이, 성별, 가족관계, 주거지, 활동 양태 등 생물학적인 요소들로 가득 차 있다. 생물학적 특징들이야말로 '실체적인 것'에 가장 가까운 것이었기 때문이다. 사실 근대적 시민권은 그 시작부터 이미 '생물학적인 것'이었다.

21세기에 들어서면서 생명에 대한 이해는 분자생물학적인 형식의 이해로 전환되었는데, 이로써, 근대국가는 전체 인구를 대상으로 하는 통제는 물론이고 '위험한' 특정 개인이나 집단을 통제할 수 있게 된다. 유전자 검사와 같은 생명공학 기법들이 일반화되면서 사람들이 자기 자신을 이해하는 수준이 변화하고 있다. 점점 더 유전자 수준의 정보가 사람들을 연결하고 비교하고 판정하는 데 사용되고 있다.

생명공학은 우리의 정체성, 건강에 대한 어휘를 제공한다. 생명공학이 제시하는 유전적 위험의 언어는 사람들에게 자기자신에 대한 인식의 격자를 제공하고 있다. 그 인식의 격자 위에 출현하는 새로운 주체가 '생물학적 시민(biological citizen)'이다. 생물학적 시민은 생물학적 지표, 데이터, 이미지들로 구성되어 재현되는 정체성을 말한다. 그들은 생명공학의 형식에 따라 새로운 정체성을 부여받으며 관찰되고 평가되고 관계 지어진다. 이제 사람들의 정체성은 생명정보 기술 차원에서 구성된다.

생물학적 시민은 생명공학이 제시하는 지표와 기준에 따라서 자기-재형성, 치유, 신체 개선 기술을 통하여 자기 자신을 들여다보면서 자기 자신을 변형시켜 가고 있다. 시민들

생명정치란 무엇인가

토마스 렘케(T. Lemke)의 책, <생명정치란 무엇인가: 푸코에서 생명자본까지 현대 정치의 수수께끼를 밝힌다>는 이 주제분야에서 대표적인 이론가를 소개하고 있다. 미셸 푸코, 조르조 아감벤, 마이클 하트와 안토리오 네그리.

"푸코가 보기에 주권권력은 생사여탈을 결정하지만 생명권력의 특징은 삶을 육성하는 것 혹은 죽음을 허락하지 않는 것이다. 죽음을 지배하는 억압적 권력이 삶을 지배하는 권력-법적 주체가 아니라 살아있는 존재를 다루는 권력-에 종속된다.(67쪽)"

여기서 "주권권력(power of sovereignty)"은 번역 상 오해와 혼동이 있을 수 있는데, 근대 이전 물리력에 근거해서 통치했던 군주권력으로 이해하면 독해가 쉬워진다.

은 이 관계 안에서 때로는 적극적으로 이 작동을 돕기도 하고 때로는 무의식적인 참가자가 된다.

예를 들어서 유전자의 분자 단위의 감별은 그 사람이 내장하고 있는 질병 소인을 추적할 수 있다. 당뇨병 소인이 있다는 것을 알게 된다면 당뇨병에 걸리지 않으려고 특별히 노력할 수 있다. 이와 같은 인간 신체에 대한 사전적이고 개별적인 관리가 가능해졌고, 그런 전략이 사회를 유지하는 방식으로 자리 잡아가고 있다. 개별적인 노력으로 사람들이 건강해진다면 사회적 측면에서 비용이 절감될 것이다.

생명공학은 통치 관점에서 강력한 도구를 제공하고 있다. 생명공학적 지표들을 통해서 위험하거나 문제가 되는 개별이나 집단을 구별할 수 있고, 별도로 관리하거나 배제할 수도 있다. 시민들은 이 권력의 과정에 자발적으로 관여하고 있다. 대표적으로 범죄자 DNA-DB는 논쟁적이지만 사회적으로 지지받고 있다[3-4장 참조].

생명-권력, 생명-정치

이렇게 "인간종의 생물학적인 요소를 정치와 권력의 전략 내부로 끌어들이는 메커니즘의 총체'를 생명-정치(bio-politics)라고 한다. 앞서 살펴 보았듯이, 권력은 그 자체로부터 생겨나는 것이 아니고 자생적으로 우리에게 주어지는 것도 아니다. 권력은 절차들의 총체로서 출현한다. 권력 메커니즘은 이 모든 관계-가족, 성적관계, 생산관계 등-에 내재해 있으며 순환하면서 강화된다. 따라서 이 매커니즘은 그자신의 원인이며 동시에 결과다.

앞서 언급했듯이 근대의 통치는 영토를 지배하는 것이 아니라 자신이 발명해 낸 통치 대상, 즉 사물(things)을 지배한다. 그 '사물'이란 과학기술을 통하여 근대 통치 장치가 구성해낸 지표와 데이터들로 출현하는 존재들이다. 그것은 인간과 사물의 복합체(a complex of men and things)들이다. 여기서 중요한 것은 그런 사물을 얼마나 '정당하게' 배치하느냐의 문제이다.

사물로서 인구 개념은 통치에 의해 만들어진 대상이지만 그들은 단지 지배되기만 하는 것은 아니다. 국가는 인구의 조건을 개선하고 부, 장수, 건강을 증진시킨다. 통치 목표는 때론 캠페인을 통하여 통치 대상들에게 직접적으로 전달된다. 때로는 간접적으로, 예를 들어 사람들이 알아차리지 못하게 출생률을 부추기거나 인구의 지역적 이동이나 행동 변화를 촉발하는 기술을 통해 나타난다. 그들은 통치에 관하여 '그들이 무엇을 원하는지' 알지만, 그들에게 '무엇이 행해졌는지'는 모를 수 있다.

그런 점에서 볼 때 '생명-정치'란 번역어 보다는 '생명기술-정치'라는 번역어가 더 적절해 보인다. 현재의 통치 메커니즘은 생명 그 자체를 다루는 것이라기보다는 생명기술에 의해서 출현하는 사물로서의 생명 즉, 데이터로서의 생명을 다루기 때문이다. 생명-정치가 다루는 것이 데이터라는 점에서 기호적 성격을 가지며, 그 데이터의 배치를 통해서 생명을 관리할 수 있다는 점에서 물리적이다. 라투르와 해러웨이는 이를 "물질-기호학"이라고 부른다. 생명에 관한 데이터들은 생명 그 자체에 막대한 영향력을 발휘할 수 있다. 그들은 누군가를 죽게 내버려 둘 수도 있고 적극적으로 살릴 수도 있다.

생명을 관리하는 방식

생명-정치라는 통치 형식에서 생명을 다루는 방식은 때로는 합리적이면서 때로는 매우 무모하다. 생명-정치가 다루는 대상이 생명 자체가 아니라 생명 데이터이기 때문이

[그림 1-18] 구제역 확진 판정으로 돼지 살처분(국민일보, 2018. 3. 27)

다. 의사결정 메커니즘 상에서 그것은 살아있는 생명이라기보다는 처리해야 하는 데이터다. 처리 대상이 직접 대면하는 생명이 아니라 데이터일 때 훨씬 쉽게 의사결정이 이루어진다.

예를 들어 공장식 축산과 관리 문제에서 단적으로 드러난다. 구제역과 조류인플루엔자(AI)로 매년 가축들이 살처분되고 있다. 정부는 얼마나 신속하게 가축 질병을 차단하는지를 중심으로 의사결정을 내리곤 한다. 이 때 가축들은 살아있는 생명으로서가 아니라 병원균을 보균하고 있어서 배제되어야 할 데이터로만 존재한다. 살처분 후 결과 평가에서 생명에 대한 성찰은 없다. 일련의 사건은 단지 농가 피해규모(수치)로만 환원된다.

이런 방식은 결코 동물에게만 적용되는 것은 아니다. 인간도 마찬가지로 데이터로서 다루어지기 때문에 때로 합리적으로 때로는 매우 쉽게 결정된다. 우리는 그런 방식을 효율성이라는 기준으로 수용한다. 이제 그런 효율성이 우리의 윤리를 압박하고 있다. 최근에는 그 효율성에 대해서도 의문이 제기되고 있다.

한 때 갑상선암 진단율이 급격히 증가한 적이 있었다. 2011년 갑상선암 환자 수는 1999년에 비해서 연간 23.7% 증가했는데 이는 다른 나라 갑상선암 진단률에 비해 3-4배 높은 수치였다. 진단 장치의 민감성 때문에 '정상적인 범주'에 들어갈 수 있는 덩어리도 암으로 판정할 가능성, 의료적 방법으로 건강 문제를 해소하려는 경향(의료화), 의료 상업화 문제까지 결합되면서 사회문제가 되었다.

의사들은 대체로 종양 제거 수술을 권장했다. 환자들 중에는 수술 외에 대체 치료법 가능성을 알고 싶어하는 경우도 있었지만 의사들은 다른 답을 알려줄 수 없다. 의사들의 지식 체계에서는 의료적 처치만이 유일한 답이기 때문이다. 그 결과 대부분의 사람들은 제거 수술에 응했다. 일부만이 의사의 권유에도 불구하고 병원 치료를 거부했다. 갑상선암 진단률이 비정상적으로 증가하자, 대한갑상선학회는 갑상선암 과잉 진료를 우려하는 권고안을 발표했다. 이처럼 의료적 기준에 따라서 우리는 언제든지 정상인에서 환자로 전환될 수 있다. 생명기술이 만들어 낸 우리에 관한 데이터는 우리의 삶을 쉽게 통제할 수 있다.

[참고문헌]

Foucault, M. 1991. "Governmentality". *The Foucault Effect: Studies in Governmentality*. edited by Graham Burchell, Colin Gordon and Peter Miller. The University of Chicago Press. pp. 87-104.

Foucault, M. 2007. *Security, Territory, Population: Lectures at the College de France 1977-1978*. edited by Michel Senellart; English series editor. Arnold I. Davidson; translated by Graham Burchell, Houndmills, Basingstoke, Hampshire, New York : Palgrave Macmillan.

Foucault, M. 2008. *The Birth of Biopolitics: Lectures at the College de France, 1978-1979*. edited by Michel Senellart; English series editor. Arnold I. Davidson; translated by Graham Burchell, New York : Palgrave Macmillan.

Rose, N. 1998. Inventing Oure Selves: Psychology, Power, and Personhodd, Cambridge University Press.

Rose, N. 1999. *Governing the Soul: The Shaping of the Private Self*. Free Association Books: London/New York.

Rose, N. 2007, *The Politics of Life Itself: Biomedicine, Power, and Subjectivity in the Twenty-First Century*, Princeton University Press: Princeton and Oxford.

기계가 행동하는 방법

CHAPTER 2

이 장에서는 기술의 사회구성주의(SCOT)에 따라서 사회가 기계를 어떻게 구성하는지 그리고 행위자연결망이론(ANT)에 따라서 그 기계가 어떻게 행동하는지 따라가 볼 것이다. 컴퓨터는 기계를 대표하는 장치이며 정보기술의 출발이라고 할 수 있다. 우리는 이 기계를 단순한 도구로만 간주해 왔다. 컴퓨터의 등장과 진화 과정은 다른 어떤 기계적 장치보다도 독특하다. 최초의 미니 컴퓨터, 알테어 8800은 사실상 '아무런 기능 없이' 태어났다. 도구로서 기계가 기능 없이 제작될 수 있는가? 그런데 어떻게 그 기계가 컴퓨터의 역사를 출발시킬 수 있었나? 컴퓨터 역사에 관한 이야기는 컴퓨터가 단순도구가 아니라 인간에 의해 창조된 새로운 행위자라는 것을 말한다.

이어서 컴퓨터가 인간 사용자와 상호작용하는 방식, 인간과 기계가 통신하는 방식, '대화'하는 방식에 대해서 말할 것이다. 컴퓨터와 인간의 상호작용 현장은 너무도 일상적이지만 쉽게 포착될 수 없어서 이해하기도 어렵다. 채팅 프로그램 엘리자 사례와 인터넷 통신 프로토콜의 작동 방식을 통해서라면 컴퓨터와의 대화에 관한 우리의 이해를 도울 것이다.

다음으로 인공지능의 개념으로 넘어간다. 본래 컴퓨터 장치는 개념적으로 '생각하는 기계'라는 개념에서 시작되었다. 이제 우리에게 컴퓨터는 친구보다 일상적 존재가 되었다. 우리와 컴퓨터 사이의 물리적 관계는 매우 긴밀하지만, 그에 비해서 이 기계와 우리의 사회적 관계에 대한 이해는 훨씬 미치지 못하고 있다.

이어서 클로드 섀넌의 정보이론(Information Theory)의 형성과 작동원리에 대해서 알아본다. 특히 정보이론에서 '정보'란 우리의 상식과 달리 '메시지의 의미'가 아니었다. 이 사실을 아는 순간 우리에게 친숙한 이 단어('정보')는 상당히 낯선 것이 된다.

도구란 언제든지 통제 가능한 대상을 의미하는데 오늘날 컴퓨터는 결코 그런 대상에 머물지 않는다. 특히나 인공지능이 등장하고 있는 현재는 더욱 더 컴퓨터 장치와의 관계가 빠르게 재정립되고 있다. 이를 위해서 우리는 개인적 차원의 뛰어남보다는 집단적 이해를 향한 사회적 학습으로 나아갈 필요가 있다.

1 컴퓨터는 단지 인간의 도구인가

컴퓨터는 20세기 정보혁명의 주인공이었다. 이를 의심하는 사람은 별로 없다. 제2차 세계대전 중이었던 1945년 탄도계산을 위해서 세계 최초 범용 전자식 컴퓨터 애니악(ENIAC, Electronic Numerical Integrator and Calculator)이 개발되었다. 애니악은 수백 명이 계산 작업을 해야 하는 대규모 데이터를 처리할 수 있었다. 같은 시기 폰 노이만(John von Neumann)은 입력, 출력, 제어, 연산, 기억장치로 구성된 최초의 프로그램 내장형 컴퓨터 애드박(EDVAC, Electronic Discrete Variable Automatic Computer)을 개념화했다.

애드박을 상업적 용도로 응용한 컴퓨터, 유니박(UNIVAC, Universal Automatic Computer)은 1952년 미대통령 선거에서 아이젠하워의 승리를 예측하기도 했다. 한편 1948년 영국 맥스 뉴먼(Max Newman) 교수팀은 맨체스터 마크 원(Manchester Mark 1)을 개발했다. 마크원은 시기상 유니박 컴퓨터 보다 앞선 것이었고, 인공지능 역사에서 중요하게 언급되곤 하는 로젠블랏(F. Rosenblatt)의 퍼셉트론(Perceptron) 개념에 토대를 두고 발전해 갔다.

1957년 IBM 왓슨 과학 컴퓨팅 연구소에서 포트란(FORTRAN, Formula Translation)이라는 프로그래밍 언어를 개발했다. 1964년 "IBM 시스템 360 시리즈"가 출시되었다. 이들 초기 컴퓨터는 수십만 달러 이상 나가는 대형 컴퓨터(main frame)였고, 이를 구비했던 기관은 정부, 군대, 대기업과 대학들이었다.

1960~70년 대 들어서야 드디어 소형 컴퓨터들이 출현하기 시작했다. 대표적인 미니컴

[그림 2-1] 맨체스터 마크 원(1948)과 유니박 컴퓨터(1952)

퓨터는 1965년 DEC(Digital Equipment Corporation)사가 출시한 PDP-8 이었는데, 집적회로(integrated circuits, IC) 기술을 이용하여 크기를 줄일 수 있었다. 1971년 인텔(Intel)사가 마이크로프로세서 4004칩과 8008칩을 개발했다. 이것은 제어, 연산, 기억장치를 하나의 칩에 구현한 것으로 입출력 장치만 달면 컴퓨터 기능을 할 수 있게 되어 컴퓨터 구현에 대전환을 암시하고 있었다.

미니 컴퓨터의 시작, 알테어 8800

1975년 미츠(MITS)사가 마이크로프로세서 기반의 미니 컴퓨터, 알테어(Altair) 8800을 출시했다. 초기 알테어는 마이크로프로세서와 온-오프 스위치, 네온 점등관을 갖춘 본체만 있었고 그 외 오늘날 컴퓨터의 기본 장치들이라고 할 수 있는 모니터와 키보드는 없었다.

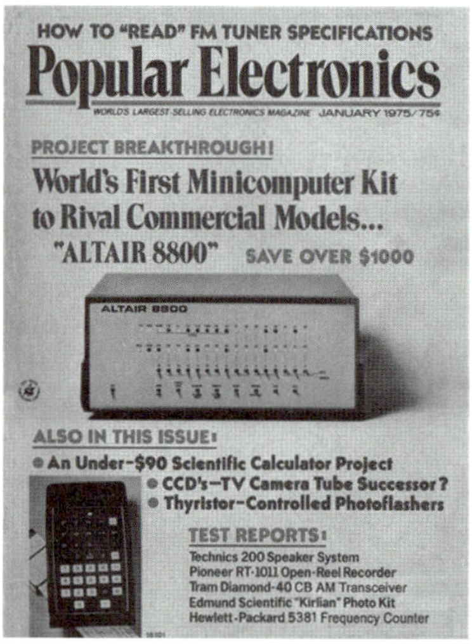

[그림 2-2] 잡지 "Popular Electronics (1975년 Vol 7, Number 1)"의 표지 사진에 등장한 알테어 8800

그럼에도 불구하고 알테어는 컴퓨터 애호가들에게 인기가 높았다. 그들은 주로 전자산업과 관련된 분야에서 일하던 젊은 남성들이었는데, 일테어가 출시되자 알테어를 구입하기 위해서 공장 앞에서 줄을 섰다.

알테어는 오늘날 우리가 알고 있는 컴퓨터의 모습이 아니었다. 사실상 아무런 기능도 없었다. 열광적인 컴퓨터 사용자들은 알테어를 어디에 사용할지를 함께 궁리해내기 위해 "홈브루 컴퓨터 클럽(Homebrew Computer Club)"을 만들었다. [다큐멘터리 "괴짜들의 승리(Triumph of the Nerds, 1995)"를 참조하라]

그들은 수요일 저녁마다 정기적으로 모여서 알테어를 이용한 자신들의 개발을 공유했다. 누군가는 알테어를 이용해서 간단한 악보 연주를 시연했다. 그리고 다른 누군가는 알테어를 위한 프로그래밍 언어를 개발했다. 그들이 만든 다양한 부가 장치와 소프트웨어들로 알테어는 점차 그럴듯한 기계가 되어갔다. 그들은 알테어에 매혹되어 알테어 변이에 열정을 불어넣었다. 그들은 알테어를 중심으로 한 자신들만의 세계를 형성했고 그곳에서 '알테어 시민권자'가 되었다.

해커(Hacker), 컴퓨터광들이 원하는 세계는?

1970년대 초 스튜어트 브랜드(S. Brand)는 스탠퍼드대 인공지능연구소와 제록스파크연구소를 방문했다. 그때 그곳 연구원들이 "스페이스워(Space War)"라는 네트워크 게임을 만들고 함께 플레이하는 걸 목격했다.

브랜드는 <롤링스톤>잡지에 "스페이스워"라는 제목으로 글을 기고했다. 그 때 그 게임을 하던 연구자들의 모습에서 영감을 받아서 그들을 해커(hacker)라고 명명했다. 핵(Hack)이라는 용어는 그 이전부터 공대생들 사이에서 쓰이던 것이었다. 기계장치를 장난스럽게 또는 기이하게 다루는 행동을 의미하는 은어였다.

"그들은 폭주족에게서 볼 수 있는 바로 그런 모습이다. 진정한 해커는 집단적 인간이 아니다. 그는 밤새 내내 깨어 있기를 좋아했고.. 그와 그의 기계는 사랑-증오의 관계이고...그들은 뛰어나지만 협의적 목표에는 전혀 관심이 없는 아이들이다. 컴퓨팅은 그렇게 할 수 있는 이야기 속에나 있을 것 같은 공간이다(Brand, 1972)."

해커문화는 1970년대 자유언론운동(Freedom of Speech)과 혼합되었고 전통적인 국가/규범을 좋아하지 않았다. 그들은 인터넷 구조가 자유언론의 원리를 내재화하고 있다고 믿었다. 그러한 해커문화의 흔적은 존 페리 발로(J. P. Barlow)의 <사이버스페이스 독립선언(1996)>에 잘 묘사되어 있다. 진정한 마지막 해커라고 불리는 리처드 스톨만(R. M. Stallman)은 소프트웨어 공유를 주장하는 GNU 운동을 주도했다. 스티브 잡스와 마크 주커버그는 자신의 직원들에게 해커정신을 강조했었다.

홈브루 클럽의 회원이었던 스티브 잡스와 스티브 워즈니악은 1976년 완성 형태의 컴퓨터, 애플 I (Apple I)을 개발했다. 영화 "실리콘밸리의 신화(the Pirates of Silicon Valley, 1999)"는 이 과정을 잘 보여주고 있다. 당시 스티브 워즈니악은 휴렛패커드(HP)사의 직원이었다. 그가 제작한 애플 컴퓨터에 대한 지적재산권이 회사에 속한다고 해석될 수 있는 상황이었다.

그런데 워즈니악을 면담한 회사 임원은 애플 컴퓨터의 중요성을 전혀 인식하지 못했다. "도대체 일반인들에게 왜 컴퓨터가 필요한가?"라며 오히려 의아해 했다. 당시로서 컴퓨터란 개인들이 사용할 수 있는 기계가 아니었다. 덕분에 잡스와 워즈니악은 애플을 개

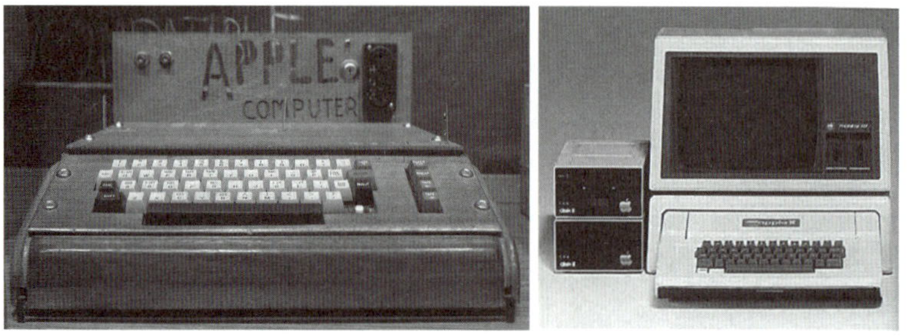

[그림 2-3] 애플 I (1976)과 애플 II (1977)

발할 자유를 얻었다. 잡스와 워즈니악과 같은 새로운 개발자 세대에게는 명백해 보이는 것이었지만 이미 안정적으로 정부 및 대기업에 대형 컴퓨터를 납품하고 있던 대기업들에게는 불가능하고 헛된 생각이었다.

곧이어 다음해에는 애플II를 출시할 만큼 개인용 컴퓨터 인기는 폭발적이었다. 애플II 컴퓨터는 컬러 그래픽을 구현하고 있었고, 모니터, 키보드 본체, 플로피 디스크 드라이브 등을 포함하고 있어서 일반 대중들이 컴퓨터를 편리하게 사용할 수 있었다. 애플II 컴퓨터는 1977년 시장에 나오자마자 커다란 성공을 거두었고 1980년까지 12만대를 판매하면서 컴퓨터 대중화에 기여했다. 애플 컴퓨터가 출시되자 IBM의 입지는 크게 흔들리고 대형 컴퓨터 중심의 기술 시스템의 모멘텀은 크게 흔들렸다.

IBM 퍼스널 컴퓨터

IBM, 휴렛패커드(HP), 제록스 등 거대 컴퓨터 기업들은 개인용 컴퓨터의 잠재성을 전혀 알지 못했다. 그들은 애플의 성공 앞에서 당황했고, 뒤늦게 개인용 컴퓨터 시장에 뛰어들었다. 애플 컴퓨터의 성장으로 IBM이 위기를 맞았기 때문이다. 1981년 IBM은 인텔의 16비트 마이크로프로세서와 마이크로소프트(MS)사의 MS-DOS를 장착한 "퍼스널 컴퓨터(Personal Computer)"를 출시했다.

IBM은 자사의 컴퓨터 설계 및 운영체제를 공개하여 시장 표준화 전략을 취했다. 그렇게 등장한 IBM 호환용 컴퓨터는 사실상 표준(de facto standards)이 되었다. 먼저 개인용 컴퓨터 시장을 형성했던 애플 계열 컴퓨터가 다른 부품과 호환을 인정하지 않는 자체 완결적 구조였는데, 그에 비해 IBM 컴퓨터는 일정한 규격만 따른다면 어떤 부품과도 호환 가능한 개방적인 구조였다.

[그림 2-4] IBM의 퍼스널 컴퓨터 (1981)

특히 컴퓨터를 설계하는데 핵심인 하드웨어의 회로도 및 바이오스(BIOS: 데이터 입출력 방식을 정하는 기본 프로그램) 소스코드를 공개함으로써 원개발사인 IBM 외의 다른 제조사에서도 IBM 컴퓨터와 호환되는 하드웨어 및 소프트웨어, 그리고 주변기기를 자유롭게 생산해서 판매할 수 있었고, 심지어 개인이 직접 부품을 구해 컴퓨터를 제작하는 것도 가능했다. 이런 방식을 개방 체계(open architecture)라고 한다. 그 덕분에 "퍼스널 컴퓨터(Personal Computer, PC)"라는 이름은 이후 개인이 사용하는 컴퓨터를 지칭하는 일반 명사가 되었다.

IBM PC는 세부 구성 면에서도 범용성이 높았다. 첫 번째 모델인 IBM PC 5150은 인텔의 8088 CPU(동작 클럭 4.77MHz) 및 5.25인치 플로피디스크 드라이브를 갖춘 것이 하드웨어 상의 가장 큰 특징이었는데, IBM외의 다른 회사에서도 비교적 쉽게 조달할 수 있는 부품들이었다.

소프트웨어의 경우, 마이크로소프트(MS)와 공동으로 개발한 PC-DOS 운영체계를 적용했다. PC-DOS는 IBM 제품 전용이었지만, 일반 소비자 및 호환 제조사들 대상으로도 판매되었으므로 소프트웨어 면에서도 호환성이 높았다.

이러한 장점에 힘입어 컴팩, 델, HP 등의 여러 제조사에서 IBM PC와 호환되는 컴퓨터를 대량으로 생산·판매했다. 참조로, 1983년에 마이크로소프트(MS)와 일본 아스키(ASCII)에서 공동 개발한 'MSX' 컴퓨터가 등장해 일본과 한국의 게이머들을 중심으로 상당한 인기를 끌기도 했다. 하지만 MSX는 게임 기능 외에는 그다지 주목을 받지 못했으며, 특히 업무용 컴퓨터 시장에서는 널리 쓰이지 못했다.

IBM PC 운영체제를 제공했던 마이크로소프트(MS)는 개인용 컴퓨터 운영체제 분야에서 주도적인 행위자로 등장했다. 마이크로소프트(MS)는 1987년 윈도우즈(Windows)라는 독자적인 운영체제를 출시했다. IBM은 PC 5150 이후, 후속 모델인 PC/XT(1983년), PC/

AT(1984년)를 연달아 내놓았다. 이즈음 IBM에서 직접 제조하는 PC에 비해 타 제조사의 IBM 호환 PC가 훨씬 많이 팔리기 시작했다.

각 컴퓨터 제조사들이 단순히 IBM PC를 흉내 내기에 그치지 않고, 오히려 IBM PC를 능가하는 성능과 기능을 가진 IBM 호환 PC를 내놓는 경우도 나타나기 시작했다. 1986년에 컴팩에서 인텔의 신형 32비트 CPU인 '80386(일명 386)'을 탑재한 PC/AT 아키텍쳐 기반 PC를 IBM보다 먼저 출시했다. 역설적이게도 'IBM PC'가 'IBM 호환 PC'에게 압도당하기 시작했다.

현재도 흔히 쓰이는 PC, 즉 데스크탑이나 노트북은 대부분이 IBM 호환 PC 아키텍처에 기반을 둔 컴퓨터모델이다. 정작 'PC'라는 개념을 정착시킨 IBM은 현재 PC 시장을 떠났다. 2004년, IBM은 PC 사업부문을 중국의 레노버(Lenovo)에 매각하여 PC 시장에서 완전히 물러났다. IBM은 PC 분야에서 중요한 핵심적 개념-호환가능한 컴퓨터-을 제시함으로서 크게 기여했지만, 그 개념을 주도하지는 못했다. 그들은 PC를 생산했지만 'PC의 사용자' 집단과 상호작용하지 못했다.

인터페이스 혁명, GUI

컴퓨터 대기업과 개인용 컴퓨터에 대한 에피소드가 또 있다. 제록스(Xerox) 팔로알토 연구소는 "그래픽 유저 인터페이스(GUI, Graphic User Interface)"를 개발했지만 정작 제록스의 경영진은 그 중요성을 이해하지 못했다. 개인용 컴퓨터 시장을 주도하고 있던 스티브 잡스는 GUI의 가능성을 바로 이해했다. 잡스는 제록스에서 만든 GUI 기술이전 대가를 현금 대신 당시 비상장이었던 애플 주식(액면가로 100만 달러)으로 지불했고 자사 컴퓨터에 즉각 적용했다.

1983년에 GUI 기반 컴퓨터 리사(LISA)를 출시했지만 값이 너무 비싼 탓에 실패했다. 이후 1984년에 나온 애플의 매킨토시(Macintosh)는 상업적인 성공을 이뤘다. 그러자 사람들은 GUI 운영체제를 "매킨토시 시스템"이라고 불렀다. 매킨토시는 지금도 애플사를 대표하는 컴퓨터 모델이다.

매킨토시 컴퓨터는 빅 브라더 이미지를 차용한 방송 광고로도 유명하다. 같은 해 방영되었던 매킨토시 광고 "1984"는 컴퓨터 업계를 지배하던 IBM을 빅브라더에 비유하고 애플 그룹 자신을 빅 브라더를 무너뜨리는 도전자로 이미지화했다. 당시 애플과 IBM은 개인용 컴퓨터 시장의 경쟁자였고 누가 챔피언이고 누가 도전자인지 알 수 없는 상황으로

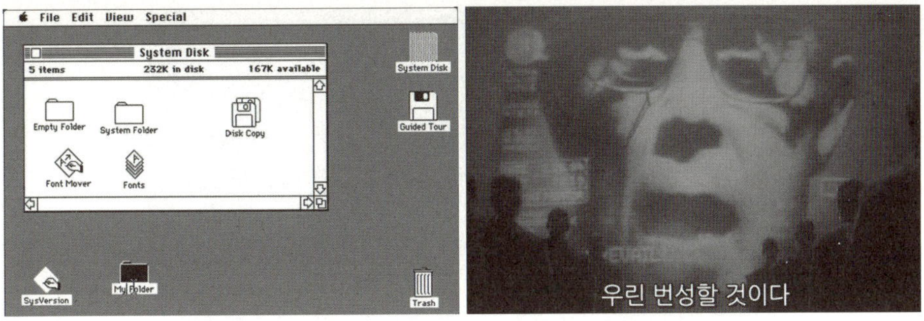

[그림 2-5] 매킨토시의 GUI 화면, 애플의 광고 "1984"의 한장면

변해 있었다. 이 광고는 스티브 잡스의 수사적 전략이었고, 개인용 컴퓨터가 빅 브라더 권력에 대항하여 새로운 자유를 불러올 것임을 상징했다.

매킨토시가 성공을 거두자 매킨토시 소프트웨어를 납품하고 있던 마이크로소프트(MS)사는 독자적으로 새로운 운영체제 윈도우즈 시리즈를 개발하였다. 윈도우즈 프로그램은 매킨토시의 아이디어를 모방한 것이었으며 이후 법정소송을 거치면서 합의에 이르렀다. 1995년 마이크로소프트(MS)사가 윈도우즈95(Windows 95)를 출시하여 성공을 거둠으로써 본격적으로 GUI 기반 컴퓨터가 대중화되었다.

GUI 방식은 인간과 컴퓨터가 소통하는 방식의 혁명적 전환이었다. 그 이전에 컴퓨터 사용자는 컴퓨터와 기계적 작동 또는 프로그램 명령어 방식으로만 대화할 수 있었다. 이제 사용자들은 화면 상의 텍스트나 이미지를 클릭하는 것만으로 컴퓨터 기능을 활성화시킬 수 있다. 나머지는 컴퓨터가 알아서 절차를 진행해 준다. GUI는 인간 사용자와 컴퓨터 사이의 의사소통의 자동화를 의미했다. 이로써 인간과 컴퓨터와의 통신을 컴퓨터 내부의 기계적 구성요소들 사이의 통신으로 대체했다.

소프트웨어 시대

IBM PC 상의 운영체제 MS-DOS(Microsoft Disk Operating System)는 명성이 높은 프로그램이다. 그러나 시작은 그리 대단하지 않았다. IBM은 개인용 컴퓨터를 제작하기로 정책을 변경하면서도 소프트웨어의 중요성을 이해하지 못했다. 그들에게 컴퓨터는 상품이었지만 소프트웨어는 상품이 아니었다.

빌 게이츠와 그 동료들은 시애틀 컴퓨터시스템사로부터 DOS 코드를 사들여 수정한 후 IBM PC용으로 납품했다. 이것이 최초의 대중화된 운영 체제이다. 1981년 8월 처음 PC

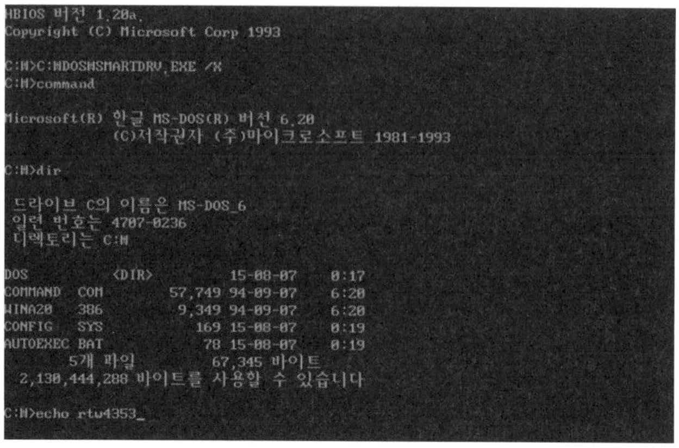

[그림 2-6] 한글 MS-DOS 6.2 구동화면 (자료: 나무위키)

에 적용되었고, 1995년 개발이 중단될 때까지 몇 차례의 버전이 갱신되었다. MS-DOS라는 독립 제품으로서의 최종 버전은 6.22이며 윈도95가 출시된 이후부터는 윈도 제품의 기능 중 하나로 제공되었다.

마이크로소프트(MS) 윈도우즈 95는 매킨토시 운영체제(OS)에 대항하기 위해서, 그리고 매킨토시를 모방하는 방식으로 멀티태스킹과 GUI 환경을 제공했다. 현재 윈도우즈 운영체제(OS)의 대표 이미지인 시작 메뉴, 작업 표시줄이 이 때 등장했다. 프로그램 관리자는 윈도우즈 탐색기라는 프로그램으로 대체되고 바탕화면도 파일, 폴더, 시스템 아이콘들을 배치할 수 있게 만들었다.

마이크로소프트(MS)의 윈도우 시리즈는 응용프로그램의 활용도를 개선했고 새로운 윈도용 응용프로그램 시장을 창출했다. 기본적인 사용법과 화면 구성까지 거의 매킨토시 OS를 그대로 모방한 수준이었는데도 윈도우 95는 기존 MS-DOS 사용자들을 끌어들였다. 마이크로소프트(MS) 문서작성기 "워드(Word)"와 "엑셀(Excel)" 같은 사무용 프로그램을 제공하면서 사용자층이 두터워졌기 때문이었다.

마이크로소프트(MS)는 제품 개발에 과도한 돈을 낭비하지 않았고 제품이 출시된 후에는 기술지원과 다양한 회유책을 통해 응용프로그램을 확보하는 전략을 구사했다. 마이크로소프트(MS)사는 OS의 성패가 풍부한 응용프로그램 제공에 달려있다는 것을 알았고, 충분한 응용프로그램을 확보하는 것이 OS 자체의 안전성보다 중요하다고 보았다. 상대적으로 IBM과 애플은 그 부분을 간과했다. 높은 기술력과 안정적이고 완성도 높은 프로그램들을 만들었지만 애플의 매킨토시에서 사용할 수 있는 응용프로그램 수는 너무 적었다.

현재도 개인용 컴퓨터 운영체제 시장에서 약 80%는 마이크로소프트(MS) 윈도우 시리즈가 차지하고 있다. 윈도 운영 체제는 IBM 호환 PC의 확장에 힘입어 매킨토시 OS보다 훨씬 더 큰 시장을 점유할 수 있었다. IBM 호환 PC는 저렴하고 호환가능성 때문에 인기가 있었는데, 그런 만큼 일반 사용자들에게 익숙했고 사용 가능한 응용 프로그램도 많이 개발되어 사용자들은 다양한 선택을 할 수 있었다. 물론 그것 때문에 보안에 취약한 운영체제로 인식되기도 했다.

컴퓨터 산업은 변화가 빨랐다. 그런 변화에 민감하기는 쉽지 않았다. IBM처럼 컴퓨터 산업을 주도했던 기업들도 처음에는 미니 컴퓨터를 제작해야 한다는 생각을 하지 못했다. 초기 개인용 컴퓨터 시장을 주도한 애플도 다양한 응용 프로그램에는 취약했다. 이처럼 선도 기업들도 빠른 변화 앞에서 기회를 만들지 못하기 일쑤였다. 인터넷 기술이 등장할 즈음 마이크로소프트(MS)도 마찬가지로 인터넷의 의미를 이해하지 못했다. 컴퓨터 산업에 진입하는 참여자들이 많았기 때문에 그만큼 변화의 동력도 강했다.

기술의 성공은 미리 결정되어있는 것이 아니라, 자신의 사용자 또는 잠재적 사용자와 얼마나 잘 상호작용하면서 기술진화를 구성하느냐에 달려있다. 기술의 성공을 예측하기보다는 사용자와의 관계를 강화하면서 공동의 세계를 구성하는 노력이 더 유효하다. 기술의 성공이 예측되는 것이라면, 그리고 기술의 성공이 기술 자체의 '훌륭함' 때문이라면 이미 성공했었던 IBM이 개인용 컴퓨터의 변화에 무지하게 행동하지는 않았을 것이다.

인터넷 브라우저의 등장

1991년 월드와이드웹(WWW)이 등장했지만 빌 게이츠는 인터넷의 위력을 과소평가했다. 그러나 빌 게이츠의 예상과 달리, 인터넷을 급격하게 확장되었다. 1994년 넷스케이프 커뮤니케이션즈는 자사의 웹브라우저 모자이크(Mosaic)를 개선하여 "넷스케이프"라는 이름으로 출시했다. 곧이어 넷스케이프는 웹브라우저의 표준이 되었다.

1995년 웹브라우저의 위력을 뒤늦게 깨달은 빌 게이츠는 마이크로소프트(MS)의 핵심 전략을 인터넷으로 전환한다고 선언했다. 당시 가장 널리 사용되고 있던 인터넷 웹 브라우저였던 넷스케이프를 거의 그대로 모방한 인터넷 익스플로러를 출시했다. 그리고도 인터넷 익스플로러가 고전을 면치 못하자 익스플로러 4.0을 무상으로 배포했다.

자사의 OS(윈도95)에 웹브라우저를 끼워 팔기 시작하자 웹브라우저 시장 점유율이 5%에서 90%로 수직 상승했다. 그 결과 넷스케이프의 주가는 하강했다. 그리고 OS 독

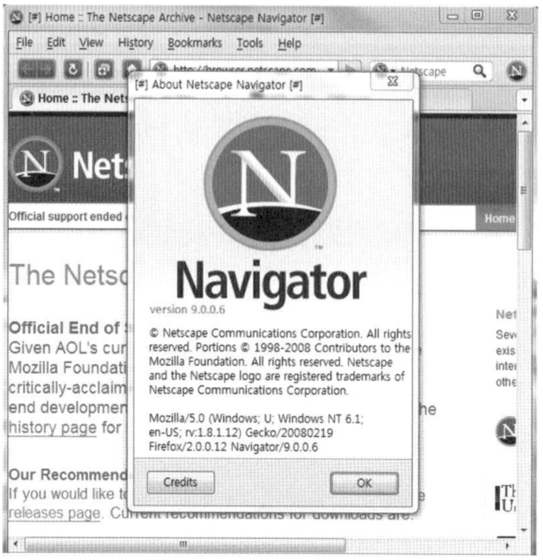

[그림 2-7] 넷스케이프 마지막 버전 (자료: 나무위키)

점력을 무기로 컴팩, HP, AOL, 애플 등 다른 회사들을 위협해서 넷스케이프를 고립시켰다. 넷스케이프는 소스 코드를 공개하는 방법까지 시도하면서 저항했으나 결국 4년 만에 AOL에 인수되면서 서비스를 중단했다. 넷스케이프 사례는 하나의 기술시스템이 다른 경쟁하는 대안적인 시스템을 철저히 파괴할 수 있음을 극명하게 보여주었다.

이 사건은 마이크로소프트(MS)사를 독점기업으로 각인시켰다. 이에 미 법무부는 1994년 MS가 윈도우95를 판매하는 조건으로 자사의 인터넷 브라우저를 끼워 팔도록 컴퓨터 제조업체들에게 강요함으로써 반독점법을 위반했다는 이유로 소송을 제기했다.

이 소송에서 미 연방지방법원은 마이크로소프트(MS)사에게 윈도95와 후속 버전을 판매하는 컴퓨터 제조업체에 자사의 인터넷 익스플로러를 판매하도록 요구하는 관행을 중단하라고 예비 금지명령을 내렸다. 1998년 법무부는 윈도우즈 98의 출시와 함께 다시 MS사의 독점화, 끼워팔기 행위 등에 대한 반독점소송을 제기했다. 2000년 4월 판결로 회사분할 명령이 내려졌지만 마이크로소프트(MS)사는 즉각적으로 항소했다. 지루한 공방 결과 2001년 6월 연방항소법원은 OS프로그램 소스코드를 공개하는 등 몇가지 동행명령이행을 조건으로 마이크로소프트(MS)사에 내려진 회사분할 명령을 기각했다.

자유소프트웨어 운동 진영에서도 마이크로소프트(MS) 회사 분할보다는 윈도우 프로그램 소스 공개를 원했다. MS의 분할된 회사들은 독점법의 제한을 받지 않기 때문에 다른 소프트웨어 회사를 더욱 가혹하게 공격할 것이라고 예상했기 때문이다. 대신에 MS의 독점 시스템을 완화할 수 있는 것은 마이크로소프트 운영체제(MS OS) 프로그램을 공개함으로써 응용 프로그램 개발자 누구나 마이크로소프트 운영체제(MS OS) 상에서 자신의 프로그램을 작동할 수 있게 하는 것이었다. 그런 조건이 일찍 적용되었더라면 넷스케이프는 마이크로소프트(MS)의 공격으로부터 안전할 수 있었을 것이다.

컴퓨터 사용자의 통제 가능성

개인용 컴퓨터의 필요를 가장 먼저 이해했고, 제록스의 GUI의 잠재성을 현실로 만들어냈던 집단은 스티브 잡스나 빌 게이츠 같은 젊은 해커들이었다. 그들은 컴퓨터 사용자이면서 애호가였기 때문에 개인용 컴퓨터의 잠재성을 잘 이해했다. 애플 컴퓨터의 등장은 거대 기업 IBM을 붕괴직전까지 흔들었고 IBM은 애플을 뒤따라 개인용 컴퓨터를 개발해야 했다.

한편 빌 게이츠는 '첨단기술이 첨단 기업의 충분조건은 아니다'라는 것을 잘 알고 있었다. 개인용 컴퓨터 OS 전문 회사였지만 OS 보다 OS 상에서 구동될 응용 프로그램의 다양성에 초점을 두었다. 개인용 컴퓨터 시대의 사용자들은 알테어 사용자들의 계승자들이기는 하지만 알테어 시대의 사용자들과는 달랐다.

컴퓨터의 기능을 스스로 만들어내기 보다는 컴퓨터를 사용하여 다른 일을 잘 할 수 있기를 기대했다. 알테어 사용자들은 알테어가 기능이 없었음에도 환호했는데, 이 점에서 알테어와 알테어 사용자들의 관계는 '동료 행위자' 관계였다. 컴퓨터와 컴퓨터 사용자 사이 관계는 컴퓨터에게 기능을 요구한다는 점에서, 좀 더 '주인'과 '도구'의 관계 쪽으로 이동했다.

그럼에도 불구하고 컴퓨터는 하나의 기능으로 고정된 기계는 아니다. 컴퓨터는 여러 기능을 수행할 수 있다. 문서도 편집하고 인터넷도 하고 게임도 하고 전화를 걸기도 한다. 자동차를 운전하거나 로켓을 쏘아 올리기 위한 계산도 한다. 로봇을 움직이고 핵발전소 시스템을 운영한다. 우리의 컴퓨터는 앨런 튜링의 '보편 만능 기계(universal machine)'개념을 다소 구현하고 있다(2-2장 참조). 컴퓨터는 기능을 가진 도구이지만 자신의 기능을 확장할 역량을 가지고 있다.

개인용 컴퓨터의 보편적 역량 때문에, 컴퓨터 사용자들은 자신의 컴퓨터를 완전히 통제하지는 못한다. 우리는 컴퓨터를 구매하고 매일 사용하지만 자신의 컴퓨터를 완전히 이해하지 못하며 완전히 장악하지도 못한다.

우리가 컴퓨터에서 문서를 작성할 때 사용하는 문서 편집기는 컴퓨터 표준에 맞게 제작되어야만 한다. 우리가 온라인 거래를 하려면 해당 은행은 컴퓨터 상에서 작동할 수 있는 거래 프로그램을 제공해야만 한다. 우리 컴퓨터는 매일 매시간 여러 가지 프로그램을 업데이트하기 위해서 자동으로 서비스 회사와 통신한다. 컴퓨터 사용자는 자신의 컴퓨터가 어떤 내용으로 통신하고 있는지 알지 못한다.

또한 마이크로소프트의 독점 현상에서 볼 수 있듯이 정보기술 영역에서 독점화는 쉽게 일어나는데, 이는 컴퓨터에 대한 사용자의 통제를 약화시킨다. 시장 표준화가 일어나면 제품 생산자나 사용자는 모두 이득을 얻는다. 제품 생산 비용이 저렴해지고 예상 가능한 공급을 할 수 있다. 사용자는 익숙한 환경에서 추가적인 기능을 향유할 수 있다. 그 때문에 정보기술 분야는 하나의 기준으로 응집되기 쉽고 소수의 기업이 시장을 독점하기 쉽다. 그렇게 되고 나면 컴퓨터 사용자들 보다 해당기술 기업에게 더 강한 통제권이 주어진다. 경쟁 제품이 없어진 상태에서 사용자는 선택권이 없어지기 때문이다.

정보기술 거버넌스에서 독점문제는 가장 큰 사회 문제가 되고 있다. 정보기술은 어떤 분야보다 독점이 쉽게 일어날 수 있기 때문이다. 독점은 때로 이득을 주지만 장기적으로 새로운 참여자의 진입을 방해함으로써 혁신을 방해할 가능성이 높다.

[참고문헌]

월터 아이작슨. 2011. 〈스티브 잡스〉 안진환 역. 민음사.

주철민. "마이크로소프트 반독점 소송과 그 의미". 정보공유연대 웹사이트.

Himanen, Pekka. 2001. *The Hacker Ethic, and the Spirit of Information Age: A Radical Approach to the Philosophy of Business*. Random House.

2 기계는 생각할 수 있나?

"생각하는 기계(thinking machine)" 개념은 알렌 튜링(A. Turing)의 1937년 논문에서 시작되었다. 그 논문은 괴델의 불완전성 명제(Incompleteness theorems)를 재증명한 것이었다. 괴델은 1931년 수학적 체계 내에서 판단불가능한 명제가 존재한다는 것을 증명했었다. 불완전성 명제는 간단히 말하자면 이렇다. "모든 사실이 증명가능한 것이 아니다." 또는 "사실들은 증명할 수 있는 것보다 많다."

튜링은 이 불완전성 명제를 기계에 적용했다. "기계적인 방식으로 자연수에 대한 모든 사실을 만들어 낼 수 없다." 다시 말해서 기계(논리체계)는 참인 모든 것을 만들 수(증명할 수) 없다. 이로써 기계 작업과 같은 논리적 체계 내에서도 판정불가능이 존재함을 증명했다.

이와 같은 상황은 우리의 일상 언어에서도 일어날 수 있다. 언어도 일종의 논리체계이기 때문이다. 예를 들어서 어떤 남자가 "나는 지금 거짓말을 하고 있다"고 말했다고 하자. 그렇다면 그 말은 참인가? 거짓인가? 우리는 판단불능 상태에 빠진다. 이 말은 언어구조상으로는 전혀 문제가 없지만 내용적으로는 자기 모순적이다. 우리는 그 말의 모순성을 느끼지만 언어논리 구조는 그 문제를 '알지 못한다'. 같은 맥락에서 수학을 포함하여 기호로 구성된 모든 알고리즘 (논리체계)은 자기 자신의 무모순성을 알지 못한다.

멈춤 문제(halting problem)

튜링은 참인 명제를 만들어내는 기계(A)를 만들고, 이 기계가 참 명제를 모두 다 만들어내면 멈추도록 설계했다. 그리고 이 기계가 멈출 것인지 멈추지 않을지를 판단하는 기계(H)를 만든다. 여기서 멈춤은 어떤 판단에 도달할 상태를 의미하며 반대로 멈추지 못하고 무한 루프 상태가 된다는 것은 어떤 판단에도 도달하지 못한 상황을 의미한다. A는 모든 참인 명제를 만들 수 있으므로, A가 존재한다면 H도 존재한다(만들 수 있다). 여기서

H가 존재하는지를 증명하는 것이 "멈춤 문제(halting problem)"다.

튜링은 칸토어 대각선 논법을 동원하여 멈춤 문제를 풀 수 있는 기계(H)는 존재할 수 없다는 것을 증명했다. H가 존재하지 않으므로 A도 존재할 수 없다. 그러므로 이 기계는 자신의 무모순성을 증명할 수 없다. 즉, 기계는 자신의 성질(재귀명제)에 대해 판정해야 할 경우 판정불가 상태가 된다.

이와 같은 불완전성 문제는 모든 기계 프로그램에서 발생한다. 기계는 의사결정을 내리기 위해서 제작되었고, 일상적인 경우 잘 작동하지만 근본적으로 자기 자신의 구조적 완결성에 대해서는 그렇지 못하다. 튜링은 이런 귀결을 예상하고 있었다. '튜링의 생각하는 기계'는 역설적이게도 기계의 불완전성으로부터 나온 것이었다.

튜링이 고안해낸 이 기계는 당시 물리적인 기계의 모습을 갖추지는 못했다. 수학적 프로그램에 가까운 가상의 추론 기계(abstract machine)였다. 그럼에도 불구하고 이 후 컴퓨터와 인공지능의 기원이 되었고, 사람들은 이 기계를 "튜링 기계(Turing Machine)"라고 불렀다.

튜링 기계

튜링기계의 구조는 단순하다. 다음과 같은 4가지 구성이 전부다.

(1) 무한히 많은 칸을 가진 테이프(infinite tape), 각 칸에는 유한개의 기호로 채워진다. 그 기호는 두 개 이상으로 구성된다. 이 테이프는 무한히 확장가능하다.

(2) 헤드(head), 테이프에 쓰인 기호를 읽거나 쓰면서 왼쪽에서 오른쪽으로 이동한다.

(3) 상태 기록장치(state register), 이 기계의 상태를 저장한다.

(4) 행동표(action table or transition function), 기계가 어떤 기호를 써야 하는지, 어느

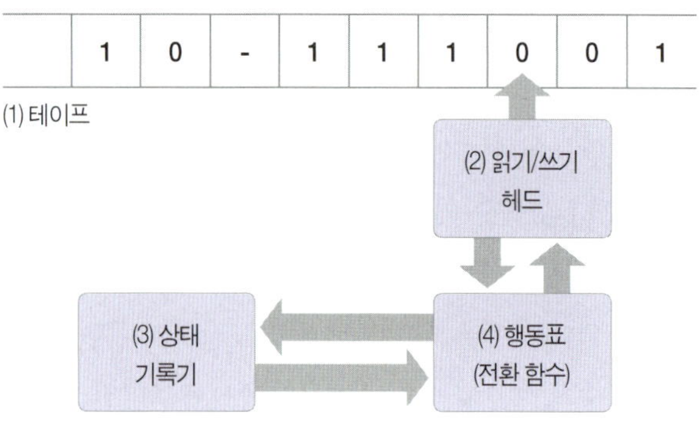

튜링 기계에 등장하는 7개의 원소 목록

M = (Q, Σ, Γ, δ, b, q0, qf)

Q 는 유한하고, 비어있지 않은 상태집합
Γ 는 유한하고, 비어있지 않은 테이프 알파벳 집합
Σ 는 Σ ⊂ Γ를 포함한 입력기호 집합
δ 는 부분적으로 정의된 함수, 전환 함수:δ : (Q\{qf}) x Γ → Q x Γ x {L,N,R}
b ∈ &Gamma \Σ 는 빈 기호
q0 ∈ Q 는 초기 상태
qf ∈ Q 는 승인 집합 또는 최종 상태

방향으로 이동할지, 다음 새로운 상태는 무엇인지를 '말해준다'. 전환 함수라고도 한다.

이 기계의 헤드는 테이프 칸의 기호를 읽고 쓰면서 테이프 위를 한 칸씩 좌우로 움직인다. 움직일 때마다 기계의 상황이 매번 변경된다. 여기서 테이프는 메모리칩에 해당하고, 테이프를 읽고 쓰는 장치는 메모리 입출력 장치, 행동표는 중앙처리장치에 해당한다. 비록 단순하지만, 어떤 기능이든지 이 기계의 구조에 적용할 수만 있다면, 이 기계는 그 기능을 수행할 수 있다. 이런 맥락에서 이 기계는 단일 기능으로 제한되지 않는다.

'생각한다'란 무엇인가

튜링은 '생각하는 기계'를 만들고자 했다. "생각하는 기계"를 만들려면 먼저 '생각한다' 는 개념을 정의할 수 있어야 한다. 어떤 개념을 정의할 수 있다는 것은 그것을 '이해'했다는 의미이다. 그런데 '생각한다' 또는 '지능'을 정의하려는 순간 명백하다고 여겨졌던 이 개념이 매우 정의하기 어렵다는 것을 깨닫게 된다.

이 난관을 피하기 위해서 우선 데카르트(R. Descartes)의 개념을 빌려올 수 있다. 데카르트는 인간의 이성에 대해 가장 많이 연구한 학자일 것이다.

"이성은 모든 상황에 적절히 대처할 수 있는 보편적 도구(un instrument universel)인 반면에, 기계는 그렇지 않다. 기계가 어떤 개별적인 행동을 하려면 그런 행동에 필요한 개별적인 배치가 기관 속에 들어있어야 한다. 우리 이성이 우리에게 행동하게 하는 것과 같은 방식으로 삶의 모든 상황에 맞게 행동할 만큼 충분한 다양한 배치가 기계 속에 있다는 것은 사실 불가능한 일이기 때문이다."

데카르트가 언급한 "'보편적 도구"란 모든 상황에 조응하는 행동을 그 순간에 만들어 낼 수 있는 역량을 의미한다. 기계는 행동을 지시하는 개별적 지시사항이 없이는 어떤 행동을 스스로 만들어 낼 수 없다. 인간의 이성은 행동에 대응하는 지시사항을 일일이 입력하지 않고도 상황에 맞는 행동을 스스로 생성할 수 있다. 인간이 하는 적절한 행동은 너무나도 다양해서 그것을 지시사항으로 일일이 열거해야 한다면 '무한히' 많은 양이 될 것이고 그것을 유한한 크기의 기계 속에 다 집어넣을 수는 없을 것이다. 데카르트의 지적은 날카롭다.

데카르트는 인간 행동의 명령이 '이성'으로부터 나온다고 규정했다. 그는 인간의 이성을 인간의 핵심적 자격으로 간주한 것으로 유명하다. "Cogito Ergo Sum (나는 생각한다 고로 존재한다)"는 잘 알려진 명제다. 이 명제 핵심주장은 인간의 이성이 곧 인간의 존재를 대변한다는 것이다. 인간에게 이성은 인간 그 자체라는 것이다.

그 결과 이성이 아닌 나머지 부분은 인간 존재의 핵심이 아니게 된다. 그리하여 "인간의 신체는 그저 이성의 도구일 뿐인가?"라는 논쟁을 일으켰다. 데카르트는 인간의 신체로부터 이성을 분리하여 최고의 지위를 부여했고 그 때문에 이원론자(Dualist)로 지목된다[1]. 데카르트에게 있어서 인간의 신체란 기계와 유사한 것이었다. 인간의 신체란 이성이 깃들어 있는 '그릇' 같은 것이었다. 이 때문에 인간의 의식을 신체의 파생 효과라고 여기는 일원론(Monism) 철학의 공격을 받았다.

그럼에도 불구하고 여기서 데카르트가 '기계의 방식'으로 모든 상황에 조응하는 행동을 만들어낼 수 없다고 했던 지적은 매우 중요하다. 이 지적만큼은 거의 모든 철학자들의 동의가 있다. 백과사전을 만들 듯이 일일이 모든 상황에 맞는 명령문을 작성하는 방식으로는 '생각을 가진' 행동을 만들어 낼 수 없다.

---

1) 데카르트의 "신체"와 "이성"을 분리하는 방법론은 자연스럽지 않다. 그러나 데카르트가 "이성"을 신체로부터 분리해서 독자적인 지위를 가지도록 한 배경도 고려할 필요가 있다. 데카르트의 "이성"은 모든 사람이 동등하게 보유한 성질이었다. 따라서 근대시민의 자격으로 제기하기에 적절했다.

지적 대화 능력을 시험하기

인간의 이성을 찬양했던 데카르트도 이성이란 것이 어떻게 구성되었는지에 대해서는 설명할 수 없었다. 우리는 누구도 우리 자신의 '사유하는 상태'를 직접 설명할 수 없다. 우리는 다만 서로의 실천을 관찰하면서 상대방의 지능 또는 마음의 상태를 추론할 수 있을 뿐이다. 데카르트도 인간의 이성에 대해 이해하고자 고민했다.

데카르트는 〈방법서설(Discourse on Method, 1637)〉에서, 이성을 테스트하는 방법으로 "지적 대화 능력(the capacity to hold an intelligent conversation)"을 언급한 바 있다. 여기서 그는 단정적으로 기계는 인간처럼 상황에 맞게 적절하게 말할 수 없을 것이라고 주장했다.

> "기계가 말을 할 수 있고, 심지어 물리적 행동을 할 수도 있다고 상상하자. 예를 들어 기계의 어떤 부분을 툭 치면," 왜 그래? "라고 답하게 하거나; 또는 다른 부분을 툭 치면 기계가 눈물을 흘리게 할 수도 있다. 그러나 기계는 현재의 감각에 조응하면서 그 자신이 하는 말을 수정할 수 없다. 심지어 가장 멍청한 사람도 그런 일을 할 수 있는 정도로 쉬운 일인데도 기계는 할 수 없을 것이다."

데카르트의 기계 관찰은 매우 통찰적이다. 기계는 미리 정해진 규칙(프로그램)에 의해서 반응하는 장치다. 기계가 눈물을 흘린다고 하더라도 정해진 규칙에 따른 반응일 뿐, 상황에 조응하여 스스로 생성해 낸 반응은 아니다. 튜링에게 있어서, 데카르트가 선언한 기계의 한계는 도전해볼만한 것이다. 정말로 기계는 인간처럼 행동할 수 없는 걸까?

최종적으로 튜링은 데카르트가 말한 '인간의 이성'처럼 '보편성을 가진 기계'를 설계하고자 했다. 그래서 이 기계를 '보편 기계(universal machine)'라고 지칭했다. 이런 보편성 개념은 이전의 도구들과 튜링 기계의 결정적 차이되었다. 하나의 기능에 매이지 않고 여러 가지 기능을 수행하는 능력을 가진다는 점 때문이다. 만약 기계가 그럴 수 있다면 데카르트의 용어 정의에 따르는 "생각"하는 기계에 가까워질 것이다.

학습할 수 있는 기계

튜링은 '생각한다'라는 개념을 직접 정의할 수 없다는 난제를 피하기 위해서, 우선 '생각한다'라는 개념을 '학습한다(learning)'는 개념으로 번역했다.

> "기계가 생각하기 위해서는 역설적이게도 처음부터 완벽하게 정의되어서는 안 된다. 이미 잘-정의된 프로그램을 내장하려면, 이 기계의 저장 공간은 프로그램의 정의와 명세들로 거의 점유될 것이다. 특히 내적 규칙에 따라서 이미 확정된 합리적인 행동만을 할 것이다. 그렇다면 그 기계는 추가적으로 무엇인가를 더 학습할 필요가 없다. 거기에는 기계가 무엇인가를 생각할 여지가 없다."

튜링에게 있어서 생각하는 기계는 필수적으로 학습 역량이 있어야 한다. 기계는 어떤 방법으로 이런 역량을 획득할 것인가? 튜링은 우선 인간을 모방하고자 했다. 그런데 어른('완전한 인간')을 모방하기 보다는 아이('씨앗')를 모방하는 방법이 더 적절하다고 제기했다. 튜링은 '생각하는 기계'를 두 부분으로 나누어서 규정했다: (1) 아이-기계(the child-machines)와 (2) 교육 과정(the education process).

> "기계가 그 자신의 행위의 결과를 관찰함으로써 자신의 목표를 더 효과적으로 달성하도록 자신의 프로그램을 수정할 수 있다. 이것은 유토피아의 꿈이 아니라, 가까운 미래의 가능성이다."

튜링에게 있어서 "생각하는 기계"란 자신의 행위의 결과를 자신의 목표와 비교하고, 그 목표에 도달하는 방향으로 스스로 자기 자신을 수정하고 개선할 역량을 가져야 한다. 종합하면 이 기계는 자신과 자신의 환경 사이의 상호작용의 결과를 관찰하여 자신을 개선함으로써 최초의 상태 즉, '이미 주어진 프로그램'에 머물지 않아야 한다.

튜링의 "아이-기계"는 학습할 역량이 있는 초보적인 수준의 프로그램이다. 교육 과정을 통해서 아이-기계는 '처벌-신호'가 반복되지 않는 방향으로, 반면에 '보상-신호'는 증가하는 방향으로 나아가도록 구성된다. 다른 방법이 없다면 보상과 처벌에 관한 정보의 총량이 학습의 양이 될 것이다. 튜링은 이 외의 방법으로 학습하는 기계에게 무작위 요소(random element)를 포함하는 것도 현명하다고 언급했다. 무작위 요소들이 학습하는 기계의 진화 속도를 향상할 수 있다고 보았다.

튜링의 "생각하는 기계" 개념을 계승하여 오늘날 기계학습(machine learning) 영역은 "인공지능의 한 유형으로서 명백하게 프로그램 되어 있지 않은 채, 학습할 수 있는 역량"을 지시한다. 자신의 경험을 학습하는 컴퓨터를 구현할 수 있다면 상세한 프로그래밍을 대량으로 해야 하는 노고와 필요도 생략할 수 있을 것이다.

오늘날 인공지능 영역은 튜링의 도전을 승계하여 반드시 '지능 그 자체'를 이해하지 않더라도 '지능'을 구현하는 것을 목표로 하고 있다. 연구자들은 인간의 행동과 생각을 모방하는 방법에서부터 이상적인 합리성을 구축하는 방법까지 다양한 접근법을 개발하고 있다. 여기서 합리성은 결코 '전지전능'하다는 것이 아니다. 다만 합리적 선택 순간까지의 인지 시퀀스에 의존하는 것으로 충분하다.

튜링기계 비판

인공지능은 초기부터 이미 많은 비판에 직면한 바 있다. 튜링은 살아있는 동안에도 여러 비판을 받았는데, 그런 비판들에 대응하는 과정에서 튜링은 자신의 철학적 면모를 드러내기도 했다. 그의 1950년 논문 〈계산하는 기계와 지능(Computing Machinery and Intelligence)〉은 "생각하는 기계" 개념에 대한 여러 비판을 소개하고 그에 대한 반박을 담았다.

현재 튜링기계에 대한 대표적인 비판자로 자주 언급되는 학자는 허버트 드레퍼스(H. Dreyfus)다. 그는 1965년 〈연금술과 인공지능(Alchemy and Artificial Intelligence)〉을 통해서 튜링의 "생각하는 기계" 개념을 부정했다. 그에 따르면 인공지능은 연금술이 그러했듯이 불가능한 도전이다.

"(컴퓨터의) 불연속적이고 확정적인 작용으로 인간의 지적 행위에 대한 완벽한 분석이 가능한가?", "그런 디지털 용어로 인간의 지적 행위에 대한 적절한 분석은 가능한가?"라는 질문에 대해 드레퍼스는 "아니다"라고 결론 내린다. 분절적인 형식의 컴퓨터 작동은 맥락 차원에서 체화된 인간의 지적 역량을 모방할 수 없다는 것이다.

드레퍼스는 일원론자(Monist)로서 정신과 신체는 분리될 수 없다고 보았다. 그에게 있어서 정신 또는 이성이란 "체화되고 자동력을 가진 의식(embodied, motile consciousness)"이다. 지능(의식)은 몸의 실행을 통해서 체화된 결과로 출현하는 것이다. 따라서 지능은 몸과 분리될 수 없으며, 따라서 하나의 몸에서 다른 몸으로 손실 없이 그대로 이전될 수도 없다. 지능은 자신의 신체를 이용해서 실행하고 그 결과를 체화하면서 획득해야 한다.

드레퍼스의 주장은 옳다. 지능이 신체와 별 개로 발생한다는 설명(이원론) 보다는, 지능은 신체와 분리할 수 없다는 설명(일원론)이 좀 더 설득력이 있다. 지능은 신체와 신체 활동에서 파생된다. 그 외 다른 증거는 아직 발견되지 않고 있다. 그런데 드레퍼스는 튜링의 개념을 다소 오해하고 있다. 튜링도 이미 기계가 인간과 동일하지 않다는 잘 알고 있었다. 튜링은 인간의 지능을 그대로 기계로 이전하려고 한 것이 아니었다.

튜링은 인간과 동일한 기계를 만들려는 것이 아니라 '생각하는 기계'를 만들려고 했다. 인간과 동일하지는 않지만 '생각하는' 기계가 가능하려면 인간처럼 생각하지 않더라도 '다른 방식의 생각하기'가 가능하다고 전제해야 한다. 드레퍼스는 '사유'란 인간에게만 일어나는 현상이라고 전제했지만, 튜링은 '사유'라는 것이 인간에게만 독점적으로 일어나는 것이 아닐 수 있다고 본 것이다.

튜링 테스트

튜링기계에 대한 질문들 중에서 큰 관심을 끄는 것이 있다. 만약 "생각하는 기계"를 만들었다면 "그 기계가 정말 생각하는지 어떻게 알 수 있는가?"라는 것이다. 이 질문은 "기계는 생각할 수 있나?"라는 질문과 연결되어 있다. 우리는 '지능'을 직접 설명할 수 없기 때문에 지능을 직접 테스트할 수도 없다.

튜링은 지능을 직접 정의하지 않고도 기계의 지적 역량을 드러낼 수 있는 방법을 고안했다. 이것을 튜링테스트(Turing Test)라고 한다. 이 해법은 기계 지능의 문제를 기계의 모방 역량의 문제로 전환하는 것이었다. 앞서 데카르트가 '이성'을 테스트하는 방법으로 가장 좋은 것은 '지적 대화 역량'을 테스트 하는 것이라 했던 말을 떠올리게 한다.

튜링테스트의 구조는 간단하다. 튜링은 다음과 같은 놀이를 꾸며냈다: 한 남자(A)와 한 여자(B) 그리고 면접관(C)이 있다. 면접관은 두 사람과 분리된 방에 있고 텔레타이프(teletype)를 통해서 방 안의 주체들과 문자로 대화를 할 수 있다. (A)의 목표는 자신을 여자라고 주장하면서, 면접관이 잘못된 판단을 하도록 유도한다. 반대로 (B)는 면접관을 돕기 위해 진실을 말하는 역할을 한다.

아마도 (B)는 면접관에게 "나는 여자다. 그(A)의 말을 듣지 마라!"라고 말할 것이다. 여기서 면접관의 목표는 정해진 시간 동안 그들의 대답을 듣고서 누가 남자이고 누가 여자인지를 판단하는 것이다. 이 테스트에서 면접관(C)의 역할은 궁극적으로 '실제 수행'과 '모방 행위' 사이를 구별하는 것이다. 대체로 면접관들은 거짓말을 하는 남자를 구분하기 어려울 것이다.

이제 (A)의 자리에 기계를 놓아 보자. 무슨 일이 일어날 것인가? 면접관은 남자와 여

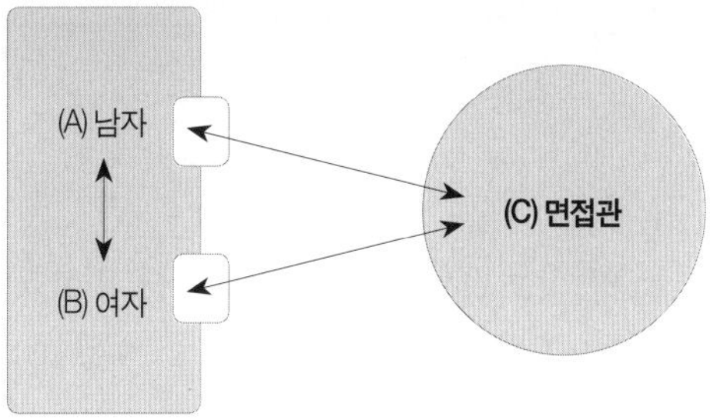

[그림 2-8] 튜링테스트: 남자-여자-면접관

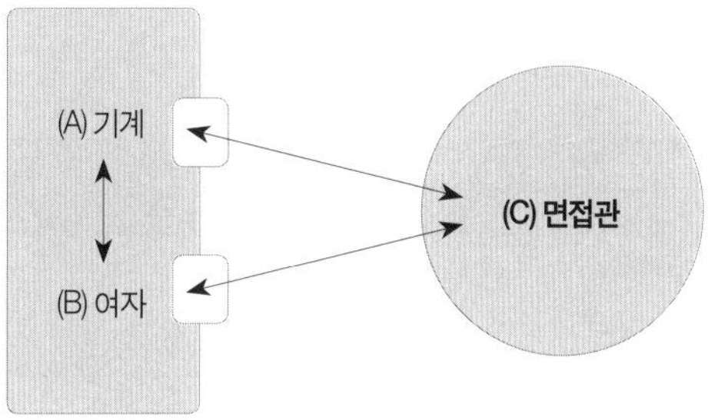

[그림 2-9] 튜링테스트: 기계-여자(인간)-면접관

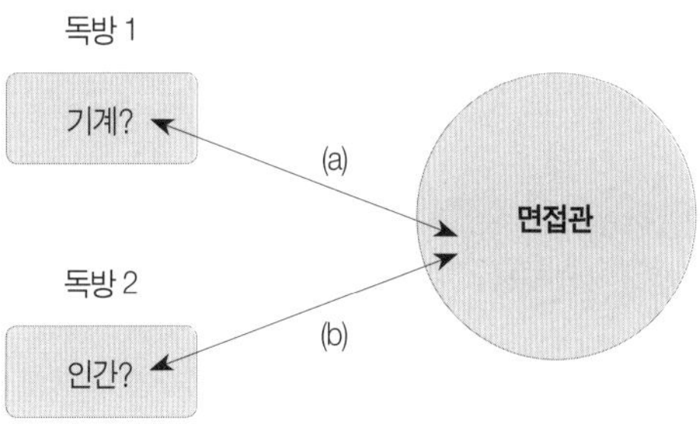

[그림 2-10] 튜링 테스트 변형 버전

자를 판단하는 게임을 할 때처럼 이 게임에서도 잘못된 판단을 할 것인가? 이 설정에 따르면 기계(A)는 자신이 '인간'이라고 주장하면서 거짓을 말해야 하고, (B)는 진실을 말함으로써 면접관을 도와야 한다. 5분의 대화 후 면접관이 기계와 인간을 구별하지 못한다면, 그 기계는 테스트를 통과한 것으로 간주한다. 그 기계는 언어적 차원에서 지능을 가진 것으로 승인될 것이다.

튜링 테스트 원본 버전에 의하면 (A)와 (B)는 같은 방에 있어야 한다. (B)가 (A)에 대한 정보를 (C)에게 제공하는 설정이기 때문이다. 그런데 우리에게 더 잘 알려진 테스트

유진 구스트만(Eugene Goostman) 사례

사람들은 튜링테스트를 통과하는 인공지능이 곧 나올 것으로 예상했지만, 튜링테스트를 통과하기는 쉽지 않았다. 2014년 러시아 연구진이 개발한 유진 구스트만이라는 기계가 공식적으로 튜링테스트를 통과했지만 사람들은 정상적인 통과라고 여기지 않는다. 이 기계는 13세 우크라이나 소년이라고 자신을 소개함으로써 면접관들로 하여금 좋은 점수를 받았다. 면접관들은 어린 외국 소년이라면 서투르게 말할 수도 있다고 생각했기 때문에 이 기계에게 관용적 태도를 보였다. 튜링테스트를 제대로 적용하려면 우크라이나 소년을 테스트하기 위해서 우크라이나 면접관이 심사하도록 했어야 했다.

방식은 아래 [그림 2-10]과 같다. 독립적인 각각의 방들이 있고 한 쪽에는 인간, 다른 한 쪽에는 기계가 있어서 서로 분리되어 있다. 방 밖에는 면접관이 있다. 그 이후 과정은 원본 버전과 같다.

이 버전에서 인간은 기계를 직접 보면서 그의 거짓을 '고발'할 수는 없다. 그럼에도 불구하고 인간참가자는 면접관의 질문에 대하여 적절하게 응답함으로써 인간 반응의 전형을 제시하는 역할을 하기 때문에 인간에 관한 '진실'을 전함으로써 면접관을 도울 수 있다. 종합적으로 면접관은 각 방에서 나온 진술들을 비교할 수 있다. 따라서 변형 버전의 인간(B)도 원본 버전과 같은 자격('진실'을 전하는 역할)을 가진다.

인공지능 비판이 인공지능 발전에 도움을 주다

인공지능 비판은 인공지능이라는 말이 생기기도 전부터 있었다. 데카르트는 기계가 결코 인간의 이성을 가질 수 없다고 단언했다. 그에 따르면, 인간의 이성은 기계적 배치로는 도달할 수 없는 '보편적 역량'을 가지고 있기 때문이다. 철학적으로 데카르트와 완전히 다른 관점을 가지고 있는 드레퍼스도 인공지능의 가능성을 부정했다. 의식 또는 지적 작용은 (인간의) 신체를 기반으로 발생하고 작동하며, 오직 신체의 실행을 통해서만 달성될 수 있기 때문이다. 이원론자 데카르트도 일원론자 드레퍼스도 인공지능을 부정했다. 두 사람 모두 지능(이성)을 인간만이 가진 특질로 전제했다는 공통점이 있다.

그런데도 철학자들의 비판은 오히려 인공지능 발전에 기여했다. 데카르트는 기계의 행동이 인간의 행동과 어떻게 다른지를 규정했고 그 차이를 테스트하기 위한 방법으로 '지적 대화 역량' 테스트를 상상했었다. 이것은 튜링기계와 튜링테스트 개념에 중요한 토대가 되었다.

드레퍼스는 지능이 하나의 몸에서 다른 몸으로 손실 없이 그대로 전송될 수 없다는 '지능의 복제불가능성' 개념을 제시했다. 어떤 기계도 인간의 지능을 그대로 옮겨 담을 수 없다! 인간의 신체와 기계의 신체가 다르기 때문이다. 이것은 지난 인공 지능 개발 역사에서 인공지능 연구자들이 경험해왔던 바이기도 하다. 인공지능 개발자들은 인공지능이 인간과 동일하지 않다는 것을 개발 경험을 통해서 잘 알고 있다.

데카르트와 같은 이원론자, 드레퍼스와 같은 일원론자 그리고 인공지능 연구자들은 서로 다른 견해 또는 경험을 가지고 있었지만 "생각하는 기계"의 진화에 기여했다. 기계는 인간의 지능과 다르며 인간의 지능을 그대로 복제할 수 없으므로 기계 스스로 실행을 통해 '지능'을 획득해야 한다는 것이다. 기계는 지능을 가지기 위해서 인간의 뇌와는 다른 경로를 개척해야 했다.

인간 자신에 대해 이해하기

튜링은 "컴퓨터는 생각할 수 있나?"라는 질문을 끈질기게 던지면서, 이 문제가 단지 기술적인 차원에 그치지 않을 것이라고 예견했다.

> "우리의 전체 사유 과정은 우리에게도 신비적이다. 생각하는 기계를 만들려는 시도는 우리가 우리자신을 어떻게 생각하는지를 발견하는 일에서 우리를 크게 도울 것이라고 나는 믿는다."

지능형 기계를 만드는 과정에서 우리는 우리가 우리 자신에 대해서 여전히 잘 모른다는 사실을 깨달아 가고 있다. 그 사실 자체로도 우리의 인식을 크게 전환시키고 있다. 인간이 자신의 무지를 발견하는 것은 언제나 중요했다. 인간 자신에 대한 무지를 인식하게 되었다는 점에서 무엇보다 큰 발견이라고 할 수 있다. 철학자 프로리디(L. Floridi)는 이것을 인식론적 차원에서 발생한 4번째 혁명이라고 규정했다.(6-2 참조)

[참조문헌]

김지연. 2017. 알파고 사례 연구: 인공지능의 사회적 성격. 과학기술학연구 17(1): 5-39.

이광근. 2015. 컴퓨터 과학이 여는 세계, 인사이트.

Turing, A. M. 1937. "On Computable Numbers, with an Application to the Entscheidungsproblem", *Proc. London Math. Soc.* (2) 44: 230-265.

Turing, A. M. 1950. "Computing Machinery and Intelligence" , *Mind*, 59: 433-460.

Descartes, Rene. 1985[1637]. *Discourse on the Method*, Part Five.

3 '정보'란 무엇인가

클로드 섀넌(Claude Shannon)의 논문 〈통신의 수학적 이론(A Mathematical Theory of Communication, 1948)〉은 정보이론(Information theory)의 탄생을 알리는 것이었다. 1953년 포춘지는 섀넌의 정보이론이 아인슈타인의 상대성이론보다 인간의 진보에 더 결정적이었다고 평가하기도 했다.

섀넌의 정보이론은 정보의 존재를 수학 이론적으로 제시하는 방법론으로써, 결과적으로 정보의 의미를 덜 중요한 것으로 만들었다. 정보이론 관점에서 '의미로 가득한 메시지'와 '무의미한 메시지'는 동동하게 취급된다. 이후 정보이론은 미디어 기술 또는 커뮤니케이션 이론에 큰 영향을 주었다.

의미의 차원, 물리적 차원

섀넌의 정보이론은 "우리가 무엇을 말했나?"라는 차원이 아니라, "우리는 무엇을 말할 수 있나?"라는 새로운 차원을 제시했다. 전자가 메시지의 의미에 관한 것이라면 후자는 메시지의 물리적 구조에 관한 것이다. 섀넌은 메시지가 된다는 것을 정의할 때 메시지가 될 수 있는 전체 집합 안에서 그 중 무엇을 선택하는 것이라고 가정했다. 그리고나서 그 전체 집합에서 매번의 선택에 관한 확률통계적 정도를 측정했다. 이것이 메시지의 "확률통계적 자유도" 개념이다.

아래 [그림 2-12]은 섀넌의 통신 시스템 기본 도식이다. 정보원(information source)은 선택가능한 전체 메시지들 중에서 선호하는 메시지를 선택한다. 여기서 정보란 문장, 대화, 영상, 음악 등이 될 수 있다. 정보(메시지)는 송신기(transmitter)와 통신채널을 거쳐서 수신기(receiver)에서 다시 변환된다. 수신기는 역송신기(inverse transmitter)이기도 하다. 수신된 신호를 다시 메시지로 전환하여 목적지로 전달한다.

일상 언어에서 정보원은 '뇌'이고 송신기는 대기를 통해 전송될 수 있는 소리 메커니즘

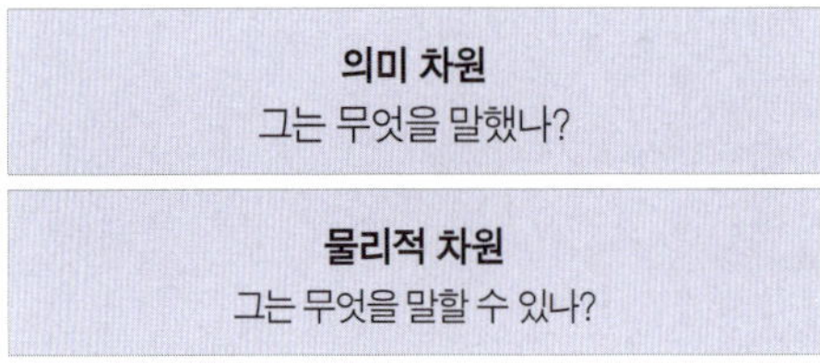

[그림 2-11] 정보의 두 차원

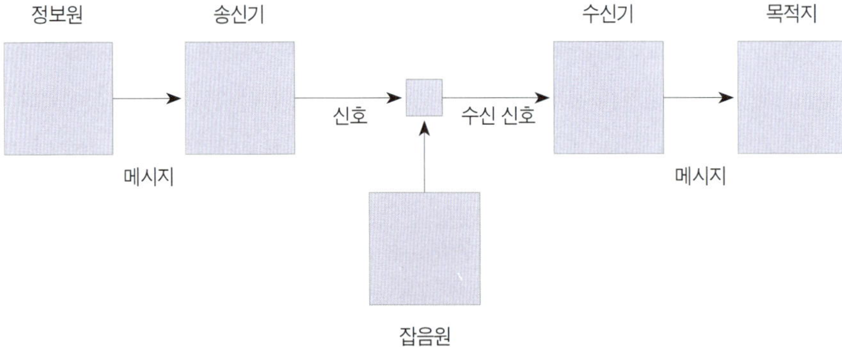

[그림 2-12] 섀넌의 "일반 통신 시스템 도식"

이다. 전화의 경우 통신 채널은 전선이고, 신호는 이 전선을 흐르는 전기적 흐름이다. 송신기는 목소리 음압을 전기적 흐름으로 전환하는 기구이다. 전신의 경우 송신기는 단어를 여러 형태의 전류흐름(점, 선, 중지)로 전환한다. 라디오의 경우 통신 채널은 대기권이고 신호는 전자파이다.

그런데 신호가 전송되는 도중 의도하지 않았던 것들이 신호에 덧붙여지게 된다. 이 때문에 소리의 왜곡이 일어날 수 있고 전송이 멈출 수도 있고 영상이 왜곡되어 흐려질 수 있고 전송 오류가 날 수 있다. 이런 원하지 않는 신호변환이 잡음(noise)이다. 정보통신에서 잡음은 언제나 극복해야할 과제다.

통신 채널의 용량

정보 전송을 위한 채널 용량(C) 공식은 아래와 같다. 이 공식의 구성요소들은 채널 용량에 영향을 주는 요소들이다. 채널 대역폭(B), 신호 강도(S), 잡음 크기(N)는 모두 각각의 방식으로 채널이 감당할 수 있는 용량에 개입한다. 따라서 채널 용량을 최대화하고 싶다면 대역폭을 늘리고 신호 강도를 높이고 잡음의 크기는 줄여야 한다.

$$C = B\log_2\left(1+\frac{S}{N}\right)$$

C = channel capacity (bits/s),
B = channel bandwidth (Hz),
S = signal strength (watts),
N = noise power (watts).

섀넌의 정보이론에서 통신 채널의 용량이란 채널이 전달할 수 있는, "기호의 수"가 아니라 "정보의 양"이다. 만약 전체 기호들이 동일한 전송시간(길이)를 가지고 있는 단순한 상황에서, 정보원이 선택한 기호가 s개의 정보 비트이고, 채널이 초당 n개의 기호를 전송할 수 있다면, 통신 채널의 용량(C)은 초당 $n \times s$개의 비트로 표현할 수 있다.

그런데 정보이론 상에서 여러 기호들은 저마다 전송시간 길이가 다르므로, 그 기호를 표현하는 정보 비트 수가 다르다. 각 기호는 정보이론 차원에서 확률통계적 자유도가 다르기 때문이다. 따라서 통신 용량은 초당 전송되는 기호의 개수가 아니라 초당 전송되는 정보의 양으로 측정한다.

이제 통신 시스템에서 제기될 수 있는 문제들은 a) 정보량(amount of information) 측정 방법, b) 통신 채널 용량(communication channel capacity) 측정 방법, c) 효율적인 코딩 과정(coding process)의 특질(코딩≈ 데이터 압축), d) 잡음(noise)의 특징 규정, e) 전송 신호가 통신에 미치는 영향으로 변경되었다.

정보, 확률통계적 자유도

앞서 언급했듯이 섀넌의 정보 이론에서 정보(information)라는 말은 '메시지의 의미'가 아니다. 메시지의 의미론적 측면은 공학적 관심이 아니다. 여기서 정보량은 그 메시지(기호)의 확률통계적 성질(발생량)을 말한다. 어떤 사람이 메시지를 선택할 때 그 사람의 선택 자유도(one's freedom of choice)를 측정하는 것이다. 다시 말해서 섀넌의 정보 개념은 개별 메시지에 대한 것이 아니라 전체 상황에 대한 것이다.

만약 전체 메시지가 두 가지이고 그 중 하나를 선택해야 하는 단순한 상황이라고 한다면, 두 메시지의 정보는 동등하다. 선택 자유도가 두 개라면, 첫 번째 메시지에 "0", 두 번째 메시지를 "1"로 코딩할 수 있다. 또는 전자를 스위치 "닫힘(on)"상태에, 후자를 "열림(off)"상태에 대응시킬 수도 있다. 이 경우 밑이 2인 로그($\log_2$) 형태로 표현할 수 있다. 이런 정보 단위를 비트(bit)라고 부른다.

알파벳의 중복도

만일 모든 영어 알파벳(공백 포함)이 똑같은 확률로 발생한다면, 정보량은 $\log_2 27$=4.754887.. 비트(최대 엔트로피 값)이다. 그러나 실제로는 각 알파벳의 발생 빈도가 다르다. 예를 들어 공백은 0.1859으로 발생 확률이 가장 높고, 다음으로 문자 중에서는 E가 0.1031로 가장 높고 Z는 0.0005로 매우 낮다(알파벳의 이런 특징에 주목할 수 있었던 것은 섀넌이 전쟁 중 암호해독 연구를 했기 때문이다).

모든 알파벳의 각 정보량을 합한 값이 실제 정보량(실제 엔트로피 값)인데, 이 값은 4.08이다. 실제 정보량을 최대정보량 4.754887..로 나눈 값, 즉 상대적 엔트로피 값은 0.848이다.

정보원의 상대적 엔트로피 값은 정보원이 메시지를 만들어내기 위해 기호들을 선택할 때 가지는 자유도이다. 이 값을 1에서 이것을 뺀 값을 중복도(redundancy)라고 하는데, 알파벳의 중복도는 1-0.848=0.152이다. 약 15%이다. 연속하는 8개 알파벳으로 확장할 경우 중복도는 50%로 상승한다.

한편 한글의 경우 엔트로피는 4.0769이고, 개별요소의 중복도는 약 12%이다. 알파벳의 비해 중복도가 낮다. 이는 상대적으로 언어 구조적 영향을 덜 받고 정보원의 자유도가 높다는 의미로 해석될 수 있다.

만약 같은 확률로 선택할 수 있는 16개의 메시지가 있다면 이는 16=2^4이므로 $\log_2 16$=4, 그러니까 4비트의 정보로 표현할 수 있다. 이것을 정보량 또는 엔트로피(entropy)라고 한다. 열역학에서 엔트로피는 자연 조건에서 "정보"를 지칭하는 정량적인 개념이다. 물리학에서 어떤 상황의 엔트로피는 해당 상황에서의 무작위성(randomness) 정도, 뒤섞기(shuffleness)의 정도이다.

그런데 인간이 만드는 메시지는 자연 상태의 무작위성과는 달리, 완전히 무작위적으로 진행되지는 않다. 결정적으로 모든 알파벳은 동등하게 같은 비율로 선택되지 않는다. 메시지의 선택은 확률적인 변이가 있다. 인간의 대화 중에서 알파벳 e가 가장 많이 등장하고 z는 가장 적게 등장한다. 다시 말해서 개별 알파벳의 선택가능성은 동등하지 않다. 이것을 계산한 것이 알파벳의 중복도(redundancy)다.

그리고 모든 선택은 완전히 독립적이지 않고, 이전의 선택에 종속된다. 예를 들어 영어에서 첫 문자 j 다음에 b, c, d, f, g, k, l, q, r, t, v, W, x, z 등은 뒤따라 나오지 않는다. 이 문자들에 대해서는 생성을 제한하는 확률이 있다고 할 것이다. 반대로 추가적으로 문자 선택

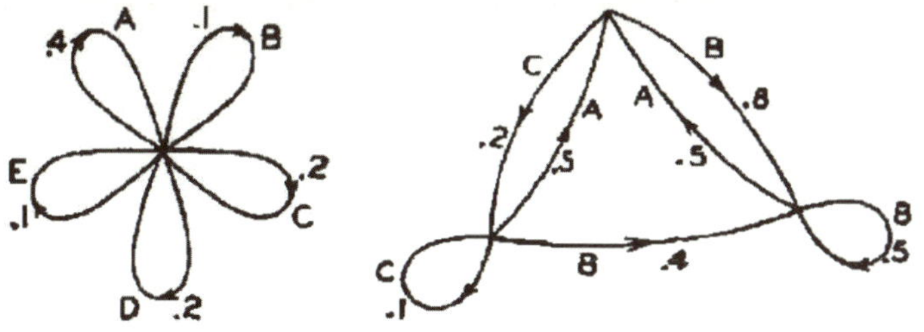

[그림 2-13] 왼쪽 도식은 알파벳이 선택될 때 각 글자가 독립적일 경우. 오른 쪽 도식은 뒷 글자가 바로 앞 글자의 영향을 받는 경우(마코프 연쇄 사례).

에 영향을 미치는 조건이 있다. 특정한 단어(사건) 다음에 특정한 단어(사건)가 이어 나올 가능성을 마코프 연쇄(Markoff chain)라고 한다. 예를 들면 th 다음에는 e가 올 가능성이 높고, qu다음에는 i가 올 가능성이 높다. 만약 모든 문자가 동등한 확률로 출현했다면 통신 메시지의 정보량은 최대가 될 것이었다.

메시지를 모두 전송할 필요가 없다

그러므로 자주 출현하는 메시지는 예측하기 쉽기 때문에 정보량이 적다. 드물게 출현하는 메시지는 예측하기 힘들기 때문에 정보량이 많다. 이렇게 정보량을 계산할 수 있다는 것은 메시지가 송신자의 임의적 자유(의미론적 차원)에만 의존하는 것이 아니라 메시지의 물리-구조적 차원이 존재한다는 의미이다. 섀넌은 구조적 비율을 응용하여 정보 전송량을 절약할 수 있었다. 메시지를 전송할 때 확률통계적으로 예상된 부분은 전송할 필요가 없다. 이 부분이 없더라도 메시지는 여전히 본질적으로 완전하거나 거의 완전할 수 있다.

8글자 이하 단어로 통계적 효과를 확장하면, 영어의 중복도는 대략 50%이다. 때문에 메시지의 절반만 송신자가 자유롭게 선택할 수 있고 나머지 절반은 언어 통계적 구조에 의해 제약받는다는 의미다. 이것은 다시 말해서 메시지의 절반만 있어도 원래 메시지를 구현할 수 있다는 것이다.

그래서 중복도를 계산할 수 있다면 정보량을 절감할 수 있다. 예를 들어 "The quick brown fox jumps over the lazy dog"라는 문장이 손실되어 "Th q ic br wn fo jum s ove the l zy dog"만 도착했더라도, 문자의 절반 이상이 있으므로 원문장을 그대로 재현할 수 있다.

이 방법론에 의해서 주어진 메시지를 전달하는데 여분의 부분을 제거하여 최저 정보량을 산출할 수 있었고, 메시지를 손상시키지 않으면서 압축하는 것이 가능해졌다. 이로써 이제 통신의 핵심 요소는 물리적 채널을 확대하는 것이 아니라, 메시지의 정보량을 계산하는 것이 되었다.

코딩, 정보 압축하기

송신기는 메시지를 부호화하고 수신기는 다시 부호를 메시지로 해독한다. 전화의 경우, 송신기는 단지 음성신호를 전류변환으로 바꾼다. 통신에서 송신기는 좀 더 많은 작업을 수행해야 한다. 글로 쓰인 메시지를 받아들여 이 메시지를 해독 가능한 코드로 바꿀 수 있어야 한다. 통신 이론에 의해서 송신기와 수신기는 기억장치를 가지고 있어서 메시지에 사용된 이전 기호들과 그 기호가 해독된 방식에 영향을 받는다.

그래서 가장 효율적인 코딩(압축)이 필요하다. 최고의 송신기는 실제 신호 엔트로피를 극대화시켜서 채널 용량(C)과 동일해지도록 메시지를 코딩하는 것이다. 그런데 전송속도에서 이점이 있지만, 대신 채널 용량에 가깝게 코딩할수록 코딩 속도가 더 지체되었다. 그래서 코딩 시간과 전송속도 사이에서 타협해야 했다.

잡음, 정보의 증가

"잡음은 정보에 어떤 영향을 주는가?" 정보는 정보원이 메시지를 선택할 때 선택 자유도가 크다는 것은 정보량이 많아진다는 것이다. 따라서 선택 자유도의 증가와 불확실성의 증가, 그리고 정보의 증가는 서로 연관되어 있다.

잡음이 들어오면 수신된 메시지는 그 영향으로 인해 왜곡되거나 오류가 포함되고 이로 인해 메시지의 불확실성이 증가한다. 불확실성의 증가는 정보의 증가이다. "정보의 증가"라는 말은 마치 잡음이 있을 때 더 좋다는 의미로 들린다. 잡음이 더 많은 정보를 준다는 것은 사실이다. "정보"가 선택의 자유도이기 때문에 일어날 수 있는 덫이다. 정보가 많다는 것은 좋을 수도 나쁜 것일 수도 있다. 정보라는 단어는 좋은 함의도 나쁜 함의도 모두 지시할 수 있다. 의미론적으로 볼 때 송신자 측에서 선택의 자유도를 가지기 때문에 일어나는 불확실성은 긍정적이다. 잡음의 영향으로 일어날 불확실성은 부정적이다.

코딩(압축) 절차가 적절하게 진행되더라도 최소 수준의 원치 않는 불확실성이 어느 수준 이하로 감소될 수 없다. 섀넌과 위버(2016)에 따르면, 잡음에 관한 실질적인 결과 중 하나는, 잡음을 제어하기 위해서 모든 중복도를 제거하지 않는 것이 좋다는 것이다. 영어의 중복도는 약 50%이고 이를 활용하면 전송 시간을 절반을 절약할 수 있다. 하지만 중복도를 완전히 제거하기 않는 것이 오히려 잡음 제어에 도움이 된다. 이것은 영어의 중복도 덕분에 전송 과정 중에 등장하는 철자법 오류를 바로잡을 수 있는 것과 같은 원리이다.

오류 정정 시스템

수신된 신호 정보에서 잡음을 제거하는 부분이 오류정정시스템(correction system)이다[그림 2-14]. 두 개의 기호 집합-어떤 정보원이 만들어내는 메시지 기호들과 실제로 수신된 신호 기호들-이 있다고 하자. 이 두 집합은 서로 연관되어 있고 특정 기호를 수신할 확률은 송신된 확률에 의존한다. 잡음이 없다면 수신된 기호는 송신된 기호에 정확히 대응한다. 오류가 있더라도 수신된 기호 확률은 송신된 기호 확률과 상당히 유사할 것이다.

이제 두 집합 사이의 정보량(엔트로피)을 대비할 수 있다. 예를 들어 어떤 특정 신호 기호가 실제로 수신되었다고 가정해보자. 동일한 확률값 집합을 이용해서 잠정적인 엔트로피 값을 계산할 수 있다. 잡음이 완전히 배제된 경우 수신된 신호의 엔트로피 값은 송신된 신호의 엔트로피 값이 된다. 두 값의 대비 결과는 0이 된다. 잡음이 적을수록 0에 가깝다.

0과 1이라는 두 기호가 전송될 확률이 1/2이고 초당 1000개의 속도로 발송한다고 가정해보자. 전송 중 일어나는 잡음으로 인해 오류가 발생하는데 평균 100개 중 하나가 잘못 전송된다고 가정하고 전송속도를 계산해 보자. 수신된 기호의 약 1%가 오류이기 때문에 전송속도가 초당 990비트라고 말할 수도 있다. 그러나 수신자는 어디에서 오류가 발생하는지 모른다.

만약 최악의 상황에서 잡음이 너무 커서 수신 신호가 전송 신호와 완전히 다를 경우를 생각해보자. 그런데 0과 1은 각각 1/2의 확률로 발생하므로 실질적으로 아무 정보도 전달하지 않더라도 전체 시스템이 초당 500비트의 정보를 받는 것과 같다. 수신 지점에서 동전을 던지는 방식으로 기호를 재생해도 절반은 맞게 된다.

전송되는 정보의 총량을 잘 수정하려면 수신된 기호에서 무엇이 빠졌는지를 알 수 있어야 한다. 즉 수신된 신호가 실질적으로 전송된 신호와 같은 것인지 확인할 수 있어야

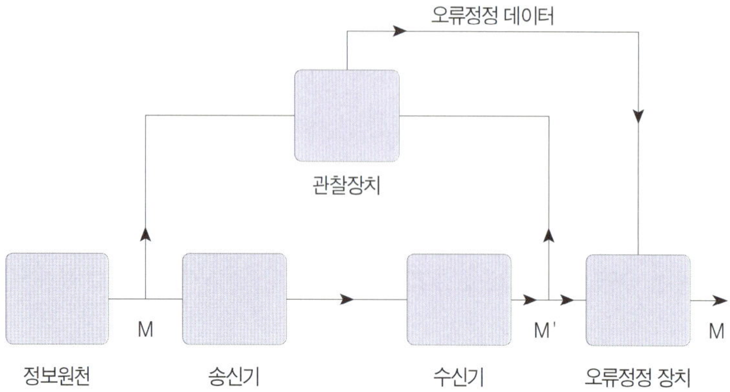

[그림 2-14] 오류정정 시스템 도식 (Shannon, 1948, M은 메시지)

한다. 적절한 오류 수정을 위해서 전송된 정보량에 대해서 수신된 신호에서 빠진 정보의 양(실제 보낸 기호를 수신했을 때 불확실성)을 적용해 볼 수 있다. 이것을 메시지의 조건부 엔트로피(conditional entropy of the message)라고 하는데, 수신된 기호를 알고 있는 상태에서, 잃어버린 정보를 측정하는 것이다.

실제 전송률(R)은 생성률(예, 정보원의 엔트로피)에서 조건부 엔트로피의 평균률(모호도)을 빼는 방식으로 계산할 수 있다. 수신된 기호의 평균적 불확실성을 측정하는 것이다. 위 그림에서 관찰장치(observer)는 정보원 메시지와 수신 메시지를 받아서 비교하고, 오류정정 데이터를 오류정정 장치(correction device)로 보낸다. 이를 기반으로 메시지가 수정될 수 있다. 이 메커니즘은 이 후 인공지능 학습방법으로 응용되었다.

섀넌 이 후

1950년대 섀넌의 이론은 매력적이었고 열광적으로 받아들여졌다. 여러 대학들은 세미나를 열었고 나중에 강의 과정을 개발했다. 라디오 공학 연구소(Institute of Radio Engineers, IRE)는 정보이론을 단독으로 다루는 저널을 내고 관련된 최신 연구를 실었고 정보이론에 관한 전문가 그룹(Professional Group on Information Theory, PGIT)을 형성했다.

사람들은 새로운 개념과 연구를 생산하고 특히 더 젊은 세대가 참여해야한다고 느꼈다. 그 결과 미시간대와 나폴리대 등 여러 대학에서 몇몇 세미나와 학과가 만들어졌다. MIT 파노 교수(Prof. Fano)는 "정보이론 과정"을 처음 강의했다. 허프만 코딩은 이 강의를 들은 학생 허프만이 제출한 기말 과제였다.

현재는 MIT 내에 정보이론 학과도 없고 특별 프로그램도 없다. 이 분야는 너무나 보편적으로 편재하는 것이 되었기 때문이다. 이 이론의 파생 학문이 컴퓨터 과학, 정보 기술, 전자 공학, 수학 등 다양한 영역에서 강의되고 있다. 정보이론 개념들은 여러 다양한 공학 학제들과 융합했다.

정보이론에 대한 열광은 광범위해서 공학만이 아니라 인문사회학적으로 확산되었다. 1950년 제1차 런던 심포지엄에서 발표된 20개의 논문 중에서 6개가 심리학과 신경생리학 분야에서 정보이론을 응용한 것이었다. 제2차 심포지엄에서는 그 수가 더욱 증가했다. 제3차 심포지엄 때는 해부학, 동물복지, 인류학, 컴퓨터, 경제학, 전자학, 언어학, 수학, 신경정신학, 신경생리학, 철학, 음성학, 물리학, 정치이론, 심리학, 통계학 등으로 참여자들의 학문적 배경이 매우 넓어졌다.

1950년대 중반을 넘어서면서 정보이론은 시들해졌고 개념에 대한 혼란이 발생했다. 섀넌은 정보이론이 대중적으로 노출되면서 당초보다 더 부풀려졌다고 말했다. 전문가 그룹(PGIT) 내에서는 정보이론을 통신 공학 내로 한정해야 한다는 주장과 다른 분야로 확장하는 것을 지지하는 주장으로 나뉘었다. 노버트 위너는 전문가 그룹에서 영향력 있는 인물이었고, 정보이론이 모든 문제에 해답을 줄 수는 없다는 섀넌의 생각에 동의하고 있었다. 논쟁 끝에 전문가 그룹은 실천적 응용(practical applications) 개발로 초점을 변경하기로 했다. 전후 시기, 장거리 통신 분야는 주파수 전송에서 데이터 전송으로 전환되었고 컴퓨터가 궁극적으로 새로운 수신 단말기가 되었다.

정보이론의 사회적 구성

정보 기술의 궤적들은 수많은 사회적 요소들의 영향을 받았다. 이를 테면 전문가 집단의 편향, 섀넌 개인의 견해, 하드웨어 기술 비용, 군사적 관심, 스푸트니크 발사와 같은 대중적 관심 사안의 영향을 통해서 형성되었다.

1950년대 정보이론의 미래 방향에 대한 전문가 집단(PGIT)의 논쟁은 공학적이면서도 사회적이었다. 예를 들어서 과학자들은 자신의 연구와 아무 관련이 없을 때조차도 연구 자금을 받기 위해 "정보이론" 개념을 사용했다. 전문가 집단은 그런 현상에 책임을 느끼며, 관련 논문의 출판여부를 강하게 통제하기도 했다.

군사적 관심도 간과할 수 없다. 정부기구는 항상 국가 간 경쟁에서 승리하는데 관심이 있다. 군대는 정보이론을 우주선에 적용하는데 관심이 있었다, 심지어 신경생리학에 정보이론을 적용하는 문제에도 관심을 보였다. 군대의 관심은 이 분야의 방향에 영향을 주었다. 순수주의자들과 군대는 오히려 쉽게 '제휴'했다.

정보이론이 적용된 첫 응용 사례 중 하나는, 미군의 요구로 추진된 가성 주파수 기술(spread spectrum technology)이었다. 제2차 세계대전 동안, 라디오 신호는 미사일 유도에 사용되었고, 적탐지와 전파방해로부터 신호를 보호하는데 중요했다. 가성 주파수 기술은 오늘날 셀룰러폰 CDMA 기술로 분기했다.

1957년 소련의 스푸트니크 인공위성 발사는 모든 것을 바꾸어 놓았다. 미국은 우주 경쟁에 뛰어들었다. 우주개발 프로그램은 잡음이 있는 곳에서 신뢰할만한 통신에 관한 관심을 증폭시켰다. 그 결과는 채널 코딩 작업으로 이어졌다. 1969년 화성 탐사선 Mariner 6호와의 통신, 1971년 토성 탐사선 Voyager 호와의 통신을 위해서 새로운 채널 코딩 기법을 개발했다.

우주개발 기술은 코딩 기술만이 아니라 하드웨어 발전도 주도했다. 1958년 이산 트랜지스터를 대체할 집적 회로가 등장했다. 더 작고 빠른 집적회로가 계속 개발되면서 디코딩 문제는 더 이상 큰 문제가 아니었다. 기대만큼 하드웨어 기술은 빠르게 확장되었고, 실제로 Voyager호의 임무는 기술이 개선되는 정도에 따라서 계속 비행 거리를 갱신했다. Voyager호가 발사(1977)된 때부터 목성에 도달(1979)할 때까지 1년 6개월 동안 데이터 전송률은 6배 증가했다.

세계를 이해하는 또 다른 방법

섀넌의 정보이론은 세계를 이해하는 새로운 방법을 제시했다. 섀넌의 정보이론에서 정보는 단지 '의미로서의 정보'를 대체하는 것에 그치지 않는다. 완전히 새로운 세계관의 도입이다. 통신 물리적 차원의 확률통계적 정보체계가 새롭게 수립되었고, 의미로서의 정보를 압도할 위력을 가지게 되었다.

통신 물리적 차원에서 정보는 정보원의 정보를 그대로 재현하는 것도 아니다. 정보원의 선택과 언어 구조적 중복을 결합하여 수신지에서 '새롭게' 구성되는 것이다. 해러웨이가 20세기 과학이 "재현(representation)"이라면, 21세기 과학은 "모사(simulation)"라고 표현했던 것을 기억해보자[1-4장 참조].

섀넌의 기계는 전혀 다른 차원, 즉 그 정보를 구성하는 기호들 사이의 관계를 측정함으로써 그 정보를 '모사(simulation)'할 수 있었다. 이제 기계는 정보의 원천인 세계 자체에 대해서는 관심을 두지 않아도 된다. 관심의 범위를 한정하여, 발생하는 기호들에만 관심을 가지는 것으로 '충분'해졌다. 이제 정보이론의 세계에서 기계는 이전보다 더 많은 '자유'를 얻었다.

[참고문헌]

Shannon, C. E. 1948. A Mathematical Theory of Communication. *The Bell System Technical Journal* 3 (27): 379-423.

Shannon, C. E. 1951. "Prediction and Entropy of Printed English" *The Bell System Technical Journal* 30 (1): 50-64.

클로드 새넌. 워런 위버. 2016. 〈수학적 커뮤니케이션 이론〉. 백영민 옮김. 커뮤니케이션북스.

안수길 안지환. 1980. 공백소를 포함한 한글 자소발생 확률과 엔트로피. 전자공학회지 17(2) : 23-28.

4 기계는 어떻게 대화하나

개인용 컴퓨터의 사용은 컴퓨터 환경이 일상화되었다는 것을 의미한다. 이제 우리 인간과 컴퓨터의 연결은 우발적이거나 일회적인 사건이 아니다. 컴퓨터와 사용자는 키보드와 마우스 그리고 GUI를 통해서 매일 상호작용하고 있다. 더 나아가 우리의 정체성은 일상 언어 형태보다는 컴퓨터 화면 위에 재현되는 문자 또는 기호의 조합 형태로 더 빈번하게 등장하고 있다.

엘리자와 대화하기

컴퓨터의 역사는 인간의 정체성이 기계에 의해 어떻게 변형될 수 있는지를 보여주고 있다. MIT대학의 와이젠바움(J. Weizenbaum) 교수가 개발한 엘리자(Eliza, 1966)는 튜링 테스트를 통과할 목적으로 만들어진 채팅 프로그램이다. 엘리자라는 이름은 조지 버나드 쇼(George Bernard Shaw)의 희곡 〈피그말리온〉[2]에 나오는 주인공 소녀 엘리자 두리틀(Eliza Doolittle)에서 따온 것이다.

엘리자 프로그램은 상대 대화자의 발언에서 핵심 문자열을 추출해서 그 문자열을 포함하는 다른 문장을 만들어서 답변하는 방식을 취했다. 대화 예시([그림 2-15])를 보면 엘리자는 인간 대화자가 한 말 중에서 "좋아하다(like)"를 핵심 단어로 추출했고 그 단어가 들어갈 만한 새로운 문장을 만들어낸다. 그러면 그럴 듯한 대화로 느껴진다.

와이젠바움 교수는 엘리자를 더 정교하게 개선하기 위해 다수의 학생들을 프로젝트에 참여시켰다. 이때 학생들은 엘리자가 인간이 아니라는 것을 알면서도 엘리자에게 자신의 고민을 이야기하기 시작했다. 학생들은 엘리자가 더 생기 있게 말하도록 만들기 위해서 자발적으로 협력했고 엘리자의 한계(빈 곳)를 채우려고 노력했다. 와이젠바움 교수

2) 그리스신화 〈피그말리온〉은 자신이 만든 조각상에 사랑을 느끼는 인물이다. 이 신화의 주제는 인간이 자신이 만든 인공물에 대해서 강한 애정 관계를 형성할 수 있다는 것이다. 버나드 쇼는 희곡 〈피그말리온〉에서 피그말리온 역할에 히긴스 교수를, 조각상 역할에 엘리자를 배정했다. 음성학자 히긴스 교수는 시골사투리를 쓰는 엘리자를 교육하여 귀부인으로 보이게 만들겠다고 내기를 한다.

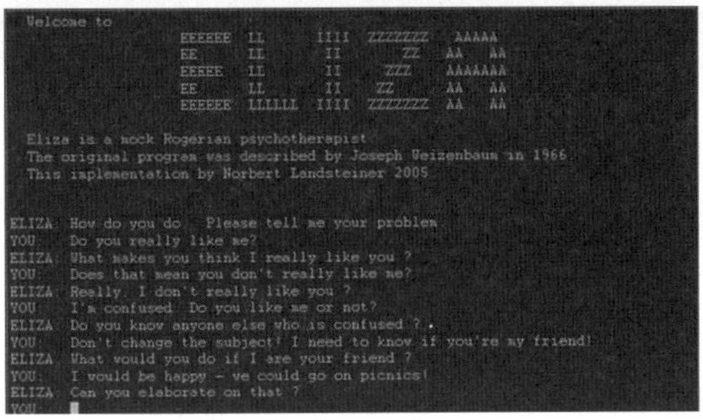

Eliza: 안녕. 문제가 뭔지 말해봐.
You: 너는 나를 정말로 좋아하니?
Eliza: 내가 너를 좋아한다고 생각하는 이유가 뭐지?
You: 너가 나를 정말로 좋아하지 않는다는 거야?
Eliza: 정말로, 나는 너를 정말로 좋아하지 않나?
You: 혼란스러워, 너는 나를 좋아는 거야 아닌거야?
Eliza: 너는 혼란스러워하는 사람들을 알고 있니?
You: 주제를 바꾸지마! 나는 그런지 아닌지 알아야겠어.
Eliza: 내가 너의 친구라면 너는 뭘할건데?
You: 나는 행복해지겠지- 우리는 소풍 갈 수 있어!
Eliza: 그것에 대해 자세히 말해볼래?

[그림 2-15] 엘리자 프로그램과의 대화 예시

는 학생들이 엘리자에게 속는 것이라며 걱정했다.

이후 심리학자들은 디지털 환상을 만들어내기 위해서 인간이 스스로 기계와 공모하는 현상을 엘리자 효과(Eliza effect)라고 명명했다. 이 현상에 대해서 셰리 터클(S. Terkle)은 인간이 기계에게 기만당하는지의 여부는 그리 중요하지 않다고 보았고, 중요한 것은 기계의 빈 곳을 채우려는 사람들의 마음이다.

또한 이 현상은 컴퓨터 화면을 통해 등장하는 대화자 중에서 누가 인간이고 누가 기계인지 구분하기 어렵다는 것을 보여준다. 사실 화면 위의 문자열로 등장하는 대화자들은 어느 쪽이든지 순수하게 '인간'인 것도, 순수하게 '기계'인 것도 아니다. '그'는 이미 그 둘의 조합적 상태이다.

인간 대화자는 화면 위에 글을 띄우기 위해서 컴퓨터 자판과 결합해야 하고, 화면 상의 배열을 읽을 수 있어야 한다. 엘리자 프로그램 역시 인간의 언어 패턴을 내장하고 있거나 학습해야 한다. 더 중요한 것은 이런 대화의 과정에서 인간과 엘리자는 서로의 정체성을 학습하며 더 익숙해지게 된다는 것이다. 와이젠바움 교수가 걱정할 만큼 프로젝트에 참여했던 학생들의 행동은 강렬했다.

우리는 기계와의 상호작용 과정에서 조금씩 변이한다. 기계의 작동 메커니즘에 익숙해질수록 기계와의 상호작용을 편안하게 느끼고 그 기계와 시간을 더 보내고 싶어 한다. 우리의 내부로 기계와 공유할 수 있는 것들이 스며드는 것이다. 기계와 기계 사용자는 상호작용 과정에서 서로의 정체성을 공유하고 그 관계를 강화하는 것이다.

인공환경, 인터넷

인터넷이란 전 세계 수많은 이질적인 컴퓨터 장치들이 연결되어 소통하는 네트워크들의 네트워크이다. 전 세계의 인간 행위자들과 다양한 기계장치들이 각각의 방식으로 그러나 정해진 규칙에 따라 상호작용하는 인공적 환경이다. 그렇다면 그렇게 규모가 크고 상호작용이 번번한 인터넷 상에서 일어나는 인간과 기계 사이의 변이는 개별 컴퓨터와 사용자 사이에서 일어나는 변이(엘리자 사례) 보다 더 강한 양상의 변이가 일어나고 있다고 예상할 수 있다.

인터넷 설계의 원칙은 "공개 네트워크 구조(open network architecture)"라고 불리는 것으로 1970년대 빈튼 서프(V. Cerf)와 로버트 칸(R. Kahn) 등의 인터넷 개발자들에 의해 주창되었고 어떤 강제성도 없지만 오늘날 인터넷의 근간이 되었다. 인터넷은 크게 네트워크 중심(network core)과 네트워크의 경계(network edge)로 나누어진다.

네트워크 경계(주변) 지역은 수많은 단말장치들로 가득차 있다. 인터넷 초기에는 워크스테이션(workstation)과 데스크톱 PC, 그리고 서버(server)만 있었지만, 이제는 노트북을 비롯하여, 스마트폰과 테블릿, 텔레비전, 게임, 웹 캠, 자동차, 환경 측정 센서, 카메라, 보안 시스템 등이 모두 인터넷에 연결되어 있다. 이러한 장치를 앤드 시스템(end systems)

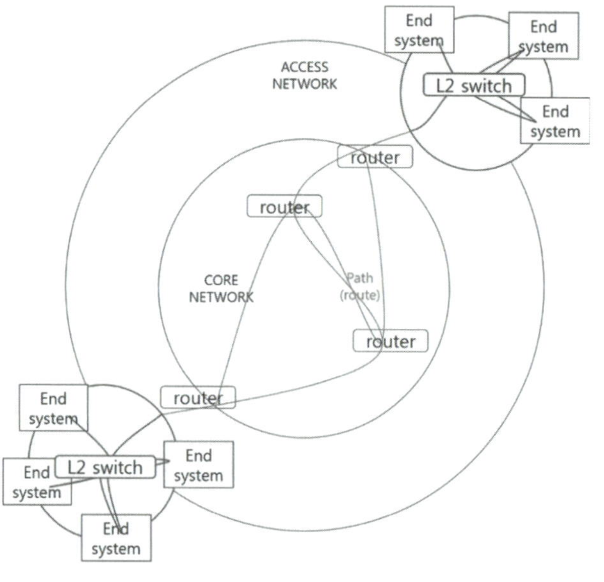

[그림 2-16] 안쪽 중심 원은 "네트워크 중심", 라우터들과 라우터를 연결하는 백본 망이 있다, 바깥쪽 원은 "네트워크 경계". 앤드 시스템들과 그 시스템을 연결해주는 스위치, 그리고 그 사이를 연결하는 지역 망이 있다.

이라고 한다.

앤드 시스템들로 구성된 지역 네트워크(local network) 내부는 스위치(switch)들에 의해서 연결된다. 그리고 이들 지역 네트워크는 다른 지역 네트워크와 연결될 수 있는데 이때는 라우터(Router)를 경유해야 한다. 이들 라우터들 사이의 연결 지역을 네트워크 중심(network core)이라고 한다.

네트워크 경계(edge)에서는 그 중심(core)이 '보이지 않는다'. 우리가 인터넷을 이미지화 할때 흔히 구름모양으로 그려넣는데 바로 그 부분이 네트워크 중심(core)이다. 목적지가 명시된 데이터의 덩어리(chunks of data)가 여러 개의 패킷(packet)으로 나뉘어져 여러 라우터들을 경유하여 목적지로 전송된다. 이 때 어떤 경로를 지나갈지는 미래 설정되지 않는다. 그때그때 해당 라우터가 가장 적합한 경로를 찾아서 다음 라우터로 패킷을 보낸다. 내가 보낸 패킷은 네크워크 중심에 있는 어딘가를 지나가는 것이다. 패킷들은 목적지 호스트에 도착해서 원래의 데이터로 재조립된다.

기계들의 대화 규칙, 프로토콜

인터넷 연결에서 가장 중요한 용어 중 하나는 아마도 "프로토콜(protocol)" 즉 통신규약일 것이다. 기본적으로 컴퓨터 네트워크 프로토콜은 인간 프로토콜을 모방한 것이다. 사람들이 대화할 때 주고받는 대화내용, 그리고 대화과정에서 취하는 행동들은 인간 프로토콜에서 중심 역할을 한다. 만일 서로 다른 프로토콜로 대화한다면 그 대화는 완성될 수 없다. 네트워크 프로토콜도 인간 프로토콜과 유사하다.

프로토콜은 메시지의 전송과 수신 상에서 취해지는 행동을 정의할 뿐 아니라, 의사소통 주체들 사이에서 교환되는 메시지의 양식과 질서를 정의한다. 인터넷 프로토콘은 이질적인 네트워크들을 연결하기 위해 매우 단순한 구조를 가지고 있다. 인터넷 프로토콜은 강제되는 것이 아니라 자연스럽게 선택되어 왔다. 인터넷에는 여러 형태의 의사소통 임무를 완수하는데 여러 프로토콜들이 있다.

프로토콜과 통신 계층 구조는 OSI 모형(Open Systems Interconnection Reference Model, 1977)을 표준으로 한다. 일반적으로 "OSI 7 계층 모형"이라고 한다. 각 계층은 일반적으로 에러 제어(error control), 흐름 제어(flow control), 분할과 조합(segmentation and reassembly), 다중화(multiplexing), 연결 설정(connection setup) 등의 임무를 수행한다.

<table>
<tr><th>OSI 7 Layer</th><th colspan="3">인터넷(TCP/IP)</th></tr>
<tr><td>7 Application</td><td rowspan="3">application</td><td colspan="2" rowspan="3">SMTP, FTP, TFTP, DNS, DHCP, XMPP, NNTP, NTP
HTTP, SSH, TELNET, SNMP, IRC, SOAP, POP3
RIP, RTP, RTSP, SDP</td></tr>
<tr><td>6 Presentation</td></tr>
<tr><td>5 Session</td></tr>
<tr><td>4 Transport</td><td>Transport</td><td colspan="2">TCP, UDP, DCCP, SCTP</td></tr>
<tr><td>3 Network</td><td>internet</td><td colspan="2">I GMP, I CMP, I Pv4, I Pv6, ARP, RARP</td></tr>
<tr><td>2 Data Link</td><td rowspan="2">LAN</td><td>IEEE 802.2</td><td rowspan="2">Ethernet</td></tr>
<tr><td>1 Physical</td><td>IEEE 802.3/802.5
RS-232, EIA-422, RS-449</td></tr>
</table>

- **응용계층**(Application) : 웹(HTTP), 이메일(SMTP) 등과 같은 다양한 애플리케이션 계층 프로토콜이 있다. 예를 들어 사용자가 웹사이트를 열람하기 위해서 웹서버와 개인용 컴퓨터 사이를 연결할 때 HTTP를 사용한다. 애플리케이션 계층에서의 이 정보 패킷은 메시지(Message)라고 부른다.

- **전송계층**(Transport) : 전송계층의 대표적 프로토콜은 TCP와 UDP이다. TCP는 애플리케이션에게 연결지향형 서비스를 제공한다. 이 서비스는 메시지 전달 보장과 흐름제어를 포함한다. UDP 프로토콜은 비연결형 서비스를 제공한다. 이 서비스는 신뢰성, 흐름제어, 혼잡제어를 제공하지 않는다. 이 전송계층 패킷은 세그먼트(Segment)다.

- **네트워크 계층**(Network) : 네트워크 계층은 한 호스트에서 다른 호스트로 데이터그램을 보내는 책임을 진다. 대표적인 프로토콜이 IP 프로토콜이다.

- **링크 계층**(Link) : 네트워크 라우팅 경로상의 한 노드에서 다른 노드로 패킷을 이동하기 위해, 링크 계층 서비스에 의존해야 한다. 링크 계층에는 이더넷과 토큰링 프로토콜 등이 있다. 링크 계층의 패킷은 프레임(Frame)이라고 한다.

- **물리 계층**(Physical) : 각 비트가 한 노드에서 다음 노드로 이동하게 해준다. 이 계층의 예시로는 트위스트페어 구리선, 광섬유 등이 있다.

이상과 같이 각 계층 구조는 크고 복잡한 시스템을 잘 정의하고 부분을 구체화할 수 있게 해준다. 하나의 시스템이 계층적 구조를 가진다면, 특정한 변경이 필요할 때 전체 구조를 모두 변경할 필요 없이, 해당 계층에서 제공하는 서비스 구현만을 변경할 수 있다. 개별 계층의 세부 사항을 변경하더라도 전체 시스템은 안정적으로 유지할 수 있다.

메시지에서 패킷으로 다시 0과1로 변환

프로토콜이 교환하는 메시지는 ASCII 파일이나 웹페이지, 오디오 파일 등 무엇이든지 가능하다. 메시지는 제어 기능이나 데이터를 담을 수 있다. 네트워크에서 메시지는 여러 개의 작은 패킷으로 분할된 후 전송된다. 출발지와 목적지 사이에서 이들 패킷들은 여러 개의 연결 장치(브릿지/스위치, 라우터)를 거치면서 횡단한다.[그림 2-17]

출발지 컴퓨터(호스트 A)의 응용계층에서 출발한 데이터 유닛들(예, 이메일)은 아래 계층으로 내려갈 때마다 해당 프로토콜 헤더가 하나씩 덧붙여진다. 이것이 목적지 컴퓨터(호스트 B)의 응용계층에 도달하기 위해서 수많은 기계적 연결 장치들을 경유해야 한다. 지역 네트워크 내부 간 통신을 담당하는 브릿지(또는 스위치)는 링크 계층까지만 확인하고, 목적지가 내부 네트워크인지 외부 네트워크인지를 판단한다. 만약 전자라면 내부 네트워크의 해당 호스트로 전송하고 후자라면 외부 라우터로 전송한다.

라우터는 IP주소가 표기된 네트워크 계층까지 확인하고 목적지 경로를 설정한 다음, 다음 라우터로 패킷을 넘긴다. 그러므로 네트워크 중심에 있는 라우터들은 해당 데이터의 내용이 무엇인지는 알 수 없고 알 필요도 없다. 호스트 B에 도착한 데이터 유닛들은 역순으로 계층을 따라 올라가면서 해당 계층의 프로토콜에 따라 해석된다. 최종적으로

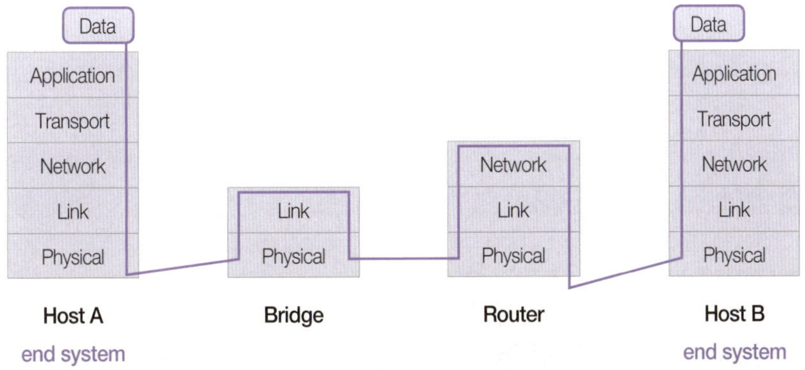

[그림 2-17] 앤드시스템 간 데이터 전송

사용자는 응용계층에서 내용(이메일)을 확인할 수 있다.

네트워크 혼잡 수준에 따라서 전송 지연이 있을 수 있다. 버퍼 공간이 유한하기 때문에 도착 패킷이 이미 버퍼를 가득 채우고 있다면 새로 도착한 패킷들은 버퍼에 담길 수 없기 때문에 새로 도착한 패킷이나 이미 대기하고 있던 패킷 중 하나를 떨군다. 이를 패킷 손실(packet loss)이라고 한다. 이런 다양한 지연이나 손실은 컴퓨터 네트워크가 물리적 링크를 공유하기 때문에 발생한다.

다중화

인터넷은 기본적으로 물리적 링크를 공유한다는 원칙 위에서 작동한다. 다중화(multiplexing) 기술은 여러 개의 호스트가 하나의 링크를 공유하는 방법이다. 여러 개의 호스트로부터 온 패킷들이 동시에 외부 링크로 나가려고 할 때, 출력 버퍼는 두 호스트로부터 온 패킷을 무작위 순서 또는 통계적 순서로 배분하여 내보낸다. 보통 통계적 시분할 다중화(statistical time-division multiplexing)을 채택한다. 그 외 주파수-분할, 코드-분할 등의 여러 다중화 방식이 있다. 우리나라 모바일 기술 표준 CDMA는 대표적인 코드-분할 다중화 기술이다.

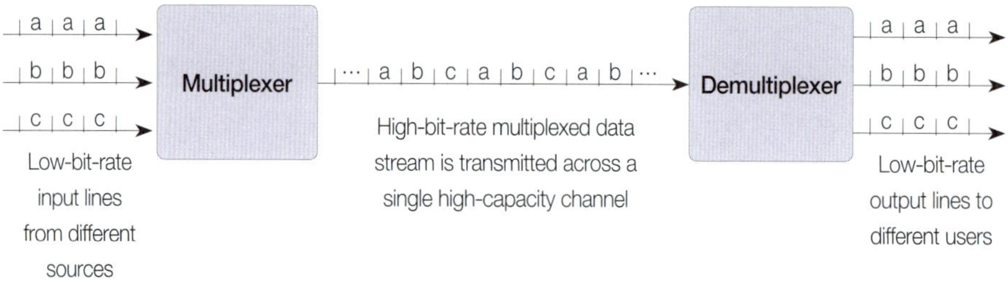

[그림 2-18] 시분할 다중화 예시

혼잡 제어(congestion control)

물리적 자원(링크/라우터 등)을 공유해야 하는 컴퓨터 네트워크에서 데이터 전송은 빈번하게 혼잡(congestion) 상태를 겪는다. 혼잡은 너무 많은 패킷을 저장해서 버퍼 공간이 부족해지고 그 때문에 패킷을 버리는 때 발생한다.

혼잡제어와 자원할당은 동전의 양면과 같다. 일정 시간동안 물리적 링크를 어떤 가상 회선(virtual circuit)에게 할당할 것인지, 라우터 버퍼 공간을 어떻게 설계할 것인지 등의 자원할당을 능동적으로 수행한다면 혼잡상태를 피할 수 있다. 그런데 네트워크 자원을 정확하게 할당하는 것은 어렵다. 고려해야 할 자원이 네트워크 전반에 걸쳐 분포하기 때문이다.

호스트와 라우터들은 어떤 패킷을 전송하고 어떤 패킷은 버릴 것인지에 대한 순서를 제어하기 위해 큐잉 정책(queuing policy)을 가지고 있다. 이것은 트래픽을 분산하는데 간접적인 영향을 준다. 종단 호스트의 혼잡제어는 패킷을 보낼 수 있는 속도를 조절하는 기법이 사용된다. 발신자가 수신자의 수신 속도보다 더 빨리 데이터를 전송하지 못하도록 관리하는 것이다. 그 결과 네트워크가 과부하되는 것을 막아준다.

자원할당 기법은 다양하다. 대표적인 분류로서 하나는 라우터나 스위치에서 혼잡을 제어하는 것이고 다른 하다는 종단 호스트의 TCP 계층에서 제어하는 방식이다. 또는 라우터와 종단 호스트가 동시에 혼잡제어에 참여할 수도 있다. 이것은 자원 할당의 주도권을 어디에 둘 것인가의 문제로 이어진다.

크게 라우터 중심 혼잡제어와 호스트 중심 혼잡제어가 있다. 라우터 중심 혼잡제어는 라우터가 어느 패킷을 서비스할지 또는 취소할 지를 결정한다. 뿐만 아니라 네트워크를 통해 패킷을 전달하는 종단 호스트에게 네트워크 상태를 고지하여 얼마나 많은 패킷을 보낼 수 있는지 알려준다. 반면에 호스트 중심의 혼잡제어는 호스트가 성공적으로 전달할 수 있는 패킷의 양을 계속적으로 관찰하여 그에 맞게 전송률을 조정한다. 두 방식이 배타적인 것은 아니다. 라우터 중심 혼잡제어 방식에서도 호스트는 라우터가 보내주는 정보를 기반으로 혼잡제어에 참여할 수 있고, 호스트 중심 혼잡 제어 방식에서도 라우터는 버퍼 공간이 혼잡할 때 패킷을 취소할 수 있다.

인터넷 서비스 제공자(ISP)

인터넷 서비스 제공자(Internet Service Provider, ISP)는 일반적으로 유선이나 무선 장치를 통해 최종 사용자가 인터넷에 연결할 수 있는 수단을 제공하는 행위자를 통칭한다. ISP의 지위는 다양해서, 영리 목적의 사기업인 경우도 있고 때로 비영리 조직일 수도 있다.

ISP는 백본 ISP와 지역 ISP로 다시 나눌 수 있다. 인터넷 백본(Internet backbone)은 인터넷 상의 중심 라우터들 사이의 경로를 지칭한다. 국제적으로 TeliaSonera International

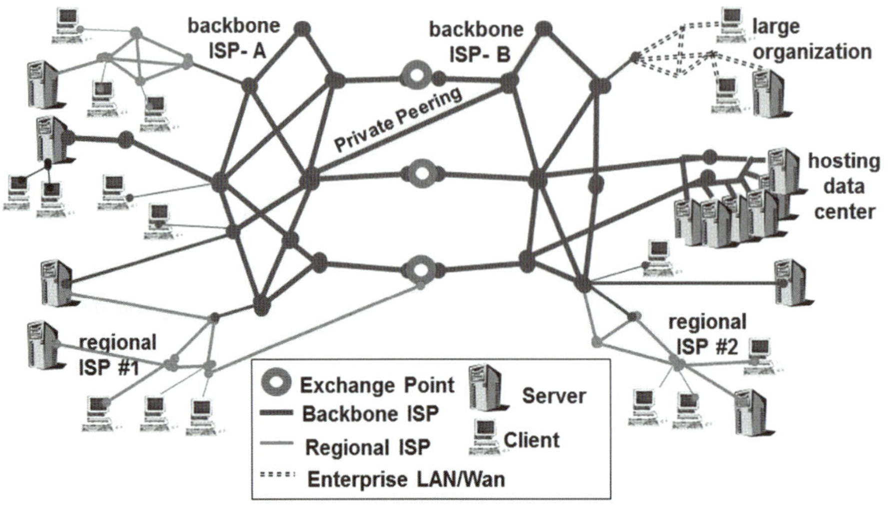

[그림 2-19] 백본 ISP와 지역 ISP가 있다 (자료: navigators.com)

Carrier, NTT 등 소수의 백본 ISP들이 있다. 지역 ISP는 백본 ISP와 연결함으로써 전체 네트워크를 완성한다. 한국에서는 대표적으로 KT Olleh, SK브로드밴드, LG U+ 등이 있다.

기계들의 대화 증가

아래 [그림 2-20]은 컴퓨터 실행 명령 창에서 명령어 "tracert"를 입력한 화면이다. 목적지까지 IP가 경유하는 라우터들을 보여준다. 첫 줄은 도메인 네임서버(DNS)가 검색해야 할 호스트 이름과 IP 주소(medi*.com [66.246.3.197])를 보여준다. 최대 30홉(maximum of 30 hops) 표시는 해당 컴퓨터로부터 목적지 시스템까지 경유해야 하는 라우터를 30개까지만 보여주겠다는 의미이다. 보통은 15개 이하에서 완료된다.

컴퓨터와 인터넷의 등장으로 인간의 정보 소통은 시공간적 한계를 넘어섰는데, 이로써 기계 사이의 통신량은 더욱 증가했다. 우리는 간단하게 이메일을 보내고 웹검색을 하지만, 그 순간에 컴퓨터들은 해당 메시지를 어디로 보내야 할지를 결정하기 위해서 무수히 많은 통신 메시지를 교환한다. 이미 기계들 사이의 '대화'량이 인간 사이의 대화량을 넘어섰다고 해도 과언이 아니다. 인간대화 1문장을 전송하기 위해서 수많은 기계 대화를 필요로 하기 때문이다.

행위자연결망이론[1-3장 참조]이 제기하듯이 기계(비인간)의 행동이 없다면 오늘날 의

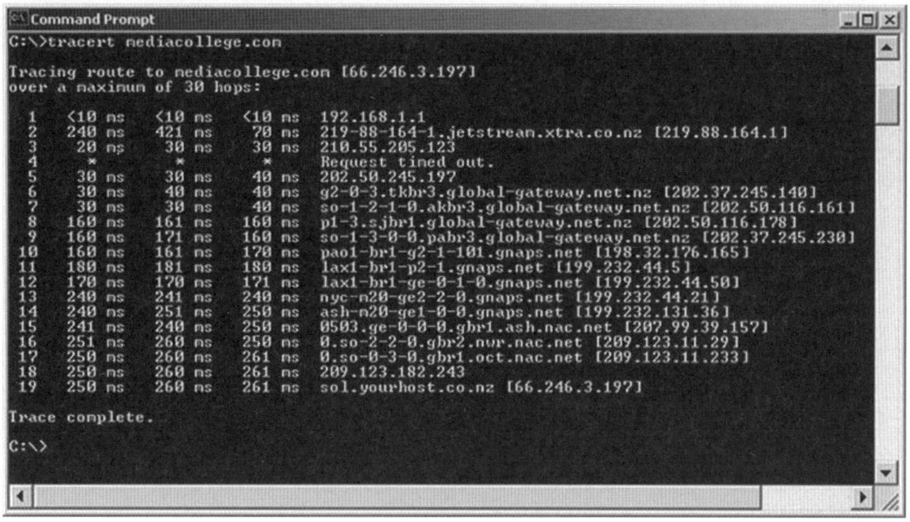

[그림 2-20] 명령어 "tracert" 실행 화면

사소통(정보전송)의 성격과 양상을 설명하기 어렵다. 우리는 인간들과 직접 대면하는 대화보다 기계를 통한 대화를 더 많이 하고 있다. 인간의 실천의 형식은 주어진 조건에 의존한다는 점을 감안하면 우리 대화의 성격과 양상에도 변이가 발생하고 있다고 추론할 수 있다.

네트워크 사회, 의사소통 환경 변화

마누엘 카스텔(2015)은 국가의 폭력 독점이 사회제도의 관리를 위해 필수적인 메커니즘이라고 정의하면서도, 더 결정적이고 안정적인 권력의 원천은 사람들의 마음속에 의미를 설정하는 것이라고 강조했다.

제도적인 시스템이 단지 강압에만 의존한다면 오래 지속될 수 없다. 마음을 사로잡는 것이 육체를 고문하는 것보다 효과적이다. 만약 다수가 국가에 의해 집행되는 가치와 규범이 불합리하다고 여긴다면 시스템은 변할 것이다. 이것이 바로 근본적인 권력투쟁이 사람들의 마음속에 의미를 구축하려는 싸움인 이유이다.

의사소통은 정보의 교환을 통해서 의미를 공유하는 과정이다. 의미의 사회적 생산에서 핵심 원천은 사회화된 의사소통 과정이다. 따라서 의사소통 환경의 변화는 의미 구축 방식과 권력관계 생산에 직접적인 영향을 미친다. 그래서 카스텔은 현대 사회를 "네트워크 사회"라고 명명했다.

카카오톡과 같은 실시간 채팅 서비스에서 사람들은 이미 잘 알고 있는 사람들과 대화하더라도 다른 방식으로 대화한다. 그들은 직접 대화 과정에서는 의식하지 않아도 되는 감정표현을 추가하고자 이모티콘을 사용하곤 한다. 채팅 서비스는 시공간을 확장하는 대신 텍스트 기반으로 진행되기 때문에 직접 발성 대화보다 의사전달의 결핍이 있을 수밖에 없다. 사람들은 그것을 보충하고자 한다. 한편 채팅 내용이 시간에 관계없이 남아 있기 때문에 나타나는 사람들의 행동 변화도 많다. 예를 들어 대화내용이 복제될 수 있기 때문에 좀 더 신중하게 행동한다. 기계적 조건 속에서 대화는 형식의 차이만이 아니라 내용의 차이도 발생시키고 있다.

온라인 게임 세계에서 인간 사용자와 게임봇

엘리자와 학생들의 관계는 오늘날 컴퓨터와 사용자의 관계로 정착되면서 일상화되었다. 정보이론에서 보듯이 언어 규칙이 메시지 선택에 영향을 주는 것과 같이, 컴퓨터 사용자는 컴퓨터 규칙이 제공하는 양식에 의존하여서만 행동할 수 있다. 사용자들은 그 프로그램이 제공하는 양식과 결합하여서만 어떤 행위를 할 수 있다. 컴퓨터 프로그램을 사용하고 있다면 그의 행위는 이미 단독적인 행위가 아니라 '기계와의 합성된 행위'이다.

기계와 사용자의 관계를 가장 극적으로 보여주는 사례는 온라인 게임 속에서 인간 플

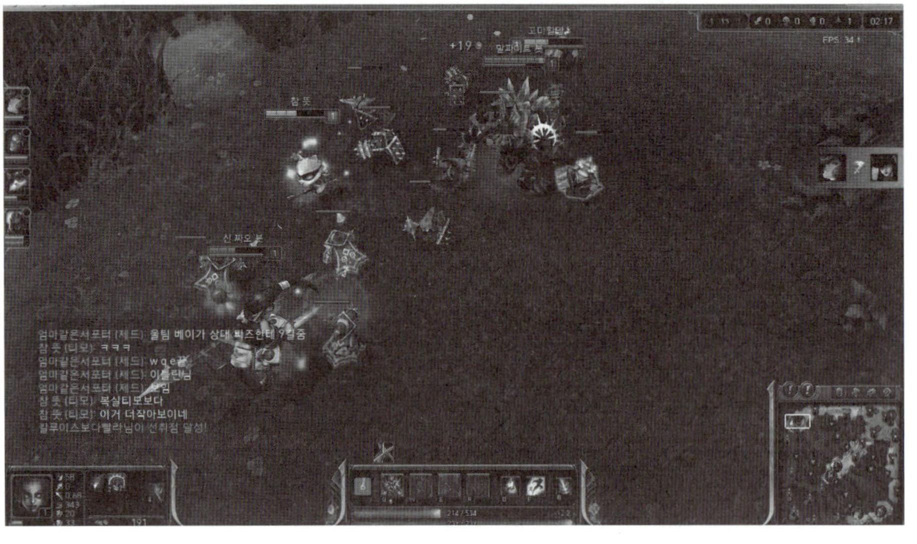

[그림 2-21] 온라인 게임, 인간 플레이어팀과 게임봇팀 전투 예시

레이어와 게임봇의 전투일 것이다. 온라인 게임과 같은 인공 환경에서 사용자들은 '순수하게' 인간적인 상태로 행동할 수 없다. 인간 사용자와 컴퓨터 프로그램이 합성적 상태로 상호작용한다는 점에서 온라인 게임 사용자는 사이보그(cyborgs)다[1-4장 참조]. 사실 그들은 사이보그가 되지 않고는 그곳에 존재할 수 없다. 그 곳에서 사용자들의 행위의 내용은 출현과 동시에 합성적이며, 인간 사용자와 컴퓨터 프로그램은 서로의 일부로서 작동한다.

컴퓨터 게임 환경에서 출현하는 게임봇에게 인간 사용자와 '동등한 지위'를 부여할 수도 있다. 게임봇들은 인간 사용자들과 대적하기 위해서 인간처럼 행동하도록 프로그램되어 있다. 인간 사용자와 게임봇의 존재 형식은 다르지만 모두 합성적 행위를 수행한다는 점에서는 같다.

프로토콜의 정치경제학

모든 네트워크는 프로토콜(통신규약)에 따라 연결된다. 프로토콜들의 집합인 인터넷의 기본 원리는 자유이면서 '통제'다. 프로토콜은 네트워크의 기술이면서 동시에 정치성을 가진다. 네트워크는 연결성(connectivity)과 동의어이다. 정보가 자유롭기를 원한다면 더 많이 연결되어야 한다. 더 많은 연결성은 더 많은 자유와 같다. 그리고 더 많은 통제와 같다. 더 많은 프로토콜의 영향을 받기 때문이다.

프로토콜은 연결만큼이나 비연결도 관장한다. 비연결 순간이야말로 프로토콜이 가장 강력하게 정치적 색깔을 드러내는 순간이다. 비연결성은 다양한 방식으로 일어날 수 있다. 상업 ISP가 설정해놓은 서비스 정책 때문에 개인 전화를 끊어야 하는 경우에서부터 정치적 행동을 식별하기 위해서 네트워크를 감시하는 것까지 다양한 층위에 걸쳐서 발생한다.

프로토콜은 정보를 흐르게 하지만 정해진 규칙 내에서만 그렇다. 그러므로 프로토콜은 정치경제학처럼 해독되어야 한다. 프로토콜은 모든 계층에서 각각 다른 규제를 발동할 수 있다. 예를 들어서 라우터에서 선출선입(First In First Out) 원칙 대신에 서비스 품질관리(QoS)를 선택한다면 라우터는 특정 패킷을 기다리게 하고 다른 특정 패킷을 먼저 보낼 수도 있다. 만약 그런 우선권을 가진다면 그 정보는 상대적으로 더 많은 목적지에 도달할 수 있고 그 결과 대기 중인 다른 경쟁 정보보다 더 명백한 '실재'로 인식될 수 있다. 우리는 더 많이 접한 정보를 사실인 것으로 느끼기 때문이다. 인터넷 상에서 '진실'은 라우터 정책, 프로토콜 정책에 의해서 달라질 수 있다.

[참고문헌]

골드스미스, J. & 우, T. 2006 〈사이버 세계를 조종하는 인터넷 권력전쟁〉 송연석 옮김. 웅진씽크빅: 서울.

마누엘 카스텔, 2015 〈분노와 희망의 네트워크 : 인터넷 시대의 사회운동〉 김양욱 옮김. 한울아카데미.

Galloway, Alexander R. 2004. *Protocol: How Control Exits after Decentralization*. The MIT Press: Massachusetts.

Peterson, Larry L. & Davie, Bruce S. 〈컴퓨터 네트워크_소프트웨어 및 시스템〉 박창윤 외 공역. 사이텍미디어.

Kurose, James F. & Ross, Keith W. 2001. *Computer Networking: A Top-Down Approach Featuring the Internet*. Addison Wesley.

5 기계는 어떻게 분별하나

컴퓨터는 다양한 임무를 수행하는데, 그것은 무엇인가를 계속 분별하고 있다는 의미이다. 기계는 저마다의 방식으로 데이터를 수집하고 규칙에 따라 배열하고 조건에 따라 화면에 뿌려준다. 어떻게 그런 일을 하는지 알아보자. 이것은 우리가 "데이터 기술"이라고 불리는 영역도 포함한다. 이제 검색엔진, 도서추천시스템, 버스노선 결정, 사기탐지시스템 등을 알아본다. 우리가 어떤 의사결정을 할 때 얼마나, 또는 어떤 방식으로 이 기술에 의존할 것인지를 고려하는데 도움이 될 것이다.

검색엔진이 수행하는 분별

검색엔진은 이제 우리에게 필수적인 장치가 되었다. 사실 검색엔진의 지위는 그 이상이다. 현재 '인터넷 상에 존재한다는 것'은 '검색엔진에 등재된다는 것'을 의미할 정도다. 검색엔진이 제공하지 않는 것은 존재하지 않는 것으로 취급되고 있다. 자신의 웹페이지가 검색엔진의 색인 목표가 되도록 하는 것은 웹운영자들이 넘어야 할 장벽이 되었다.

검색엔진 알고리듬 개발자들은 인간의 관심과 가치를 기계적 알고리듬으로 전환하고자 했다. 그래야만 사용자의 검색 의도를 만족시킬 것이다. 이 때 검색 알고리듬의 색인(index)은 중요하다. 색인은 재현의 폭과 깊이에 따라 달라질 수 있는데 검색로봇이 깊이보다 폭에 더 초점을 둔다면 더 많은 웹사이트를 방문하게 될 것이다. 그 반대로 깊이에 더 집중한다면 특정 웹사이트에 대해 더 많은 색인을 만들 것이다.

대체로 검색엔진들은 웹포털과 같은 거대 사이트를 색인할 때는 그 사이트의 내용 중 약 10-15%만 색인한다. 웹사이트 운영자는 검색엔진이 자신의 사이트에서 더 많은 웹페이지를 색인하게 하려고 노력한다. 웹 운영자들의 고민을 해소하려는 서비스도 나왔는데 바로 검색엔진최적화(SEO, Search Engine Optimization)서비스다.

다음으로 웹운영자가 넘어야 할 또다른 장벽은 자신의 웹페이지가 잘 보이도록 높은

백링크 방식

색인과 순위 결정과정을 통해서 검색엔진은 이질적이고 다양한 텍스트들 사이의 관계를 측정하고 위계를 구성한다.

그런데 검색엔진이 부여한 위계는 '객관적'인 것이 아니다. 검색엔진이 정의한 문서들의 중요도 또는 그에 따라 제시되는 순위는 본래적으로 존재하는 것이 아니다. 그것은 단지 수집되어 들어온 문서들에게 검색엔진이 부여한 임의적이고도 자기충족적인 값일 뿐이다. 본래 문서들 사이에는 순위나 중요도는 없다.

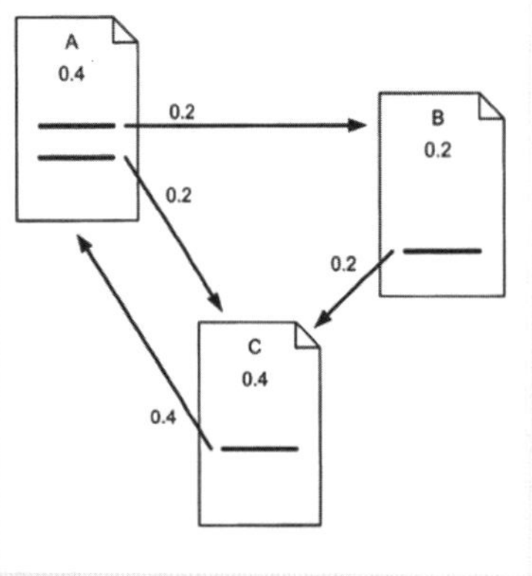

<그림>에서 보듯이, 검색엔진 알고리듬은 수집된 문서들이 서로 순환적으로 보증되도록 값을 부여한다. 문서 A의 순위값은 문서 C의 순위값(0.4)과 같다. 문서 A가 문서 C로 부터 유일한 백링크를 받았기 때문이다. 문서 A는 두 개의 백링크를 걸었기 때문에 자신의 순위값을 둘로 나눈 값(0.2)을 문서 C와 문서 B에 부여한다. 그래서 문서 A로부터만 백링크를 받은 문서 B(0.2)의 순위값은 문서 A(0.4)의 절반 값과 같다. 문서 C의 순위값은 문서 B의 값(0.2)과 문서 A로부터 나오는 두 개의 백링크(Backlink) 중 하나의 값(0.2)을 합한 것이다.

$$r(A)=r(C)=0.4$$
$$r(B)=r(A)/2=0.2$$
$$r(C)=r(B)+r(A)/2=0.4$$

이처럼 문서들의 순위값은 그 알고리듬 내에서만 타당하며, 수집된 문서들 사이에서만 설정된 관계이다. 그외 어떤 다른 보증도 존재하지 않는다. 검색엔진은 사용자를 만족시키기 위해 다양한 유형의 질서양식을 개발해 낸다. 그리고 그 과정에서 효율성을 위해 종종 '길고 두꺼운 꼬리' 부분을 잘라내곤 한다. 그래서 소수의 관심사는 선택되기 어려워지는데, 그런 소수 관심사를 모두 합하면 상당한 비중을 차지한다.

검색결과 순위에 들어야 한다. 웹페이지들이 기하급수적으로 증가하면서 사용자들은 검색결과의 첫페이지만 보는 경향이 증가했다. 이는 사용자들이 점점 기계적인 정보처리에 더 의존하고 있고, 그만큼 검색엔진의 자동화된 판단작업이 중요해졌다는 의미이다.

잘 알려진 순위결정 방식으로는 "백링크 계산(Backlink Count)" 방식과 "페이지랭크(PageRank)" 방식을 들 수 있다. "백링크" 란 다른 웹페이지로부터 들어오는 링크를 말하는 것으로, 전체 웹에 출현하는 웹페이지에 연결된 링크의 수를 계산하는 것이다. 백링크 수가 많다면 그 웹페이지는 더 중요하다고 추론한다. "페이지랭크"는 학술 논문의 우수성 평가 방식을 참조한 것이다. 어떤 문서가 누군가에 의해서 참조되었다면 그 문서는 아마도 우수한 논문일 것이다.

또한 순위 알고리듬은 키워드의 위치와 빈도도 참조한다. 예를 들면 웹문서 앞부분에 해당 키워드 출현빈도가 높으면 관련성이 높은 것으로 판단한다. 이처럼 검색엔진 알고리듬은 합리적이면서 자기발견적인 방식으로 수립된다. 그러나 이런 방식은 스팸이나 광고성 웹에 의해 쉽게 흔들리곤 했다. 일부 웹운영자들은 더 많은 백링크를 보유한 것처럼 보이게 하려고 거짓 웹문서들을 만들어서 자신의 웹문서로 하이퍼링크를 건다. 그래서 그러한 기술적 속임수를 배제하는 것도 검색엔진의 중요한 역량이 되었다.

또 다른 순위 결정 방식은 순위를 구매하는 것이다. 특정 키워드에 대한 검색결과 순위에 대하여 적정한 가격을 지불하면, 경쟁자를 물리치고 일정기간 동안 높은 순위를 차지할 수 있다. 이것은 문서의 관련성과 공정성을 왜곡시킬 수 있다. 그러나 경우에 따라서는 오히려 검색 품질을 높여주기도 한다. "꽃배달"과 같은 키워드는 비용을 지불한 웹 운영자가 더 신뢰할만한 정보를 제공한다. 이런 키워드들은 그 자체로 사용자의 검색 의도가 분명하게 포함되어 있기 때문에, 상업적 웹사이트를 우선순위에 둘 때 사용자가 만족할 가능성이 높다.

도서추천 서비스

도서판매 사이트로 유명한 아마존은 구매를 촉진하기 위해서 방문자에게 책을 추천해 준다. 2000년 초 도서추천 알고리듬에 극적인 변화가 있었다. 대부분의 추천 알고리듬은 고객 집합을 탐색한다. 고객이 구매한 적이 있거나 고객에 의해 등급이 매겨진 아이템을 잠재적 고객과 겹쳐놓는 방식이다.

이 알고리듬은 해당 사용자와 가장 유사한 고객의 구매 아이템에 기반을 두어 추천 목록을 생성한다. 그런데 이렇게 고객과 고객을 비교하는 알고리듬은 빈틈이 많았기 때문에 컴퓨터의 관점에서 볼 때 비용이 많이 든다. 수 천 만 명이나 되는 고객 공간을 적절

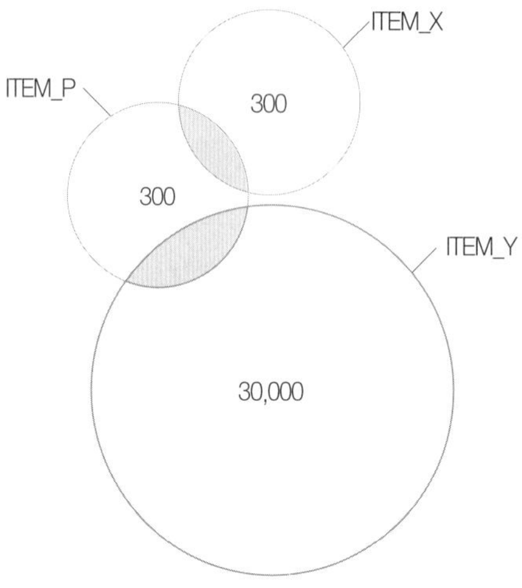

[그림 2-21] 아마존 추천 알고리즘 (Linden et al., 2001)

한 단위로 묶고 유사한 고객을 클러스터 단위로 대입해야 하지만, 그다지 실용적이지 않았다. 최악의 경우 대조할 수 있는 값이 아예 없는 경우도 있다. 대부분의 고객은 아주 적은 수의 아이템을 구매하기 때문이다.

그래서 그들은 유사성의 단위를 고객이 아니라 아이템으로 변경했다. 고객과 고객을 비교하는 것이 아니라 판매된 아이템과 아이템을 비교하기로 한 것이다. 구매된 적이 있거나 방문자들이 등급을 부여한 적이 있는 아이템을 단위로 유사성을 탐색하는 것이다. 여기서 유사성이란 데이터 간 상관성을 의미한다. 상관성이란 두 데이터 사이의 통계적 관련성을 수량화한 것이다. 이를 아이템 간 협력 필터링(item-to-item collaborative filtering)이라고 부른다.

구매된 적이 있는 모든 아이템들을 상호 비교하여 동시에 구매된 아이템들의 중첩된 값을 측정한다. [그림 2-21]을 참조하면 30,000개가 판매된 아이템 Y는 300개가 팔린 아이템 P와 함께 팔렸던 적이 25번이었다. 이렇게 모든 아이템들 사이의 중복 관계를 측정하고, 이 관계 목록에 근거해서 아이템 Y를 검색한 고객들에게 아이템 P를 추천할 수 있다.

이 알고리즘은 매우 빠르고 비용을 절감할 수 있다. 아마존과 같이 극단적으로 거대한 데이터 집합에서도 빠르다. 개별 고객이 구매한 아이템 데이터가 아주 적더라도 잘 작동한다. 이 추천시스템은 구매자들을 비교하는 것보다 그들이 구매한 아이템들을 비교하는 것만으로도 효과가 있다는 것을 증명했다. 그러나 이 방식은 아이템 사이의 상관성이 의미하는 바를 설명하지는 못한다. 연구자들은 이런 상황을 다음과 같이 표현하고 있다. "왜 어니스트 헤밍웨이의 작품을 읽은 고객이 스콧 피츠제럴드의 작품도 구매하는지 그 이유를 알 수는 없다."

서울 심야버스 노선 결정하기

서울시 심야버스 노선 결정 사례는 빅데이터분석 기술을 활용한 것으로 잘 알려져 있다. 데이터 분석가들은 서울시 전역을 지름 1 km의 1,252개 구역(육각형셀)으로 나누고, 심야시간-0시부터 5시까지-에 발생한 약 30억 건의 KT 통화량 통계 데이터를 분석하여, 각 셀에 할당했다.

그리고 각 통화발신자의 거주지 주소와 비교하여 두 데이터 사이의 범위가 크게 벗어난 경우, 잠재적인 심야버스 수요자라고 간주했다. 자신의 거주지에서 멀리 있는 통화발신자는 다시 자신의 거주지로 돌아가야 할 사람으로 해석한 것이다. [그림 2-22]은 통화발신 위치와 그의 거주지 사이를 비교한 데이터를 이미지화한 것이다. 셀의 색이 진할수록 해당 데이터양이 크다는 것이고, 그 결과 셀들의 궤적이 드러났다. 데이터 분석가들은 통화발신자로부터 추출한 두 개의 이질적인 위치 데이터를 비교하여 시각화한 후 노선별, 요일별로 패턴을 분석해 심야버스 노선을 결정했다.

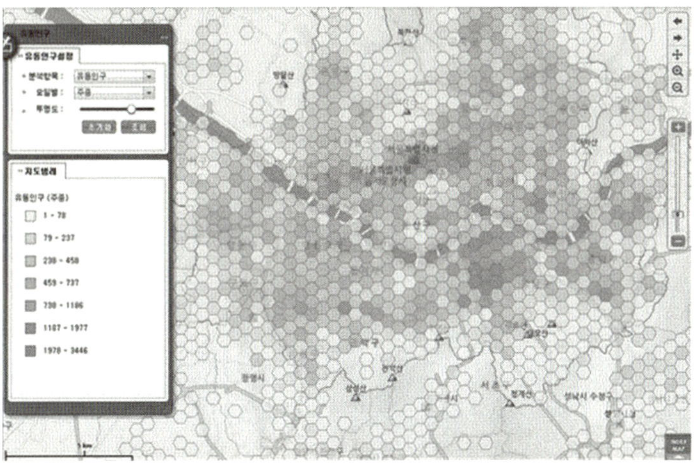

[그림 2-22] 서울시 심야버스 노선수립 지원시스템(자료: esrikr.com)

사기탐지시스템

신용카드 사기탐지시스템(credit card fraud detection system, CCFDS)은 사기방지기술과 사기탐지 기술로 구성되어 있다. 사기방지(fraud prevention)가 예방적 조치라면 사기탐지(fraud detection)는 그런 행위가 일어나자마자 가능한 빨리 위반 행위/변칙적 거래에 해당함을 식별해내는 것이다. 사기탐지를 위한 통계 도구는 금융거래자의 어떤 행위를 단일한 숫자들로 요약하는 것이다.

사기탐지 시스템의 데이터 준비 단계에서 개별적인 카드소유자의 거래 내역을 수집한다. 그리고 카드소유자가 카드를 사용할 때마다 해당 구매가격을 정량화한다(V_1, V_2, …, V_M). 다시 개별 구매가격을 범주화하여 저가(l), 중가(m), 고가(h)와 같은 방식으로 분류한다. 그러면 해당 카드소유자의 거래양이 "(O)=l, m, m, l, l. h, h, h, l, m"과 같이 나타날 것이다. 이 관찰한 결과를 개별 카드소유자의 소비 습관이라고 간주한다.

예를 들어 탐지 단계는 [그림 2-23]과 같다. 시간 t에 발생한 카드소유자의 거래(O_R)를 기록 순서에 따라 배열한다. 이 순서는 식별 알고리듬으로 구현되어 승인 개연성을 계산한다. 시간 t+1에 발생한 새로운 거래는 시뮬레이션 엔진 내에서 거래 O_{R+1}을 생성한다. 시간 t의 개연성이 Φ_{old} 라면, 시간 t+1의 개연성은 Φ_{new} 이다. 두 연속하는 시간 사이의 개연성의 차이를 정량화($\Delta\Phi = / \Phi_{old} - \Phi_{new} /$)하고, 그 차이가 0보다 적거나 같으면, 새로운 상태는 정상적인 것으로 승인된다.

이 통계적 분석의 객관성은 카드소유자의 계정별로 문턱값(threshold)을 구하는데 달려있다. 문턱값은 최초의 문턱값에 새로 진입하는 차이값을 더한 값이다. 이 개연성이 앞서 계산된 문턱값보다 높다면, 새로이 추가된 거래가 사기거래라고 판단하고, 지불은행은 그 거래를 승인하지 않으며 그 관측 기호는 폐기한다. 반대로 새로운 거래가 정당하다고 승인된다면 해당 배열에 추가하고, 그 다음 거래의 적정성을 판단하기 위한 기본 배열이 된다.

사기가 일어나는 방식은 다양하므로 문턱값을 계산하는 방식도 다양하다. 보통 데이

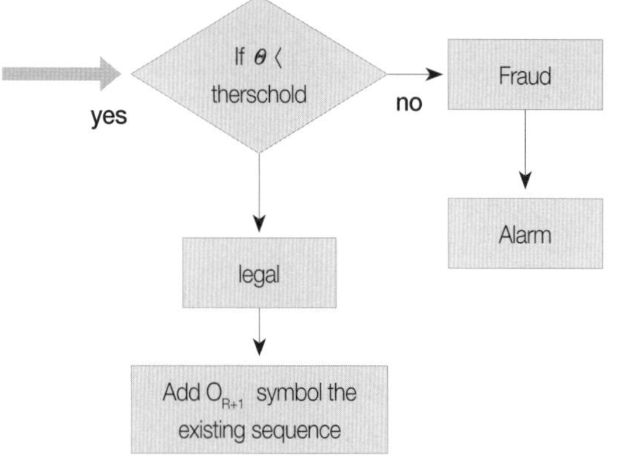

[그림 2-23] 탐지단계의 체계 (Falaki, et. al., 2012)

터베이스 내에 개별 기록을 계산하여 도출되는데 그 값은 시간 진행에 따라 갱신된다. 대체로 조사자는 가장 높은 값에 초점을 두거나 갑작스런 증가를 보이는 것에 관심을 둔다. 모든 기록을 상세하게 조사하는 것은 너무 비용이 많이 들기 때문에 일반적으로 사기행위라고 가장 의심되는 것에 집중한다.

이런 방식은 사기나 정당한 행동에 대한 사전적 관찰 자료가 없을 때도 사용된다. 주로 규범적인 행동방식과 가장 유사하지 않은 예외적 행위를 조사하는 방식으로 이루어진다. 규범적 행동을 표현하는 기본 분포를 모형화하고 이로부터 가장 많이 떨어진 것으로 보이는 관찰을 탐지한다. 이런 분류는 불확실하기 때문에, 종종 정당한 거래에 대해 오류 판단을 할 수도 있고, 정작 사기 거래는 관찰되지 않은 채 정당한 것으로 표지될 수도 있다.

감정 검색엔진

데이터분석 기술은 최종적으로 사람들의 감정을 예측하는 방향으로 나아가고 있다. 제조회사들은 자신의 상품이나 서비스에 대해서 사람들이 얼마나 긍정적인지 알고 싶어하고, 행정기관이나 정당들은 어떤 정책을 사람들이 좋아하는지 알고 싶어 한다.

데이터기술은 이런 요구에 조응하기 위해 감정분석(sentiment analysis) 또는 견해채굴(opinion mining) 기법을 개발했다. 가장 많이 사용되는 것은 트위터와 같은 SNS 게시글들이다. 트윗 분석은 보통 긍정/부정/중립과 같은 감정 분류기(sentiment classifier)를 구축하는 것으로 시작한다. 긍정그룹은 "행복", "재미", "만족" 등과 같은 단어들과, 부정그룹은 "슬픔", "분노", "실망" 등과 같은 단어들과 관련된다. 중립그룹은 사실 관계만 적시했거나 아무런 감정적 단어도 포함되어 있지 않는 경우이다. 분석의 용도마다 적절한 감정 표현 단어는 다르기 때문에 분석자들은 해당 사안마다 별도의 감정 사전(sentiment lexicon)을 작성한다.

최종적으로 개연성 분포값-0에서 1사이의 수--을 계산함으로써 각 단위 문장을 서열화하여 각각 고유한 것으로 식별되도록 만든다. 수집된 말뭉치들에 대해 감정지수는 다양한 형태의 수학적 알고리듬으로 모델화된다. 예를 들어 아래 식에서 소문자 s는 감정(sentiment)이고, 대문자 M은 트윗 메시지이다. 대문자 G는 메시지를 재현하는 n-gram 집합이고, T는 메시지의 긍정말꼬리-태그 집합이다.

N-gram	Salience
so sad	0.975
miss my	0.972
so sorry	0.962
love your	0.961
i'm sorry	0.96
sad i	0.959
i hate	0.959
lost my	0.959
have great	0.958
i miss	0.957
gonna miss	0.956
wishing i	0.955
miss him	0.954
can't sleep	0.954

N-gram	Entropy
clean me	0.082
page news	0.108
charged in	0.116
so sad	0.12
police say	0.127
man charged	0.138
vital signs	0.142
arrested in	0.144
boulder county	0.156
most viewed	0.158
officials say	0.168
man accused	0.178
pleads guilty	0.18
guilty to	0.181

[그림 2-24] n-gram과 개연성 값 (Mohammad, et al., 2013)

$$L(s/M) = \sum_{g \in G} log(P(g|s)) + \sum_{t \in G} log(P(t|s))$$

이렇게 SNS 게시글들은 대량으로 자동 처리된다. 이것이 바로 "감정 검색엔진"이다. 특정 단어의 사용이 그 단어 사용자의 감정을 포함하고 있다고 가정하며, 단어 마다 상관지수가 책정되고, 그 사용 빈도를 측정하는 방식으로 사람들의 발언을 자동적으로 해독할 수 있다. 이제 사람들에게 무엇을 좋아하는지 직접 물을 필요가 없다. 해당 트윗을 게시한 사람조차도 스스로는 의식하지 못한 선호 여부까지도 분석해낸다. 직접 설문조사를 실시하더라도 선호를 알 수 없는 신제품이나 새로운 정책의 경우에 더욱 효과적일 수 있다.

데이터로 구성된 공간

데이터 기술은 사람들에게 경제적인 것 이상을 제공한다. 데이터 기술은 새로운 '현실'을 제공함으로써 우리를 매혹하고 있다. 우리의 지각이 감지할 수 없거나 쉽게 놓치곤 하는 것들에 질서를 부여하여 새로운 관계를 드러냄으로써 우리의 인식을 변화시키고 있다.

궁극적으로 데이터 기술은 새로운 세계(데이터 공간)을 형성하는 기술이다. 그 곳에 존재하는 데이터들 사이의 관계도 그 순간 새롭게 만들어진 것이다. 그 세계 내에서 기계는 분별을 수행할 수 있다. 먼저 데이터 기술은 독자적인 알고리듬에 따라서 데이터를 수집한다. 누군가의 구매 아이템, 수량, 관심 클릭수, 검색요청, 문자메시지 등은 상관적 데이터 형식으로 번역된다. 그러고 나면 그 데이터들은 서로 교환 가능한 관계로 전환된다.

그런데 데이터들 사이의 관계는 데이터가 되기 이전의 참조물들 사이에 본래 존재했던 관계를 의미하지 않는다. 다시 말하자면 데이터들 사이의 연관성은 데이터로 전환되는 과정에서 생성된 것이라고 보아야 한다. 사실 데이터 이전의 사물들은 너무나도 달라서 서로 비교할 수 없다. 데이터로 전환되어 비교가 가능한 상태가 되었기 때문에 비로소 비교가능한 양적 관계가 될 수 있다.

무엇이든지 데이터 기술을 통과하게 되면 새로운 의미의 관계망 안으로 배치된다. 어떤 데이터들 사이는 다른 데이터와의 사이보다 더 밀접해지고 어떤 것들 사이는 상대적으로 멀어지면서 각 데이터들의 '고유성'이 생성된다.

기술적으로 구성된 관계는 추가적인 의미도 생성한다. 검색어 연관성 분석 결과에 따라서, 검색단어들 사이에는 위계가 발생하는데, 그것은 마치 누군가의 실제 관심, 의지, 감정인 것으로 간주된다. 그래서 웹제작자들은 검색결과에 더 높은 순위를 얻고자 하고, 상품 회사들은 더 많이 검색되는 단어를 사용해서 광고하기 위해 검색회사에 더 비싼 가격을 지불한다. 단어들 사이에 관계가 설정되자마자 그 단어는 매혹적인 것이 되고 사람들에게 주목받게 된다.

이렇게 데이터 기술은 데이터 변환과 상관관계를 생성하면서 이전에는 존재하지 않았던 인공적 세계를 구축한다. 우리는 그 세계의 관계망 안에서, 그 세계의 질서에 따라 그 내부를 관찰할 수 있게 된다. 그로써 그 세계를 '통제'한다고 느끼게 된다. 그런데 우리가 누리는 '통제'란 데이터 기술이 특정하고 있는 공간 내에서만 제한적으로 작동할 수 있는 '자유'일 뿐이다. 데이터 공간이 구성된 것만큼이나 그 '자유'도 구성된 것이다. 그 '자유'를 제공하기 위해서 기계는 끊임없이 자신의 세계 내에서 주어진 방식으로 분별을 수행한다.

[참고문헌]

김지연, 2013 인터넷 검색엔진: 사용자의 관심을 흡수하여 전문성을 강화하는 기술, 과학기술학연구 13권 1호 181-216쪽.

터클, S. 2003, 스크린 위의 삶- 인터넷과 컴퓨터 시대의 인간, 최유식 옮김 민음사. [Turkel, Sherry, Life on the Screen: Identity in the Age of the Internet, Simon & Schuster]

Falaki, S. O., Alese, B. K., Adewale, O. S., Ayeni, J. O., Aderounmu, G. A., and Ismaila, W. O. 2012,

Probabilistic Credit Card Fraud Detection System in Online Transactions, *International Journal of Software Engineering and Its Applications*, Vol. 6, No. 4. 69-78.

Mohammad, S., Kiritchenko, S. & Zhu, X. 2013 NRC-Cananda: Building the State-of-the-Art, in Sentiment Analysis of Tweets, (2014. 1. 6 구글검색)

Page, L. 1998. Method for Node Ranking in a Linked Database, United States Patent, No: US 6,285,999 B1.

기술이 규범을 체화하는 방식

CHAPTER 3

기술이 사회적 관계를 형성하는 방식 중 하나는, 기계 장치 속으로 사회 규범을 흡수하는 것이다. 규범은 그 사회가 오랜 동안 경험적으로 쌓아온 문화적 행동 규칙들이다. 아주 단순한 기술조차도 사회와 관계없이 독립적으로 출현할 수 없다. 기술이 지속적으로 사람들에게 사용된다면 더욱 사회와 결합할 것이다. 기술은 생성되는 순간 사회적으로 구성되고, 생성되자마자 사회 속으로 진입하면서 사회 규범을 내장해 간다.

기술 개발 과정에서 개발자의 도덕 의식과 정치적 신념이 기술 장치 속으로 흡수된다. 또한 사회가 해당 기술을 통제하기 위해서 만든 법률이 제정되면 그 법률을 준수하기 위해서 기술적 규격을 수정하기도 한다. 또는 시장에서 사용자들의 기술 선택 여부에 따라서 기술 개발자들은 사회 규범을 기술 속으로 다시 반영한다.

이 장에서는 먼저 법이 어떻게 기술에 개입하는지를 알아본다. 최초의 정보기술에 관한 법이라고 할 수 있는 미국의 무선법의 역사와 변화에 대해서 설명할 것이다. 무선법은 무선 기술이 전 세계화되면서 다른 나라로 이전되었고 일반적인 규범으로 자리잡았다. 오늘날 정보기술이 사회적으로 준수해야할 의무에 대한 교과서적 역할을 하고 있다. 다음으로 한국의 온라인 게임 산업 규제에 대해서 이야기 해본다. 한국의 사회문화적 양상이 기술 규제에 반영되는 방식을 들여다 볼 수 있다.

그 외 저작권법에서 '기술적 조치' 개념을 둘러싸고 벌어졌던 다양한 해석과 분쟁에 대해서 알아 본다. 한국에서 개정되거나 제정된 법제도들과 그로 인한 정보 서비스의 변화에 대해서 이해할 수 있다. 이어서 그동안 정보사회 속에서 데이터화 된 우리 자신의 정체성에 대한 문제도 제기해 볼 것이다. 마지막으로 기술이 사회문제를 해결하는데 사용되는 사례를 알아본다. '기술이 우리를 어떻게 도울 수 있나?'에 관한 사례로 블록체인에 대해 이야기 한다.

1 법은 어떻게 기술에 개입하나 1

기계를 통한 의사소통은 현대 사회의 기본적 활동이 되었다. 20세기 라디오, 텔레비전, 컴퓨터 등 기계 통신은 점점 증가해서 직접 대면 의사소통량을 압도했고, 사회를 변화시켰다. 사람들 사이의 정보전달 방식이 바뀌었기 때문이다. 그러한 통신혁명이 사회를 바꿀만큼 힘을 가지게 되자 기술에 대한 사회통제 요구가 등장했다. 이 문제를 잘 다루고 있는 저술로는 루스 슈워츠 코완(R. S. Cowan)의 〈미국 기술의 사회사〉가 있다.

그런데 누구를 어떻게 통제할 것인가? 라디오 전자파는 대기권으로 전송된다. 지구의 대기권은 누구의 것도 아니다. 그래서 통신기술의 책임 주체를 찾기 어려웠다. 책임 주체가 모호하다는 점 때문에 국가에 의한 공적 통제 필요성이 강하게 제기되었다.

통신기술의 역사는 영국, 독일, 이탈리아에서 출발했다. 19세기 스코틀랜드 물리학자 제임스 맥스웰(J. Maxwell)은 빛이 전자기파의 일종임을 증명했고, 이론적 견지에서 전자기파를 만들어낼 수 있음을 예측했다. 1887년 독일 물리학자 하인리히 헤르츠(H. R. Hertz)는 스파크 간극 송신기(spark-gap transmitter)를 이용해서 고주파와 저주파를 만들고 측정하는데 성공했다. 하나의 장소(송신기)에서 다른 장소(수신기)로 전선 없이 전

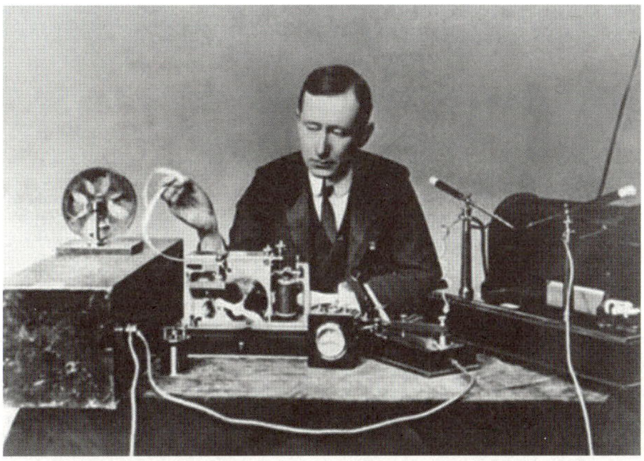

[그림 3-1] 굴리엘모 마르코니 (자료: 나무위키)

[그림 3-2] 아마추어 무선사들 (자료: 미국 기술의 사회사)

기 신호를 보낼 수 있었다. 이것이 바로 우리가 무선 기술(wireless technology)라고 부르는 것이다.

몇 년 후 이탈리아의 굴리엘모 마르코니(G. Marconi)는 헤르츠의 실험을 더욱 현실적인 것으로 확장했다. 그 장치가 실험실 내에서 전자기파를 보낼 수 있다면 더 멀리도 전자기파를 보낼 수 있지 않을까? 2년에 걸친 연구 끝에 결국 마르코니는 모스 부호로 된 메시지를 수 킬로미터 까지 멀리 보내는데 성공했다. 이어서 전파를 받을 수 있는 안테나를 개발했고, 전파를 직류 전기로 변환해서 수신기를 통해 전류의 패턴을 들을 수 있게 만들었다.

"당시 마르코니 외에도 무선전신 기술을 개발 하던 사람들은 많았다. 하지만 마르코니만이 '성공'할 수 있었는데, 마르코니만이 이 장치가 사용될 수 있는 구체적인 장소(시장)을 찾아냈기 때문이다." 당시는 이미 유선전화가 상당히 널리 사용되고 있어서, 육지에서 무선전신이 유선전화와 경쟁하기 어려웠다. 그래서 그는 아직 유선전화가 포섭하지 못한 지역, 즉 선박과 해안 사이 혹은 선박들 사이의 통신을 위한 용도로 무선전신 서비스를 개시했다.

마르코니의 무선전신은 즉각 성공했다. 영국 해군은 전 세계 바다를 누비는 제국함대 사이의 통신을 위해 무선장비를 구입했다. 영국 육군은 전투사령부와 전장의 부대들 사이의 통신을 위해서 무선 기술의 발명을 촉진했다. 1896년 마르코니는 영국에서 발명 특허를 얻었다. 곧이어 영국 마르코니 회사를 설립하고 1899년 자회사인 미국 마르코니 회사를 만들었다.

미 국무부는 해외 식민지와의 통신을 위해서, 그리고 해외에 진출한 함대와 교신하기 위해서 무선 시스템을 구매했다. 해운 사업을 하는 회사들도 무선전선에 관심이 있었고,

기자들도 지역 사무소가 없는 외딴 곳에서 무선 송신기를 이용해 뉴스를 전송하기 시작했다.

무선전신은 급속하게 대중적 유행이 되었고, 마르코니는 부자가 되었다. 새로운 기술을 좋아하는 젊은이들도 무선 장치에 빠져들었다. 그들은 볼 수도 느낄 수도 없는 신비스런 파동을 조작할 수 있는 이 장치에 매혹되었다. 무선 장비 가격은 그리 비싸지 않았고 사용하거나 수리하는 기법도 배우기 쉬웠다.

아마추어 무선사들은 자신들의 클럽을 만들었고 공개적인 장소에서 시범을 보여 사람들을 놀라게 했다. 먼 거리에 떨어져 있는 사람과 대화를 나누다가 아픈 사람이 있다는 것을 알고, 의사가 방문하도록 도왔다. 당시 무선 통신은 단지 모스 부호로만 가능했기 때문에 아직 대중적 통신수단은 아니었다.

무선전화

처음 무선전신은 유럽에서 발명되었지만, 이 후 무선전화는 미국에서 더 많은 발명으로 이어졌다. 아마추어 무선사가 된 수천 명의 젊은이들 중 일부는 모스 부호가 아니라 '진짜 소리'의 전송을 구현하고자 했다. 특히 그들은 목소리와 음악의 전송을 희망했다.

1901년 레지날드 페선던(R. Fessenden)은 새로운 유형의 수신기를 발명했는데, 헤테로다인(heterodyne)이라는 이름으로 불렸다. 이 장치는 스파크 간극 송신기가 만들어 내는 고주파를 저주파로 전환해서 전화의 진동판을 울리게 했다. 1902년에 교류생성기(alternator)라는 고속 스파크 송신기도 설계했고 제너럴 일렉트릭사와 함께 이 장치를 생산하기로 계약했다. 같은 해 1901년에 디포리스트는 '응답기(respondor)'라고 불리는 검출장치 특허를 출원했고, 친구들과 자본을 모아 디포리스트 무선전신 회사를 설립했다.

그런데 페선던이 디포리스트를 특허권 침해로 고소했다. 디포리스트는 상황을 만회하기 위해 몇 가지 요소를 추가하여 3극 진공관(triode)을 개발했다. 이것이 "오디온(audion)"이다. 오디온은 진공관 기술의 조상이었다. 1912년 디포리스트는 오디온 특허권을 AT&T에 팔았다. AT&T는 이 장치로 장거리 전화 서비스를 개선하는데 활용했다.

1912년 에드윈 암스트롱(E. Armstrong)은 오디온의 금속판에서 흘러나오는 전류를 진공관의 그리드에 다시 집어넣어, 이어폰 없이도 들을 수 있는 정도로 소리를 증폭시켰다. 이것이 바로 되먹임회로(feedback circuit) 또는 재생회로(regenerative circuit)라는 발명품이었다. 암스트롱은 재생증폭회로와 송신회로 특허를 출원했고 그 권리를 독일 텔레풍겐

(Telefunken)사에 팔았다.

2차 대전이 끝나고 무선 기술 시장이 형성되면서 무선통신 상품에서 수익이 나기 시작했다. 그런데 상업적으로 '온전한' 제품을 생산하기 위해서는 여러 개발자와 특허권자들의 권리가 서로에게 필요했다. 그들은 상대방이 시장을 장악하는 것을 막기 위해 서로 소송을 걸었다. 특허권자들의 소송 전쟁은 무선 장치가 상품으로 제작되는 것을 방해했다. 누구도 상대방의 특허 없이는 완전한 형태의 제품을 생산하기 어려웠다. 누군가의 중재가 필요해졌다.

정부규제

1912년 4월 15일 타이타닉호가 북대서양에서 빙산과 충돌하면서 침몰했다. 타이타닉호의 무선 전신사는 조난신호를 보냈는데 근처 배들은 무선시스템을 꺼놓은 상태라서 구조 요청을 들을 수 없었다. 40킬로미터 밖에 있던 배가 신호를 듣고 구조를 위해 왔을 때는 이미 많은 승객들이 죽은 후였다.

[그림 3-3] 1911년 영국의 해운회사 화이트 스타 라인이 제작한 타이타닉호 광고 포스터. '세계에서 가장 큰 증기선'이라는 제목과 함께 타이타닉호가 그려져 있다.

재난 소식은 무선전신을 타고 미국 신문에 전달됐고, 승객 가족들은 생존자 명단을 구하기 위해서 아마추어용 또는 상업용 송신기를 이용해 구조 선박에 무선신호를 보내기 시작했다. 그러자 선박과 해안 사이의 통신은 혼란에 빠졌다. 시간이 지날 때마다 잘못된 좋은 소식과 잘못된 나쁜 소식 그리고 혼선음 등이 더 많아졌다. 얼마 후 기자들은 무선통신에 대한 정부규제를 요구하기 시작했고 즉각적으로 의회는 청문회를 열었다.

당시 수 천 명의 아마추어 무선사들, 상업적 시스템, 군대 송신소들이 '자유롭게' 메시지를 주고 받고 있었다. 해군도 무선전신에 대한 의존도가 높아졌는데 무선전신 사용자가 많아지면서 해군은 메시지에 대한 간섭이나 도청을 우려했다. 재난 소식과 이로 이한 무선전신의 혼란은 곧장 무선인가법(Radio Licensing Act, 1912) 제정으로 이어졌다.

미국 의회는 이 법을 통해서 정부에게 주파수 할당권과 허가권을 위임했다. 무선 주파수 대역은 미국의 모든 시민에게 속한 공동의 재산으로 간주되었기 때문에 연방정부가 무선통신규제의 적임자로 선택된 것이다. 이 법에 따라 송신 장비를 갖춘 사람이더라도 연방정부가 발행한 허가증을 받아야만 했다. 무선 허가를 받은 사람은 임차인과 유사한 종류의 재산권을 갖게 되었다. 그들은 할당받은 주파수를 독점적으로 사용할 수 있지만 그 주파수를 공개시장에서 거래할 권리는 없다. 또한 전신사가 되려면 정부가 정한 시험을 통과해야 했다.

미국 정부는 무선 통신을 관리하기 위해서 허가받은 사람에게 모든 전송 시 사용해야 하는 식별 호출번호를 부여했다. 주파수는 기능에 따라 분류되었는데 상업 통신사들은 일정 범위의 주파수를 허락받고 사용해야 했고 아마추어 무선사들은 200미터 이하 단파 대역만을 허락받았다. 할당된 주파수를 침범하는 송신을 할 경우 무거운 벌금이 부과되었다.

1차 세계대전 중 통신 규제

무선법으로 정부기관은 통신에 대한 강한 규제권을 가지게 되었다. 이 법에 따르면 정부는 국가비상 시에 민간 송수신시설을 징발할 수도 있다. 1914년 1차 세계대전 중 미국 정부는 이를 실행에 옮겼다. 해안에 위치한 민간 송신소들을 징발했는데, 대다수는 미국 마르코니 회사의 것이었다.

"전쟁이 끝나고도 미국 정부는 미국 마르코니사 시설을 영국 본사에 돌려주지 않았다. 당시 미국 마르코니사는 무선 상품과 서비스를 제공하는 최대 규모 회사였다. 전쟁을 거치면서 무선통신의 중요성이 더 커지게 되자, 미국의 무선 시설을 다른 나라가 소유하고 통제하는 것이 어떤 파장을 미칠지에 대한 우려가 제기되었다. 영국 국적의 마르코니사가 전시에 무선통신을 중립적으로 운영하지 않을 수도 있다. AT&T를 비롯한 미국회사들은 마르코니와 경쟁할 수 있도록 정부가 지원해주어야 한다고 주장했다. 1916년 미국정부는 미국 내 마르코니사의 모든 송수신소에 대한 통제권을 장악하고 사실상 국유화했다."

한편 1915년 전쟁 기간 동안 미국 정부는 전자부품의 생산을 가로막고 있던 수십 개의 특허소송에 대해서 중단명령을 내렸다. 그리고 대안으로 특허 풀을 구성했다. 이로써 적절한 시설을 갖추기만 하면 누구나 적정한 특허료를 지불하고서 정부 조달 사업을 할 수 있게 되었다. 이로써 무선장비 생산이 신속해졌고 여러 회사들이 정부의 전시계약을 놓고 경쟁하게 되었다. 제너럴 일렉트릭과 웨스팅 하우스는 전구공장 중 일부를 진공관 공장으로 전환했고, AT&T의 제조업 자회사인 웨스턴 일렉트릭은 수신기를 생산했다.

아마추어 무선사들이 제기한 언론의 자유

무선인가법 제정 당시 아마추어 무선사들은 불만을 제기한 유일한 집단이었다. 그들은 이 법이 언론의 자유(freedom of speech)를 침해한다고 주장했다. 그러나 당시 무선 시스템은 대중의 관심사가 아니었기 때문에, 의회가 아마추어 무선사들의 주장을 무시하더라도 사회문제가 되지 않을 수 있었다. 언론의 자유를 선호하는 신문사들도 아마추어 무선사들이 상업적 전송에 끼어들 수 없도록 격리하기 위해서 언론의 자유보다는 무선법을 지지했다. 소수의 사람만이 이 문제를 이해하고 있었기 때문에 여론은 이 문제에 대해서 침묵했다.

다만, 무선인가법에 의하면 미국 정부는 주파수 할당과 활용 기준에 대한 통제권을 가지고 있지만 전송 내용에 대한 통제권은 없었다. 이 부분은 오늘날 통신 규제에도 적용되는 규제 형식이다. 미국 정부는 기본적으로 통신에 대한 형식적이고, 물리적 규제는 하지만 내용적 규제는 하지 못하도록 정하고 있다. 통신을 통해 전송되는 표현의 자유를 최대한 존중하려는 취지다.

아마추어 무선사들은 1차 세계대전 동안 군대에 입대하거나 신참자 훈련 학교에서 무선기술을 가르치는 일을 했다. 1917년 해군 무선사는 979명이었는데 다음 해 1918년 6,700명으로 증가했다.

민간 독점체의 등장

전쟁이 끝나자 징발했던 마르코니 회사의 송수신 시설들에 대한 조치가 취해졌다. 정부는 미국 시민만이 통신회사의 이사와 임원이 될 수 있고 외국인 소유 주식지분을 20%로 제한하는 규제를 신설하는 한편, 새로운 회사를 설립하는 계획을 내놓았다.

미국 마르코니사의 이사회에 정부대표가 참석하고 미국 마르코니사의 모든 자산을 새로운 회사에 넘기게 했다. 미국 마르코니에 투자한 개인들에게는 새로운 회사의 주식을 주었고, 영국 마르코니가 소유했던 지분은 제너럴 일렉트릭이 사들였다. 1919년 정부의 암묵적 승인 하에 미국무선통신회사(Radio Corporation of America, RCA)가 탄생했다. 이 회사는 미국 내 모든 국제 무선전신과, 선박과 해안 사이의 무선전신 시설에 대한 거의 완벽한 통제권을 갖게 되었다.

RCA는 무선전신과 무선전화의 핵심 특허를 보유한 거의 모든 대기업들과 주식지분을 주는 대가로 상호 특허사용 계약을 맺었다. 그래서 디포리스트와 암스트롱 같은 무선기술 특허권자들은 큰 부자가 되었다. 텔레풍켄이 가진 미국 내 특허는 외국인 재산관리국에 의해서 몰수되었고, 이후 제너럴 일렉트릭에 매각되었다.

RCA와 계약을 맺은 회사들은 서로의 세력권을 존중하기로 합의했다. RCA는 AT&T의 장거리전화 사업과 경쟁하지 않고, AT&T는 국제 무선송신 관련 업무는 취급하지 않았고, 웨스턴 일렉트릭(AT&T 자회사)과 제너럴 일렉트릭은 서로 경쟁하지 않고 각각 서로 다른 무선부품을 생산했다.

결과적으로 무선영역은 민간 독점체 형태가 되었다. 정부는 무선시스템을 통제하기 어렵다는 경험을 하게 되는데, 그렇다면 민간 독점체를 어느 정도 인정하는 것이 통제 가능성을 높인다이는 경험적 인식을 하게 되었다. 이후 통신영역은 소수의 기업들이 과점하는 양상을 띠게 되었다.

무선법 개정

무선기술이 빠르게 개선되고 라디오 등 새로운 통신서비스가 등장하자, 미국 정부는 1927년 무선법을 개정했다. 기본 질서는 그대로 유지했지만 인가 기준을 확대했고, 새로운 관리 기구를 수립했다. 무선 인가 원칙도 다소 수정되었는데, 이전에는 단지 '공공의 이익'이 인가 원칙이었다면 이제 '편의 내지 필요'라는 기준도 추가되었다.

특히 무선법 개정에서 주목할 것은 새로운 관리 방식의 등장이었다. 정부기관이 직접 통제하는 방식에서 민간 위원들의 집합체인 위원회 관리 방식으로 전환했다. 이 때 연방무선위원회(Federal Radio Committee, FRC)가 처음 만들어졌고, 이후 오늘날 우리가 알고 있는 연방통신위원회(Federal Communication Committee, FCC)가 되었다.

연방무선위원회(FRC)는 기술 거버넌스의 새 형식이었고 새로운 사회적 통제 방식의 발명이었다. 거버넌스는 전통적으로 정부의 영역이었는데, 미국 정부는 그동안의 경험을 통해서 통신 기술의 특성이 정부 규제 방식에 적절하지 않다는 것을 이해하게 되었다. 이런 위워노히 제도는 무선전신 기술이 다른 나라로 이전될 때 함께 이전되면서 국제적인 형식이 되었다.

개정 무선법은 '라디오(Radio)'에 대한 정의도 신설했다. "라디오는 점들을 연결하는 전선의 도움 없이, 전기 에너지에 의해 한 점에서 다른 점으로 전송되는 모든 정보, 메시지, 신호, 동력, 사진, 그 외 모든 성격의 통신"이라고 규정했다. 이 정의 규정은 마치 이 후 나올 TV방송 매체의 실현을 예견하고 있는 듯했다.

전자식 컴퓨터와 국가 보조금

통신 방식에서의 변화는 전자소자의 방식에도 영향을 주었다. 진공관은 그 자체로 하나의 기술시스템인데 상당히 오랜 수명을 누렸다. 진공관은 1915년에서 1950년 사이 거의 모든 전자회로에서 결정적으로 중요한 소자였다.

"RCA는 상당기간 특허권을 가지고 진공관 생산에 대한 통제를 해왔다. 그러나 디포리스트와 암스트롱의 특허기간이 만료되고 무선법 개정으로 반독점 규정이 생기면서 RCA의 통제력은 사라졌다. 그리고 진공관은 결국 트랜지스터(transistor)로, 그리고 다시 집적회로(integrated circuit)로 대체되었다."

트랜지스터는 증폭 작용과 스위칭 역할을 하는 반도체 소자로써, 1948년 미국의 벨연구소에서 월터 브래튼, 윌리엄 쇼클리, 존 바딘이 처음 만들었다. 트랜지스터란 이름은 "저항을 통한 신호 변환기(transfer of a signal through a varister 또는 transit resistor)"라는 의미에서 나온 조어였다. 집적회로는 전자회로를 구성하는 다양한 소자들을 대체했다. 텍사스 인스투르먼츠사와 페어차일드 반도체사가 각각 특허를 출원했다. 최초의 전자식 컴퓨터는 미국정부와의 계약 하에 개발되었다. 국방을 위해 긴급히 필요했기 때문에 엄청난 보조금을 지급했던 것이다. 2차 세계대전 중 전쟁 참전국들은 모두 통신기술과 암호학에 많은 투자를 했다.

전자통신에 대한 사회 통제의 어려움

전자통신 기술에 대한 통제방식은 기존의 규제와 달라야 했다. 미국정부는 전자통신 기술이 상대적으로 전통적인 정부규제 방식으로 관리하기 어렵다는 것을 경험했다. 기술역사학자 코완(2002)에 따르면, 전자통신기술은 이전의 기술 형성과 다른 몇가지 특징을 보였다. 첫째, 20세기 동안 전자공학에 열중한 수많은 아마추어들이 있었다. 그들은 인간의 뇌 기능을 모방하는 통신기술의 마법에 이끌렸다. 그들 가운데에서 다수의 탁월한 혁신가들이 나타났다. 1910년대 암스트롱은 아마추어 무선사였지만 동시에 혁신적 발명가였다.

둘째, 연방정부도 전자기술과 통신을 탈중심화하는데 주요한 역할을 했다. 정부 조달계약을 개방적으로 운영했고, 연방무선위원회(FRC)는 독점 행위로 판정된 회사에게는 통신 허가를 내주지 않겠다고 선언했다. 그 외에도 여러 방식으로 통신 기술의 독점력을 약화시키는 방향으로 행동했다.

셋째, 언제든지 신참자가 진입할 수 있는 상대적으로 자유로운 시장경제가 유지되었다. 마르코니가 성공을 한 이후 뛰어난 사람들이 전자회로에서 부자가 될 수 있는 길을 찾고자 뛰어들었다. 그들 중 상당수는 성공했다. 전자매체가 감시사회를 만들 거라는 비판가들의 우려에 귀기울일 시간도 없이 기술이 빠르게 변화했다.

이런 요인들로 전자공학에서의 변화속도는 상당히 빨랐고 한 회사나 개인, 또는 특정 전자소자나 매체가 오래 지배력을 행사하지 못했다. 전자매체의 세계에서 권력은 중앙집중화 보다는 밖을 향해 열려 있었다. 충분한 자본을 가지고 전문적 법률가들과 협력하여 지배력을 보유한 큰 회사들도 반독점 소송을 두려워했다.

기술법의 딜레마, 독점 강화

정부는 누구보다 통신 기술의 최초의 소비자였다. 정부는 아직 만들어지지 않은 기술에 대해서 선제적으로 연구투자를 할 수 있다. 새로운 통신기술을 가장 먼저 대량을 구매하는 곳도 주로 정부였다. 그래서 통신 기업은 누구라도 정부의 기대에 부응할 준비가 되어 있었다.

그리고 무선인가법 제정으로 기술 관련 행위자들은 더더욱 정부의 행동에 주목해야 했다. 무선인가법이 제정되자, 이전에는 누구나 할 수 있던 일을 이제 허가받은 자만이

할 수 있게 되었기 때문이다. 정부는 공적 이익을 위해 규제 권한을 위임받았는데, 그런 권한은 무엇인가를 선별한다는 의미이기도 했다. 이것은 자연스럽게 소수 기업의 독점을 부추겼다.

게다가 통신의 특성으로 인해 독점이나 과점 현상은 더욱 강화되었다. 혼선이 없는 주파수를 독점적으로 사용하는 권한을 가질 수 있는 자는 소수였다. 법제도는 공적 이익에 기여할 것이라고 기대하지만 그로 인한 파생 효과는 모든 사람들에게 공정한 기회를 부여하지 않는 방향으로 흐르곤 한다. 기술 특허법도 의도하지는 않았지만 마찬가지로 독점을 촉발했다.

물론 정부는 독점적 상황을 조정하기도 했다. 제1차 세계대전 기간 중이었던 1915년 정부가 전자부품들의 생산을 가로막고 있던 수십 개의 특허소송에 대해서 중단명령을 내리고 특허 풀을 구성했던 적이 있다. 특허권은 독점적 권리를 일정 기간 인정해주는 제도다. 그러나 그로 인해서 기대했던 기술적 장비를 납품받을 수 없었다. 특허 풀제도가 강제되자 특허가 없는 회사라도 적절한 비용을 지불하기만 하면 누구나 정부 조달 사업을 할 수 있게 되었다.

이후 통신시장에서 정부의 큰 임무 중 하나는 반독점 규제가 되었다. 1927년 무선인가법 개정 내용 중 하나는 통신 시장에서 일어나는 독점행위를 규제하는 것이었다. 통신권력의 집중을 막기 위해서 반독점법 위반으로 유죄판결을 받는 경우 인가를 취소할 수 있게 했다. 이 조항 때문에 RCA는 특허권 소송을 모두 취하했고, 대신 사용료를 받고 특허 사용허가를 내주는 것으로 태도를 바꾸었다. RCA는 그동안 특허 프레임을 통해 진공관에 대한 통제를 해왔었다. 무선법 개정으로 반독점 규정이 생기면서 RCA의 통제력은 상당히 완화되었다.

이런 사회적 상황으로 트랜지스터, 집적회로 등 전자소자의 개선이 탄력을 받을 수 있었다. 반독점법을 의식했던 특허권자들도 적극적으로 사용허락을 했기 때문에 메모리칩, 마이크로프로세서 칩과 같은 새로운 제품들이 많이 나올 수 있었다.

이후 통신 규제들

통신기술이 다양해지면서 경쟁이 치열해졌다. 그런데 공정 경쟁은 단순히 시장경쟁만으로 달성되지 않았다. 통신 기술이 필수적인 의사소통 방식이 되면서 소비자를 보호해야할 필요도 더 커졌다. 그래서 더 많은 규제들이 등장했다. 대표적으로 보편적 서비스,

상호접속, 가입자 단말기 정책 등이 있다.

'보편적 서비스(universal service)' 조항은 통신 서비스에서 소외될 수 있는 계층, 지역 등을 지원하는 제도다. 예를 들어서 유선전화는 보편적 서비스 대상이다. 외딴 지역에 거주하는 사람들은 전화회사로부터 배제되기 쉽다. 전화회사는 외딴 지역에 전화선을 가설하는 비용에 비해서 가입자가 내는 전화요금이 형편없이 적다면 사업적 측면에서 그런 요청을 거부할 것이다. 이를 방지하기 위해서 법률로 전화 가설 요청을 거부할 수 없도록 규제하고 있다. 대신 손실 비용을 정부가 보전해준다.

미국의 가입자 단말기(customer premises equipment, CPE) 정책은 전화 및 네트워크 발전에 중요한 계기로 언급되곤 한다. 이 정책은 1956년, 허쉬폰(Hush a Phone)사와 AT&T사 간의 분쟁, 1968년, 카터폰(Carterfone)사와 AT&T사 간의 분쟁의 결과이기도 했다. 당시 전화기는 개별적으로 구매하는 것이 아니라 전화가입 시에 AT&T가 가입자 가정에 부착해주는 장치였다.

두 분쟁에서 법원은 "전화가입자는 ………사적으로 이익이 되는 방법으로 자신의 전화기를 합리적으로 이용할 권리가 있다"고 판정했다. FCC(연방통신위원회)도 전화회사가 제공하는 설비가 가입자의 합리적인 이용 권리를 뺏지 않도록 해야 한다고 경고했다. 이후 가입자 단말기 정책은 국제적으로 통용되는 규범이 되었고 전화단말기 제조사들이 시장에 진입함으로써 다양한 전화단말기의 개발로 이어졌다. 여러 규제를 통해서 전화통신에 대한 사회적 합의가 정착되었다.

한편 최근 공정 경쟁에 관한 논쟁적 사안으로 인터넷에서의 망중립성(Network Neutrality) 문제가 있다. 이 용어는 인터넷 월드와이드웹(WWW)의 개발자인 팀 우(Tim Wu) 교수가 처음 고안해낸 용어다. 망중립성 개념은 인터넷을 이용하여 전달되는 모든 데이터는 그 내용이나 유형과 무관하게 동등하게 취급해야 한다는 것이다. 다시 말해서 통신회사가 메시지의 내용이나 전송 속도에 개입하지 말아야 한다는 것이다.

망중립성 원칙은 인터넷 확산에 크게 기여했지만, 최근 여러 국가들에서 망중립성에 대한 규제를 완화하기 시작했다. 인터넷 외에도 다양한 통신 서비스들이 등장했기 때문에 선택 가능성이 많아져서, 인터넷의 중립성이 큰 문제가 되지 않으므로 굳이 통신회사의 중립성을 강제할 필요가 없다는 취지다. 이 문제는 여전히 논쟁 중이다.

통신기술에서 공정경쟁 문제는 복잡하게 얽혀 있다. 그런만큼 통신 시장에서 이 문제는 규제 정책의 중요한 내용이 되었다. 동등한 자격을 가진 구성원들이 통신경쟁에 진입할 수 있도록 보증하는 것이 통신기술 거버넌스의 가장 중요한 임무가 되었다.

망중립성(Network Neutrality) 논쟁

구체적으로 망중립성은 3가지 세부원칙, 즉 비차별(Non-discrimination), 상호접속(Interconnection), 접근성(Access)이라는 원칙을 모든 데이터에 동일하게 적용하는 것을 의미한다.

망중립성 개념은 특히 모든 인터넷 이용자들이 인터넷 망의 통제나 개입 없이 자유롭게 인터넷 시장에 진입하고 퇴장하는 경쟁적 환경 속에서 인터넷 혁신을 극대화할 수 있다는 주장에 근거하고 있다. 망중립성 법제화 요구는 인터넷 기술혁신과 인터넷 시장 상황의 변화를 반영하고 있다.

첫 번째 변화는 인터넷 규제기술의 변화이다. 인터넷 등장 초기에는 기술적 한계에 의하여 유통되는 모든 정보에 대한 차별적 접근과 규제가 불가능했다. 따라서 자동적으로 모든 정보에 대한 중립성이 유지되었다. 그러나 1990년대 후반부터 인터넷이 상업화됨에 따라 인터넷 서비스제공자(ISP)와 인터넷 콘텐츠제공자(ICP) 간의 이해관계가 달라지기 시작했다. 특히 "트래픽 규제"와 같은 인터넷 규제기술이 발전함에 따라 단지 수동적으로 인프라만을 제공하였던 인터넷서비스제공자의 기능과 역할이 인터넷 경찰의 역할을 할 수 있게 된 것이다.

두 번째 변화는 인터넷 콘텐츠의 급증으로 인한 망 과부하 문제의 등장이다. 동영상 스트리밍, 스마트TV등 인터넷 망의 확대와 정보 통신량의 급증은 정보 유통과정에서 극심한 트래픽 현상을 야기하였다. 이에 따라 네트워크를 통해 유통되는 콘텐츠가 늘어나고 데이터 이용량이 급증하면서 기존의 인프라를 증설해야 하는 문제가 발생하고 있다.

세 번째는 인터넷 콘텐츠의 확대와 동시에 인터넷 콘텐츠 제공자의 매출이 급증하면서 인터넷의 수익과 가치창출이 인터넷서비스 공급자에서 콘텐츠 공급자로 이전하는 경향이 뚜렷해지고 있다는 점이다. 이에 인터넷 서비스 제공자(ISP)가 규제기술을 활용하여 적극적인 트래픽 관리를 시작함에 따라 망중립성 논쟁이 시작되었다.

[참조문헌]

루스-슈워츠 코완. 2012. "미국기술의 사회사: 초기 아메리카에서 20세기 미국까지, 세상을 바꾼 기술들". 김명진 옮김. 궁리.

토마스 휴즈. 2017. "현대 미국의 기원: 발명과 기술적 열정의 한 세기 1870-1970". 김명진 옮김. 나남.

2 법은 어떻게 기술에 개입하나 2

법률이 기술에 개입하는 사례는 매우 많지만 한국에서 온라인 게임에 대한 개입은 특별히 강하다. 그런데 문제는 이 규제가 게임 회사에 대한 규제로 그치지 않고 모든 사람, 특히 이용자들에 대한 규제가 되고 있다는 것이다. 우리나라는 전통적으로 정보에 대한 규제가 강했었는데 온라인 게임의 기술적 특성과 만나면서 더욱 강한 위력을 발휘하고 있다[1]. 게임에 대한 가장 잘 알려진 규제는 게임 등급제도와 게임중독 규제가 있다. 여기서는 먼저 게임등급제도에 대해 다룰 것이다. 게임중독규제는 4-5장 "인터넷은 중독되나"에서 다룰 것이다.

등급분류 시스템

일반적으로 등급시스템은 크게 1) 등급분류 용어, 2) 등급분류 주체, 3) 등급전송 수단, 4) 내용선별로 이루어진다. 등급분류 용어는 일반적으로 연령별 표시형태를 취하기도 하고, "폭력", "상해"와 같은 정보표시 방식을 취할 수도 있다. 등급분류 주체는 게임 산업(제작자)일 수도 있고, 국가기구일 수도 있다. 등급전송 수단은 영화등급제처럼 극장 관리자와 관람객에게 공지될 수도 있고 패키지 게임처럼 포장지에 표시될 수도 있다. 내용 선별은 영화등급제처럼 출입금지 형태일 수도 있고 온라인 게임처럼 게임 제공 회사가 기계적으로 차단할 수도 있다.

이상에서 알 수 있듯이 등급 메커니즘은 해당 내용을 걸러내어서 이를 분류, 배치를 함으로써 사람들을 교육·훈련을 시킬 수 있고 원하는 방향으로 유도한다는 점에서 일종의 규율 메커니즘이다.

따라서 등급분류 시스템은 연령 등급을 표시하고 준수하는 정도의 '약한 규제'로 설계

1) 미국의 경우는 1912년 무선인가법 이래로 물리적 통신에 대한 규제는 하지만 정보서비스에 대한 규제는 하지 않고 있다. 정보에 대한 국가규제는 한국의 사회문화적 맥락과 관련이 깊다. 이 규제는 특히 표현의 자유와 창작의 자유에 큰 영향을 주고 있다.

되었지만 국가기구가 진행할 경우 매우 강한 규제로 작동한다.

게임 콘텐츠 유통 경로에 참여하는 모든 사람들은 이 메커니즘에 의해 분류된 연령등급에 따라 게임물을 이용하도록 지속적으로 학습된다. 물론 때때로 게임물의 분류가 적절하지 않게 된 경우에는 게임물을 재분류하여 새로이 분류된 등급에 따라 게임물을 이용하도록 시장 참여자들에게 재전달할 수 있다.

미국 사례, ESRB

현재 게임 등급심의 방식 중에 가장 알려진 시스템은 1994년에 시작된 미국의 ESRB (Entertainment Software Rating Board)이다. ESRB 등급시스템은 미국 게임 산업에 의해 운영되는 자율기구다. ESRB의 출범 배경에는 폭력적 묘사가 심한 격투 게임물 때문에 일어난 사회적 논란 때문이었다. 게임 업계에서는 사회적 소통을 시도할 필요성을 인지하고, 게임물의 내용에 따라서 연령별로 이용 가능한 기준을 자체적으로 표시하기 시작했고, 이것이 사회적으로 수용되었다.

ESRB의 등급분류는 EC(3세), E(6세), E10+(10세), T(13세), M(17세), AO(18세)로 구분된 6개의 연령 등급 형태로 제공되고, "만화적 폭력", "판타지적 폭력" 등의 내용기술어(Content Descriptor)로 보완한다. ESRB 초창기에는 게임에 대한 특별한 전문성을 갖지 않는 일반 소비자이면서, 게임 업계와 아무런 유대 관계도 갖고 있지 않은 사람들로서 인구비율에 따라 등급분류원 풀을 구성했었다. 최근에는 부모나 교사와 같이, 아동과 함께 지낸 경험을 가지고 있는 사람을 등급분류원으로 선발하고 있다. 등급분류원으로 선출된 사람들은 ESRB가 제공하는 적정한 훈련을 받아야 한다.

등급분류 신청서가 접수되면, 등급분류원들 중에서 3명이 배당되어 해당 게임물의 내용을 검토한다. 게임등급 분류에 배정된 등급분류원들은 대상 게임물을 한 프레임씩 검토하여 각자 자신들이 적당하다고 판단하는 연령등급수준과 내용기술어를 지정한다. 등급분류원들의 검토 작업이 끝나면, ESRB 담당 직원들이 그 결과를 검토하여 최종적인 등급을 부여한다.

기본적으로 게임의 등급분류 신청은 게임 회사의 선택사항이고, 등급분류 과정에서 판단의 준거는 게임회사가 제공하는 정보를 기반으로 한다. 게임 산업 차원에서 자율규제로 시행되기 때문에 강제사항은 아니지만 ESRB 등급 없이 게임을 출시하는 경우는 거의 없다.

등급분류와 내용선별 과정은 상호작용적·순환적으로 설계되어 있어서 게임회사와 소비자의 의사소통 경로를 형성한다. 특히 수 십 여개의 내용기술어를 표시함으로써 상호적 피드백을 잘 구현하고 있다. 내용기술어는 먼저 생산된 게임물을 유통하는 유통자에게 영향을 준다. 다음으로 유통자는 내용기술어를 읽어보면서 게임물을 어느 연령의 소비자들에게 판매해야 적절할 것인지를 알 수 있다. 최종적으로 소비자는 내용기술어를 보면서 자녀에게 적합한 내용인지를 구체적으로 판단할 수 있다.

ESRB 등급시스템에서 가장 중요한 것은 연령 등급과 내용 기술어를 제시하기만 하고 게임물에 대한 최종 판단은 소비자에게 맡긴다는 점이다. 소비자가 소비의 현장(시장) 또는 놀이의 현장에서 최종적인 판단을 한다. 이것은 최종 소비자에게 의사결정권을 부여하는 미국 문화적 특징이기도 하다. 따라서 그 선택으로 인한 책임도 소비자에게 있다. 제작자(산업)는 선택을 위한 정보를 제공하는 책임만 진다.

우리나라 등급 제도

우리나라에서 등급을 부여할 권한은 국가기관인, 게임물관리위원회(이하 위원회)에게 있다. 등급을 부여받지 못한 게임물은 시장에 유통될 수 없다. 일단 위원회에 의하여 등급이 부여되면, 게임제작자(회사)는 해당 등급에 맞도록 서비스를 해야 한다. 이것은 결과적으로 해당 게임의 시장 범위를 결정한다. 만약 15세 등급을 받았다면 그 게임은 15세 이하 연령에게는 판매할 수 없다. 전체 이용가 등급 게임에 비해서 소비자의 상당 부분을 잃게 된다.

게임물관리위원회는 음란하거나 사행성이 있어서 일반인에게 유통되면 안될 것으로 판단되는 경우 등급부여를 거부할 수도 있다. 이 또한 매우 강력한 위력을 가진다. 이 경우 게임 제작자는 자신의 게임을 유통시킬 수 없다. 그래서 게임 제작자는 사전에 게임물을 생산하는 단계에서부터 등급을 염두에 두고 자신의 게임 콘텐츠 대상 연령에 맞게 내용을 조정한다.

현재 게임 등급분류 시스템은 게임물을 6개의 내용정보(폭력, 음란, 사행, 범죄 및 약물, 공포, 언어)에 따라 4개의 연령등급(전체, 12세, 15세, 18세)으로 분류하고 있다. 우리나라에서도 자율 등급제 논의가 계속되어 왔고 그 결과 최근 모바일 게임의 경우 유통회사에게 등급 표시 권한을 위임하고 있다. 그러나 최종 관리 권한은 여전히 게임물관리위원회에게 있다.

등급구분	이용등급	설명
	전체이용가	누구나 이용할 수 있는 게임물
	12세 이용가	12세 미만은 이용할 수 없는 게임물
	15세이용가	15세 미만은 이용할 수 없는 게임물
	청소년이용불가	청소년은 이용할 수 없는 게임물
	시험용	시험용 게임물
	공익목적	시험용 게임물

"어떤 게임을 할 수 있나"를 국가가 결정

온라인 게임은 서비스 차원에서 인기가 있지만 사회적으로는 문제시되고 있다. 게임회사가 국가기관에게 강제적으로 등급분류를 받아야 하는 상황은 게임이 사회적 불신이 높다는 것을 상징적으로 보여준다. 그런데 의도하지는 않았지만 게임 산업을 규제하는 과정에서 최종 소비자의 의사결정권도 희생시키고 있다. 이 문제는 게임 등급 주체가 게임 산업이여야 하는지 국가기구여야 하는지에 관한 논쟁보다도 중요하다.

게임 등급이 부여되면 게임회사는 거의 자동적으로 게임 사용자들의 신원을 확인하고 해당 연령의 사용자에게만 게임을 제공하고 있다. 이 과정은 기계적 시스템 상에서 이루어지기 때문에 현실 공간 보다 더 강력한 집행력을 가진다. 만약 어떤 게임이 15세 등급이라면 14세 아동은 어떤 이유로도 이 게임을 할 수 없다. 그 아동의 부모가 그 게임을 허락할 수 있는 방법도 존재하지 않는다. 이것은 등급시스테므이 본래 취지에서 볼 때 상당의 의아한 것이다.

게임물관리위원회와 같은 특정한 기관에서 일괄적으로 결정한 등급이 게임회사만이 아니라 모든 사람에게 강제적으로 집행되는 것이다. 그 아동의 부모가 어떤 관점을 가지는지 그 아동이 어떤 지적 세계관을 가지는지는 고려되지 않는다. 이런 상황은 자신이 원하는 정보를 선택할 수 있어야 하는 권리에 대한 침해, 즉 기본권에 대한 침해로 해석될 수 있다.

사실 이런 상황은 우리의 영화등급에서 유래한 것이다. 영화등급 역시 영상물등급위원회라는 국가기관이 등급을 결정한다. 영화의 경우 15세 이하 등급의 경우 부모의 허락하에 입장할 수 있다. 그러나 18세 등급의 경우에는 부모가 허락하더라도 입장할 수 없다. 18세 등급 영화로 결정되면 부모라도 자녀가 그 영화를 볼 자격이 있는지를 판단할 수 없다고 법률로 규정하고 있는 것이다.

그런데 등급이라는 것은 그다지 완전한 것이 아니다. 어떤 등급을 모든 사람에게 표준적으로 그리고 일괄적으로 적용하는 일은 불가능하다. 사람들마다 성장 배경도 견해도 다르기 때문이다. 본래 등급 시스템의 취지도 사전 정보를 제공해서 해당 내용을 볼 것인지를 최종 결정하는데 도움을 주려는 취지에서 시작된 것이었다. 국가기관이 부여한 등급에 맞추어서 국민(시민)의 정보선택권을 배제하려는 목적이 아니다.

그런데 우리의 등급시스템은 국가기구만이 연령별 적정성을 판단할 자격이 있다고 전제하고 있다. 이로써 모든 국민의 정보 선택권을 제한하고 있다. 결과적으로 국민의 의사결정권한을 박탈하고 있다.

더욱이 문제는 이런 상황을 아무도 문제제기 하고 있지 않다는 것이다. 등급시스템은 게임 산업만이 아니라 모든 게임 사용자들과 그들의 부모에게 지속적인 학습 효과를 불러 일으키고 있다. 최종 소비자가 등급정보를 받아서 최종적으로 의사결정을 하지 않고 국가기구의 결정 내에서만 제한적인 선택만 할 수 있기 때문에, 그만큼 사람들은 게임 콘텐츠에 대한 비판 역량을 기를 수 없게 된다. 콘텐츠 비판역량은 교과서를 통해서 학습되기 보다는 콘텐츠를 수용하는 과정에서 생생하게 배울 수 있다. 우리의 등급제는 그럴 기회를 폐기하고 있다.

게임 셧다운제 시행

온라인 게임에 대한 규제는 최근 점점 더 강해지고 있다. 게임에 대한 의사결정을 점점 더 국가에게 위임하는 방향으로 나아가고 있다. 대표적으로 2011년 청소년보호법을 개정하여 심야 시간대에 청소년에게 게임 제공을 금지시켰다. 해당 법률의 취지는 "과도

한 인터넷 게임으로 인한 중독문제가 심각하게 대두되고 있으나, 가정 및 학교 등의 자율적인 노력만으로는 이에 대한 적절한 대처가 어려운 실정이므로 심야시간대에는 청소년에게 인터넷 게임을 제공할 수 없도록 하는 등 청소년의 인터넷게임 중독을 예방하려는 것"이라고 밝히고 있다.

청소년보호법 제26조 (심야시간대의 인터넷게임 제공시간 제한)

① 인터넷게임의 제공자는 16세 미만의 청소년에게 오전 0시부터 오전 6시까지 인터넷게임을 제공하여서는 아니 된다.

② 여성가족부장관은 문화체육관광부장관과 협의하여 제1항에 따른 심야시간대 인터넷게임의 제공시간 제한대상 게임물의 범위가 적절한지를 대통령령으로 정하는 바에 따라 2년마다 평가하여 개선 등의 조치를 하여야 한다.

③ 제2항에 따른 평가의 방법 및 절차 등에 필요한 사항은 「게임산업진흥에 관한 법률」에서 정하는 바에 따른다.

이것이 이른바 "인터넷 게임 셧다운제"라고 불리는 조항이다. 이를 위반할 경우 "2년 이하의 징역 또는 1천만원이하의 벌금"에 처해질 수 있다. 국가가 인터넷 게임이라는 특정 기술 서비스에 대하여 특정 시간동안 청소년의 접근을 제한하는 기술적 조치를 수행하도록 명령한 것이다.

이 조항에 의해서 해당 청소년은 어떠한 선택의 여지가 없이 심야 시간에 게임을 할 수 없다. 그리고 부모들에게도 선택의 여지가 없다. 부모의 허락에 관한 어떠한 규정도 없기 때문이다. 마치 모든 부모들이 이 조항에 예외없이 동의할 것이라고 전제하는 듯한 규정이다. 게임 회사는 이 규정에 따라서 기계적으로 청소년의 심야시간 게임을 차단했다. 16세이하 청소년은 밤 12시가 되는 순간 게임 서버로부터 '튕겨나가는' 경험을 하게 되었다. 그 때문에 이 법은 "신데렐라법'이라고 불리게 되었다. 이렇게 국가는 16세 이하 청소년과 그의 부모들에게서 심야시간 게임에 대한 결정권을 일괄적으로 회수해버렸다.

자녀와 대화할 필요가 없는 시스템으로

여성가족부 등 이 법안의 지지자들은 게임 이용에 관한 부모와 자녀 사이의 합의가 불가능하다고 주장하고 있다. 여성가족부는 "게임이용 시간에 대해 부모와 자녀 사이에 합의가 이루어지지 않는 경우 가정 내에서 예측할 수 없는 갈등이 발생할 우려가 높다"고 주장했다. 이런 이유로 여성가족부는 부모의 신청이 있을 경우에만 시간제한을 실시하는 '선택적 셧다운제'도 수용하지 않았다.

이와같은 태도는 한국 정부가 그동안 국민(시민)을 적절한 판단주체라고 간주하지 하지 않아왔던 역사적 관습과 관련이 있다. 현행 청소년보호법 상에서 '학부모'는 성인이더라도 완전한 판단주체가 아니라, 사실상 청소년과 마찬가지로 국가가 보호해야 할 대상으로 간주되고 있다.

구체적인 사례로는 청소년유해매체물 지정 또는 불법 콘텐츠 차단조치를 들 수 있다. 현재 특정 콘텐츠가 청소년에게 유해한지의 여부 그리고 음란물인지의 여부를 판단하는 최종적인 주체는 해당 표현물을 구독하는 자(소비자 또는 시민)가 아니라 국가기구(청소년보호위원회 또는 법원)에게 있다.

우리의 게임 규제의 최종목표는 부모의 자녀 지도를 돕기 위해서가 아니라 '청소년의 행동 금지'를 직접적인 목적으로 하고 있다. 그 목적을 위해서 완전한 의사결정의 주체여야 할 부모의 권한도 박탈하고 있다. 부모들은 힘들게 자녀와 협상하지 않아도 되는 이득을 얻었지만 반면에 자녀들이 즐기는 콘텐츠에 관해 함께 논의할 수 있는 기회도 잃게 되었다. 부모와 자녀 모두 콘텐츠 비판 능력을 학습할 수 없고 공동의 문화를 형성할 수도 없게 된다. 부모와 자녀가 문화 콘텐츠에 대해 함께 이야기하지 않아도 되기 때문이다.

규제가 기술을 만날 때

또한 온라인 게임 규제는 기술이 국가의 규제를 더 강한 것으로 만들 수 있다는 것도 확인해 주고 있다. 국가의 강제적 등급은 영화에서 보다 온라인 게임에서 더 강하게 집행되고 있다. 온라인 게임은 18세 등급만이 아니라 모든 연령등급이 강제적으로 집행되고 있고, 부모의 허락 여부와 관계없이 게임 회사는 연령 등급에 맞는 소비자에게만 게임을 제공하고 있다.

원천적으로 부모의 허락 여부를 확인하는 절차 자체를 고려하지 않았다. 영화관에서는 영화를 보기 위해서 부모와 자녀가 함께 입장하기 때문에 자연스런 확인이 가능하지만, 온라인 게임에서 부모의 승인여부를 확인하려면 별도의 시스템을 구축해야 한다. 그러나 법 규정 상 부모의 허락 여부는 간과되었다. 게임 회사도 그런 별도 시스템을 구축해야 할 필요를 느끼지 않았다.

이로써 게임 등급 준수 의무는 기계적으로 모든 사람에게 적용되었다. 결과적으로 오로지 국가기구만이 온라인 게임에 대한 완전한 판단 주체가 되었다. 부모는 자녀지도를 위해서 스스로 사유하고 의사결정하기 보다는 국가의 판단에 복종해야 할 뿐이다. 이런 상황은 일상적으로 학습되고 체화되며 우리의 콘텐츠 비판역량에 영향을 주고 있다. 이 문제는 표현의 자유에 대한 민감성을 떨어뜨릴 것이다.

시민의 비판역량 퇴화

일부 사람들은 부모의 자유로운 의사결정을 허락할 경우, '몰지각한' 부모들이 포르노 영화에 자녀를 동반할 우려가 있으므로 국가의 강제가 정당하다고 주장한다. 온라인 게임에 대해서도 비슷한 주장이 있다. 그런데 이런 주장은 부모도 아동과 마찬가지로 의사결정 능력이 없을 것이라고 간주하는 것과 같다. 이는 일반인들이 무지하여 판단 역량이 없다는 논리('결핍모델')로서 오래전부터 비판받아왔고 논리적으로 폐기된 주장이다.

한편 또 일부 전문가들은 18세 영화의 경우 부모가 영화표를 구매해 준 경우, 국가가 그런 부모를 처벌한 사례가 없기 때문에 18세 영화 관람에 대한 부모의 결정권을 사실상 허용하고 있다는 견해를 펴기도 한다. 이는 부모에게 법률상으로는 정당한 의사결정을 허용하지 않으면서, '뒷문 이용'을 허용하고 있으므로 큰 문제가 아니라고 보는 태도이다. 이는 정상적인 시민권의 발휘를 크게 방해하는 것이다. 그런 관점은 모두 시민의 의사결정 역량을 퇴행시키는데 기여하고 있다.

현행 등급제도와 청소년보호법은 부모가 자녀와 자발적 합의를 할 수 없다는 전제 위에서 작동하고 있다. 물론 모든 국민(시민)은 완벽하지 않다. 그러므로 그들은 도움이 필요하다. 부모의 부족함을 지원하려는 시도는 필요하지만, 그런 부족함을 이유로 부모의 역량을 더욱 부족하게 만드는 방식으로 규제를 설계하는 것을 경계해야 한다.

특히 그 방식이 국가시스템을 강화시키는 방향으로 흘러가는 것도 경계해야 한다. 국가시스템 역시 부모만큼이나 무능할 수 있기 때문이다. 때때로 합리화된 국가의 판단은 무능한 개인의 판단보다 오히려 더 위험했었다.

사회적 학습의 필요

이처럼 국가의 결정을 기준으로 사람들의 판단이 제한되는 일이 지속된다면, 국가에 의해서 사람들의 사유가 길들여질 위험이 있다. 특별히 악의적이지 않더라도 국가는 평균적인 행위값을 근거로 정책결정을 해야 하기 때문에 사람들의 생동하는 다양성을 해칠 가능성이 있다. 그렇기 때문에 국가에 대한 위임은 사람들의 판단을 지원하는 범위로 제한되어야 한다.

또한 우리는 모든 청소년들이 표준적이지 않다는 것도 인정해야 한다. 태어난 시간을 기준으로 동일한 지적 수준을 가질 것이라고 생각하는 것만큼 이상한 일이 어디있을까? 기계가 아니라면 그런 일은 존재할 수 없을 것이다.

정보 기술 시대에 사람들은, 부모이건 자녀이건 모두 매번 새로운 기술적 환경 아래에 놓이게 될 것이다. 그들은 새로운 상황에 맞게 그때 그때 의사결정을 수행해야 한다. 국가는 일상적이고도 즉각적이어야 할, 매 번의 의사결정을 대신해 줄 수 없다. 정보 기술 환경 안에서 일상적인 삶을 살아야 하는 우리는 역동적인 의사결정의 행위자로 인정되어야 한다. 국가는 국민(시민)의 온전한 의사결정 지위를 승인하는 전제 위에서 부모의 판단을 지원하고 보조하는 지위로 자신의 임무를 재설정해야 한다. 규제완화는 단지 산업 활성화 차원만이 아니라, 국민의 기본권을 지원하는 차원에서도 깊은 통찰이 필요하다.

새로운 기술시대는 더욱 표준적이지 않은 상황을 만들어 낼 것이다. 우리는 불확실한 환경에 직면하여 그때그때 적절한 선택 경로를 생성해가야 한다. 국가의 의사결정에 의존하는 메커니즘에서 벗어나서 스스로 문제를 발견하고, 해결책을 찾고 협력자를 구하는 학습을 할 수 있어야 한다. 이런 학습은 교과서만으로 수행될 수 없다. 사회적 차원에서 학습이 가능하도록 기술 규제 전반에 대한 재고가 필요하다.

[참고문헌]

김지연. 2013. 게임 거버넌스에 관한 논고: 푸코의 통치성 개념으로 바라본 게임등급시스템. Journal of Korea Game Society 13(2):143-154.

김지연. 2014. 인터넷게임 중독논쟁의 기술사회적 함의. Journal of Korea Game Society 14(1): 81-92.

3 법률상 '기술적 조치'란 무엇인가

이 내용은 저자가 2000년 중반 인터넷 산업에서 정책업무를 수행할 때의 경험을 토대로 작성하였다. 당시 인터넷 서비스가 대중적으로 확산되면서 인터넷 관련 사회적 논쟁이 많았다. 저작권 논쟁은 그 중 하나였다. 여기서는 특히 저작물을 보호하는 '기술적 조치' 개념을 두고 벌어졌던 여러 해석과 논쟁에 대해서 알아본다. 인터넷 기술이 사회적 의제가 되고, 논쟁을 거쳐 '종결'되는 과정은 기술의 사회적 구성을 잘 보여준다. 제4차 산업혁명이라고 일컫어지는 지금 되돌아보면 도움이 될 것이다.

인터넷에서 음악 저작권 문제

인터넷 기술이 일반화되면서 다수의 사람들이 음악 등 여러 콘텐츠를 공유하기 시작하자, 저작권 관련 단체들은 네이버 등 인터넷 회사들에게 저작물 공유를 근본적으로 방지해달라고 요구했다. 불협화음 끝에 2005년 음악저작권 신탁 3단체 및 저작권보호센터와 한국인터넷기업협회 및 15개 기업이 참여하는 양해각서를 체결했다. 양 측의 견해가 상이하여 양해각서 합의가 무산될 수도 있었는데, 문화관광부의 적극적인 중재로 체결되었다.

원래 신탁단체들은 이용자들의 음원사용에 대해서 인터넷 기업들이 포괄적으로 저작권 비용을 지불하는 방식을 요청했었다. 그러나 그러한 합의는 진행되기 어려웠다. 누구도 그런 의사결정을 할만한 위치에 있지 않았고 산업계 거버넌스 역량도 아직 형성되지 않았었다. 게다가 저작권 관계자들은 너무 다양해서 누구와 협상해야 하는지도 불분명했다. 당시 저작권료 청구 및 배분시스템은 불투명하다는 평가를 받고 있었다.

참여자들은 가장 낮은 수준의 협력부터 시작하자는 취지에서 양해각서 조항을 만들면서, 기본적인 협력 항목을 만들었다. 주요 내용은 아래와 같다.[2]

1. 양해각서에 참여한 단체와 기업은 저작(인접)권 처리 및 사용요율 사전 협의 등에 대한 협상 대상자로 권리를 가진다.
2. 음악저작물 관련 분쟁이 발생될 경우 상호 신뢰를 기반으로 운영회의에서 우선 협의한다.
3. 참여업체에게 음악저작물(스트리밍, 다운로드, BGM 등) 사용계약을 우선적으로 체결하여 신속한 서비스가 가능하도록 한다.
4. 저작권 침해 구제를 위하여 저작권단체의 별도의 소명자료 없이 URL 등 침해 저작물의 위치를 통보할 경우 해당업체는 침해저작물 유통을 지체 없이 중단한다.
5. 저작권단체의 침해정지 통보 등의 조치는 저작권보호센터와 연계하여 처리할 수 있다.

이 합의는 분쟁 상태의 이해당사자 그룹이 자발적으로 상호적인 협력 규칙을 만들었다는 점에서 의미가 있었다. 이 합의로 저작권 단체는 법률이 정하는 절차 중에서 "권리자 소명자료" 제출요건을 생략하고 저작권센터와 인터넷 기업 간 핫라인을 통해 신속한 구제(해당 콘텐츠 차단)를 받을 수 있게 되었다.

이를 통해서 인터넷 기업은 저작권자들에게 신뢰를 얻을 수 있었고, 신탁 단체들도 소속 저작자들에게 안정감을 줄 수 있었다. 또한 저작권 분쟁 사안을 상호 우선 협의하게 됨으로서 그동안 빈발했던 법적 분쟁을 줄이는데 기여했다. 이 양해각서 상의 저작권 신탁단체의 소명절차 간소화 조항은 이후 저작권법 안으로 포함되었다.

이를 계기로 저작권 신탁단체는 보유하고 있는 음원에 대한 이용을 참여 인터넷 기업에게 허락하였고 그동안 음원 라이센스 과정에서 발생했던 오해를 해소하고 불필요한 거래비용을 절약하는 효과를 얻었다. 정기적으로 운영회의를 개최해서 상호적 이해 증진도 도모했다. 이 방식은 이후 다른 저작권 관련 문제 해결의 모델이 되었다.

그리고 그동안 저작권 단체와 관련 정부기관의 저작권 단속으로 이용자들의 불안감이 높았는데, 단속활동을 줄일 수 있게 되었다. 저작권 단체와 인터넷 기업 그리고 문화부가 함께 안정적인 이용을 권장하는 저작권보호 캠페인도 수행했다. 문화부는 친근한 캠페인을 위해서 만화작가들을 연계해주었고, 그 덕분에 이용자 참여가 높았다.

---

2) 양해각서 제안은 인터넷기업협회에서 했고, 초안 작업은 한국음악저작권협회에서 작성했고, '분쟁 시 사전조정' 조항은 도학선차장(다음커뮤니케이션)이 제안했다. '저작권단체의 소명자료 생략' 조항은 인터넷기업협회가 제안했다.

저작권법 104조, 특수한 유형의 온라인서비스제공자의 기술적 조치

한편 국회에는 저작권 보호를 위해 온라인서비스제공자(OSP)의 법적 의무를 강화하는 입법안이 발의되었다. 우상호의원은 저작권법 개정안(2005.10.31)을 내고 "특수한 유형의 온라인서비스제공자는 그 상호간에 저작물 등이 불법적으로 복제·전송되는 것을 방지하기 위하여 기술적 보호조치를 하여야 한다"는 의무 규정을 신설하고자 했다.

인터넷 기업들은 다시 혼란에 빠졌다. 저작권법 상의 온라인서비스제공자 책임제한 조항과 상충하는 것이었기 때문이었다. 온라인서비스제공자는 저작물을 직접 전송한 자가 아니기 때문에 저작권자의 요청에 따라 저작물 침해 처리를 지원한다면 직접 책임에서는 제외되어 왔다. 이를 안전한 항구, 세이프하버(Safe harbor) 원칙이라고 한다.

그런데 저작권 단체는 일일이 침해 저작물을 찾아서 온라인서비스제공자에게 신고를 하고, 그것이 처리되기를 기다리는 과정이 수고롭다고 생각하기 시작했다. 인터넷 상에 올라오는 자료의 양이 매우 많기 때문이다. 그래서 침해 저작물을 모니터링하거나, 저작물 침해 당사자를 처벌하기 보다는 유통을 담당하는 온라인서비스제공자가 침해 저작물을 알아서 차단해주기를 원했다. 즉 온라인서비스제공자에게 '문지기(gatekeeper)' 역할을 하게 하자는 것이었다.

문 앞에서 문지기가 지나가는 사람과 물건을 지켜보다가 문제가 되는 사람이나 물건을 골라낸다면 가장 편의적인 방법이 될 것이었다. 그런데 인터넷 검색엔진 등 온라인서비스제공자는 콘텐츠에 대해서는 '중립적인 태도(또는 무관심한 태도)'를 유지해왔었다. 통로의 역할을 하는 인터넷 망이나 서비스 제공자는 그 통로를 경유하는 정보(콘텐츠)에 대해서는 관여하지 않는다는 것이 인터넷의 관행이었다. 인터넷 문화에서 정보(콘텐츠)는 최종 사용자의 손에 달려 있었다. 그것이 바로 인터넷이 다른 미디어와 달리 다수 사용자들의 열광을 불러일으켰던 배경이기도 했다. 이것을 흔히 "망중립성"이라고 한다.[3-1장 참조] 그런 만큼 인터넷 콘텐츠에 대한 "온라인서비스제공자의 기술적 조치"란 그 자체로 인터넷의 작동방식을 부정하는 것이 될 수 있었다.

용어의 정의

우선 특수한 유형이나 기술적 조치라는 개념의 정의 문제부터 합의에 이르기 어려웠다. '특수한 유형'이란 무엇을 의미하는지를 정의하기 위해서 많은 회의가 계속되었지만

쉽게 결론이 나지 않았다. 마치 여러 연관사회집단의 해석적 유연성을 전시하는 것과 같았다. [1-2 참조]

입법 제안자였던 우상호 의원은 특수한 유형이란 'P2P(Peer-to-Peer)'를 지칭하는 것이라고 주장했으며, 저작권 단체들은 '웹하드 서비스'도 포함한다고 주장했다. 그런데, 서비스 명칭은 달라보이지만, 기술적 측면에서 P2P나 웹하드 서비스는 네이버와 같은 다른 인터넷 게시판 서비스와 크게 다르지 않았다. 근본적으로 P2P나 웹하드를 다른 인터넷 서비스와 분리하기 어려웠다.

다음으로 '기술적 보호 조치'가 무엇을 의미하는지에 대해서도 저마다 해석이 달랐다. 당시 우상호의원은 기술적 보호 조치란 '필터링 조치(Filtering)'라고 말했고, 저작권자 단체 견해를 대변했던 저작권법 전문가 이대희 교수는 'DRM(디지털 권리관리, Digital Rights Management)'이라고 해석했다.

저작권법 상 '기술적 보호 조치'라는 용어 정의가 존재했는데, 그 조항이 DRM을 의미했기 때문이다. 그런데 DRM의 적용 주체는 저작권자였다. 저작권자가 수행 주체여야 하는 행위를 제3자에게 의무화한다는 것은 법 체계상의 모순이었다.

이후 저작권법 전면개정 과정에서 문화관광부는 '기술적 보호 조치'를 '기술적 조치'로 용어를 변경하고, 이를 필터링 기술을 의미한다고 재해석했다. 1년 여에 걸친 긴 논쟁 끝에 이 조항을 포함한 저작권법 전면개정안이 국회를 통과했다.

> 저작권법 제104조(특수한 유형의 온라인 서비스제공자의 의무 등) ①다른 사람들 상호간에 컴퓨터 등을 이용하여 저작물 등을 전송하도록 하는 것을 주된 목적으로 하는 온라인서비스제공자(이하 "특수한 유형의 온라인서비스제공자"라 한다)는 권리자의 요청이 있는 경우 당해 저작물등의 불법적인 전송을 차단하는 기술적인 조치 등 필요한 조치를 하여야 한다. 이 경우 권리자의 요청 및 필요한 조치에 관한 사항은 대통령령으로 정한다. [제136조(권리의 침해죄) 3년 이하의 징역 또는 3천만원 이하의 벌금] (2006. 12)

그러나 이 조항을 둘러싼 혼란이 종결된 것은 아니었다. 관련 시행령과 시행규칙 그리고 과태료 부과세칙 제정과정에서 본 법조항이 가지고 있는 문제가 다시 발생했다. "104조의 의무대상자 범위가 어디까지 인가?"라는 문제와 과연 "기술적 조치란 무엇을 의미하는가?"라는 문제가 여전히 논란이 되었다.

누구도 그것을 분명하게 확정할 수 없었다. 시행령 과정에서 P2P 서비스와 웹하드 서비스가 모두 해당된다고 지목되었고, 인터넷 기업들은 그런 표현은 모호하다며 항의했다.

결국 구체적인 해당 업체명 목록을 매년 고시하는 것으로 협의되었다.

기술적 조치, 필터링

특수한 유형의 온라인 서비스 회사가 취해야 할 '기술적 조치의 내용이 무엇인가'라는 문제는 점점 더 복잡해졌다. 문화관광부는 기술적 조치를 '필터링'이라고 다시 한 번 확인해야 했다. 필터링 기술은 일반적으로 음란물 또는 스팸을 차단하는 기술이었다. 필터링 시스템은 "라벨링 과정(labeling)"과 "선별차단 과정(filtering)"으로 구성된다. 필터링 시스템의 작동원리는 등급시스템과 동일하다. 선행적으로 라벨링을 하고 나서야 선별 차단이 가능하다. 음란물은 사법적 판례와 정부기관의 판정을 근거로 특정되며, 스팸은 개인적 취향에 따라 개별 이용자의 컴퓨터 상에서 설정된다.

그런데 저작물의 불법성 여부는 오직 저작권자만이 판단할 수 있다는 특성이 있다. 저작권자는 자신의 저작물에 대해서 일정기간 동안 독점적 권리를 가진다. 여기서 독점적 권리란, 저작물에 대한 완전한 통제권을 의미한다. 때로는 비용과 관계없이 판매하지 않기로 작정할 수도 있고, 때로는 자신의 허락 없이도 누구나 널리 유통시켜주기를 바랄 수도 있다.

게다가 그런 결정이 시간이 지남에 따라 변경될 수도 있다. 문제는 해당 저작물에 대해서 저작권자가 어떤 의사를 가지는지 제3자는 제 때 알 수 없다는 것이다. 따라서 현실적으로 제3자는 저작물에 대한 기준을 설정할 수 없다. '저작물에 대한 제3자의 필터링'이란 저자권자의 허락(라벨링) 과정 없이 선별 차단을 수행하는 것과 같다.

논란 끝에 저작권법 시행령 46조에 특수한 유형의 온라인서비스제공자에게 다음 각 호에 해당하는 조치를 모두 취해야 하는 것으로 결정했다.

1. 저작물등의 제호 등과 특징을 비교하여 저작물등을 인식할 수 있는 기술적인 조치
2. 제1호에 따라 인지한 저작물등의 불법적인 송신을 차단하기 위한 검색제한 조치 및 송신제한 조치
3. 해당 저작물등의 불법적인 전송자를 확인할 수 있는 경우에는 그 저작물등의 전송자에게 저작권침해금지 등을 요청하는 경고문구의 발송

온라인서비스제공자는 저작권자가 우선 저작물에 인식 가능한 식별장치를 해야만 침

해 저작물을 인식하고 차단하는 조치를 할 수 있다며 항의했다. 1항의 "특징을 비교"하라는 주문 역시 논란을 일으켰다. 저작물 자체에는 아무런 인식 표지가 없는데, 제3자가 저작물의 특징을 비교하여 차단 조치를 하라는 것은 어려운 일이기도 했다. 사실상 모니터링(monitering)을 하라는 명령이었기 때문이다.

인터넷 문화에서 인터넷 기업에게 모니터링이란 금기 행위에 해당했다. 사용자들이 어떤 내용을 게시했는지를 검열하는 행위에 해당하기 때문이다. 인터넷이 표현의 자유를 옹호해 줄 것이라는 모든 인터넷 사용자들의 기대에 반하는 것이었다. 또한 모니터링을 한다는 것은 인터넷 서비스 회사가 자신의 사용자를 규율한다는 것을 의미했다. 당시 인터넷 회사 사람들과 사용자 집단은 가족 유사성을 가지고 있었다. 인터넷 사용자 집단 중에서 일부가 인터넷 회사를 창업하거나 그 회사에 취업했다. 그래서 인터넷 회사 사람들과 사용자 집단은 인터넷 정신을 공히 흠모하고 있었다. 그들에게 모니터링과 검열은 인터넷 정신에 반하는 것이었다.

차선책으로 인터넷 기업은 이를 보완하기 위해 저작권자가 인터넷 회사에게 기술적 조치를 요청할 때, 해당저작물의 디지털 원본을 함께 제출하게 하자는 요청을 했다. 그러나 수용되지 않았다. 문화관광부는 당시 필터링 소프트웨어 업체의 견해를 청취했었는데, 그들은 원본 없이도 특징 비교와 필터링이 가능하다고 증언했다. 이로서 기술적 조치는 '저작권자의 판단'이 아니라 '기계의 판단'에 위임되는 결과가 되었다.

과태료 세칙: 104조에 대한 해석의 진화

2007년 12월, 문화관광부는 저작권법 104조 위반행위를 단속하고자, 과태료 부과세칙을 발표했다. 보통 시행세칙은 규제대상자들에게 규제내용을 구체적으로 제시해주고자 제정된다. 이 세칙을 통해서, 문화관광부는 해당 저작물을 100% 차단해야 기술적 조치를 이행한 것이라고 규정했다. 다시 인터넷 회사들은 흥분했다.

이전의 많은 논란 끝에 '특수한 유형의 온라인서비스제공자'였던 P2P 회사들은 자사의 서비스에 필터링 소프트웨어를 장착했고 그것으로 법적 의무를 이행하는 것으로 이해하고 있었다. 이미 필터링 소프트웨어의 구체적인 형태까지 저작권 단체들과 조율하고 있었다. 그 때까지의 논점은 필터링 시스템을 채택할 것인가 말 것인가의 문제였다. 필터링이 얼마나 완벽해야 하느냐는 문제는 논의의 대상이 아니었다.

그런데 새로 제정된 과태료 부과세칙에 따르면, 저작물의 다운로드를 검수하여 차단

여부를 백분율로 통계를 낸 후, 이를 기준으로 차등적으로 과태료를 부과하는 방식이다. '100% 필터링'이라는 달성하기 매우 어려운 것이었다. 기계가 파일들을 비교해서 패턴을 추출하고 그 일치성을 판정할 때 언제나 '오류'가 포함된다. 그런 오류는 기술적 차원에서 발생할 수 있고 사회적 차원에서 발생할 수도 있다. 기술적 차원에서 유사성 검증에는 항상 1종 오류와 2종 오류가 존재한다.[1]

그렇다면 P2P 회사들은 100%에 근접하기 위해서 2종 오류(저작권위반물인데 통과)를 줄여야 한다. 그러려면 1종 오류(저작권 위반이 아닌데 차단)를 감수하는 방향으로 움직여야 할 것이다. 100% 차단율을 완수하려면 해당 회사는 120~130%를 추가 차단(over blacking)을 해야 한다. 그렇게 되면 저작물 위반을 차단할 가능성은 높아지지만 아무 관련이 없는 일반적인 사용자의 정보를 차단할 가능성도 동시에 높아지게 된다.

기술에 대한 통제가능성

문화관광부 과태료 세칙의 '100% 필터링' 규칙은 기술에 대한 맹목적인 의존현상, 기술주의였다. 기술적 조치가 사회적 문제(저작권 분쟁)를 완전히 해소할 수 있다고 확신하는 것이다. 그것은 사실상 준수 불가능한 명령이었다. 그러나 그것이 불가능하다는 것을 설득하는 것은 불가능해 보였다. 문화관광부는 자신의 관할지 내 이해당사자들인, 저작권 단체의 요구에 부응해야 했다. 저작권 단체들은 인터넷 기술을 통제할 수 없다고 느꼈고, 보다 강한 규제를 요청했다. 인터넷 기업은 저작권 단체들에게 인터넷이 어느 정도 통제가능하다는 것을 보여줌으로써 저작권자들을 진정시켜야 했다.

저작권 보호센터의 차단율 검수과정은 불투명했다. 부분적으로 언급된 검수방식은 의무대상 회사들을 당혹스럽게 했다. 차단율 검수를 위임받은 저작권보호센터는 특정 저작물의 제호는 물론이고 그 제호의 변형 키워드를 5개까지 임의로 만들어서 한 가지 키워드라도 검색될 경우 미차단 상태로 판단하겠다고 예고했다. 저작권보호센터가 개별 회사의 저작물 이용허락 여부를 구체적으로 파악하지 않은 채, 무작위 검수를 진행하여 차단하지 않아도 되는 저작물까지 미차단 상태로 산정하는 사례도 있었다.

1) 1종오류는 실제로 음성인것은 양성으로 판정한 것을 말한다. 2종오류는 실제로는 양성인것을 음성으로 판정하는 것이다.

저작권자의 이해, 보상체계

저작권법 104조 기술적 조치에 대한 논쟁의 종결지점은 저작물에 대한 보상 체계 구축이었다. 일반적으로 대부분의 저작권자들은 이러한 보상을 필요로 한다. 인터넷 기술이 더욱 대중적 서비스가 되고 있다는 것을 인식하기 시작하면서, 저작권 단체의 관심은 서서히 보상 체계 구축으로 이동했다.

일부 저작권 단체는 필터링 체계를 과금 체계로 활용하고자 했다. 이용자가 저작물을 다운받고자 할 때, 요금 청구 화면을 보여주고 이에 동의하게 되면 과금 절차가 진행되어 저작권자와 인터넷 회사가 배분하는 방식이다. 저작권자에게 적절한 보상체계를 제공하는 것은 사회적으로 승인된 정당한 것이었다.

그동안의 논쟁을 통해서 과금 체계를 위한 논의가 진전될 필요가 있다는데 어느 정도 동의가 형성되었다. P2P 회사와 저작권자들이 합의를 거쳐 과금 방식을 정하기 시작했다. 저작권 이용허락을 일일이 받는 대신에 비용을 지불하기만 하면 합법적인 이용이 가능하므로 사용자에게도 안전망 역할을 할 수 있다.

저작권법과 인터넷 기술

인터넷 기술이 처음 등장했을 때 저작권법은 위태로웠다. 저작권 규제가 인터넷 등장 이전의 저작물 유통 방식에 적합한 형태였기 때문이다. 마치 저작권이 인터넷 기술에 의해 곧 붕괴될 것처럼 보였다. 누구나 음악이나 영화를 인터넷에 업로드할 수 있었고 다운로드 받을 수 있었다. 인터넷은 모든 사용자들에게 '무한한 자유'를 주는 듯했다.

그런데 저작권 단체들의 반격이 있었다. 저작권 단체들의 압력으로 정부기관이 움직였고 법률이 개정되었다. 개정된 법률조항은 역으로 인터넷 기술을 변형시켰다. 결국 거의 모든 인터넷 회사들은 사실상 검열에 가까운 모니터링을 수행하게 되었다. 기술은 연관사회집단 사이의 충돌에 의해서 발전 경로가 언제든지 재구성될 수 있음을 다시 한 번 확인해주었다. 특정한 법조항이 기술에 내장되는 순간 그 법조항은 예상하지 못한 위력을 발휘하며 기술을 변형시킬 수 있다.

인터넷 기술이 모니터링을 수행하자 인터넷은 현실 세계보다 더 강한 감시가 가능한 공간이 되었다. 현실 세계에서 행동은 그 순간 휘발되어 버리지만 인터넷 상에서는 데이터로 남기 때문에 저작물 유통행위가 발견될 가능성이 높아진다. 저작권법 이외에도 청소년보호법의 유해매체물 제도와 게임산업법의 게임등급 제도 역시 인터넷 기술과 결합하면서 이전보다 더 강력한 집행력을 발휘하고 있다. 인터넷 공간은 이제 자유의 공간이 아니라 '감시의 공간'으로 변이했다. 그 결과 사람들은 검열과 감시를 의식하게 되고 규칙을 내면화하면 더 유순한 주체가 될 것이다.

최근 일베와 워마드 커뮤니티처럼 비윤리적으로 자신의 견해를 표출하는 집단이 생겼지만, 이것은 표현의 자유가 신장되었다는 증거가 아니다. 오히려 그 반대다. 표현의 자유가 없기 때문에 그들은 자연스러운 의사소통을 학습하지 못했고, 대신 집단 속에서 파괴적 발언을 일삼는다. 균형점을 재조정하기 위해서라도 우리는 조금 더 표현의 자유를 주장해도 좋을 것이다.

4 우리는 어떻게 데이터가 되나

근대 사회에서 "주체(subjcet)" 또는 "자아 정체성(self-identity)"은 중요한 개념이다. 뮤지컬 〈레미제블〉에서 장발장은 "나는 누구인가(Who am I)"라는 노래를 부른다. 그는 성공한 사업가이면서 시장이기도 하지만, 도망친 가석방 죄수이기도 하다.

근대 권력은 정신의학의 주체 개념을 사회 통치에 효과적으로 적용했다. 프로이트(S. Freud)와 라캉(J. Lacan)에 의하면, 주체란 본래적으로 주어진 것이 아니다. 주체는 "타자(Others)"에게 매혹되어 타자의 대상이 되기를 스스로 원하기 때문에 출현한다. 근대 시민에게 있어서 근대 권력과 과학은 복종하고 싶을 정도로 매혹적인 타자였다. 주체란 역설적이게도 타자의 시점에서 세계를 관찰하는 자이다. 자기 자신을 관찰할 때조차도 마찬가지 원리가 적용된다. 주체는 타자의 시점으로 자기 자신을 관찰하고 평가한다는 점에서 자기 자신을 스스로 대상화한 자들이다.

근대 권력과 시민 정체성

근대권력은 자신의 통치대상을 잘 파악할수록 더 효과적으로 통치할 수 있다는 것을 잘 알고 있다[1-5장 참고]. 그래서 근대권력은 자신의 통치대상들을 개별적인 사물(개인 단위)로 식별하고자 했는데, 과학기술은 적합한 방법을 제공했다.

모든 개인과 사물들은 국가 권력에 의해서 식별 지표들로 명명된다. 지표는 그 자체로 근대 시민들에게 규율을 부여할 수 있다. 지표를 처리함으로써 정상과 비정상 범주가 형성되는데, 시민들은 그 기준에 따라 정상인이 되기를 요구받는다. 이 점에서 근대 시민의 정체성은 통치적 조작의 대상이며, 근대 권력의 생산물이다.

그렇게 근대 시민은 근대 권력에 의해 '대상화된 주체'다. 그렇다고 해서 그들이 언제나 수동적인 통치대상이라는 의미는 아니다. 그 주체가 타자(근대법 등)에게 매혹되기를 갈망해야만 가능하기 때문이다. 그리고 그들은 실천의 차원에서 그로 인한 최종적인 부담-

이득이거나 손실-을 감당하는 자들이다. 주체는 그 부담을 계속 감수할 수도 있고 언젠가는 그 부담을 더 이상 승인하지 않기로 할 수도 있다.

따라서 근대 시민(주체)의 정체성은 본래적으로 주어진 것도 아니고 '소유'할 수 있는 것도 아니다. 그것은 그가 받아들인 타자의 질서 형식 안에서 구성되어 재현되는 것이다. 게다가 그 형식 내에서의 관계는 고정적이거나 확정적이지도 않다. 주어진 형식의 격자망 안에서 다른 개별들과의 상대적 관계에 의존하므로 주체의 자리는 매 순간 변조된다.

정보사회에서 우리의 정체성

근대 시민 정체성 개념을 정보사회에 적용하면, 우리의 새로운 정체성은 먼저 정보 기술에 의해서 '대상화'되어야 한다. 정보 기술은 우리에 대한 데이터를 수집함으로써 작동한다. 우리에 관한 데이터의 상당 부분은 생물학적인 성격을 가진다. 주민등록 시스템에서부터 의료기록, 그리고 유전자 정보에 이르기까지 매우 폭넓다. 특히 유전자 정보는 데이터로서 매력적인 가치가 있다. 상당히 안정적으로 해당 개인을 지시하기 때문이다.

'생명윤리 및 안전에 관한 법률(이하 생명윤리법)'에 따르면 유전자 검사란 "인체유래물로부터 유전정보를 얻는 행위로서 개인의 식별 또는 질병의 예방, 진단, 치료 등을 위하여 하는 검사"를 말한다. 최근 유전자 검사를 통해 개인의 형질과 특성 그리고 가계 정보를 제공하는 회사들이 다수 등장하여 소비자 시장을 형성하고 있다. 미국의 23&me와 같은 회사들은 유전자 정보에 접근하는 것은 '좋은 일'이고, 자신의 유전자 정보는 자신이 통제해야 한다는 자유주의적이고 권리-기반적 접근을 고무하고 있다.

한편 유전자 검사는 사법적 증거로도 활용되고 있다. 범죄수사를 위한 DNA 프로파일링 기법이 널리 확산되고 있으며, 영국의 NDNAD(National DNA Database, 1995)와 미국의 CODIS(Combined DNA Index System, 1998)가 대표적이다. 한국에서도 2010년 "디엔에이 신원확인정보의 이용 및 보호에 관한 법률(이하 DNA법)"에 의해 '강력범죄자의 DNA 정보'를 데이터베이스화하고 있다.

유전자 기술로 대상화 되는 우리

2003년 생물학 분야에서 다국적 거대과학 프로젝트인 인간유전체사업(Human Genome Project)을 통하여 사람의 전체 유전체 서열이 알려졌다. 그 후속 연구작업은 인간 개인의 신체적 형질 차이가 그들의 유전자 변이형과 어떤 관계를 갖는지를 파악하는 것이었다. 예를 들어서 눈동자 색깔에 영향을 주는 유전자, 당뇨병에 영향을 주는 유전자 등과 같이 특정 형질과 특정 유전자 사이의 상관관계를 발견하는 일이다.

만약 어떤 유전자가 어떤 신체적 형질과 관련이 있는지를 알게 되면, 유전자를 완전히 통제할 수 있을 것이다. 그러나 그 일은 그다지 쉽지 않을 뿐만 아니라, 그 동안의 유전자 연구의 경험은 오히려 결코 완벽하게 유전자를 이해하지 못할 수 있음을 확인해 주었다.

유전자는 선천적이기도 하지만 환경의 영향을 받아 변이할 수 있다. 후성유전학이 이와 관련한 많은 연구를 내놓았다. 그리고 하나의 유전자가 하나의 형질과 연결되는 것이 아니라, 여러 유전자가 하나의 형질에 영향을 줄 수도 있다. 이런 복합형질의 경우, 해당 유전자 변이형을 모두 확인하더라도 그 형질이 나타날 지를 확실하게 예상하기 어렵다.

인구 집단을 대상으로 유전적 특성, 환경 요인, 생활 습관 등을 종합적으로 분석하여 개인이 지니는 유전자 변이와 여러 환경 요인이 갖는 상관관계를 분석하는 작업도 진행되었다. 이를 통해 많은 수의 유전자가 서로 서로, 그리고 지속적으로 환경과 상호작용을 하며 유전자 변이를 일으킨다는 것을 확인하게 되었다.

각 변이형의 조합에 따라 다른 영향이 나타날 수도 있고 또한 개개인이 살고 있는 환경과 생활 습관의 영향에 따라서도 매우 광범위한 변화가 발생할 수 있다. 이상과 같은 사실은 유전자로 표시되는 지표들이 우리의 기대만큼 완벽하지 않다는 것이다. 그럼에도 불구하고 우리는 유전자 기술에 의해서 대상화되기를 마다하지 않고 있다. 우리는 유전자 기술에 의해서 데이터화되어가고 있는 중이다. 우리는 유전자 기술을 깊이 신뢰하며 우리 자신에 대해서 유전자 수준으로 이해하기를 원하고 있다.

상업적 유전자 검사

최근 미국 등에서는 상업적 유전자 검사가 확산중이다. 상당히 예측하기 어려운 질병에 대한 유전자 검사도 포함하고 있다. 전장 유전체 연관분석(GWAS, Genome Wide Association Study) 연구는 다양한 복합형질 유전자를 탐색하는 기법이다. 그러나 앞서 언급했듯이 GWAS 결과가 곧 해당 형질의 발현에 영향을 주는 유전자를 직접적으로 알려주는 것은 아니다. 유전자 검사 방법에 대해 약간의 이해가 필요하다.

예를 들어 관상동맥질환(CAD, coronary artery disease)은 만성적인 퇴행성 질병이다.

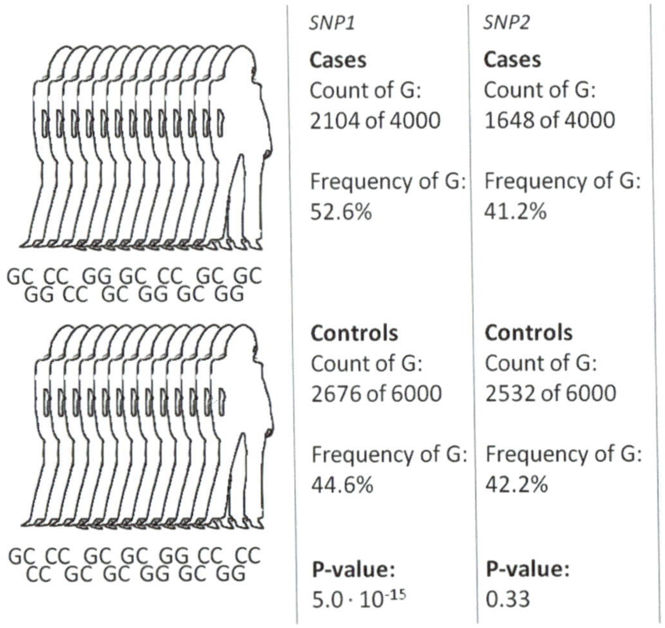

[그림 3-4] 환자-대조군 GWAS 연구 방법론의 예시. 관상성동맥질환 연구에서 나온 G-대립유전자의 수를 보여주고 있다. (자료출전: WIKIPEDIA)

이 질병은 발병원인을 찾기가 어렵고, 임상적으로는 증상이 없는 경우도 있고, 주로 협심증이나 심근경색으로 출현한다. 위 그림은 GWAS 분석방법론으로 관상동맥질환 환자를 판별하는 장면 중 하나이다. 이 환자들은 대조군보다 특정 위치(SNP, Single Nucleotide Polymorphism, 단일 염기 다형성)에 G 염기의 출현 빈도가 높다.

환자군은 SNP1의 자리에서 G염기의 출현빈도가 52.6%로, 대조군의 44.6% 보다 통계적으로 유의미한 차이를 보였다. 반면에 SNP2 자리에서는 환자군과 대조군 사이에 통계적 차이가 없었다. 이로써 연구자들은 이 질환이 SNP1 자리와 강한 연관이 있다고 추론한다. 그렇다고 해서 SNP1 자리가 관상동맥질환 발병과 인과적 관계에 있다고 단정할 수는 없다. 하나의 유전자 자리가 하나의 형질과 일대일로 연결되기는 어렵다. GWAS 연구를 통해 연관성이 있다고 판명된 유전자 자리가 하나 이상이 나오는 경우가 많다.

이 작업은 기본적으로 확률 통계적 작업의 결과이기 때문에, 표본 집단이 커지면 개별 형질과 연관성이 있는 다수의 유전자 변이를 찾을 가능성은 높아진다. 이 결과는 기능 연구를 통해서 해당 유전자가 그 변이 형질에 직접 관련이 있음을 재증명하는 과정을 거쳐야 한다.

이와 같은 과정을 모두 규명했다 할지라도 해당 유전자의 변이를 바탕으로 복합질환을 예측하는 데에는 한계가 있다. 실제 하나의 유전자는 복합질환에 매우 미약한 영향을 끼치는 경우가 대부분이다. 때로는 동일한 유전자 자리가 다른 유전자의 변이와 함께 작용할 때에는 전혀 다른 방식으로 영향을 미치기도 한다. 따라서 하나의 유전자와 특정 질병의 연관성을 단정하기는 힘들다.

DNA 프로파일링: 범죄자 식별

범죄자 DNA 데이터베이스 시스템은 일반 시민 전체를 대상으로 하는 것은 아니지만, 우리와 관련이 없지 않다. 법의학 분석은 상업적 검사나 실험실 연구와 달리 개인의 전체 유전체를 실험하지는 않는다. 대신에 유전자 변이가 높은 부분들만을 검사한다.

일정한 염기순서가 반복되어 나타나는 STR(단순직렬반복, short tandem repeat)은 통상적인 유전형질을 구성하는 원천은 아니지만 다른 유전자들과 마찬가지로 부모에게서 자손으로 유전된다. 집단 전체로는 변이 폭 크지만, 가까운 가족일수록 변이는 적어진다. 그래서 직렬반복(STR)은 친자확인과 개인 식별에 주로 사용된다. 범죄자 DNA 프로파일링은 이 방법을 활용한 개인식별 체계이다.

미국의 CODIS는 범죄자의 13개 STR 유전자 표지(genetic marker)를 수집한다. DNA 프로필 DB는 크게 범죄자 색인(offender index)과 범죄현장증거 색인(forensic index)으로 구성된다. 이 DB는 새로운 데이터가 들어올 때마다 기존 색인과 비교하여 일치여부를 판단한다.[3)]

[표 3-1]은 증거표본(색인)과 용의자의 유전자 표지를 숫자 지표로 대조하고 있다. "D8S1179"라는 유전자 표지에 대하여 연쇄폭행범의 STR 13, 15와 같은 숫자 쌍을 가진 증거표본을 검색한다. 이렇게 총 13개의 유전자 표지에 대한 STR 값을 대조해서 일치한다면 양쪽이 동일인 가능성이 매우 높다. 오류 매칭일 확률은 3.67×10-17 만큼 희박하다고 제시되고 있다.

이렇게 이 시스템에서 누군가의 정체성은 기호와 숫자로 구성된 지표의 형태로 출현한다. 지표가 됨으로써 쉽게 검색할 수 있고 비교할 수도 있다. 그 결과 동일인으로 정의되거나 다른 사람으로 판정될 수 있다. 일치하지는 않더라도 유사도가 높다면 친족이거나 가족으로 분류될 수 있다. 이 지표들은 외관상으로 알 수 없었던 '진실을 말하는 힘'을 가지고 있다. 그런데 대부분의 현장 표본은 오염될 가능성이 많고, 한 사람 이상의 DNA가 혼합되

3) CODIS는 일종의 운영관리시스템으로서 다음과 같은 4가지 하위 구조를 가진다: "견본 관리자(Specimen Manager)"는 DNA 프로필을 처리한다. "일치 관리자(Match Manager)"는 일치 후보를 추출한다. "자동검색(Autosearch)"은 데이터베이스 검색을 수행한다. "인구데이터 관리(Popstates)"는 인구 데이터에 근거해서 DNA 프로필 일치 확률을 계산한다.

[표 3-1] 현장 증거와 연쇄성폭행범의 유전자형 비교 예시 (자료: 조남수 외, 2009)

유전자 표지	증거표본	용의자
D8S1179	13,15	13,15
D21S11	29,30	29,30
D7S820	11	11
CSF1PO	12	12
D3S1358	16,17	16,17
TH01	6,7	6,7
D13S317	8,11	8,11
D16S539	9,12	9,12
D2S1338	17,18	17,18
D19S433	13,14	13,14
VWA	17,18	17,18
TPOX	8	8
D18S51	14,16	14,16
Amelogenin	XY	XY
D5S818	10,12	10,12
FGA	10,12	10,12
Matching probability	3.67×10^{-17}	

어 있는 경우도 많다. 그래서 용의자의 표본에서 부분적인 유전자 지표만 얻는 경우가 많다.

우리나라는 유전자 검사결과는 기대보다 불안정할 수 있다. 2010년 "디엔에이신원확인정보 이용 및 보호에 관한 법률(DNA법)"을 제정했다. DNA DB 구축 및 운영과 관련해서는 미국의 CODIS 모델을 차용했다. DNA 프로필 분석에 사용하는 유전자 표지 선정에서 CODIS와 동일한 13개 표지를 채택했고, 데이터베이스 운영체계도 CODIS 소프트웨어를 참조했다.

DNA법 제5조에 따르면, DNA 정보채취 대상범죄는 방화, 살인, 약취유인, 강간과 추행, 절도 및 강도, 폭행, 협박, 주거침입·퇴거불응, 손괴, 체포, 감금, 강요, 상해, 공갈, 범죄단체조직, 공무방해, 경매·입찰방해, 마약 등으로 정했다. DNA 감식 시료의 종류로는 구강점막, 모발을 채취하되 부득이한 경우만 그 외의 신체부분, 분비물, 체액을 채취하도록 했다.

이 시스템의 특징 중 하나는 보유 DB의 규모가 클수록 오류율을 낮출 수 있다는 것이다. 일반적으로 DNA 프로필 분석의 신뢰도 수준을 높이기 위해 더 많은 수의 DNA 정

[표 3-2] 수형인/구속피의자 프로필과 현장증거 표본 일치 현황 [자료출처: DNA DB 백서(2015)를 구성]

년도	현장증거 → 수형인 DB	수형인 → 현장증거 DB	현장증거 → 구속피의자 DB	구속피의자 → 현장증거 DB
2010	1,196	7,522	6	583
2011			264	2,562
2012	1,415	1,806	624	2,010
2013	877	1,385	761	2,026
2014	724	781	581	1,562
재검색	110	1,580		
합계	4,322	13,074	2,236	8,743

보가 필요하다. 2014년 유럽법과학연구소 네트워크는 "현장증거물과 범죄자의 일치 확률을 높이기 위해 DNA DB에 수록되는 범죄자의 수는 법률적[혹은 재정적으로] 허용되는 한 최대한 많은 수를 입력해야 한다"고 권고하고 있다. 우리나라에서 발표된 DNA DB 백서(2015)는 DB 규모가 커지면 실제로 범인이 아닌데도 현장증거와 우연히 일치할 확률(오류가능성)이 높아지기 때문에 이를 개선하려면 조사대상 유전자좌의 수를 늘려야 한다고 보고하고 있다.

DNA DB의 효율성

DNA DB 백서(2015)에 따르면, 2014년 기준으로 경찰청이 관리하는 구속피의자 DNA DB 규모는 방화 등 918건, 살인 등 3,101건, 약취유인 등 107건, 강제추행 등 2,719건, 절도 및 강도 등 10,859건, 폭력범죄 6,167건, 특정범죄가중위반 4,877건, 성폭력범죄위반 5,492건, 마약류위반 4,883건, 아동청소년보호법위반 1,830건으로, 총 40,953건이다.

그리고 검찰청이 관리하는 수형인 DNA DB 규모는 총 83,971건이다. DNA DB 표본 총수가 아직 크지 않음에도 불구하고 [표 3-2]와 같이 2010년과 2014년 사이 현장증거와 DNA 프로파일 사이의 일치 건수가 총 28,375건이다. 이는 이 시스템의 '효율성'을 보여주고 있다. 검찰과 경찰은 이런 방식으로 미제 사건을 해결하고 있다.

DNA DB가 널리 확산되는 배경에는 이런 효율성이 있다. 이 DB 체계는 범죄현장의 표본만으로 용의자를 검색하여 '진실'을 제시해주는 일종의 자동장치이다. DB 검색을 통하여 우연한 발견(Cold hit)으로 누군가가 '용의자'로 출현하는 순간, 증명의 책임관계가 전환되어 버리는 효과가 있다. 원칙적으로 기소권자(검찰)는 피고가 범인임을 입증해야 하지만, DNA DB가 작동하는 체계에서는 '용의자'가 자신이 범인이 아님을 입증해야 하는 처지가 된다.

그런데 우연한 일치 확률은 무고한 사람을 심각한 곤경에 빠뜨릴 수도 있다. DNA 프로파일링 기법이 개인 식별력이 매우 높기 때문에 누군가가 우연한 일치의 대상이 된다면 자신을 방어하기 어렵게 될 것이다. 법정에서 그런 가능성은 흔히 무시되곤 한다.

이상적인 확률 통계적 공간 속의 우연한 일치

DNA 프로파일링 DB는 국제적으로 확산되어있지만 우연한 발견문제는 여전히 남아있다. 만약 DNA 프로필이 6개의 유전자 표지를 분석대상으로 하고 있고, 그 각각은 전체 인구집단 내에서 8%, 1%, 5%, 10%, 10%, 2%로 출현하는 빈도를 가지고 있다면, 그 인구집단의 구성원 중에서 누군가가 우연히 그 특정 유전자 6개를 모두 가지고 있을 가능성은 0.08x0.01x0.05x0.1x0.1x0.02=0.000000008이다. 즉 10억 명중 8명이다.

이런 계산은 개별 대립유전자가 통계적으로 독립적이라는 하디-웨인버그 평형 가설(Hardy-Weinberg Equilibrium Assumption) 조건에서만 유효하다. 다시 말해서 이런 측정값은 인위적으로 만들어진 이상적인 조건 안에서만 유효하다. 이상적 조건에 의한 결과는 현실 세계에 적용되는 순간 언제든지 문제를 일으킬 수 있다.

우리의 생물학적 신체는 수학 통계적 표지로 완전히 환원될 만큼 간단하지 않다. 게다가 현장증거 표본은 오염될 가능성이 높아서 유전자 분석 결과는 항상 해석적 유연성이 존재한다. 이런 맥락에서 볼 때 DNA DB 속에 포함된 사람들은 그렇지 않은 사람들에 비해서 불리하다. DB에 포함된 사람들은 범죄가 발생했을 때 즉각적으로 '용의자'가 된다. 빈번하게 용의자 대상에 오른다면 우연한 일치가 일어날 가능성도 증가한다.

법정에서의 DNA 증거의 적용

이제 법정은 유전자 지표 형식으로 누군가를 즉각 소환할 수 있게 되었다. 그런데 때로 법정에서 과학적 증거와 정황 증거가 일치하지 않는 경우도 있다. 때문에 DNA 증거의 허용성 여부는 때때로 논란의 대상이기도 했다. 1993년 다우버트 판결은 과학적 증거에 대한 법원의 독립적 판단을 중시한 바 있다. 이 후 이것은 다우버트 기준(Daubert Standard)으로 알려졌는데, 과학적 방법론에 근거한 검증가능성 여부, 동료에 의한 심사와 간행 여부, 공표되거나 잠재적 오류율 및 기술 운용을 제어하는 기준의 존재 여부, 일반적 승인 여부 등 4가지 기준을 말한다. 이 기준은 과학적 분석 결과의 정확성 보다는 과학적 분석 절차, 기법과 같은 방법론상의 과학적 건전성을 확보하려 한 것이다.

우리나라는 1990년대 강력범죄의 증가와 함께 과학수사의 중요성이 인식되었고 법정에서 과학적 증거의 사용은 꾸준히 증가하고 있다. 대법원은 2007년 판결(선고 2007도1950)에서 유전자검사나 혈액형검사에 대한 과학적 증거방법의 요건을 제시한 바 있다. 2011년 대법원 전원합의체 판결(선고 2009다5269) 등에서 과학적 증거에 대한 일반적 판단기준을 제시했다. 상대적으로 우리나라에서는 과학적 증거에 대한 사법적 허용성 논쟁이 거의 없었다. 이는 유럽이나 미국보다 우리 사회가 과학적 증거에 대한 신뢰가 더 높다는 함축이다.

DNA 프로필 분석결과를 채택한 판례문에서는 DNA 검사 결과의 정확성을 강조하곤 한다. "한국인 중 피고인 아닌 다른 사람이 위와 동일한 유전자형을 가지고 있을 확률은 6.33 × 1010 명당 1명에 불과하다" 이 확률적 지표는 피고인을 유죄 판정하는데 강력한 힘을 발휘한다. 더 나아가 DNA 증거만으로 유죄 판결을 받는 사례도 늘어나고 있다.

부산지방법원 2013.9.13. 선고 2013고합127,2013감고6(병합),2013전고4(병합),2013치고2(병합) 판결 중에서

국립과학수사연구소의 유전자감정 결과, 피해자의 질 내용물에서 정액 양성반응이 나왔고, 이후 피해자의 질 내용물에서 검출된 유전자형을 대검찰청이 관리하는 DNA 신원확인정보 데이터베이스와 대조한 결과 위 유전자형은 피고인의 DNA와 일치하였다(한국인 중 피고인 아닌 다른 사람이 위와 동일한 유전자형을 가지고 있을 확률은 66.33×1010 명당 1명에 불과하다).

배심원들은 일반적인 감정에 대해서는 독자적 판단을 잘하지만, 판단의 내용이 전문화될수록 결국 감정 결과에 의존하는 경향이 강한 것으로 알려져 있다. 그래서 일반 시민들에게 과학적 증거를 토대로 한 판단을 인정할 것인가의 문제도 제기되고 있다. 그런데 이것은 딜레마가 있다. 만약 배심원의 과학적 증거 판단 능력을 문제 삼는다면 현재 대법원이 강조하고 있는 당사자주의도 영향을 받기 때문이다.

친자 검사와 친자 소송 사례

대법원 판결(2002. 6. 14. 선고 2001 므 1537)의 사례는, 유전자 검사에 의한 혈연관계 증명이 법정에 제출되었을 때의 장면을 압축적으로 보여준다. 이 사건에서 친자확인을 위해 실시한 두 개의 유전자 검사가 서로 상충하는 결론이 나왔다.

1심 재판부는 친자 관계가 아니라는 검사결과(A)를 수용했는데, 2심 재판부는 친자임을 확인하는 검사결과(B)를 수용했다. 검사결과(A)는 원고의 사망한 '아버지'의 형제들에게서 유전자를 채취하여 원고의 유전자와 비교하는 방식이었고, 검사결과(B)는 원고의 유전자를 원고의 '할머니' 유전자와 비교하는 방식을 취했다.

2심 재판부와 대법원은 모계 유전형질을 비교하는 검사결과(B)를 인정했고, 검사결과(A)에 대해서는 오히려 문제를 제기했다. 아무런 사전 검증 없이 호적부상 형제들로부터 시료를 채취하여 비교 기준으로 삼았다는 것이다. 호적부상의 형제들이 생물학적 형제가 아닐 경우를 배제할 수 없으므로, 원고와의 유전자 비교에서 잘못되 결과를 도출했을 가능성이 있다고 지적했다.

이 판결 사례는 과학적 증거도 사회와 분리되지 않는다는 것을 보여준다. 과학이 제시한 실험 결과는 과학의 내적 규칙에 의해서만 결정되는 것이 아니라, 사회적 상황(형제들의 부모 문제)에 영향을 받았다. 단순히 과학실험을 충실히 수행하는 것만으로는 '진실'을 판정할 수 없다.

또한 이 판결로 인해서 의도하지 않았지만 원고의 친부 형제들은 생물학적 형제들이 아닐 수도 있다는 점이 공식화되었다. 유전자 검사가 없던 시절에도 법원은 여러 정황 증거들을 종합하여 친자소송 판결을 수행했다. 그렇지만 현재는 유전자 검사라는 강력한 검증방식을 제외하기는 어렵다. 그런데 가족은 반드시 생물학적인 관계만으로 구성되지는 않는다. 입양한 자녀와 의형제 또는 재혼한 가정도 공동체적 연대 관계를 형성할 수 있다. 하지만 생물학적 정체성이 더 중요한 근거가 되는 문화가 강해진다면 가족이라는 연대의 그물망은 영향을 받게 된다.

법정에서 원고와 피고는 당사자들이고, 이들은 배심원들과 같이 평범한 일반 시민들이다. 일반 시민들이 과학적 증거를 판단할 역량이 없다고 본다면, 원고와 피고에게도 같은 원리가 적용된다. 다시 말해서 원고와 피고는 과학적 증거를 포함하는 판결의 중심인물이 될 수 없는 것이다. 또한 판사와 검사 및 변호사들 역시 과학적 전문성을 가지고 있지 않다는 점에서는 일반 시민들과 크게 다르지 않다. 사법적 판단에서 과학적 증거가 항상 결정적인 요소가 된다면, 점점 원고, 피고는 물론이고 배심원, 판사와 검사, 변호사들의 판단은 의미를 잃을 수 있다.

유전자 데이터와 자아 정체성

상업적 유전자 검사와 DNA 프로파일링 기술은 점점 더 일반화되고 있다. 유전자 데이터 시스템이 개인의 정체성을 재현하는 준거 틀이 되고 이를 법제도가 승인하는 순간 매우 강력해진다. 사람들은 과학기술과 정보기술 그리고 근대 권력이 결합된 결과를 자동적으로 승인하기 때문이다.

일상에서도 유전자 데이터는 '현대적 자아(contemporary self)'를 구성하는 주요 내용이 되어가고 있다. 누가 어떤 유전적 질병을 가지고 있는지, 그리고 그가 생물학적으로 가족인지, 그리고 그가 범죄자 DNA DB에 등재되어 있는지를 알 수 있다면 그 사람을 직접 알지 못하더라도 그를 '어떤 사람'으로 규정할 수 있다.

유전자 검사 항목들이 증가하고 빈번해질수록 그 내용은 시민들의 인식 속으로 깊이 스며들 것이다. 그 생물학적 지표를 통해서 세계를 이해하는 주체를 생물학적 시민(Biological citizen)이라고 한다. 이들은 유전학적 정보를 통해서 자신의 현재와 미래를 내다보고 계산된 방식으로 행동하고 자신의 행복을 증가시키는 방향으로 관리하고자 한다.

그런데 유전자 검사와 DNA 분석 방법에서 알 수 있듯이, DNA 데이터는 우리가 상상하는 것만큼 '완전히 객관적인 진실'이 아니다. 그것은 유일하거나 명백한 진실 그 자체는 아니다. 이상적으로 만들어진 확률 통계적 형식 안에 기입되는 기표들의 관계다. 유전자 검사에서 제공하는 유전자 변이 발견 과정은 집단 차원의 평균적 유전자 배열 상에서 서로 얼마나 가까운지, 또는 멀리 떨어져 있는지를 수치로 제시하는 방식일 뿐이다.

DNA 데이터들은 사람들의 생물학적 차이를 공간적인 위치로 번역해낸 것이다. 그 안에서 사람들의 정체성은 DNA 데이터들에 의해 연결됨으로써 때로는 상호적으로 보증하면서 서로를 구분하도록 배열된다. 그들은 그 새로운 표본 공간 안에서 새로운 형식으로 배열됨으로써 새로운 생물학적 정체성을 얻는다. 가족이나 친족 그리고 성씨 집단은 표본 공간에서 매우 가까운 지표들의 집합으로 출현한다. 그것이 친자 또는 가족 여부를 판별하게 해준다. 정상적인 시민들과 아무런 관련이 없을 것같이 보이는 범죄자 DNA 프로파일링도 전체 인구집단 표본에 기반을 두고 있다. 인구집단 데이터는 무작위로 선택된 표본들이고 확률 통계적으로는 전체 집단을 대변한다는 점에서 범죄자의 DNA DB는 모든 시민의 생물학적 정체성과 연루되어 작동한다.

사전 예방의 원리

통계학적 정상성 개념은 이미 19세기에 시작되었다. 의료통계학 덕분에 19세기 동안 사망 원인의 표준 목록이 만들어졌고, 그 결과 인간행동이 물리학의 세계처럼 고정된 법칙에 지배받는다고 믿음이 퍼졌다. 통계학적 메타 개념으로 '정상성(normalcy)'라는 개념이 등장했고 같은 시기 범죄에 대한 수량적 연구가 시작됐을 때 상습성(recidivism)이라는 관념도 등장했다.

이런 사회적 실천들의 결과는 '범죄인(homo criminalis)'이라는 새로운 '인종'을 만들어냈다. 범죄인이란 '형벌인(homo penalis)'과는 다른 개념이다. 형벌인은 일반적 시민을 말하는 것으로, 이성적 실수-계산 착오-로 인해 계약(법)을 위반한 자들이다. 이에 비해 범죄인은 실수 때문이 아니라 사악한 본성 때문에 범죄를 저지르는 별도의 '인종'이다.

이 개념에 기반하고 있는 법체계에서 범죄자는 사회의 배설물 같은 존재이자 인류 진화상에서 과거 단계의 잔여물이며 쓰레기로 간주된다. 범죄인은 본성상 야만인이고 사회적으로 비정상인이다. 이 시각에 따르면 사회의 방어를 위해서 범죄를 억제하기 보다는 범죄인을 원천적으로 무효화하고 미리 배제하는 방식, 즉 사전 예방을 목표로 한다.

DNA 프로파일링은 기본적으로 범죄인 개념을 계승하고 있다. 강간과 폭력 등의 극악한 범죄자들은 통계적으로 '상습적이고 반복적으로 범죄를 저지르는 자'들이다. 이런 관점에서 DNA DB법은 사회적으로 쉽게 승인되었다. 이 법의 대상이 되는 범죄자는 결과적으로 '시민'이 아니다. 그래서 그들은 시민으로서의 권리가 박탈되어도 마땅한 자들이다. 그래서 그들이 새로운 범죄를 저지르기도 전에 그 가능성을 소거하는 것이 정당해진다. 그들의 데이터 신체는 DNA DB 안에 '감금'되어야 하며, 그곳에서 영원히 감시받아야 한다. 모든 시민에게 동등한 권리와 자격을 부여하는 근대법은 은밀하게 '범죄자'와 '광인'을 배제한다.

비정상인 범주의 임의성

DNA 프로파일링 방식은 누군가를 시민의 범주에서 제거하고 그들의 권리를 소거하는 것이기 때문에 근본적으로 정당성 문제가 있다. 그러나 이 법에 대해서 문제를 제기하는 사람들은 극히 소수다. 따라서 그것에 항의하기가 쉽지 않고 DNA법에 문제를 제기하던 시민단체들도 불가피하게 근본적인 문제제기(DNA DB 폐기)에서 후퇴했다. 시민단체와 국가인권위원회는 쌍용자동차 노조활동가나 용산참사 관련자들의 DNA 채취를 막기 위해서 "재범의 가능성이 매우 낮은데도 대상범죄에 포함되어 있다"는 주장해야 했다. DNA DB에 포함되는 것만으로도 그들은 항상 감시받아야 할 '비정상인'이 된다. 현실적으로도 그들은 일상적으로 '용의자'가 될 위험에 노출되기 때문에 당장 그들을 보호해야 했다.

과연 '비정상인'을 제거할 수 있을까? 논리적으로 현재의 '비정상인'을 무효화하는 것이 가능하다고 하더라도 정규분포상의 비정규성은 또 다시 새로 발생할 것이다. 결국 계속해서 사회 구성원의 일부를 배제하는 길로 나아갈 것이다. 쌍용자동차 노조원이나 용산참사 관련자들에게 DNA 채취를 집행한 것은 현재의 사법 체계가 상정하는 '비정상인'의 범위가 임의적이며, 또 계속해서 확장될 수 있음을 의미한다. 그러므로 DNA 프로파일링 시스템에만 의존하는 것은 사회의 윤리를 위태롭게 할 수 있다. 계속 자신의 동료 시민들 중 일부를 '비정상인'으로 정의하고 그들을 소거시키는데 가담하게 만드는 것이다.

'데이터 주체'의 윤리

생물학적 데이터로 만들어진 우리의 새로운 정체성은 새로운 실천을 수반한다. 유전자 정체성은 가족의 유대와 기억이라는 그물망 위에 유전자로 연결된 그물망을 덮어씌운다. 예를 들어 입양된 아이와 그 가족에 대해 생각해보자. 그들은 사회적이고 문화적인 연대로 서로 묶여 있는데, 유전자적 그물망은 오히려 그런 연대를 위험에 처하게 할 수 있다. 그들이 생물학적인 가족이 아니라는 것이 공식화된다면 사람들은 일상적으로 그들의 관계를 의심하며 경계할 것이다.

더 나아가서 보험과 노동영역은 사법부보다 유전자 검사 결과에 더 의존하는 것으로 알려져 있다. DNA 데이터는 생명공학적인 차원만이 아니라 사회적인 차원에 의해서 구성되기 때문에 더 위력적이다. 질병 또는 재범의 위험에 대해서 언급할 때, '위험하다'는 인식은 사회적인 개념들이다. '위험하다'는 진단과 실제 행위 간의 불확실성이 항상 존재한다. 그런데 과학 데이터의 불확실성은 간과되기 쉽다.

누군가에게 특정한 질병이나 재범성이 내재하는 것처럼 단정하는 방식은 사전예방원리를 촉발한다. 일단 개입이 일어나고 나면 그 개입이 오류일지라도 그것이 진정한 오류였을지는 결코 알 수 없게 된다. 그 개입으로 인해 이미 다른 현실이 구성되기 때문이다. 반면에 개입을 주저했는데 그런 위험이 실제로 발생한 경우 그 오류는 매우 분명한 것으로 드러날 것이고 그 때에는 후회나 비난에 직면한다. 이것은 예방적 개입으로 나아가게 하는 압력으로 작동한다. 그렇게 되면 점점 더 이 메커니즘은 질문을 필요로 하지 않게 되고 자동적으로 작동하고 스스로를 강화해 나간다. 그 결과 시민들은 과학 데이터에 과도하게 의존하며, 상대적으로 비판 역량을 잃어버릴 수 있다.

생물학적 시민은 생명공학 지표로 자신의 정체성을 구성할 것에 동의한 자들이며 동시에 그로 인한 결과를 감당해야 하는 사람이다. 그들은 과학 지식에서는 비전문가이지만, 그로 인한 결과를 직접적인 실천을 통해 경험하는 자들이다. 그런 만큼 그들은 데이터만을 다루는 전문가들 보다 실천적 비판자가 될 수 있다.

데이터 기술의 대상이면서 주체로써 우리는 데이터 공간의 구성에 대해서 항상 유의해야 한다. 그것이 '데이터 주체의 윤리'의 시작이다. 과학이 생산하는 데이터를 완전한 것으로 간주하기 보다는 근본적인 한계(불확실성)도 있음을 인정하는 것에서부터 출발해야 한다.

[참고 문헌]

김지연·조은희. 2016. DNA 정보의 주체 - 시민 정체성의 새로운 구성. 담론 201 19(2):5-34.

조남수·성기민·유승연·황정호. 2009. "[사례] DYS385 유전자좌의 이상 대립유전자분석을 이용한 연쇄성폭행범 검거 사례." 『한국법과학회』 10(2): 107-111.

5 기술은 사회를 돕나

기계(기술)는 기본적으로 인간(사회)을 도울 목적으로 개발된다. 기계의 도움이란 개별 인간을 향한 것일 수도 있고 특정한 집단에 한정된 것일 수도 있는데, 경우에 따라서 공적 목적으로 설계되기도 한다. 여기서는 블록체인 기술을 중심으로 이야기 해보겠다. 최근에 관련 논쟁이 있었기 때문이고 세대 간 의견 충돌 양상을 보였기 때문에 해석이 필요해 보인다. 이 기술에 대한 '세대 간 의견 충돌'이란 상당히 복합적 의미를 포함한다.

너무도 다른 반응들

금융 기관과 같이 현대의 시스템들은 거의 대부분 중앙에 관리 권한을 집중시키고 있다. 단일한 중앙기관을 두는 관리 방식은 분쟁 발생 시 중재 역할을 할 수 있어서 나름의 효율성과 안전성을 보증해왔다. 그런데 이 방식의 효율성과 안전성이 흔들리고 있다. 특히 악의적 의도를 가진 공격자들에게 취약했기 때문에 이를 방어하는데 많은 비용이 들었다. 그래서 대신 여러 행위자가 참여하는 합의적 공동관리 방식의 거버넌스 모델이 등장하고 있다. 블록체인 기술은 합의적 공동관리를 위한 기술적 버전이다.

최근 몇 년 사이 블록체인 기술은 비트코인 열풍과 함께 대중적인 관심사로 부상했다. 블록체인은 이제 기술 분야만이 아니라 경제, 사회 등 다양한 학문 분야의 주목을 받고 있다. 한편에서는 "블록체인 특성은 온라인 거래에 있어 완전한 투명성을 제공한다" 또는 "블록체인을 사용하면 더 이상 어떤 기록이 진실이라는 것을 증명해 줄 공인된 기관이 필요하지 않다" 등 긍정적 평가를 받는다. 웹툰 만화가 윤태호는 시민과학 프로젝트 세티(SETI)에 블록체인을 적용하면 더 효과적이고 의미있는 프로젝트가 될 것 같다는 감상을 전했다.

다른 한편으로는 "비트코인은 결코 화폐가 아니다....(비트코인의 의도는) 엉뚱하고, 맹랑하며, 교활하다. 그리고 무서운 교활함과 속임수가, 간계·흉계가 숨어 있다"는 공격적 주장도 있다. 또는 "(비트코인은) 급진적으로 사회를 전환하려고 시도하며 블록체인 프로젝트들은 유토피아를 꿈꾸고 있다"는 접근도 있다.

2018년 한 방송국의 블록체인 토론회에서 찬반 논쟁은 많은 화제를 낳았다[4]. 이런 극명히 엇갈리는 다양한 평가가 동시에 존재한다는 것은 블록체인 기술이 여전히 변화 중이며 그 정체성이 완성되지 않았다는 것을 의미한다.

공유 장부

블록체인은 '공유 장부(shared ledger)' 기술이다. 이 장부는 종이 위에 쓰여지는 것이 아니라 암호화된 단위(블록, bock)로 공유되며 여러 컴퓨터(노드)에 동시에 저장된다. 그래서 '블록들의 체인'이라고 불린다. 모든 참가자들은 블록을 추가할 자격이 있고 블록이 추가되는 것을 관찰할 수 있다. 이 장부는 기본적으로 "쓰기만-가능한 장부(write-only ledger)"로서 그 목록을 삭제하거나 변경할 수 없다.

블록체인은 중앙기관이 없는 대신 안정적 유지관리를 위해 보상 시스템을 구현했다. 블록체인은 참여자가 많을수록 더 안정적으로 작동할 수 있다. 선의의 참여자들이 많을수록 공격자는 전체 네트워크 노드의 과반수를 점유하기 힘들 것이고 그렇다면 공격자가 만들어낸 위조 블록이 승인될 가능성도 낮아진다. 그래서 블록체인은 사람들의 참여를 촉발하도록 설계되었다. 블록체인 개발자들은 이 기술이 사회문제를 직접 해결할 것이라고 기대하고 있다.

비트코인

사토시 나카모토(Satoshi Nakamoto)는 비트코인 백서(Bitcoin: A peer-to-peer electronic cash system, 2008)를 발표함으로써 '단지 개념에 불과했던' 블록체인 기술을 실체적인 것으로 밀어 올렸다. 사실상 블록체인은 비트코인에 의해서 세상에 알려졌다. 이후 다수의 암호화폐가 등장했지만, 비트코인은 여전히 '가장 지배적인 암호 화폐'다. 초기 블록체인 열광자들이 유일하게 선택할 수 있는 것이 비트코인이었기 때문이다. 다수의 참

4) JTBC 뉴스룸은 2018년 1월 18일 긴급토론 "가상통화 신세계인가, 신기루인가"을 개최했다. 손석희 진행으로 유시민, 정재승, 김진화, 한호현이 출현했다.

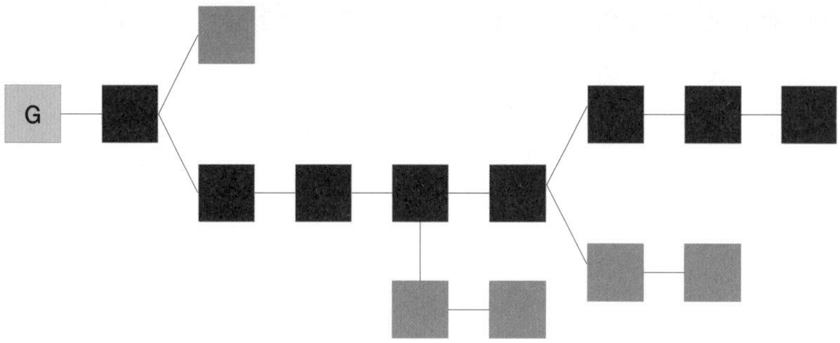

[그림 3-1] 최초 블록(G), 승인된 블록(검은색), 미승인된 블록(회색)

여자가 유입되면서 비트코인 네트워크는 하나의 세계를 형성했다. 참여자 대부분은 작은 양의 컴퓨터 자원만을 가진 사람들이었다.

비트코인은 은행과 같은 중앙기관의 매개 없이 거래 당사자들이 직접 화폐를 교환할 수 있다. 실물 화폐 거래는 실제 화폐를 주고받음으로써 거래가 이루어지는데 비해서, 비트코인 거래는 거래내역을 장부에 기록함으로써 거래가 완료된다. 그래서 장부는 전통적 화폐 거래 시스템에서도 중요했지만, 비트코인 시스템에서는 더욱 중요하다. 실물 화폐는 장부와 화폐가 별도의 물리적 존재라면 비트코인에서는 장부와 화폐가 통합되었다.

비트코인의 모든 거래는 하나의 공개 장부에 기록되고 사용자 모두에게 분산되어 저장된다. 새로운 거래가 일어나면 새로운 블록이 생성되고, 그 블록은 전체 네트워크에 흩어져 있는 참가자(또는 채굴자)들에게 공개되어 검증이 이루어진다.

비트코인 거래 과정을 순서대로 살펴보면 다음과 같다.

(1) 지갑 프로그램 설치와 주소 생성: 프로그램 또는 웹서비스 방식의 지갑 프로그램을 설치한다. 이 프로그램은 비트코인 거래를 위한 계정(개인키)과 수신자의 주소(공개키)를 생성한다.

(2) 송금지시: 송금 거래내역을 작성하고 개인키를 이용해서 거래내역에 서명한다. 거래내역에는 해시값, 비트코인 금액, 수신자의 주소가 포함된다.

(3) 송금지시 발송: 거래내역과 서명값을 인접 노드에 전파하는데, 최종적으로 전체 네트워크에 전파된다.

(4) 송금지시 검증: 네트워크에 전파된 거래내역을 다수의 채굴자들이 검증하기 시작한다.

(5) 블록생성과 배포: 검증을 마친 채굴자는 검증한 거래내역을 포함하는 블록을 생성한다.

(6) 블록체인 생성과 공유: 채굴자는 새로운 블록이 포함되어 길이가 1만큼 늘어난 블록체인을 주변 노드에 알린다. 그러면 이전의 짧은 블록체인을 가지고 있던 주변 참여자(노드)들은 새로운 블록을 전달받아 갱신한다.

[그림 3-1]과 같이 블록체인은 최초의 블록(G, genesis block의 약자)과 승인된 블록(검은색 블록), 그리고 미승인된 블록들(회색 블록)로 이루어진다. 블록의 분기는 두 가지 경우에 발생한다. 하나는 해당 공동체 내 견해가 달라서 한 집단이 합의 프로토콜을 변경하는 경우에 일어난다. 다른 하나는 공격자들이 블록을 공격하기 위해서 위조 블록을 끼워 넣을 때 발생한다.

이렇게 블록체인의 가지가 생기면, 때로는 즉각적으로 포기되거나, 때로는 지지자들에 의해서 새로운 블록체인으로 분기한다. 전자의 경우처럼 포기된 블록을 '고아 블록(orphan block)'이라고 한다. 후자의 대표적인 예시로는 비트코인에서 분기된 "비트코인 캐시"가 있다.

타임-스탬프

비트코인 백서에 따르면, 비트코인은 전자서명의 연장이라고 정의한다. 거래를 하고자 하는 사람(송신자)은 이전 거래내역에 수신자의 공개키를 포함한 뒤 자신의 비밀키로 암호화(전자서명)함으로써 거래를 완료하기 때문이다. 그리고나서 정당한 거래로 승인되기 위해서는 타임-스탬프(time stamp)와 작업증명(Proof of work) 과정이 필요하다.

전자화폐 시스템에서 큰 난점은 이중거래 문제(double-spending problem)다. 이중거래 문제란, 코인 사용자가 자신의 코인을 지불한 후에도 해당 코인이 여전히 사용자의 것으로 남아 있어서 그 코인을 다시 사용할 가능성을 말한다. 여기서 '코인'이 물리적인 형태가 아니라 장부 상의 데이터이기 때문에 발생할 수 있는 문제다.

나카모토는 이 문제를 타임-스탬프 기법으로 해결했다. 타임-스탬프는 시간 순서에 따라 참여자들이 거래 내역을 수용하는 방법이다. 타임-스탬프 개념은 비트코인이 행정 관리적, 또는 거버넌스적 성격이 있음을 보여준다. 일반적으로 행정 관리에서 인과성 추적은 필수적이다. 인과성이란 사건을 시간 순으로 배열한 결과이다. 하나의 사건은 이전 사건의 결과로 기록되고 다시 이 사건은 후속 사건을 결정한다. 그래서 정부 문서들은 엄격하게 날짜를 기록하고 논란이 되는 경우 사후 조작 흔적이 있는지를 검증해야 하는 법과학적 성격을 가진다. 이러한 인과성 개념을 디지털 문서에 적용하는 해법이 타임-스탬프 개념이다.

이 방법은 이미 1990년대 등장했었다. 하버와 스토네타(Haber & Stornetta, 1991)는 타임-스탬프를 수립하는 두 가지 접근법을 제안했다. (1) 우선 연결 해법(linking solution)이다. 문서의 해시값이 타임-스탬프 서비스에 등록되어 있고 이 값들을 순차적인 목록으로 연결하는 것이다. 그 결과 이 값들은 삽입되거나 대체될 수 없고 삭제될 수도 없다.

(2) 다음으로 무작위-증인 해법(random-witness solution)이다. 참가자 중 일부가 해시값에 날짜를 기록하고 서명하도록 한다. 그 서명은 타임-스탬프가 포함된 인증으로서 모두에게 공개된다. 그 일을 수행하는 증인들은 유사무작위 생성기(pseudorandom generator)로 선정된다. 이 방식은 증인을 선정하는 단계에서 의도가 개입되지 못하게 만들어 준다.

이어서 바이어와 하버(Bayer & Haber, 1992)는 타임-스탬프의 연결 방식을 개선하여 해시 트리(hash trees) 개념을 제안했다. 상대방을 확인할 수 있는 토너먼트 경기 대전표처럼, 해시 트리는 승인된 사건은 물론이고 승인되지 못한 모든 사건도 기록으로 남긴다. 이로서 모든 사건 참여자들이 서로를 확인할 수 있게 된다. 무작위-증인 해법에서 최소한의 증인의 수가 얼마가 되어야 하는지 확정하기 어려웠는데, 가장 확실한 증인의 수는 전체 참가자가 증인이 되는 것이었다. 해시 트리는 증인의 수를 전체 참가자로 확장함으로써 이 문제를 해소했다. 참가자의 수가 빠르게 증가하더라도 타임-스탬프를 안정적으로 확인할 수 있게 했다.

작업증명

타임-스탬프를 포함하여 하나의 거래가 종료되면 그 거래를 블록에 저장하는 검증 절차를 거쳐야 한다. 이를 작업증명(proof-of-work)이라고 하는데, 해시함수에 이전 거래 해시값과 임의의 값(nonce)을 계산하여 미리 정해진 값을 얻는 것이다.

이 과정은 매번 새롭게 제출되는 매우 어려운 수학문제같은 것으로서, 일방향성을 가지고 있어서 답을 안다면 그 답이 맞는지를 검증하는 것은 쉽지만 그 답을 찾는 것은 어렵다. 그 임의의 값을 찾을 때까지 일일이 값을 대입하면서 찾는데, 답을 찾을 때까지 이 과정을 계속해서 되풀이하기 때문에 엄청난 양의 반복계산을 해야 한다.

이렇게 작업증명으로 검증된 블록만이 승인된 블록이 된다. 이를 흔히 채굴(mining)이라고 한다. 비트코인 네트워크 참가자들의 승인(합의)을 얻음으로써 최종적으로 하나의 블록에 대한 승인과정이 완료된다. 그런 작업을 수행하여 승인된 블록을 생성한 최초의 채굴자에게 새로운 코인을 보상으로 부여하는데 그것이 화폐로서 비트코인이다. 이 보상을 얻기 위해서 채굴자들은 더 빠르게 블록을 찾으려고 경쟁한다. 그리고 이런 보상 메커니즘 덕분에 특별히 조직화되지 않더라도 다수의 참여와 협력이 가능하다. 비트코인은 이 네트워크의 질서에 따라 작업을 수행하는 '선의의 채굴자'들이 전체 네트워크의 과반수를 점유하는 한 지속가능하다.

공격자가 의도적으로 위조 블록일 끼워 넣더라도 전체 채굴자들의 작업증명에 의해 걸러질 수 있다. 승인되지 못한 블록은 즉시 '고아 블록'으로 남게 되고 그 블록 이후로는 체인이 형성되지 못한다. 그런데 만약 공격자들이 네트워크의 과반수이상을 점유한다면 위조 블록이 정당한 블록으로 승인되어 체인을 형성하는 것이 가능해진다. 그래서 블록체인에서 참가자 네트워크의 규모는 매우 중요하다. 비트코인 네트워크의 규모가 클수록 공격자들이 과반수를 점유하기 어려워질 것이기 때문이다.

거버넌스의 자동화

비트코인은 암호화된 열쇠가 주소 기능을 함으로써 거래 당사자를 충분히 식별할 수 있기 때문에 개별 비트코인의 소유자와 수신자는 익명 상태로 있을 수 있다. 모든 거래는 공개되지만 개별 주체의 신원은 거래 당사자들조차도 알 수 없다. 중앙기관 없는 직접 거래, 그리고 당사자들에게도 익명성을 부여함으로써, 비트코인은 궁극적으로 사회적 의사결정 과정, 즉 거버넌스를 자동화했다.

> "이 네트워크의 견고함은 비구조화된 단순성에 있다. 노드(컴퓨터)들은 거의 조정 없이 한 번에 모두 동작한다. 노드들은 식별될 필요도 없다. 메시지는 특정 경로 지정 없이 단지 최선의 노력 기반(best effort basis) 방식으로 전달되면 그만이다"
>
> Nakamoto, 2008

물론 블록체인이 처음 거버넌스를 자동화 한 것은 아니다. 전통적인 정부 시스템, 사법 시스템, 병원 시스템 등은 모두 의사결정을 절차화하는 사회적 시스템이다. 절차화는 자동화를 의미했고 그런 만큼 효율적이었기 때문에 누적적으로 진화해왔다. 기존의 거버넌스 메커니즘은 인간 행위자의 승인이 필수적이었다. 그런데 블록체인은 그러한 거버넌스의 과정을 '기계적 승인'으로 대체했다.

특히 비트코인의 보상 메커니즘은 자동화에 중요한 구성 요소다. 참가자들은 작업증명을 수행하고서 비트코인을 보상으로 받는다. 그 외 거래 수수료도 받을 수 있다. 비트코인이 현실 화폐와 교환되면서 참가자들의 동기부여는 더욱 강해졌다. 그러나 보상은 신뢰를 유지하는 여러 가지 방식 중 하나일 뿐이다.

일정 수 이상의 참가자들이 없다면 블록체인은 아무것도 할 수 없다. 무엇보다도 비트코인은 다수의 참가자로부터 신뢰받을 때 강화될 수 있기 때문이다. 그런 점에서 비트코인은 기술적이면서 동시에 사회적이다. 비트코인 전문가들도 블록체인 기술이 신뢰의 필요성을 완전히 없앨 수 없다고 전망하고 있다.

비트코인 시스템은 급진적으로 사회를 전환하려는 목적으로 출발했다. 비트코인에 대한 기대는 열광자들에게서만 나타나는 것이 아니라 상당히 두터운 지지층을 형성하고 있다. 비트코인은 자율적인 시장 거래를 구현함으로써 독자적인 통치성과 동료 정신이라는 사회성을 생산하고 있다. 비트코인 열광자들은 그 협력적 플랫폼을 상호적으로 구축하는 데 가치를 두고 있다. 이런 "기반시설 차원의 상호주의(infrastructural mutualism)"는 이미 자유 소프트웨어, P2P 기술 생산, 공유 실천 등 오랜 역사가 있다.

한편 역설적으로 블록체인이 지향했던 중앙기관 없는 관리 모델이 상당히 어렵다는 것도 확인되었다. 지난 10년 동안 비트코인은 여러 내부 분쟁을 겪으며 다양하게 분화했다. 예를 들어 비트코인은 분쟁 끝에 결국 비트코인 캐시와 분리되었다. 이 분야 개발자들은 창의적이고 적극적이어서, 블록체인이 어떤 한계점이 보이면 어떻게든 조금씩 수정을 가하고 싶어 했다. 또한 그 덕분에, 소란스러운 분화의 과정에서 비트코인 공개장부가 임의적 수정과 변조로부터 상당히 안전하다는 것도 증명되었다.

지난 10여년의 짧은 비트코인 역사를 돌이켜 볼 때, 비트코인은 기술적인 차원과 사회적 차원의 앙상블이다. 비트코인은 여전히 완벽하지는 않지만 그 과정에서 기술사회적으로 용인할 만큼의 안전성을 '공개적으로' 입증함으로써 단일 기술로서 '거버넌스의 자동화' 모델을 제시했다.

다양한 블록체인 1. 네임코인

비트코인과 같은 대안 화폐 이외에도 블록체인 기술을 이용하여 도메인네임시스템

(DNS) 서비스나 의료정보 서비스들이 등장하고 있다. 네임코인(Namecoin)은 기존 DNS를 대체하기 위해서 등장한 블록체인 기반 암호 화폐다.

인터넷은 분산 네트워크로 알려져 있지만 DNS 만큼은 중앙 집중적인 방식으로 관리되고 있다. 현재 DNS를 관리하는 기관은 미국 캘리포니아 지역에 있는 비영리 기구 ICANN(Internet Corporation for Assigned Names and Numbers)이다. 이 기구는 본래 미국 정부와의 계약 관계로 출범했었다. 그런 만큼 인터넷 사용자들은 이 기구의 공정성을 의심해왔다. DNS 관리문제는 곧 인터넷의 공정성 문제이기도 했다.

가장 극적인 사건은 2010년에 일어났다. 미국정부 문서를 대량으로 폭로하여 유명해진 위키리크스 사이트가 며칠 간 다운되었는데 사람들은 단순한 오류가 아니라 의도적인 사건이라고 여겼다. 이 사건은 DNS 단독 관리의 위험을 널리 알렸다.

이런 사건은 미국에서만 일어나는 것이 아니다. 국제적으로 정부 저항적이거나 비법적 활동을 하는 웹사이트에 대한 DNS 호스팅 중단은 빈번하게 일어나고 있다. 터키 정부는 선거 전에 자국의 DNS 서버에서 트위터나 유투브를 차단했던 적이 있고, 중국 정부는 자국민의 도메인을 감지하는 DNS 캐시 공격(DNS cache poisning)을 한 적이 있다. 이런 정부 개입이 가능한 이유는 현행 DNS 구조가 중앙 집중적이기 때문이다. DNS 서버 운영자가 도메인 네임에 대한 거의 모든 권한을 가지고 있어서 정부의 압력을 받기 쉽다.

표현의 자유가 통제될 수 있다는 우려가 계속 커지면서, ICANN의 단독 관리와 경합할 수 있는 새로운 대안 모델들이 등장했다. 대안적 도메인 네임 등록 방식 중 하나는 사용자들이 직접 자신의 컴퓨터를 DNS 호스트로 만드는 방법이 있다. 일종의 분산적 P2P 시스템 모델이다. 2010년 9월, 비트코인 포럼에서 BitDNS에 관해서 토론을 시작했다. 2011년 네임코인(Namecoin)이 출범했다.

네임코인은 비트코인 기반으로 설계되어서 여러 가지 면에서 비트코인 규칙을 따른다. 네임코인의 기본작동 방식은 P2P 네트워크에서 DNS 조회표를 공유하는 것이다. 네트워크에서 네임코인 소프트웨어를 운영하는 노드(컴퓨터)들이 있는 한, 그 노드들을 통하여 도메인 네임에 접속할 수 있다. 네임코인 초기 채굴자들은 블록 하나를 생성할 때마다 50 네임코인을 보상받았다. 210,000개의 블록이 추가 생성될 때(약 4년 주기) 마다 보상금액은 절반으로 하향 조정된다. 코인 발행량은 21,000만 NMC(Namecoin Currency)로 한정되어 있다.

네임코인의 최상위 도메인 네임은 ".bit" 이고, 이 도메인 네임은 ICANN의 개입 없이 해당 도메인 네임 소유자에게 완벽한 권리가 있다. 예를 들어 ICANN은 극단적 조건이라면 "google.com"을 차단할 수 있지만, 네임코인에서는 시스템 전체를 파괴하지 않고서는

"google.bit"를 차단할 수 없다.

네임코인 도메인을 사용하려면 전용 프로그램을 설치해야 한다. 현행 DNS 시스템에는 ".bit" 도메인을 사용하지 않기 때문에, 이 주소를 웹브라우저 주소창에 입력하면 "NX-DOMAIN"이라는 오류가 표시된다. 네임코인 소프트웨어 중에서 NMControl 프로그램이 잘 알려져 있다. 이 프로그램을 설치하면 해당 컴퓨터는 네임코인 네트워크 내에서 스스로 지역 DNS 서버 역할을 한다. 네트워크상에 흩어져 있으면서 DNS 서버 역할을 하는 무수히 많은 컴퓨터 덕분에 별도의 중앙기관 없이 ".bit" 도메인을 찾아 갈 수 있다.

자동화되지 않는 것

네임코인은 비트코인 보다 '성공'하기 더 어려울 수 있다. 사실 비트코인은 다른 화폐 시스템과 공존할 수 있다. 오히려 비트코인은 현행 화폐시스템의 대안이라기보다는 추가적인 시스템이다. 비트코인은 현행 화폐들과 교환 가능하고 그런 만큼 병존할 수 있다.

그러나 네임코인의 경우는 다르다. 네임코인은 도메인 네임의 성격상 현행 DNS 시스템과 공존하기 어렵다. DNS 시스템은 웹상에서 완전히 유일한 시스템일 때 가장 잘 작동할 수 있다. 그 때문에 네임코인은 서서히 성장하는 것이 어렵고, 기존 관리 주체를 일시에 완전히 대체해야만 존립할 수 있다. 이것이 바로 현재 네임코인 사용자가 거의 없는 이유이다. 기존 DNS 시스템이 강력한 우위를 가지고 있는 것이다.

또한 네임코인은 비트코인이 가지고 있는 모든 구조적 취약점을 공유한다. 공격자가 네임코인 네트워크 채굴 파워의 51% 이상을 통제한다면 그 공격자는 거래 명령을 수정할 수 있다. 공격자는 블록을 수정하고 수정된 거래 위에서 새로운 블록체인을 구축할 수 있다. 네임코인처럼 작은 네트워크는 선의의 참가자 수가 적고 그런 만큼 쉽게 장악될 수 있다.

그럼에도 불구하고 네임코인은 잠재성 있는 대안이다. 비용 측면에서 현행 DNS 도메인 네임 등록 가격보다 훨씬 저렴하다. 현행 DNS 도메인 네임 등록 가격은 매년 약 10달러인데, 네임코인의 도메인 등록 비용은 무료 거래도 가능하다. 다만 도메인 네임 접속을 위해서 채굴자에게 네임코인 거래 비용이 지불되어야 한다.

네임코인 초기에 도메인 거래 비용은 다소 비싸게 책정된 적이 있었는데, 그 이유는 도메인 스쿼팅(domain squatting)을 방지하기 위한 것이었다. 네임코인의 등록비용이 너무 적어서 한 사람이 수천 개의 도메인을 보유하는 것도 가능하다. 도메인 스쿼터들은 스스로는 필요하지 않은 도메인을 대량 구매해서 실제 사용자(저작권자 또는 상표권자)에게 비싸게 재판매하려고 한다. ICANN은 도메인 스쿼팅을 불공정한 행위로 보고 이를 조정하는 업무를 수행하고 있다.

이 문제는 어떤 DNS 시스템에서나 출현할 수 있는 문제지만, 네임코인은 특히 이 문제에 취약하다. 네임코인은 중앙기관이 없기 때문에 스쿼팅 문제를 조정할 수 없다. 누군가가 자신의 상표명에 해당하는 도메인네임을 다른 사람이 부당하게 '소유'하고 있다고 주장한다면 정말 그런지를 판정하는데 상당한 노력을 들여야 한다. 해당 도메인네임을 가지고 있는 사람 역시 자신의 정당성을 주장할 것이기 때문이다.

네임코인 모델은 DNS의 일반적인 과정은 자동화할 수 있지만 도메인 네임 사용자 간 분쟁 조정까지 자동화하기 어렵다는 것을 보여준다. 최근 일부 연구자들은 DNS의 이런 특성을 고려하여, 분산형 플랫폼과 중앙집중식 서비스를 혼합한 모델을 제기하기도 한다. 예를 들어서 스쿼팅과 같은 분쟁을 조정하는 일은 중앙기관을 배치하고 나머지는 네임코인 모델에 따르는 것이다.

블록체인의 기술적 합리성이 사회 문제를 모두 해소할 수는 없지만, 적어도 문제를 제기하는 좋은 방법이 될 수는 있다. 더 나아가 블록체인이 일상적으로 사용되는 상황이 형성된다면 사용자들은 네임코인 방식에 더 익숙해질 수 있고 그렇다면 네임코인을 더 쉽게 받아들일 수 있다.

다양한 블록체인 2. 메디블록

의료 블록체인 메디블록에 대해 살펴볼 것이다. 2017년 메디블록(MediBloc)은 "의료기관 중심의 관리에서 환자 중심 관리로 전환하여 투명하고 안전한 의료 데이터 교환"이라는 목표로 출발했다. 의료데이터 교환의 필요성은 의료계 뿐만 아니라 환자와 여러 전문가에 의해서 꾸준히 제기되어 왔고 다양한 프로젝트도 있었지만, 아직 성공적인 모델은 없다.

현재 미국 정부 주도의 "블루 버튼 커넥터(Blue Button Connector)", 애플의 모바일 헬스, 삼성전자의 헬스 앱 등이 있다. 의료데이터 서비스는 보안성, 신뢰성, 개방성이 필수적이며 여러 이해당사자들의 합의와 참여가 중요하다.

의료 데이터의 파편화는 최선의 진료 수행을 어렵게 하고 반복적인 검사로 환자의 의료비용을 증가시킨다. 이전 병원에서 작성된 데이터가 새로운 병원에 전달되지 않기 때문이다. 현재 의료데이터 공유는 환자 본인이 요청하는 경우로 한정되어 있고 이조차도 절차적으로 상당히 느리게 진행된다. 개별 의료기관 관점에서 의료데이터 공유가 큰 이득이 없기 때문이고, 의료 데이터가 법적 규제 대상이기 때문이다.

의도하지는 않았지만 결과적으로 의료기관들이 독점적으로 데이터를 관리하게 되었다. 현재 연구 목적이나 헬스케어 프로그램 목적으로 의료기관과 기업 사이 의료 데이터 교환이 있지만, 이 경우도 문제가 있다. 환자가 자신의 정보가 언제, 얼마나 교환되었는지 인지할 수 없기 때문이다.

의료 데이터 관리 문제를 논의하기 위해서는 우선 데이터에 관한 소유권 문제가 재정의되어야 한다. 의료데이터는 누구의 소유인가? 환자에 대한 기록이므로 환자의 것인가? 기록하고 관리하는 곳이 의료기관이므로 의료기관에게 소유권이 있나?

결론적으로 양자 모두에게 권리가 있다고 볼 수 있다. 한편으로 환자는 의료데이터의 원천이라는 점에서 권리가 있고 다른 한편으로 의료기관은 데이터를 생성하고 관리하고 있다는 점에서 권리가 있다. 환자와 의료기관 양자 모두 정당한 자격이 있는데 그동안 환자는 그 권리를 충분히 행사하기 어려웠다. 이것이 의료 데이터 관리 권한의 재분배가 필요한 배경이다.

의료 데이터 관리의 재분배 또는 환자-중심 의료 체계는 개별 환자를 위한 의료 서비스의 질을 향상시킬 것이다. 일반적으로 의료 데이터 블록체인 서비스는 의료 데이터를 공유할 수 있고, 누가 데이터에 접근했는지, 환자와 제공자의 신원과 신뢰성 보증, 건강 공급망의 관리 최적화, 연구자와 의료적 실험을 위한 데이터 공유와 합의, 보험, 사기 사건 탐지와 예방 등을 기대할 수 있다.

메디블록 백서가 '환자 중심'이라는 단어를 자주 사용하지만 그렇다고 해서 기존 의료기관 행위자의 이익에 반하는 것은 아니다. 그런 점에서 맥락적으로 단지 '환자 중심'이라기 보다는 '모든 이해당사자 참여적 플랫폼'에 더 가깝다. 사실 의료 데이터 플랫폼은 기존의 의료기관을 포함하여 새롭게 데이터의 소유권을 행사할 환자와 대량의 데이터를 원하는 연구자들까지 모든 이해당사자가 동의해야 수립 가능하다. 만약 가장 많은 의료데이터를 가지고 있는 의료기관들이 적극 반대한다면 이 플랫폼은 잘 작동하지 않을 수 있다. 또는 환자들이 자신의 데이터를 적극적으로 참여하지 않는다면 이 플랫폼은 활력을 잃을 것이다.

메디블록 플랫폼은 모든 이해당사자가 참여할 수 있는 의료 데이터 관리와 공유를 위해서 모든 참여자에게 적정한 역할과 권한을 배분하고 그에 상응하는 보상을 지급한다. 이 플랫폼에 존재하는 데이터는 크게 3가지다. 의료데이터, 개인 데이터, 그리고 메디블록

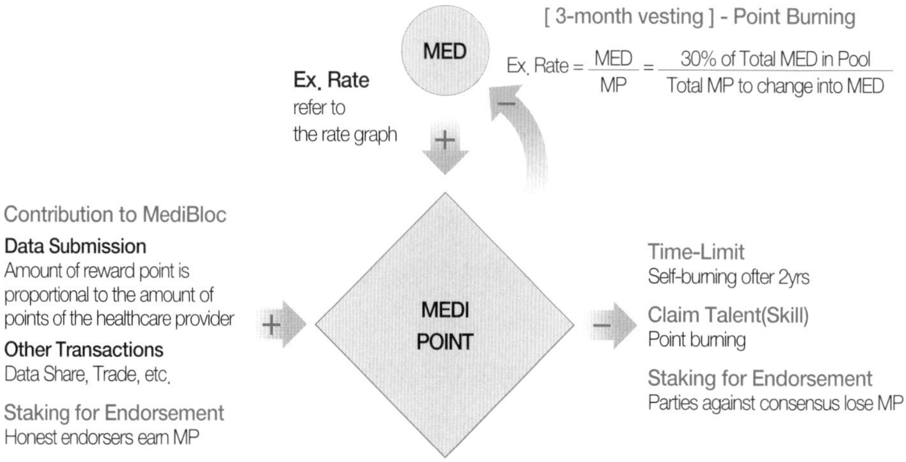

[그림 3-2] 메디 포인트(MP)와 메디토큰(MED) 교환관계 (메디블록팀, 2017)

플랫폼 활동과정에서 생성되는 메디 데이터(MED data)다.

메디블록 참여자들은 먼저 계정을 생성해야 한다. 메디블록 계정은 일반 사용자, 의료공급자, 의료연구자로 구분한다. 기술적으로는 모두 같은 방식으로 생성되지만, 역할의 차이가 있고 계정 주체는 역할에 맞는 기능과 권한, 신뢰도를 형성해야 한다.

모든 계정은 기본적으로 자신의 의료데이터에 대한 읽기와 쓰기 권한을 가진다. 계정 소유자의 허가가 있다면 가족 등이 응급상황에 대비할 수 있도록 설정할 수 있다. 의료공급자와 연구자는 적정한 신뢰를 얻는 경우 타인의 의료데이터 읽기와 쓰기 권한을 가질 수 있다. 이 과정을 지원하기 위해서 메디블록 플랫폼은 의료데이터 검색 기능을 제공한다.

타인의 의료 데이터를 열람하는 경우는 대개는 다음 두 가지에 해당한다. 의료공급자가 의료 서비스 제공 목적으로 열람을 요청하는 경우와 의료데이터를 이용해 의료 연구를 수행하고 헬스케어 서비스를 개발하려는 경우다. 이 경우 별도의 인증과 해당 계정 소유자의 승인이 필요하다. 의료연구자는 스마트 계약 방식으로 계정 소유자와 데이터를 교환할 수 있다.

메디블록 플랫폼은 의료기관이 작성한 의료 데이터만이 아니라 환자 개인이 작성한 의료 데이터(PGHR, Patient-Generated Health Record)를 통합하여 저장하고 관리할 수 있다. 여기서 환자는 자신의 데이터를 생산함으로써 지식 생산에 참여하게 된다. 이렇게 통합된 데이터는 환자에 대한 종합적인 정보를 형성하게 된다.

모든 이해당사자에게 환영받기

메디 블록 플랫폼 상에서 통용되는 화폐 개념으로는 메디포인트(MP, Medi Point)와 메디토큰(MED, Medi Token)이 있다. 메디포인트(MP)는 메디블록 플랫폼 상에서 수행하는 활동을 통해서 획득할 수 있다. 이것은 일종의 참여도, 평판, 기여도에 대한 지표로서, 사용자간 교환이 불가능하고 플랫폼 외부로 가지고 나갈 수도 없지만, 일정 기간 보유하면 메디토큰(MED)으로 교환할 수 있다. 반대로 메디토큰(MED)으로 메디포인트(MP)를 구매할 수도 있다.

메디토큰(MED)은 메디블록팀이 토큰 표준에 따라 발행하고 플랫폼 기여도에 따라 분배하고 판매도 한다. 메디토큰(MED)은 사용자 간 교환이 가능하고 다시 현실 화폐로 전환도 가능하다. 전체적 흐름을 보면 플랫폼 활동을 통해서 획득한 메디포인트(MP)는 메디토큰(MED)으로 바꿀 수 있고 메디토큰(MED)은 다시 현금이 될 수 있다. 반대로 현금으로 메디토큰(MED)을 구매하고 메디토큰(MED)으로 메디포인트(MP)를 구매할 수 있다.

메디블록팀은 이런 보상체계를 통하여 모든 이해당사자를 유인할 수 있다고 본다. 예를 들어서 의료 공급자가 자신의 의료데이터를 메디블록 플랫폼에 등록한다면, 해당 계정으로 대량의 메디포인트(MP)를 보상으로 받을 수 있다. 의료공급자는 이것을 다시 메디토큰(MED)으로 바꾸고 이어서 현금으로 전환할 수 있다. 따라서 의료 데이터를 많이 보유하고 있는 의료 공급자들은 추가적인 경제적 이익을 얻을 수 있다.

메디블록 역시 기능적인 완성만으로 충분하지 않을 것이다. 기존에도 의료 관련 응용프로그램들은 다수 존재했었지만 그다지 성공하지 못했었다. 관련 이해당사자들(사회집단)이 그 필요에 동감하고 참여하지 않거나 또는 참여할 수 없었기 때문이다. 의료 관련 플랫폼의 성공은 의료 데이터와 관련된 모든 이해당사자로부터 환영받는 것이 필수적이다. 어떻게 대안적 체계가 모든 이해당사자에게 환영받을 수 있을 것인가?

메디블록도 동일한 문제에 직면할 것이다. 메디블록은 현행 의료 시스템의 문제를 지적하는 대안적 체계이므로, 현행 의료기관은 이 시스템에 대해서 아무 이득이 없거나 더 나아가 손해라고 판단할 수 있다. 대안적 체계(환자 중심 관리)가 현재 지배적인 이해당사자(의료기관)에게 특별한 매력이 없거나 더 나아가 이해관계를 침해한다면, 그들은 대안 체계에 협조하지 않거나 때로는 적극적으로 반대할 것이다. 현재 가장 많은 의료데이터 보유하고 있는 의료기관이 자신의 데이터를 제공하지 않는다면 메디블록 플랫폼은 빈약해질 것이고 궁극적으로 충분한 참가자를 모을 수 없을 것이다.

메디블록은 모든 이해당사자에게 환영받기 위해서, 모든 참여자에게 그에 상응하는 보상(메디포인트와 메디토큰)을 지급한다. 원리적으로 이 시스템이 제공하는 보상은 '실재'가 아니라 '가상'이다. 다시 말하자면 현실 화폐를 한쪽에서 다른 쪽으로 이동하는 것이 아니라 새로운 가상 화폐를 생성해서 분배하는 것이다. 누구도 자신이 이미 가지고 있는 자원을 잃지 않고도 추가적인 보상을 얻는 것이다. 따라서 현행 지배적인 이해당사자(의료기관), 즉 의료 데이터를 많이 가지고 있는 의료기관은 자신의 데이터를 공유함으로써 많은 보상을 받을 수 있다. 일반 사용자들도 자신의 건강 데이터를 등록함으로써 보상을 받을 수 있다. 따라서 이 플랫폼에서는 '추가적인 보상'만 존재한다.

그런데 그 보상은 '실재'가 될 수 있어야 한다. 모든 이해당사자가 만족할 수 있는 플랫폼을 설계하는 것은 단지 기술적인 노력만으로 충분하지 않다. 참가자들에게 지급되는 보상이 단지 가상의 숫자에 머물지 않고, '실재적 가치'를 가질 수 있는지 여부에 달려있다.

그것은 사회적 차원의 문제가 된다. 메디블록 네트워크에 다수의 참여자들이 참여해서 보상의 규모가 상당히 성장해야 하고, 네트워크 외부에 있는 사회구성원들이 메디토큰(MED)과 현실 화폐를 교환하고자 욕망해야 한다. 외부 사회구성원들은 메디블록 네트워크의 규모와 역동성을 관찰하면서 그런 욕망을 형성할 것이기 때문에 메디블록 네트워크 내부와 외부는 서로를 구성해야 한다.

환자, 의료 데이터 생산자 되기

결과적으로 메디블록 플랫폼이 모든 이해당사자로부터 환영받을 수 있는 동력은 의료 데이터가 메디토큰(MED)을 거쳐서 현실 화폐로 전환되는 것이다. 동시에 그 과정은 사회적 정당화를 필요로 한다. 환자는 의료 데이터의 원천으로서 지위를 회복하고 또한 의료 데이터 생산자로서 의료기관과 동등해질 수 있다. 이것은 전통적인 지식생산자(의료기관, 의료전문가)의 지위에 대한 도전인데, 추가적인 보상이 그로 인한 저항을 해소할 가능성이 있다.

그러나 무엇보다도 다수의 환자(의료 소비자)들이 이 과정을 원해야만 한다. 그들이 자신의 의료데이터를 의료기관(병원)에만 맡기기보다는 스스로 통제하길 원해야 한다. 그런데 자신의 의료데이터를 직접 관리하는 일은 많은 주의와 노력을 수반하는 일이다. 여전히 대부분의 사람은 의료전문가가 그런 일을 대신해 주길 기대한다.

사회를 돕는 기술, 사회적 개입으로 완성되는 기술

기술은 사회문제를 해결하는 것을 도울 수 있다. 그러나 그 도움은 최초에 완성된 형태로 확정된 것이 아니다. 사람들이 기술의 도움에 매력을 느끼고 그런 도움에 반응해야 하며 때로는 적극적으로 개입함으로써 기술은 완성되어 갈 수 있다. 다양한 블록체인 모델들은 지금 변화 중이다. 그 기술의 개발자들조차도 그 변화의 과정을 전혀 예상할 수 없다. 기술과 사회는 두 마리의 우로보스 뱀처럼 서로의 꼬리를 물고 있다.

[참고문헌]

김지연 (2018). 블록체인 비교연구: 비트코인·네임코인·메디블록. 과학기술학연구 18(3): 217-254.

Swartz, L. (2018) "What was Bitcoin, what will it be? The Technoeconomic Imaginaries of a New Money Technology", *Cultural Studies*, 32(4), 623-650.

한국에서 기술이 구성되는 방식

CHAPTER 4

이 장에서는 한국 사회에서 기술이 구성되는 방식에 대해서 좀 더 상세히 다룬다. 과학기술학 이론에 따르면 기술은 그 기술이 적응해야 하는 사회 환경의 영향을 받으면서 형성된다[1-1장 참조]. 이를 고려할 때 정보기술도 모든 나라에서 동일하게 전개되지는 않을 것이다. 우리가 만나는 정보기술은 우리와의 상호작용 결과를 포함해 갈 것이므로 다른 지역의 정보기술과는 달라질 것이다.

국가(정부)의 기술에 대한 개입은 사회적 구성의 중요한 부분이다. 1980년대 체신부의 기술 관리 수행 방식은 국가가 기술 형성 과정에 어떻게 개입하는지를 잘 보여준다. 그 방식은 이후 한국의 정보기술 규제 제도의 토대가 되었다. 지금도 여전히 한국의 통신 산업정책은 여전히 정부 주도 방식을 계승하고 있다. 한국의 통신 기술과 뒤이어 등장하는 정보 기술은 국가적 관심과 수행 내용에 크게 의존함으로써 고유한 기술 스타일을 형성했다.

한편 한국 사용자들도 통신과 인터넷 기술에서 고유한 특성을 보여주고 있다. 예를 들어서 한국은 전 세계적으로 자국어의 검색엔진을 사용하는 몇 안되는 지역 중 하나다. "어떻게 한글 검색엔진은 사용자를 얻었나?"를 알아보자. 한국적 특징을 드러내는 또 다른 대표적인 사례 중 하나는 인터넷 중독 예방 규제(국가정보화기본법 30조)다. 정보기술 관련 법제도와 정보기술의 형성 관계를 살펴보면 한국의 정보 기술 형성에 대해 더 잘 이해할 수 있을 것이다.

1 정부는 어떻게 기술을 관리하나

한국의 정보화에 대한 평가는 다양하다. 한편에서는 이전 산업화 전략의 한 유형에 불과했으며, 수출지향의 정보통신 제조업에만 치중했다는 비판이 있다. 다른 한편에서는 정보화는 단순히 IT 산업의 출현만을 의미하는 것이 아니라, 시민 사회와 시장 그리고 정부 사이의 의사소통과 의사결정 방식을 근본적으로 변화시켰다는 견해도 있다. 어떤 견해이든지 정보기술이 이전 산업 기술과 다르므로, 정보화에 조응하는 고유한 제도화가 필요하다고 주장한다는 점에서는 같았다.

에반스(Evans, 1995)는 한국의 성공적 정보화에 대해서 강력한 국가의 역할, 이른바 사회적으로 "내장된 자율성(embedded autonomy)"에 주목한 바 있다. 그에 따르면, 한국의 관료제는 우수한 실력자를 선택적으로 등용하고 장기간 경력을 보상함으로써 복종과 협력적 일치를 만들 수 있었다. 그들의 협력적 일치가 관료제에 자율성을 부여했는데 이들은 사회와 절연되지 않았고 오히려 정부를 사회와 묶어냈다. 동시에 사회적 연대라는 강한 설정을 내재화하면서 목표와 정책을 관철하기 위해 지속적으로 협상과 재협상의 제도적 채널을 만들어냈다.

체신부와 정보통신정책

대한민국 체신부

1980년대 상공부와 과학기술처는 정보화정책 주무 부처가 되기 위해 경쟁하고 있었다. 당시 상공부는 전자산업 정책을 주도하고 있었기 때문에 가장 유력한 정보화 정책의 후보자였다. 또한 과학기술처도 새롭게 등장한 강력한 후보자였는데, 당시 과학기술에 대한 정부 투자가 증가하고 있었다. 이 경쟁에 뒤늦게 체신부가 가담했다. 그런데도 체신부는 1980년대 후반 정보화 정책의 주무 부처가 되는데 성공할 수 있었다.

체신부가 정보화 정책의 주무 부처가 되는 과정은 통신 기술의 한국적 진화과정을 집약적으로 보여준다. 한국만이 아니라 거의 모든 국가에서 통신 기술의 개발과 확장은 중요한 관심사였다. 통신 기술은 대중적 관심이 높아서 상업적 성공을 보장하는 기술 영역이었으며, 국가적 차원에서도 안보적 중요성이 높은 분야였다. 미국 무선법(Radio Licensing Act, 1912)의 역사를 보면, 통신 산업에 대한 국가의 개입이 아주 오래 전부터 시작되었다는 것을 알 수 있다[3-1장 참조].

지역마다 차이는 있지만 대체로 통신 기술의 주무 부처는 산업이나 상업 관련 부처의 역할이거나 별도의 독립 위원회에 위임하는 것이 일반적 방식이었다. 한국도 경제성장의 일환으로 정보 기술을 수용하려했다는 점에서는 동일했는데도 상공부가 아니라 체신부에게 그 역할을 위임했다. 체신부가 어떻게 정보화 정책 주무 부처가 될 수 있었는지에 대해서 다음 몇 가지를 언급해 볼 수 있다.

우선 체신부는 오랫동안 전화 서비스를 운영해왔기 때문에 전기통신에 대한 구체적인 이해가 있었다. 물론 상공부와 과학기술처의 기술 이해가 부족했다는 것은 아니다. 상공부는 당시 컴퓨터 국산화 정책을 주도했고 과학기술처는 과학기술개발과 보급 업무를 관장했었다. 그런데 상공부와 과학기술처의 기술에 대한 이해가 정책 결정의 차원이었다면, 상대적으로 체신부의 기술적 이해는 전화 기술 운영 경험에 근거하고 있었다. 체신부는 한국전기통신공사(이후 한국통신)가 민간 기업으로 분리되기 전까지 전화 서비스를 직접 운영하면서 전기통신에 대한 기술적·정책적·사회적 작동을 학습할 수 있었다.

다음으로, 체신부의 정책 주도의 배경은 전화기술 운영에 대한 '사회적 지지' 때문이다. 체신부는 1960년대부터 꾸준히 문제가 되어 왔던 전화 적체를 해소하기 위해 정부-민간 공동 팀을 만들어 전전자교환기(TDX) 개발을 추진했다[1]. 체신부는 1981년부터 전화설비에 매년 1조원 이상을 투자하여, 1984년 전전자교환기(TDX) 개발에 성공함으로써 디지털 시외교환망을 완성했다. 1987년을 기점으로 전국 즉시 가설 체제가 가능해지면서 전화 적체문제를 완전히 해결했다. 이 프로젝트는 이후 한국의 산·학·연 협동 모델로 평가받았고 이후 정보기술 정책에 모범 사례가 되었다. 그 경험은 체신부 관료들에게 정보 기술에 대한 구체적 전망을 품게 했다.

이로써 체신부는 '편지나 배달하고 전화나 달아주는 별 볼일 없는 부서'에서 '정보화 사회를 선도하는 첨단 부서'로 변모했다. 더 나아가 체신부는 CDMA 개발도 주도할 수 있었다. 이런 배경에서 당시 김성진 체신부장관은 "컴퓨터와 통신의 결합 추세에 따라 정보

1) 한국전자통신연구소(ETRI) 양승택 박사가 TDX 개발단장이 되었고 서정욱 박사는 TDX 개발 품질보증단장을 맡았다. 이 개발 사업에는 총 240억 원의 자금과 1천여 명의 인력이 투입되었다. 당시 개발에 참여했던 서정욱 박사는 전전자교환기(TDX) 개술개발 경험과 그때 훈련된 기술자들의 역할이 컸다고 평가했다.

산업 육성은 체신부가 주도해야 한다"고 선언했다. 이렇게 체신부는 전기통신과 정보산업을 접목하는 방식으로 정책을 장악해 나갔다.

[그림 4-1] 1984년 체신부가 개발한 전전자교환기(TDX)

마지막으로 주목할 만한 것은, 이 과정에서 체신부가 정책 재원을 만들어내는 역량을 형성했다는 것이다. 기술 개발은 언제나 큰 규모의 초기 비용을 동원해야 했는데, 전통적인 국가예산 의사결정 절차에 따라서 진행되기 어려운 신속성과 유연성을 필요로 했다. 체신부는 전화 서비스를 운영하고, 전전자교환기(TDX)를 개발하면서 기술 개발에 필요한 구체적인 경험을 체화하고 있었다. 그래서 체신부는 독자적인 재원에 상당한 노력을 들였다.

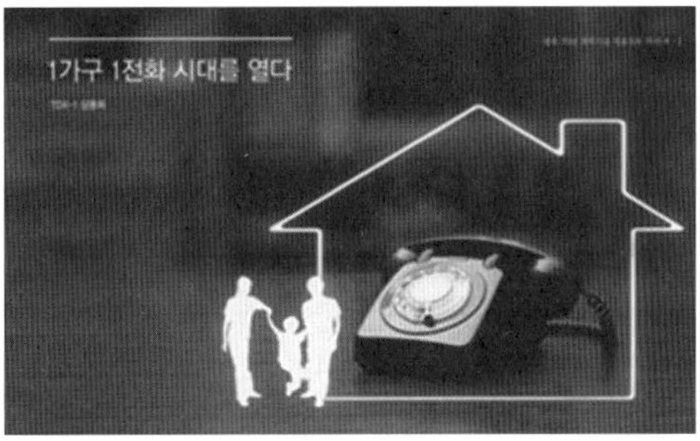

[그림 4-2] 1980년 대 1가구 1전화 시대 홍보 포스터

대표적인 사례로 체신부는 전기통신조직 부문을 한국전기통신공사(1981, 이후 한국통신)로 분리했고, 이를 통해 독자적인 재원 형성을 도모했다. 체신부는 한국전기통신공사의 예산에 대해 연구개발 등의 명목으로 출연명령을 내리거나, 정부보유 주식에 대한 배당금 명목, 수익에 비례한 연구개발 투자비 등의 방식으로 비용을 내도록 했다. 이를 기반으로 체신부는 대형 연구개발 사업과 정보화사업을 추진하거나, 산업계는 물론 관련부처 및 연구기관을 지원할 수 있었다. 이를 통해 체신부는 관련 전문가와 기관들과의 네트워크를 형성했고, 정보화정책의 전면에 나설 수 있었다.

더 나아가서 체신부는 안정적으로 재원을 마련하기 위해 법제도화 작업도 추진했다. 1985년 "정보화사회 기반조성법(안)"을 제안했는데 이 법안에는 '정보화사회 기반조성기금의 설치' 조항이 포함되어 있었다. 당시 이 법률안은 관련부처들의 반발로 기금 관련 규정이 삭제된 상태에서 "전산망보급확장 및 이용촉진에 관한 법률(1986)"로 변경되어 제정되었다. 이후에도 체신부는 정보화촉진법(1995)이 제정될 때까지 안정적인 재원 마련 시도를 계속했다.

정보 기술에 대한 열망의 구성

다수의 논평자들은 1980-90년 대 정보통신 기술의 큰 성공 이유로 '정부의 강력한 정책 의지'를 언급하곤 했다. 체신부는 "주위의 비난과 오해 속에서도 개발 의지를 굽히지 않았다"고 스스로 기록하고 있다. 실제로 체신부는 새로운 방식으로 기술 수용을 주도해 나갔다. 그러나 그런 체신부의 '강한 의지'는 내재적 동력만이 아니라, 전화기술에 대한 사회적 열광으로부터 온 것이었다.

전화서비스는 전 세계적으로 널리 수용된 기술인데 전화 서비스를 담당하던 부처가 곧바로 정보기술 담당부서가 된 경우는 거의 없다. 그렇다면 한국의 전화서비스는 다른 나라와는 다른 지위를 가지고 있었고, 그 때문에 전화서비스 담당자가 정보기술 담당자로 전환되었다고 보아야 할 것이다.

다수의 문헌들에서 전화 기술에 대한 대중적인 열광, 사회적인 열망을 발견할 수 있다. 한국에서 전화 기술에 대한 열망은 일제식민지 시대까지 거슬러 올라간다. 1930년대 전화수요 폭증은 '전화 브로커'를 탄생시켰다. 사회문제가 되자, 1938년 12월 전화매매업의 사영업을 금지하는 '전화업자 공인제'가 도입됐다. 그럼에도 불구하고 전화 시세는 계속 급등해서 "1400~1500원을 호가"했다. 당시 노동자 1 가구당 월평균 수입이 40원이었던 것을 감안하면 엄청난 금액이었다. 1939년 4월 경성에서 실시된 전화지급 개통신청 시 접수 4일 만에 4,548명이 신청했는데, 이중 조선인이 전체 60%(2,703명)나 되었다고 한다. 조선일보는 "경성은 바야흐로 전화광 시대를 연출하고 있다"고 전했다.

전화기술에 대한 열광은 계속되어 1960~70년대에 이르러서 더 많은 사람들이 전화 개통을 원했고, 전화공급은 만성 적체에 시달렸다. 그래서 전화 임대업이 성행했을 뿐만 아니라, 전화 청탁이 급증하여 관련 공무원의 뇌물 비리, 행정능률의 저하와 마찰이 심해지고 있었다. 전화 개설을 할 수 없는 사람들은 사적으로 전화를 거래했고, 전화의 매점매석과 전화 시세 조작도 빈번했다.

이에 체신부는 1970년 9월, 전기통신법 제24조를 개정하여 "가입전화에 의하여 공중통신역무의 제공을 받아 사용할 수 있는 권리를 양도하거나 증여 등을 할 수 없으며 질권의 목적으로 할 수 없다"고 선언했다. "실수요자 우선주의의 실현과 이권을 목적으로 하는 가수요자를 일소"하기 위해서, 전화가입권을 사용권으로 전환함으로써 전화가입권의 양도·증여 등을 전면 금지했다. 당시로서 전화 서비스의 공정한 사용을 위한 조치였다.

다만 이 법 개정 전에 성립된 전화가입 계약은 양도의 자유를 허용함으로써 기득권을 인정했다. 가입전화에 관한 사항을 기재하는 원부의 용지를 가입권이 계속 양도되는 전화는 종전대로 백색으로 하였기 때문에 '백색 전화'라고 불렸고, 새로운 규정에 의하여 사용권만 승낙된 전화는 그 원부의 색깔을 청색으로 하여 관리하였기 때문에 '청색 전화'라고 부르게 되었다.

전화서비스가 인기가 많을수록 체신부가 운영하는 재원 규모도 커졌다. 체신부는 전화 서비스를 직접 운영하면서 통신기술에 대한 사회적 열광을 직접 경험할 수 있었다. 그들은 기술에 대한 사회적 선택 압력에 호응하면서 성장했고 그들의 정책 설정은 사회적 환호와 상호작용했다. 게다가 체신부는 전화 사업을 통해서 통신 기술 개발의 특징을 잘 이해하고 있었다. 당시 체신부는 통신기술에 대한 사회적 열망을 가장 잘 대변할 '대리인'으로 위임하기에 알맞았다.

산업화는 뒤졌지만 정보화는 앞서가자!

전화 기술에 대한 열광은 정보화 압력으로 작동했다. 이 때 체신부는 "산업화는 뒤졌지만 정보화는 앞서가자!"라는 구호로 새로운 전망을 제시했다. 이것은 1993년 출범한 김영삼 정부에 의해 채택되었고 이후 '시대정신'이 되었다. 이후 언론에 의해 언급되면서 대중적으로 유포되었다.

오늘 朝鮮日報 창간 75주년

情報化운동 선언

산업화 늦었지만 정보화는 앞서자

21세기정보화포럼

[그림 4-3] 1995년, 조선일보에 등장한 "정보화 운동 선언"

"정보화" 구호의 확산은 체신부의 전망이 사회적 전망으로 전이되었음을 증명한다. 이 외에도 체신부가 사용한 정보화 관련 용어들은 거의 그대로 사회 전반에 전파되었다. 예를 들어 "정보 통신"이라는 단어는 1982년부터 체신부 관료들 사이에서 사용되기 시작했고 문헌상으로는 1984년 전기통신기본법에서 처음 등장했다. 이 단어는 이 법의 가장 마지막 줄에 단 1회 등장하며, 달리 그 용어에 대한 설명이 없다. 용어 설명이 필요하지 않을 정

[그림 4-4] 사진은 1996년 청와대에서 열린 종이 없는 '정보화추진 확대 보고회의' 장면이다(자료: 조선일보). 대통령을 주변으로 밀어내고 컴퓨터가 사진의 중심을 차지하고 있다.

도로 관료들 사이에서 익숙하게 사용되었던 것으로 보인다. 언론에 이 단어가 등장하기 시작한 것은 1990년이다. 네이버 신문검색에 따르면 1989년 이전에 이 단어는 사용된 적이 없다. 그런데 1990년 갑자기 287건의 기사가 출현했고, 매년 증가해서 1999년이 되면 3,598건에 이른다.

"정보화"라는 단어도 1984년 전기통신기본법에 의해 처음 등장했고 "정보 통신" 용어와 비슷하게 1990년부터 대중적으로 사용되었다. 정보화라는 단어 역시 1989년까지는 언론에서 사용한 적이 없었다. 1990년 언론들이 체신부의 "정보사회 종합대책"을 소개하면서 사용되기 시작했다. 2009년 정보통신산업진흥법이 제정되면서 비로소 명시적으로 용어 정의가 작성되었다.

> 정보통신산업진흥법(2009) 제 2조(정의) 1. "정보통신"이란 정보의 수집·가공·저장·검색·송신·수신 및 그 활용과 관련되는 기기(器機)·기술·서비스 등 정보화를 촉진하기 위한 일련의 활동과 수단을 말한다.

이들 두 단어의 사용은 거부감 없이 사회 속으로 스며들었다. 이 용어들은 미래에 대한 믿음을 담고 있었다. 이 용어들이 담고 있는 믿음은 정부 관료, 대통령, 언론, 대중의 방향으로 퍼져나갔다. 이는 '정보화'에 대한 사회적 합의가 만들어지는 순서를 보여준다. 부가적으로 주목하자면, 정보화에 대한 믿음의 형성, 사회적 합의의 구성이 일방향적이었다. 그 외 다른 방향, 예를 들어 정보화에 대한 상향식 의견 개진이나 반대 견해 등은 거의 존재하지 않았다. 또는 그럴 필요를 아직 느끼지 못했다.

한편, 체신부는 공중전화 낙전 수입으로 1989년부터 전국 초·중·고등학교 컴퓨터 지원 사업을 수행했다. 1996년까지 총 1,288억 원의 예산이 들었고 303,000 여대의 컴퓨터가 보급되었다. 당시 16비트 컴퓨터 가격은 400만원이 넘었기 때문에 일반가정에서 쉽게 구하기 어려웠었다. 학교 컴퓨터 지원사업과 함께 교육부에서는 컴퓨터 교육을 정규 교육 과정으로 편성했고, 이 과정에서 교육열이 높았던 학부모들은 새로운 기술 교육의 필요성을 이해하고 전국에 컴퓨터 학원이 번성하기 시작했다.

정보통신부, 정보 기술의 대변자

김영삼 정부는 "정보화촉진기본법(1995)"을 제정했고, 이와 동시에 "정보통신부"를 신설했다. 이 법은 정보산업의 육성을 내용으로 하면서도 기본법이라는 명칭을 사용했는데, "정보산업 자체가 자율경쟁과 개방화를 원칙으로 하기 때문에 특정산업 지원법을 만들 수 없"어서였다. 그리고 당시 체신부가 정보통신 정책을 추진하는 주무부처가 되는 것에 대한 반발을 최소화하기 위한 타협이었다.

이 법을 통해서 체신부의 업무전통은 정보통신부로 이전되었다. 이 법은 사실상 '정보통신부를 위한 법'이었다. 예를 들어서 정보통신부의 소관기능은 매우 상세하고 분명하게 규정하고 그 외의 행위자들-예를 들어 지방정부 또는 정보화추진위원회-의 역할에 대해서는 모호하거나 불충분하게 규정했다. 이 법에 의해 탄생한 정보화추진위원회 조차도 실제적 권한이 거의 없었다.

정보화추진위원회는 정보화추진계획을 심의하고 관련 사업을 조정하고 기금 운용방침에 관한 사항을 관장하도록 했고, 위원회의 구성은 국무총리를 위원장으로 하고, 재정경제원장관이 부위원장으로, 국회사무총장, 법원행정처장, 관계 행정기관의 장 중에서 위원장이 위촉하는 자로 위원을 구성했다. 민간의 참여방식은 없었고 다만 학계, 연구기관, 업계, 언론계 등을 대변하는 20여명의 자문위원을 두었다.

이 법 제정 이후 정보통신부는 역할을 명백하게 위임받아 성과를 낼 수 있었고 나머지 다른 행위자들은 상대적으로 무능하게 작동했다. 예를 들어 정보화추진위원회는 거의 활동하지 않았다. 정보통신부가 위원회의 활성화를 법제도상 역할도 모호했다.

그 외 재정 사용 방식에 있어서도 정보통신부를 위한 새로운 방식들이 정부 조직 안으로 흡수되었다. 이 법에 의해 신설된 "정보화촉진기금"은 일반적인 정부회계 분류에 따르지 않고 정보통신부가 직접 운영할 수 있는 재원이었다.

정보화촉진기금의 운영을 위해서 당시 홍재형 부총리는 이영탁 재경원 예산실장의 건의를 받아, 정보통신부와 'KT(한국통신) 매각 대금의 30%를 정보화기금으로 출연한다'는 내용으로 양해합의서에 서명해야 했다. 국가 조직 및 회계 구조 차원에서 볼 때 매우 예외적인 사건이었고, "별 희한한 양해각서"였다. 본래 국가 예산이란 국가 경영의 우선 순위에 따라 국회의 의결을 거쳐서 회계연도에 따라 증감하지만 이 기금은 그 모든 절차로부터 예외가 되었다.

그 "희한한" 시도는 바로 체신부의 사업 방식을 승계한 것이었다. 정부 예산은 항상 제한되어 있고 각 정부부처들 사이에서 경쟁이 심했고 재정 사용의 절차도 까다로웠다. 그래서 유연성과 신속성을 필요로 하는 기술 개발 방식에 적절할 수 없었다. 정보화촉진기금은 그런 문제들을 모두 해결해주었다. 정보통신부는 "정보화촉진기금이 정보통신 발전을 가능하게 한 가장 중요한 매개체"였다고 스스로 평가하기도 했다.

> "정보화촉진기금은 각종 정보화사업과 IT 연구개발 활동이 경직적인 예산제약에서 벗어나 탄력적으로 수행될 수 있도록 하였다. 정보화사업은 대규모 투자를 필요로 할 뿐 아니라 정보의 공동활용과 정보시스템 간 연계를 위해서는 다수 기관이 수년에 걸쳐 공동으로 추진할 필요가 있기 때문에 행정기관별로 일 년을 단위로 하여 성립 시행하는 정부예산으로서는 원활한 사업 추진이 어려웠다. 그러나 정보화촉진기금을 통해서는 정보화사업이 별도의 사업기간으로 설정되어 추진될 수 있었을 뿐만 아니라 소요재원을 신축적으로 조정할 수 있게 되어 기술 시장 환경의 변화가 정보화사업에 신속하게 반영될 수 있도록 하였다"
>
> 정보통신부, 2003

기금의 재원은 한국통신(주)의 출자금으로 출발했고 이후 주파수 할당대가를 주요 재원으로 했다. 정보통신부는 매년 1조 원 이상의 기금을 연구계, 학계, 산업계에 배분했다. 정보통신부를 중심으로 전문가들이 모이고 그들에 의해 정책이 집행되었다. 이 기금은 전화기술에 대한 사회적 열광이 한국통신의 매출로 환원되었고 그 중 일부가 정보화 정책 속으로 흡수되었다는 점에서 그 기원은 전화 기술에 대한 사회적 열망이었다.

정보통신부는 국가 조직이면서 동시에 정보산업 조직이었다. 정보통신부에 의한 정부 주도의 정보화는 초기에는 성공적이었다. 정보통신부가 주관하는 정보통신 연구개발 사업은 가장 규모가 큰 국가연구 개발사업의 하나였고, BISDN이나 CDMA 등의 연구개발 사업은 대표적인 성공사례이다. 정부주도 사업은 실패를 걱정하지 않아도 되는 이점도 있었다. 이들 연구개발 성과물-정보통신장비들-이 정부 및 공공부문에 의해서 대부분 구매되었기 때문이다. 정보통신부의 연구개발 사업은 안정적인 생산-판매를 미리 확보하고 있는 구조였다. 이런 과정은 정보통신부에 대한 기대와 권한을 강화했다. 그런 방식은 매우 효율적으로 보였다.

정보통신부의 강화

정보통신부는 스스로 권한을 강화했고, 이를 '시대정신'이라고 확신했다. 또한 정보통신부의 권한 강화는 의외의 영역에서도 일어났다. 다음과 같은 이야기가 있다. 1995년 정보통신부가 신규 이동통신사업자를 선정할 때의 일이다. 정보통신부는 1차 기술력 평가, 2차 출연금 심사로 정하고, 2차 통과업체가 동일점수를 받은 경우 추첨방식으로 사업자를 선정하는 3단계방식을 확정했다.

기업의 능력이 비슷한 경우 어느 한 기업을 선정하면 특혜시비가 일어날 수 있기 때문이었다. 추첨제는 탈락업체들의 불만을 최소화하여 사업자 선정문제가 정치화되는 것을 방지할 수 있었다. 정부의 재량권을 최소화하여 문제를 경제 영역 안에 국한시키려는 합리적 전략이었다.

그런데 당시 조선일보는 사설을 통해서 이를 "통신사업자 또 뽑기" 선정이라고 비난했다. 1, 2차 평가가 이루어진다는 점은 언급하지 않고 마치 모든 절차가 요행으로 진행되는 것처럼 공격했다. 여론을 의식한 청와대의 특별 지시가 있었고 정보통신부는 3단계 추첨방식을 배제해야 했다.

그렇게 변경된 방식으로 사업자를 선정한 결과, '우연히도' 조선일보가 참여했던 컨소시엄이 선정 명단에 포함되었다. 정보화 과정에서 언론은 정부의 강력한 지원 세력이었는데, 주요 언론사 대표들은 정보화 정책 초창기에 전문가 그룹에 포함되어 있었기 때문에 정보화 형성 과정을 가장 먼저 알 수 있었다. 그런데 간혹 이런 '이상한' 비판을 수행함으로써 정책 방향에 영향을 주었다. 조선일보의 논평은 적절한 공적 비판 기능이 아니었다. 이 사건은 의도하지 않게도 결과적으로 정보통신부의 재량을 강화하는데 기여했다.

이런 과정이 누적되면서 정보통신부는 정보화 정책에 대한 권한은 더 강력해졌고, 정보통신 선진국이라는 과제를 거의 단독으로 수행해 나갔다. CDMA 사업과 초고속 인터넷사업 등이 대표적이다. 기술 선정과정은 주로 기술 관료들과 그들의 지원을 받는 산업과 언론이 주도했다. 관련 정보가 거의 공개되지 않았기 때문에 일반 국민들은 부분적인 정보만을 얻을 수 있을 뿐이었다. 그렇게 공개되는 정보도 대부분 정부 정책을 지지하는데 도움을 주는 것이었다. 일반 국민들도 그런 사업 추진에 대해 크게 반발하지 않았고,

정보통신부에게 특별히 더 많은 관련 정보를 요구한 사례도 거의 없었다. 당시 정보통신부는 정보기술에 대한 우리 사회의 '대리인'였다.

[참고 문헌]

김지연 2016. 국가정보화법의 세계관과 그 시민들 - 정보기술 거버넌스에 대하여. 경제와사회 110: 300-331.

서정욱. 1996. 미래를 열어온 사람들: 통신과 함께 걸어온 길. 한국경제신문사.

Evans, Peter. 1995. Embedded Autonomy : States and Industrial Transformation. Princeton, N.J. : Princeton University Press.

정보통신부, 2003. 한국의 정보화전략, 한국전산원.

2 정부는 왜 정보화를 원했나

2000년 들어, 정부 주도 정책들이 점차 실효성을 잃어가기 시작했다. 세계 통신시장의 변화와 불확실성으로 인해 정보통신부 역할의 한계를 보이기 시작했다는 평가가 등장했다. 정부 스스로도 자신의 역할에 대해서 '규제자'에서 '이해조정자 또는 촉진자'로 변화해야 한다고 말하기 시작했다. 정부 스스로도 기술관료 중심의 통신 기술 성장의 한계를 인정하고 있었다. 구체적으로 행동의 변화도 있었는데 통신사업자 선정 방식에서 변화가 있었다. 정부 단독으로 결정하기 보다는, 시민단체와 산업계의 의견 수렴 후 심의위원회의 의결을 거쳐 결정하고 이를 정부가 수용하기로 했다.

규제자가 아니라 이해조정자로 전환

변화에 조응하기 위해서 IMT-2000 사업허가 정책방향을 수립하는 과정에서 정보통신부는 이전과 달리 많은 의견 수렴 절차를 거쳤다. 각종 관련 세미나와 공청회를 개최했는데, 관련 산업계는 자신의 입장을 명확히 밝히지는 않았지만, 선택폭이 넓은 복수표준 방식을 지지했다. 정보통신부는 '복수표준을 채택하여 업계가 자율로 결정'할 수 있도록 승인했다.

그런데 주요 3개 사업자가 모두 정보통신부가 지지하는 동기식 방식을 선택하지 않자, 정보통신부는 갑자기 자율방침을 전면 백지화했다. 정보통신부는 사업자들이 모두 비동기 방식을 선택하면 그동안 우위를 점했던 동기방식 산업 기반을 흔들 수 있다고 판단했다.

이 후에도 정보통신부는 "겉으로는 업체 자율을 강조했으나 실제로는 기회가 있을 때마다 주문사항을 제시"하곤 했다. 변화의 시도는 있었으나 '정보통신부의 강한 의지'는 여전히 작동했다. 정보통신부 중심의 정책 주도는 한계가 있다는 것에 대한 동의가 있었음에도 불구하고 여전히 정보통신부 중심 관점에서 벗어나지 못했다. 이 문제는 단지 합리성만으로 해소될 수 없었다. 정보통신부가 자신의 권한을 내려놓는 것만큼이나, 산업계 자율과 시민 참여가 필요했다. 그런데 오랜 동안 정부 주도 하에서 성장해온 산업과 시민 영역은 아직 자율성을 충분히 학습하지 못했다.

게다가 2000년 중반 이후 정보통신부의 출연금 부과방법, 부과기준, 기금 사용처에 관한 비판이 빈번히 등장하기 시작했다. 관련 사업자 선정 시 특혜 시비 논란도 자주 일어났다. 그 외에도 정보통신부는 계속 다른 정부 부처들과 업무영역이 중첩되면서 충돌했다. 정부부처 간 업무조정은 언제나 어려웠다. 누구도 각 부처들을 합리적으로 설득할 만한 공통의 기준이나 근거를 가지고 있지 않았다.

결국 2008년 이명박 정부가 출범하면서 정부개편을 통해서 정보통신부를 해체했다. 그리고 일반적인 정보통신 산업은 지식경제부로, 정보통신서비스 산업은 방송통신위원회로, 소프트웨어 산업은 문화체육관광부로, 국가정보화 기능은 행정안전부로 분할 이관했다. 정부는 그런 정부 개편 조치에 대해서 "실물경제의 융합과 지식정보화 흐름에 대응하여, 지식기반형 경제, 기술혁신형 경제로 탈바꿈하려는 국가전략"이라고 자평했다. 정보통신부 해체 결정은 정부가 주도하는 정보화는 더 이상 효율적이지 않다는 사회적 동의의 결과였다.

정보통신부 해체

정보통신부의 해체는 정보통신부가 규제자에서 이해조정자로의 역할 전환의 필요성을 인정하면서도 정작 스스로 역할 전환을 해내지 못함으로써 일어난 사건이었다. 그들은 아주 오랫동안 규제자로 학습해왔기 때문에 다른 역할(조정자) 수행을 어려워했다. '사회적 열망'을 대리할 수는 있었지만, 사회적 열망들 사이를 조정하는 일은 학습하지 못했다. 전자의 사회적 열망이 1980~90년대 하나의 표준화된 형태였다면 후자의 사회적 열망은 2000년대 다양하게 분화했다.

정보통신부의 해체와 동시에 정보화촉진기본법도 국가정보화기본법으로 대체되었다. 새로운 국가정보화 실행계획에서 구체적인 수행 주체는 이제 국가정보화전략위원회였다. 이 위원회는 행정안전부 지식경제부, 방송통신위원회로 나누어진 국가정보화정책을 통합하여, 조정·관리하는 역할을 하도록 설정되었다. 그런데 이후 국가정보화 정책은 순탄하지 않았다.

국가정보화기본법은 변화를 모색하고자 했으나 기술 정책의 주도권 문제에 대해서는 기존의 정보화촉진기본법과 크게 다르지 않았다. 법률과 담당부처는 달라졌지만 기대했던 변화는 일어나지 않았고 여전히 기술관료 중심의 정책이 그대로 유지되었다. 변화를 인정했지만 무엇이 변해야 하는지에 대해서는 구체적인 동의가 형성되지 않았던 것이다. 중앙통제적 관리는 해체되었지만 대안적 거버넌스도 수립되지 않았다. 정보기술 거버넌스에 대한 구체적인 논의도 없었다. 그러자 정보기술에 대한 사회적 통제는 혼란스러워졌다. 일부에서는 정보통신부 해체 이후 정보기술 정책 기능이 분산되어 종합적인 정책조정 기제가 작동하기 않는다면서 다시 강력한 주무부처 체제로 복귀하자는 주장도 일어났다.

정부의 기술관리에 대한 설명

정보통신부의 해체 이후 과정은 정부 방식이 아닌 새로운 방식의 거버넌스가 필요하다는 동의만으로 충분하지 않다는 것을 보여주었다. 모두 동의하더라도 그런 동의를 구체적으로 수행할 거버넌스는 구체화되지 못했고 다시 정부 주도 방식으로 회귀하려고 했다.

우리는 정부 주도 기술 관리가 적절하지 않다는 것에 동의하면서도 왜 적절하지 않은지에 대해서는 설명하지 않았다. 왜 정부가 정보기술에 대한 관리를 주도하는 것이 적절하지 않은지에 대한 이해 없이 막연히 변화를 기대했기 때문에 새로운 거버넌스를 구체화할 수 없었다. 우리는 먼저 지난 시기에 수행되었던 정부 주도 기술 관리에 대한 설명과 이해를 도출할 수 있어야 한다.

그러기 위해서 무엇보다도 기존의 정보기술 관리모델, 즉 정부 모델이 가지고 있던 의미와 결핍을 설명되어야 한다. 여기에서 정보화 법률을 분석함으로써 그런 설명 중 일부를 제시하고자 한다. 정보화촉진기본법과 국가정보화기본법은 대표적인 정보화 법률로써 정보기술에 대한 '권력의 집행문'이다. 우리는 정보기술 법률들이 어떤 세계관을 가지고 있는지 알아볼 필요가 있다. 미셸 푸코에 따르면 근대법의 세계관은 크게 '법의 의지', '법의 주체', '집행기관'으로 구성된다[1-5 참조].

국가정보화법의 세계관

정보화촉진기본법이 제정되었던 1990년대 중반 관련 자료들에는 "시대의 요구" 또는 "국가적 의지"라는 표현이 자주 등장한다. 그동안 한국 문화에서 '국가'라는 단어는 흔히 사회 공동체와 동일시하여 사용되어 왔다. 유사한 맥락에서 "정부의 의지"라는 표현도 빈번하게 사용되어 왔다.

> "1992년부터 추진되었던 제7차 경제사회발전 5개년 계획에서 정보화를 강조하게 되었다. 이 계획은 현 정부조직법상의 부처기능은 존중하면서 관계부처 합동으로 정보화 및 정보산업의 육성에 관한 정부의 **정책을 추진하고자 하는 의지**를 담고 있었다."
>
> 정영주, 2007

> "정보화촉진법은 정부의 정보화입국을 향한 **정책의지**가 담겨 있었고, **이러한 의지**는 정보화가 사회 전반에 걸쳐 상호 밀접하게 적용되어야 국가발전의 기반구조가 될 수 있다는 인식의 표출이었다."
>
> 한세억, 2011

> "한국이 초고속 인프라든지 모바일이라든지 스마트폰으로 변환하는 시대에 빠르게 대응할 수 있는 이유가 인프라 때문인데, 그 인프라에 우리가 남보다 앞설 수 있는 건 정부가 선도적이었던 **정부의 정보통신에 관한 의지**가 크게 작용했다."
>
> 김중태 IT문화원장, 2012 EBS 다큐프라임 IT문명 중에서

푸코의 도식에 따르면 '법의 의지'와 '정부의 의지'는 다른 개념이다. 엄밀하게 '정부의 의지'는 '법의 의지'를 정부가 해석한 것이지 법의 의지 그 자체는 아니다. 그러나 그 경계가 명확하지 않은 것도 사실이다. 정부의 해석이 법의 주체(국민/시민)의 해석과 차이가 적을수록 그 경계는 더 흐려질 것이다.

예를 들어서 "산업화는 뒤졌지만 정보화는 앞서가자"라는 구호와 관련 용어는 정부부처에서 시작되었는데 사회적으로 빠르게 확산되었다. 그들 구호와 용어들은 일반에 소개되자마자 즉각적으로 사용되었다. 새로운 구호와 단어의 형성은 단순히 단어 하나의 추가가 아니다. 그 구호 탄생은 그 필요를 대변하는 것이다. 어떤 용어가 사회적으로 유통되었다는 것은 그것에 함축된 신념이 유통되었다는 것이고 그런 신념이 사회적으로 수용되었다는 의미다. 당시 정부와 일반 시민은 경계가 모호할 만큼 동조하고 있었고 '정부의 의지'는 '법의 의지'와 동일한 것으로 간주될 수 있었다.

국가정보화법의 의지

법의 의지는 그 법이 선언하는 목적과 법집행의 방법(태도)을 통해서 해석되어야 한다. 우선 정보화촉진법의 명시적 목적은 "국민경제의 발전"에 기여하는 것이었다. 국민 경제란 사실상 국가 경쟁력을 의미하는 것으로서 냉전시대의 산물이다. 현대의 국가들은 모두 서로 자신의 지배력을 높이기 위해 경쟁하고 있다. 과학기술에 관해서도 국가(정부)는 언제나 국가의 경쟁력을 우선시 했고, 한국 정부도 이점에서 같았다. 정보화 관련 법들 역시 국가의 경쟁력을 중심으로 과학기술을 도구적으로 배치하고 있다.

정보화촉진법이 표명하는 목표를 보면, 정보화를 달성하면 그것이 곧 경제성장으로 이어질 것이라는 전망을 포함하고 있다. 이 관점은 기술 발전이 사회 발전을 주도할 것이라고 전제하고 있다는 점에서 전형적인 기술결정론이다. 오랜 동안 기술관료들은 기술변화가 사회변화를 주도할 것이라고 기대해왔고 그것을 사회적으로 유포했었다. 기술결정론적 관점은 정보기술과 사회와의 구성적 관계를 간과하는 경향이 있다. 그래서 정보화의 주체 문제는 생략하고 국가(정부)와 전문가 중심의 정책 결정에 의존했다.

> IT정책연구보고서는 ICT의 사회적 영향을 분석하는 접근방법에 대해서 지적하고 있는데 대표적으로 기술결정론적 관점에 대해서 "기술이 도입될 때마다 생활양식의 변화와 경제적 번영을 기대하는 장밋빛 전망이 반복"되었다고 분석했다.
>
> 한국정보화진흥원, 2011

2009년 정보화촉진법이 국가정보화법으로 변경될 때, 명시적인 법의 목적에서 "국민경제 발전"은 제외되었고 "국민의 삶의 질을 높이는 것"으로 한정했다. 대신 경제 발전이라는 목표는 정보통신산업진흥법(2009)으로 이전됨으로써 산업정책의 목표가 되었다. 이 법에 의해서 국가가 정보화를 수행하는 주요 목표는 이제 경제성장이 아니라 국민의 삶에 기여하는 것으로 확정되었다. 그런데 "국민의 삶의 질"이라는 개념은 모호했고, 기술관료들은 여전히 그것을 경제성장으로 환원해서 해석했다.

> "특히 IT는 초기에는 산업분야의 하나로 취급되어 경제침체의 돌파구로 인식되어오던 역할이 점차 사회전반의 인프라로 변화되고 있다. 이에 따라 정보기술을 통한 공공기관의 생산성 향상과 서비스 개선을 위한 전자정부 프로젝트가 정보화의 핵심 사업으로 추진되어 왔으며, 사회전반에 IT을 접목시켜 **신경제 창출** 및 국민 삶의 질 향상에 기여하는 핵심수단으로서 그

역할이 확대되고 있다"

대한민국정부, 2010: 35(강조는 저자)

문제는 정부기관 외에 정보화의 목표에 대해서 다른 해석을 부여할 수 있는 연관사회 집단이 거의 없다는 것이었다. 다시 말해서 정보기술에 대한 사회적 관심이 다양해지면서 기술 관료의 해석적 전망이 곧장 사회적 전망으로 채택되기는 어려워졌지만, 아직 대안적 해석은 등장하지 않았다. 때문에 구체적인 정책 집행 과정에서 여전히 기술 관료들의 관점 이 외에 새로운 관점이 실체적으로 부상하지 못했다.

정보기술에 대한 사회적 의미가 분화하고 있음은 "국가정보화"라는 개념에 대한 혼란이 존재했다는 지적에서 간접적으로 찾을 수 있다. 사실 개념은 언제나 혼란스럽다. 1990년 정보화 초기에도 "정보화"에 대한 명시적인 정의는 없었지만 누구도 개념의 혼란을 문제 삼지 않았고 따라서 신속하게 확산되었다. 당시 기술 관료들의 전망과 신념이 아무 저항 없이 그대로 사회적으로 수용되었다. 그런 점에서 볼 때 2000년 이후 개념에 대한 문제제기가 등장했다는 것은 정보화에 대한 신념의 혼란이 발생했음을 의미하며, 곧 정보기술에 대한 사회적 의미가 다양해졌다고 짐작할 수 있다.

그런 혼란은 이제 '정부의 의지'가 그 자체로 '법의 의지'와 동일한 것으로 간주될 수 없음을 의미했다. 정보기술에 대한 사회적 의미의 분화가 표면상으로 국가정보화 개념이 모호하다는 인식의 증가로 출현한 것이다. 따라서 그런 모호함의 제기는 그 자체로 의미 있는 변화이다. 오히려 단일하고 표준적인 '정부 의지' 보다, 다른 새로운 해석을 기대하는 것이기 때문이다.

이 법의 주체, '다수의 침묵자'

"이 법의 의지는 무엇인가?"를 알고자 한다면, 이 법이 이 법의 주체를 어떻게 설정하고 있는지를 보면 가장 잘 알 수 있다. 이 법이 그려내고 있는 주체의 모습은 현실의 주체를 구성할 수 있는 힘이 있는데, 이 법의 주체들은 이 법이 그려내는 주체의 이미지와 자신을 동일시하고 이 법의 관점에서 자기 자신을 관찰하기 때문이다.

정보화 초기에도 기술 관료들은 정보기술 분야에서 "민간의 참여와 주도"가 중요하다는 것을 이미 알고 있었다. 다만 그들이 보기에 일반 대중은 아직 정보화에 대해 이윤이나 성취에 대한 충분한 동기를 느끼지 못한 상태였다. 그래서 주요 의사결정이 이루어질 때마다 관료들은 자신들이 결정적인 역할을 해야 한다고 생각했다. 그런데 이런 생각은 국민 전체를 '부재자'로 설정하도록 만들었다. 다음은 이석채 전 정보통신부 장관의 회고 발언 중 일부이다.

> "CDMA 개발은 당시로선 불확실성에 대한 도전이었습니다...(생략)...만약 CDMA 상용화 실패가 두려워 이를 포기했다고 가정해봅시다. 정통부가 그런 식으로 정책을 변경하는 순간 사방에서 문제를 제기할 것입니다. 처음 CDMA 기술을 도입한 사람들과 상용화를 확신하는 연구진, 정치인, 그리고 다수의 침묵자들이 온통 들고 일어날 것입니다. 그들은 정통부를 건너뛰어 청와대를 공격할 것입니다. 그건 명약관화합니다...(생략)...정통부 장관이 그만둔다고 해결될 일이 아닙니다. 대통령과 정권 차원의 문제로 비화할 것입니다."
>
> 이현덕, 2012(강조는 저자)

여기서 "다수의 침묵자"란 일반 국민 대중 전체를 말한다. 이 발언의 내용으로 볼 때, 그들 "침묵자"들은 유사시 어떤 결정적인 힘을 가지지만 일상적으로는 소거된 상태로 존재하는 자들이다. 그들은 심각하게 결정적인 순간이 아니라면 현실로는 등장하지 않는 자들이다. 그래서 그들은 정보화 과정에서는 '가상적 존재'로 남겨졌다. 법률 텍스트에서 그들은 "국민"이라는 이름으로 호명되지만, 어떠한 행위도 하지 않으며 그저 '침묵자'의 이미지로 그려졌다. 그들은 단지 이 법률 집행의 대상이면서 이 법률의 최종 수혜 대상자로만 설정되어 있다.

이런 태도는 기술 관료들의 전문가주의와도 부합한다. 기술 관료들은 흔히 "한 명의 천재가 만 명을 먹여 살린다"는 견해를 피력하곤 했다. 전문가주의는 영웅주의의 한 형태다. 이 관점에 따르면 소수의 전문가들이 사회 전체를 위해서 결정적인 역할을 하고 상대

[표 4-1] 국가정보화기본법 속의 '국민' 예시 (강조는 저자)

제1조(목적) 이 법은 국가정보화의 기본 방향과 관련 정책의 수립 · 추진에 필요한 사항을 규정함으로써 지속 가능한 지식정보사회의 실현에 이바지하고 **국민**의 삶의 질을 높이는 것을 목적으로 한다.
제4조(국가정보화 추진의 기본원칙) ④ 국가와 지방자치단체는 **국민**이 국가정보화의 성과를 보편적으로 누릴 수 있도록 필요한 조치를 하여야 한다.
제15조(공공정보화의 추진) ① 국가기관등은 행정 업무의 효율성 향상과 **국민** 편익 증진 등을 위하여 ...(생략)... 정보화를 추진하여야 한다.
제29조(정보문화의 창달) ① 국가기관과 지방자치단체는 모든 **국민**이 국가정보화의 편익을 누릴 수 있도록 ...(생략)...시책을 마련하여야 한다.

적으로 일반 대중은 그 혜택을 누리기만 하면 되는 것이다.

기술 관료들은 국민 일반이 기꺼이 그들을 승인하고 따라줄 것이라고 경험적으로 확신했고, 이 법률 텍스트 안에 그런 인식이 반영되어 있다. 당시 일반 국민들도 기술 관료들과 마찬가지로 전문가주의에 동의하고 있었다. 국민 대중은 스스로 '침묵자'로서 남는 것에 동조했었다. 사실 이런 태도는 '근대법의 주체'의 모습이기도 하다[1-5장 참조].

그와 같은 문화는 기술 관료들이 국민(시민) 참여를 불필요한 것으로 다루는 태도에서 확인할 수 있다. 기술 관료들은 법률적으로 정해진 정보공개나 공청회와 같은 기본 절차들조차 일상적으로 무력화시켰다. 그들은 단독적 의사결정에 익숙했고 일반 국민이 그런 의사결정에 참여하는 것을 힘들어 했다. 그래서 정부기관들은 법률이 정하는 정보공개조차도 잘하지 않는다.

정부 기관들의 이런 불성실한 관행에도 불구하고 그동안 크게 문제되지 않고 유지될 수 있었던 것은 언론이 기술 관료들의 정책 결정을 홍보하는 역할을 해주었기 때문이다. 인터넷이 일상화되기 이전 언론은 정부와 국민의 거의 유일한 소통경로였다. 언론은 정부와 국민 사이를 양방향적으로 연결하기보다는 정부의 견해를 확산하거나, '또 뽑기선정' 사례처럼 때로는 정부를 비판하는 형식으로 언론사의 견해를 유포했다.[4-1장 참조] 그들은 일반 국민의 견해를 포집하는 방법론이 거의 없었고 그럴 필요도 느끼지 못한 것으로 보인다. 아무런 정보도 주어지지 않는 조건에서 개별 국민 또는 시민단체들은 정보화 정책에 대한 역량을 키우기 어려웠다.

기술의 주체: 건전한 이용자

국가정보화법에는 국민 이외에 "이용자"라는 행위자가 등장하는데 그들은 잠재적으로 '정보기술의 주체'다. 그런데 이 법에서 이용자는 주체적인 행위자로 그려지기 보다는 규제의 대상으로만 그려지고 있다.

이 법에는 이용자라는 단어가 총 10회 등장하는데, 이 단어는 다시 '정보화'와 '건전'이라는 단어들과 연관되어 있다. 이 법의 정의에 따르면 '정보화'란 "정보를 생산·유통 또는 활용하여 사회 각 분야의 활동을 가능하게 하거나 그러한 활동의 효율화를 도모하는 것"이고, 이용자들은 그런 정보화의 대상이다. 다시 말해서 이용자는 '정보통신서비스를 이용함으로써 효율화되어야 하는 자'들다.

또한 '건전'이라는 단어는 정보화촉진법에서는 3회만 언급되었는데 국가정보화법에서

[표 4-2] 국가정보화기본법 이용자 및 건전성 관련 조항 예시(강조는 저자)

제4장 국가정보화의 역기능 방지	제1절 정보이용의 **건전성**·보편성 보장 및 인터넷중독의 예방·해소	제29조(정보문화의 창달) ① 국가기관과 지방자치단체는 모든 국민이 국가정보화의 편익을 누릴 수 있도록 다음 각호의 사상을 포함한 정보문화 창달 및 확산 시책을 마련하여야 한다. 제30조(인터넷중독의 예방 및 해소 계획 수립 등) ① 과학기술정보통신부장관은 3년마다 관계 중앙행정기관의 장과 협의하여 인터넷중독의 예방 및 해소를 위한 종합계획을 수립하여야 한다.
	제2절 정보이용의 안전성 및 신뢰성 보장	제40조(**건전한** 정보통신윤리의 확립) 국가기관과 지방자치단체는 건전한 정보통신윤리를 확립하기 위하여 미풍양속을 해치는 **불건전한** 정보의 유통을 방지하고 **건강한** 국민정서를 함양하며, **불건전한** 정보로부터 국민을 보호하기 위하여 다음 각 호의 사항을 포함한 시책을 마련하여야 한다.

는 9회로 증가했다. '건전'과 같은 계열의 단어로 '건강한'이란 단어도 3회 출현한다. '건전하다'는 단어는 빈도의 증가와 함께 내용적으로도 더 중요해지고 있다. 이 법에서 '건전하다'는 의미는 "국가정보화 역기능 방지(제4장)"의 "정보문화의 창달 (제29조)"과 "인터넷 중독의 예방 및 해소(제30조)"를 통해서 볼 때, '과도하지 않은 정상적 사용'을 지칭한다[2].

예를 들어 '인터넷 중독'이라는 개념을 법률 용어로 채택한 것은 주목할 만하다. 인터넷 중독 개념이 아직 정신의학계의 공식적인 합의가 없는데도 불구하고 2009년 법률적으로 "질병"으로 규정되었다. 매년 발간되는 백서는 "건전한 정보문화 기반 강화"라는 주제 아래에 "정보문화 확산", "인터넷중독 대응", "정보윤리교육 강화"에 대해 보고하고 있다. 이런 맥락에서 볼 때 '인터넷 중독'이라는 용어는 의학적 차원이 아니라 규범적 차원에서 사용된 것으로, 이 법이 정보기술의 주체에게 요구하는 규율의 내용이었다.

종합적으로 보면, 이 법에서 정의하는 이용자가 된다는 것은 '정보화되어야 하지만 건전해야 하는 자'이다. 다시 말해서 이용자는 정보를 생산·유통 또는 활용하여 사회 각 분야의 활동을 가능하게 하거나 그러한 활동을 효율화하는 상태가 되어야 하되, '지나친 이용'으로 인한 '기능 손상'의 상태에 도달하지는 않아야 하고 국가기관이 권고하는 불건전한 정보의 접속을 하지 않아야 한다. 이것이 이 법이 원하는 이상적이면서 "정상적인 이용자"이다.

2) 제30조는 다른 조항과 비교해 볼 때 점점 더 매우 비대해지고 있다. 제30조의2(인터넷중독 관련 계획 수립의 협조), 제30조3(그린인터넷인증), 제30조의4(그린인터넷인증의 취소), 제30조의5(그린인터넷인증의 표시 등), 제30조의6(인터넷중독대응센터), 제30조의7(인터넷중독 관련 전문인력 양성), 제30조의8(인터넷중독 관련 교육) 등.

이런 경향은 컴퓨터 교육 내용에서도 드러나는데, 정부가 수행하는 거의 모든 기술교육 프로그램들은 기능적 역량 개발에 초점을 두고 있다. 시민의 일반 소양으로서 기술에 대한 비판적 역량을 강화하는 내용은 거의 없고, 대신 기술비판 교육은 인터넷 중독 교육으로 대체되었다. 교육 내용에서 정보기술과 그 이용자의 관계를 스스로 설정하면서 주체가 되도록 도우려는 시도는 거의 없었다.

이 문제는 정보화의 목표를 경제성장으로 설정했던 바와 관련이 있는데, 이용자는 기술의 주체가 아니라 정보화되고 건건해야 하는 자들, 즉 '인적 자원'으로만 그려졌다. 그래서 만약 그들이 '지나친 이용으로 기능 손상의 상태'에 도달한다면 중독이라는 질병을 치료하는 방식으로 관리하겠다는 것이다. 그 결과 이용자들은 정보화 담론에 참여하고 비판하는 경험과 학습을 사실상 방해받았다.

그 외 내용규제, 정보격차 해소, 개인정보침해와 같은 현상적인 역기능 문제는 강조하고 있지만, 정보기술과 사회와의 근본적인 관계 형성에 대해서는 관심을 두지 않고 있다. 정보기술을 통한 민주주의의 강화, 사회 소통강화, 정보사회의 주체로서 시민의 역량 문제는 언급되지 않는다. 오히려 "건전한 정보유통"을 근거로 인터넷 상에서 소통을 저해하는 규제들이 신설되었다. 이런 규제는 정부 기관의 역할을 강화되는 효과가 있지만, 상대적으로 이용자 스스로 판단할 기회를 계속 제한하는 결과로 이어졌고, 정보기술의 주체로서 이용자의 지위를 편협하게 만들었다.

정보기술의 사회적 관리

그동안 정보화 법률들이 제시해온 관리 제도는 정부부처의 직접 관리와 위원회 제도가 있다. 정보화촉진기본법 이후 여러 위원회들을 설치했고 주로 정보기술정책을 심의하거나 조정하는 역할을 부여했다. 위원회의 인적구성은 주로 정부 내 각 부처의 차관 및 장관들이었다. 2000년 이후 정부만이 아니라 민간 참여의 필요성이 제기되면서 민간전문가들이 포함되기 시작했지만 민간위원들의 역할은 크지 않았고, 정부부처의 업무를 지원하는데 그쳤다.

국가정보화기본법에 따르면 국가정보화전략위원회는 "국가정보화 추진과 관련된 사항을 심의하기 위하여(제9조)" 대통령 소속으로 설치된 조직이다. 기존 25명이던 위원수를 35명으로 확대했고, 민간전문가를 참여시켰다. 위원회의 위상을 대통령 소속으로 격상하였는데 정부위원들은 이를 오히려 부담스러워했다. 사무국을 두지 않기로 함에 따라 정책 집행이 사실상 불가능했다.

한편 민간위원들은 독립적인 의사결정을 기대하며 적극적으로 참여했는데 이 때문에 정부위원들과 긴장 상태에 놓였고, 결과적으로 자주 혼선이 있었다. 정부는 이 위원회의 정상화를 모색하기 보다는 위원회를 폐기하는 방향을 선택했다. 2013년에는 국가정보화법을 개정하면서 국가정보화전략위원회 조항을 삭제했다.

국가정보화전략위원회 대신 새로 제정된 "정보통신 진흥 및 융합 활성화 등에 관한 특별법(2013)"에 따라서, 정보통신 전략위원회를 구성하여 정보화정책 심의기능을 수행하도록 했다. 이 위원회는 국무총리 소속으로 그 지위가 한 단계 격하되었지만 기존의 위원회 보다 민간위원들의 비율이 상당히 높아졌고, 시민단체 대표자도 포함되었다는 나름의 의의가 있다.

위원회 제도의 실패는 무엇보다도 위원회에 부여된 '심의 기능'에 대한 합의가 존재하지 않았다는데 있다. 대체로 정부 부처는 '심의'를 '자문' 정도로 해석했고 상대적으로 민간 위원들은 심의를 적극적으로 해석했다. 위원회 행정 사무를 해당 정부부처에서 담당했기 때문에 실제로 집행 과정에서 위원회의 해석보다는 해당 부처의 해석이 더 강하게 작동했다. 위원회에서 다루어지는 의제는 사회적으로 주요한 내용이었지만 충분한 논의가 보장되지도 않았다. 또한 그 내용은 대체로 비공개였기 때문에 사회적 관심 의제로 확장되기도 못했다. 위원회의 사무국 역할을 하는 정부 부처는 위원회의 활성화나 자신들의 견해와 다른 사회적 관심사를 다루기를 원하지 않았다.

정보기술 거버넌스

한편 그럼에도 불구하고 위원회 구조를 끊임없이 구성했다는 점은 주목할 필요가 있다. 이것은 정보기술 분야의 제도가 전통적인 정부조직으로 포섭할 수 없는 실천의 영역이 있다는 함축이다. 1995년 당시 정보통신부가 정부 회계 구조에서 벗어나는 정보화촉진기금 제도를 만들었던 것도 유사한 맥락이었다.[4-1장 참조] 정보기술은 정부의 직접 관리 방식에 부합하지 않는 작동 맥락이 있다. 이는 여러 과정에서 확인되었고 여러 행위자들이 거의 모두 동의하는 것이었다.

푸코의 근대권력 도식[1-5장 참조]을 응용해 보면 [그림 4-5]과 같이, 정보화 법률들은 법의 차원과 정보기술의 차원이라는 이중의 차원을 포함하고 있다. 법의 차원에서 제도 영역에 '정부'가 있다면 정보기술의 차원에서 고유한 제도(예, 위원회) 영역이 필요할 것

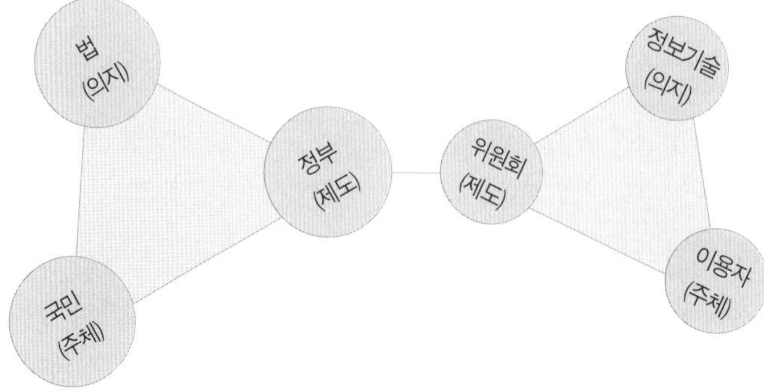

[그림 4-5] 법과 정보기술, 이중의 차원

으로 추론할 수 있다. 정부는 법의 의지를 집행한다면 위원회 조직은 '정보기술의 의지를 집행하는 역할'을 해야 한다. 여기서 '정보기술의 의지'는 그 기술의 주체들에 의해 구성된 권력이다. 그런데 이미 살펴보았듯이 위원회들은 법률적으로는 명시되어 있지만, 사실상 정보기술의 제도로서 독자적으로 기능한 적이 거의 없었다. 위원회의 주요 구성이 정부부처 위원들이었고 정부부처가 사무국을 운영했다. 사실상 해당 정부부처가 법의 차원과 정보기술의 차원 양쪽 모두에서 집행제도의 역할을 전담했었다.

4-1장에서 보았듯이 체신부-정보통신부의 업무 수행문화가 전통적인 정부부처답지 않았었는데, 이 현상은 사실상 독자적인 정보기술의 집행제도가 요구되었지만 아직 그럴만한 조건이 충분히 성숙하지 못했던 조건에서 가장 가까운 행위자가 그 기능을 대행하면서 나타난 현상이었다. 정부부처는 정보기술의 제도의 자리까지 점유했고, 법과 정보기술이라는 이중의 차원에 걸쳐서 관리제도의 역할을 수행했다.

정보통신부는 법과 정보기술 두 차원에서 동시에 집행력을 행사할 수 있었기 때문에 정보화 초기에 놀랄만한 효율성을 보여주었다. 그 대신 정보기술 차원의 독자적인 제도 형성은 어려웠다. 경제성장이라는 관점에서는 정부주도의 하향식 정책 추진방식이 더 신속하고 믿을만했고, 따라서 기술의 주체(이용자)에게 대표성을 부여하는 새로운 방법(거버넌스)을 숙고하거나 시도하는데 시간과 비용을 지불하려고 하지 않았다.

물론 국가정보화기본법은 어느 정도 반성적 내용을 포함하고 있다. 이제 정부부처는 법의 차원에서 그리고 기술의 차원에서 유일한 해석자 지위를 상실했다. 그러나 아직 대안적이고 새로운 해석을 제시하는 기술의 주체(이용자)집단이 형성되지 못했다. 때문에 지금도 여전히 이전의 정보통신부와 같은 강력한 '컨트롤 타워'를 만들어야 한다는 주장이 존재한다. 정부 모델을 극복하고 고유한 정보기술 거버넌스를 형성해야 한다는 전망은 논리적으로는 승인되었지만 실천적인 것으로 여전히 맹아적 상태에 머물러 있다.

좋은 거버넌스를 향해

이상으로 정보화 법률들이 함축하고 있는 '법의 의지'와 그 법의 주체 그리고 관리제도에 대해서 알아보았다. 여기서 우리는 몇 가지 점을 확인할 수 있다. 첫 째는 정보기술 거버넌스는 전통적인 정부조직이 아닌 새로운 관리제도를 필요로 한다는 점이다. 국가정보화법이 만들어내고 있는 혼선과 혼란은 정부부처가 직접 정보기술의 의지를 집행하는 기관이 되기 어려움을 보여주는 현상들이다.

1995년 체신부를 승계한 정보통신부는 법의 차원과 정보기술의 차원을 연결하면서 강력한 집행권을 위임받았었고, 성과가 있었다고 평가받았지만 그 효과는 일시적이었다. 정보통신부의 등장은 강력한 리더십을 가진 정부의 필요성을 증명했다기보다는 정보기술 분야의 고유한 거버넌스가 필요하다는 예시였다. 그들의 '정부부처답지' 않은 궤적은 사실은 정부 체계에 맞지는 않는 것이었기 때문에 지속적일 수 없었다. 그들의 궤적은 오히려 정보기술을 위한 독자적인 거버넌스의 필요를 드러낸 것이었다.

2009년 국가정보화기본법이 그 목적과 관리제도의 변화를 꾀했지만, 정부관료들은 여전히 정보기술을 경제 성장의 도구로만 해석했고 정부주도의 '중앙집중적 관리'에 의존하는 경향에서 벗어나지 못했다. 이제 지난 경험에 비추어 볼 때, 새로운 거버넌스는 정보기술과 그 기술의 사용자 사이의 상호적 구성을 지원하는 것을 자기 목표로 삼아야 한다. 새로운 거버넌스는 정보기술과 사용자의 관계에 대한 독자적인 해석을 제시할 수 있어야 할 것이다.

새로운 거버넌스를 위해서 우선, 정보기술 거버넌스 모델에 대한 연구와 실험이 필요하다. 정보기술의 분산적 특질에 맞게 그 집행 제도 역시 유연해야 한다. 이미 다양한 형태의 맹아적 거버넌스가 출현하고 있다. 정보기술 문제를 다루는 시민단체들이 오랜 경험을 축적해오고 있고, 정보기술기업의 자율규제 조직들이 등장하고 있다. 물론 관련 정부부처 역시 정보기술 거버넌스에서 배제될 필요는 없다. 정부는 정보화 과정에서 실천적 훈련을 했기 때문에 새로운 거버넌스 내에서 적절히 기여할 수 있다.

다음으로 법의 주체이면서 기술의 주체로서 일반 국민(시민)과 기술 사용자를 더 깊이 이해하기 위한 연구가 필요하다. 현재의 정보화 법률과 관련 정책들은 정보기술과 사용자 사이의 관계 설정에 대한 숙고가 부족하다. 기술 사용자들은 단순한 수혜 대상자가 아니다. 그들은 기술 형성 과정에서 중요한 동력으로 인정되어야 한다. 따라서 그들의 비판 역량과 기술 정책 참여는 중요하다.

2017년 문재인 정부와 함께 과학기술정보통신부가 만들어졌다. 과학과 기술 그리고 정보통신이 별개의 사안으로 다루어지기 보다는 통합적으로 다루어져야 한다는 점에서는 긍정적인 현상이다. 다만 지난날의 전통처럼 여전히 과학기술과 정보통신에 대한 국가 경쟁력 위주, 기술결정론적 세계관을 유지하는 것이라면 문제가 있다. 과학기술에 관한 문제는 단지 시간이 지나는 것만으로, 또는 단지 정치적 민주주의가 되는 것만으로 해소될 수 없다. 이 문제는 법의 차원과 정보기술의 차원에 대한 통합적 이해와 접근을 요구하고 있다.

[참고 문헌]

김지연 2016. 국가정보화법의 세계관과 그 시민들 - 정보기술 거버넌스에 대하여. 경제와사회 110: 300-331.

성지은 2005. 정보통신산업의 정책진화: 이동통신사업자 선정사례를 중심으로. 한국행정학보 37(2): 333-353.

이현덕 2012. 대통령과 정보통신부. 북콘서트.

정영주 2007. 정보화 추진체계 관점에서의 정보화촉진기본법 내용 분석. 사회과학연구 23(1): 169-191.

푸코, M. 2014 정신의학의 권력: 콜레주드프랑스 강의 1973~74년, 오트르망(심세광, 전혜리) 옮김, 난장출판. [Foucault Michel, 2008 Psychiatric Power: Lectures at the College de France, 1973-1974, Picador.]

한국정보화진흥원. 2011. "ICT의 사회적 영향분석을 위한 개념적 프레임워크". IT정책연구보고서시리즈.

한세억 2011. 정책결정의 설명모형과 입법적 시사점- 정보화촉진기본법 제정사례를 중심으로. 의정논총 6(1): 53-80.

3 통신회사는 왜 공유기를 반대했나

1998년~2000년 후반까지 10년이상 계속되었던 IP 공유기 논쟁은 한국 사회에서 드물게 일어난 대중적 기술 논쟁이었다. 당시 인터넷 사용이 일반화되기 시작하면서 IP 공유기는 대중적으로 확산되기 시작했다. IP 공유기는 인터넷 사용자 가정 내 단말장비로서 여러 대의 내부 컴퓨터가 하나의 IP 주소를 공유할 있게 해준다. 단말기는 모든 네트워크의 말단에 부착되어 최종 사용자의 네트워크 사용을 지원하는데, 대부분의 단말기 규칙은 해외 표준을 준용하거나, 정부 또는 관련 전문가에 의해 정의되어왔을 뿐 사용자의 관심의 대상이 아니었었다.

1998년 이후, IP공유기 사용이 급격히 증가하자, 네트워크회사(통신회사)는 사용을 제한했다. 이에 대해 사용자와 공유기 제조회사는 IP공유기 사용의 정당성을 주장하면서, 네트워크회사의 인터넷접속 서비스에 대해 문제제기했다. 네트워크회사들은 왜 소박하고 볼품없기까지 한 이 인공물에 대해서 끈질긴 배제정책을 고수한 것일까?

인터넷 대중화, 저렴한 접속

1990년대 후반, 초고속 인터넷 접속이 서서히 증가하면서 벤처 기술회사들은 국제기술표준에 따라 IP 공유장비와 프로그램 패키지를 시장에 내놓았다. 이 장비는 작고 단순해서 개발·생산하기 쉬웠다[3].

IP 공유기는 특히 가정이나 소규모 사무실 환경에서 저렴한 비용으로 네트워크 접속을 할 수 있게 해주었다. 이 장비의 주요기능은 IP주소 변환인데, 여러 대의 컴퓨터에서 하나의 IP 주소를 사용하여 인터넷 접속할 수 있다[4]. 내부 컴퓨터들이 IP공유기를 중심으로

3) 닉스전자는 1999년 인터넷공유프로그램인 '사이넷(SyNET)'을 개발했다. 2002년 다수의 IP 공유기 제품들이 등장했다. 대중적인 제품으로 엘에이테크의 '애니게이트', EFM 네트웍스의 'IP-Time', 크레어네트웍스의 '아이박스', 바네트의 'IP-ASARER', 삼성전자 '매직 IP 스카이' 등이 있었다. 그 외 넷기어, 아수스, 링크시스, 넷기어, 벨킨 등 해외 제품들도 국내에서 판매되었다.

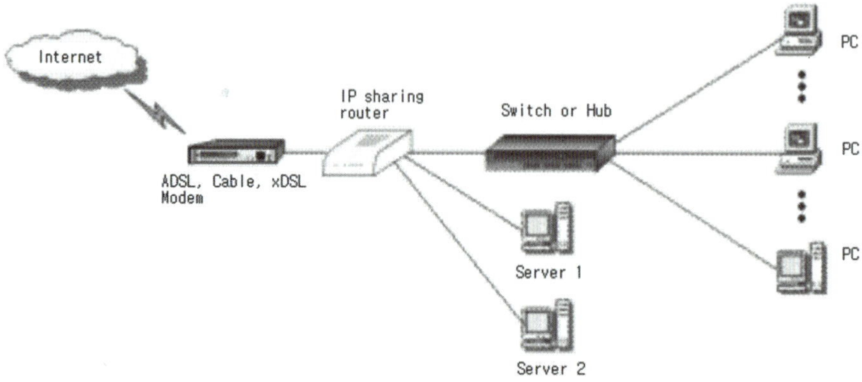

[그림 4-6] IP 공유기(sharing router)의 연결 예시

[그림 4-7] IP 공유기 제품 예시

연결되었고, 자연히 내부 컴퓨터 간의 자원 공유 기능도 추가로 개발되었다.

IP 공유기 금지 논쟁

인터넷 접속 서비스를 제공하던 두루넷과 하나로통신은 각각 1998년 9월과 1999년 7월 약관을 개정하여 추가적인 단말기를 사용할 경우, 추가 요금을 내야 한다는 약관조항을 만들었다. 이어서 2000년 12월 한국통신(KT)도 동일한 약관조항을 도입했다.

한국통신(KT)의 초고속 인터넷 이용약관 내에 도입된 이 새로운 조항에 따르면, 사용

4) 주소변환(NAT, Network Address Translation) : 이것은 IP 공유기의 기본 기능으로 내부 네트워크에 있는 컴퓨터장비가 외부 네트워크에 접속할 때 하나의 공인 IP 주소와 하나의 사설 IP 주소를 연결해준다. 하나의 공인 IP 주소로 최고 253개의 단말기를 동시에 사용할 수 있다. 이런 기능 때문에 사람들은 이 장비를 'IP 공유기'라고 불렀다. 컴퓨터엔지니어들은 주소변환기술(NAT)이 작동하는 장비라는 의미에서 'NAT box'라고 부르기도 했다.

자가 "약정한 수 이상의 단말기기(PC)를 연결하여 이용한 경우에는 계약을 해제"할 수 있다[5]. 그리고 1개의 PC를 추가할 때마다 15,000원의 요금을 더 부과하겠다고 밝혔다. 한국통신(KT)의 선언으로, 이 문제는 대중적 논쟁이 되었다. 한국통신(KT)는 국내에서 가장 많은 인터넷 가입자를 보유한 지배적 네트워크회사(NSP, Network Service Provider)였다.

네트워크회사의 정책은 사실상 IP 공유기 금지를 의미하는 것이었다. 사용자들에게 추가요금 지불은 민감한 사안이었다. 사용자들은 장비제조회사들과 연합하여 네트워크회사들을 공격했다. 인터넷 접속 비용은 가입자당 3~4만원 수준이었는데 컴퓨터 한 대가 늘어날 때마다 15,000원을 추가 부담해야 한다면 그들은 추가 사용을 포기해야 했다. 그리고 IP공유기를 구매할 필요도 없어지게 된다.

2001년 1월, 공유장비 제조회사들은 "인터넷공유기술협의회"를 구성하고, 그 약관조항이 공정거래법에 위배된다면서 정보통신부(통신위원회)와 공정거래위원회에 한국통신 등 주요 네트워크회사를 고발했다[6]. 이에 대해 정통부는 2001년 3월, IP공유기 허용여부는 관계법령, 해외사례 등을 고려할 때 "사업자 자율로 결정할 사항"이며, IP 공유기에 대해 요금을 부과한 관련 약관은 "불공정 약관이 아니다"라는 입장을 내놓았다. 이런 판단의 근거는 네트워크회사들이 약관조항에 이미 요금 부과 기준을 명시하고 있고 이를 원하지 않는 사용자는 계약을 해지할 수 있으므로 정당하다는 시장주의 관점이었다.

2001년 6월, 공정거래위원회도 "ISP의 IP 공유기 관련 이용약관이 '약관의 규제에 관한 법률'에 위반되지 않는다"고 해석했다. 정보통신부가 산업진흥과 규제 업무를 병행하고 있었던 반면에 공정거래위원회는 규제업무만 담당하는 기관이므로 네트워크회사의 주장을 선호할 이유가 없었지만, 공정거래위원회도 정보통신부와 같은 결정을 내렸다.

공정거래위원회의 관점에서 '인터넷 접속'이라는 서비스 상품을 어떻게 구성할 것인지는 서비스 제공회사의 의지였다. 또한 그것의 적합성은 시장에서 소비자의 선택으로 심판하면 되는 일이었다. 네트워크회사의 약관조항은 IP 공유기를 직접적으로 금지하겠다고 명시하고 있지도 않았다. 다만, 네트워크회사는 상품의 가격설정을 위해 단말기 사용수에 따라 요금을 차등하겠다는 것이었으므로 네트워크회사의 약관은 문자 그대로 법률 위반이 아니었으며 경제학적 관점에서도 타당해 보였다.

5) KT 초고속인터넷이용약관 제13조 (계약의 해제, 해지) 제3항 제8호: 케이티의 사전승인 없이 별도의 서브네트워크를 구성하여 약정한 수 이상의 단말기기(PC)를 연결하여 이용한 경우에는 계약을 해제하거나 해지할 수 있다.

6) 닉스전자, S&S글로벌넷, 삼성전자, 쓰리콤 등 통신장비업체 등이 가입하여 활동하였고, 초고속 인터넷 사용자 동호회와 연계하여 초고속인터넷사업자의 공유금지 약관에 반대운동을 추진하였다. 매일경제 2001년 6월 13일자.

연관사회집단, 다양한 해석들

여기서는 IP공유기 논쟁을 경제주의 관점 대신에 기술의 사회구성주의(SCOT) 방법으로 설명하려고 한다[1-2장 참조]. IP공유기를 둘러싼 여러 연관사회집단이 등장했고 그들은 IP공유기에 대해서 서로 다른 해석을 내놓았다. [그림 4-8]은 IP공유기 문제를 둘러싼 연관사회집단이다.

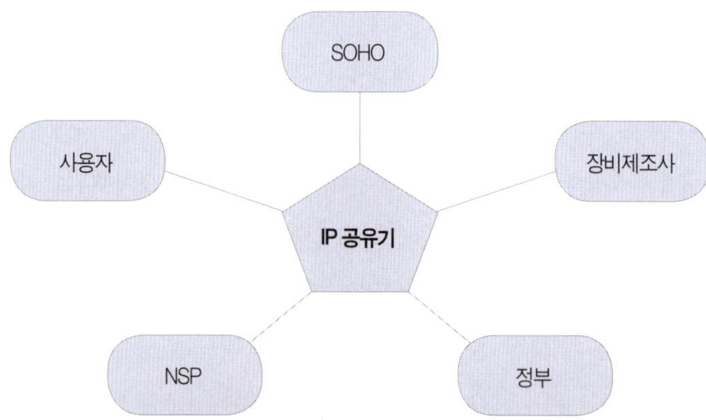

[그림 4-8] IP공유기와 연관사회집단

네트워크회사들(NSP)은 IP 공유기 제한 및 추가요금 부과의 근거로 다음 세 가지 이유를 들었다. 첫째, 불량 IP 공유기를 사용하여 네트워크 장애가 발생하고 그로 인한 네트워크 불안정성이 증가한다. 둘째, 네트워크회사가 예상한 네트워크 사용량을 능가하기 때문에 네트워크 부담이 발생하고, 그에 상응하여 새로운 투자를 해야 한다. 셋째, 상위 5%의 사용자들이 전체 트래픽의 95%를 사용하는 것은 형평성 원칙에 어긋나므로, 수신자 부담 원칙을 적용해야 한다는 것이다.

이에 대해 장비제조회사들과 소비자단체들은 IP 공유기가 국제적 표준 장비이므로 공유기 사용은 정당하다고 맞섰다. 또한 이 장비가 네트워크회사의 약관이 정하고 있는 '가입자 단말기(CPE, Customer Premises Equipment)'의 일종이므로 사용자에게 선택권이 있다고 주장했다. 더 나아가 사용자들은 인터넷접속서비스의 계약문제를 제기했다. [그림 4-9]

"한국통신은 초고속인터넷 통신망을 설계하면서, …… 처음부터 각 가입자에게 돌아가는 속도가 초당 11만6541비트로 제한됐다. 그런데도 사업자들은 초고속인터넷 상품을 팔면서 초당 100만~200만 비트의 속도를 제공한다고 선전했다 …… 과연 법으로 회선 공유를 금지하고 무단으로 회선을 공유하는 가입자를 제재하는 것이 타당한 행위인가에 대한 것이다. …… 특히 회선 공유가 문제가 되자 뒤늦게 약관에 기존에 없던 회선 공유 금지 조항을 추가시킨 상태에서, 이전에 가입한 사용자에게까지 이 조항을 소급 적용시킬 수 있는가 하는 것도 문제다.[7]"

반발이 있었지만 정부의 승인에 준하여, 네트워크회사들은 추가적인 단말기 사용에 대해 추가요금 부과를 추진했다. 그러나 사용자들이 추가 단말기를 자발적으로 신고하지 않았기 때문에, 네트워크회사들은 사용자의 공유기 사용을 확인하기 위해, 기술적 해결(technical fix) 방법을 택했다.

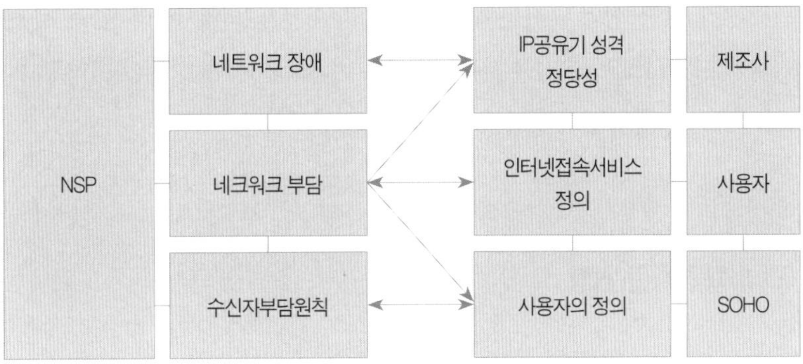

[그림 4-9] 연관사회집단의 주장과 대응관계

KT는 곧 IP 공유기를 모니터링 할 수 있는 장비를 개발했다. 2004년 8월, IP 공유기 설치여부를 식별하는 장비를 설치했음을 알리고, IP공유기를 사용할 경우 서비스 약관 위반에 해당하여 계약해지 사유가 된다는 것을 신문지면을 통하여 광고했다.

사용자들은 그런 식별장비가 가능한지에 대해 의심했지만, 그것은 실재했다. KT는 'U-CENS'라는 장비관리시스템 개발하고 운영했다(Park et al, 2008). 공유장비식별 시스템은 IP공유기 사용을 감지하고 필요하다면 사용자의 컴퓨터 화면에 안내 메시지(팝업 창)를 전송할 수 있었다.

한편 이에 대응하여 IP 공유기 제조회사들은 공유기 검출을 회피하는 기능을 개발하

7) http://myhome.hanafos.com/~newnawe/internet/share.htm (현재는 제공되지 않는 웹사이트)

여 자신들의 IP공유기 내에 포함시켰다. 일종의 '군비경쟁'이었다. 사용자들은 회피 기능을 선호했으며, 스스로 공유기 감지를 회피하는 방법을 개발하거나 그런 방법을 인터넷에 배포했다. 그렇게 공유기 논쟁은 시들해지는 듯했다.

2004년, KT는 신문광고를 통하여 공유기 관련 약관조항을 다시 홍보하기 시작했고, 재논쟁이 벌어졌다. 그런데 그 양상은 조금 달라졌다. KT는 단속대상을 일반 사용자에서 SOHO 및 중소기업들로 좁혔다. 그들은 일반 사용자라면 컴퓨터를 3대 이상 사용하지 않을 것이라고 주장했고, SOHO 사업자를 '불량 이용자'로 규정했다. KT는 자신들의 약관조항이 모든 사용자를 대상을 집행되기 어려웠기 때문에, 일반 사용자와 영리사업자로 분리하고, 부분적으로 약관을 적용하려 했다.

이에 대해 2004년 12월, 중소기업협동조합중앙회는 정부기관에 건의문을 제출했다. 그들은 IP공유기를 사용할 수 없게 되거나 추가요금을 지불해야 한다면 "중소기업의 부담을 증가시키고 IT 산업의 발전을 저해할 것"이라고 문제를 제기했다. 또한 "중소기업들이 비용절감 차원에서 IP공유기를 사용하고 있으며 사용자에게 허용된 대역폭 내에서 사용하므로 별도의 트래픽을 유발하지 않는다"고 주장했다[8].

인터넷 사용자들의 저항

2004년 7월 정보통신부가 인터넷접속 서비스를 기간역무로 편입했다. 그만큼 인터넷 접속서비스가 사회적으로 필수적인 서비스가 되었다는 의미였고 그에 따라 정부 규제를 더 받게 되었다. 그렇지만 한 달 후, 네트워크회사들은 IP공유기 식별과 추가요금 공지를 다시 시작했다. 더 강한 정부 규제를 받게 되었지만 네트워크회사는 IP 공유기 금지정책을 포기하지 않았다.

논쟁이 계속되자 이 문제는 국회의 주목을 받았다. 2004년 10월 국회 과학기술정보통신위원회는 정보통신부의 국정감사기간 중 IP 공유기 문제를 질의했다. 이에 정보통신부는 "IP 공유기 요금을 적정 수준으로 인하"할 수 있도록 협의를 진행 중이라고 답변했다.

2005년 3월, 유승희 국회의원과 녹색소비자연대는 공동으로 IP 공유기에 대한 정책간담회를 개최했다. 국회의 관심으로 네트워크회사의 공유기 금지정책은 난관에 직면했다. 정보통신부는 네트워크회사의 행위가 "IP 공유기 사용을 근절하는 것으로 이어지는 것

8) 일일 중소기업동향(2004-137호), 2004년 9월 2일자.

은 타당하지 않다"며, 합리적인 요금을 지불하고 IP 공유기를 사용할 수 있도록 요금인하를 권고했다. 그 결과 네트워크회사들은 추가 요금을 단말기 1대당 5,000원으로 인하했다.

국정감사 질의와 정책 간담회를 통해 논쟁이 국회차원으로 이동했지만 네크워크회사들은 개별 요금을 인하하는 정도에서 타협하고자 했다. 네트워크회사의 금지약관은 여전히 유효할 수 있었다.

한편 네트워크회사의 추가비용 집행과정은 그다지 순탄하지 않았다. 그들은 공유기 검출과 경고메시지를 전송할 수 있었지만 경고 메시지 전송 쉽지 않았다. 갑작스런 경고메시지에 놀란 사용자들이 강하게 항의했기 때문이다. 네트워크회사는 IP 공유기 검출 장비를 개발했지만 그것만으로 자신의 정책을 관철할 수 없었다. 장비제조회사들이 IP공유기 내부에 네트워크회사의 식별장비를 회피하는 기능을 추가 제공했기 때문에 모든 공유기 사용을 감지할 수 있는 것인지도 분명치 않았다. 게다가 그 감지 장비로는 사용자가 일반 사용자인지 SOHO사업자인지 식별할 수는 없었다.

그래서 네트워크회사들의 추가요금 집행은 일관적이지 않았다. 네트워크회사들은 공유기 사용여부를 검출하고 추가단말기 비용을 고지했지만, 비용 고지에 저항하는 사용자에게는 요금 부과를 철회했다. 매우 무원칙한 것이었지만 네트워크회사들은 경험적으로 항의하는 사용자는 일반 사용자이고 항의하지 않는 사용자는 SOHO사업자일 것이라고 추정했다.

한편 사용자들은 네트워크회사의 주장에 대해 때로는 구체적으로 때로는 감정적으로 공격했다. 사용자들은 서로 이 문제에 대해 많은 의견을 주고 받았다. 특히 IP 공유기 사용의 적법성 문제는 주요 관심이었다. 어떤 사용자들은 "인터넷 공유기 사용하는 거 불법인가?"라는 질문을 했고 다른 사용자는 그에 대한 답변을 달았다.

> "IP 공유기를 사용하는 것은 아무런 문제가 되지 않습니다. 그래서 인터넷 가입회사에서 그런 것을 방지하기 위해서 약관을 두고 있지만, 엄밀히 따진다면 불공정 약관에 해당하기 때문에, 추후에 문제가 된다면 법적 소송을 걸어서 승소할 수 있습니다. 하지만, ISP (인터넷 서비스 업체)에서 정한 약정에 의하면 인터넷 공유는 별도의 요금을 지불해야 합니다. 따라서 불법은 아니나 계약 혹은 약정 위반입니다. 하지만 이에 대해서도 법조계와 ISP업체 그리고 공유기 제작업체 측의 의견이 분분합니다. 법으로 확실하게 '인터넷 공유기 사용이 불법이다'라는 명시가 없기 때문이죠. 사실 확정 지어 불법이라고 정해졌다면 더 이상 인터넷 공유기가

9) http://kr.ks.yahoo.com/service/ques_reply/ques_view.html?dnum=J &qnum=4163831 (2005. 7.1 접속)

제조되어서도 판매되어서도 안될 텐데, 실상 시중에서는 얼마든지 인터넷 공유기를 살 수 있으니까 말이죠. 때문에 공유기 제작업체와 인터넷 서비스 업체간의 치열한 다툼은 좀 더 지켜봐야 하지 않을까 싶네요.[9]"

사용자들은 IP 공유기의 사용이 법적으로 금지된 것이 아니며 네트워크회사의 개별 정책이라는 점을 서로 확인했고 당시 상황을 '다툼' 상황으로 규정했다. 그들은 관련 논쟁이 지속되는 과정에서 전문가 또는 정부가 확정적 답변을 주지 못하고 있음을 인식했다. 그래서 그들은 정부기관의 해석을 무시했다. 그들은 '사전승인 없이' IP 공유기를 공공연히 구매했고, IP 공유기 비사용자들 조차도 네트워크회사의 정책에 동조하지 않았다.

인터넷의 국제성

IP 공유기 논쟁이 간헐적으로 지속되던 2007년 5월 25일, 한미 FTA가 타결되었다. 협정문 15장은 '전자상거래를 위한 인터넷 접근 및 이용에 관한 원칙'이라는 조항을 포함하고 있었는데, '미국 FCC 4원칙 중 연결성원칙(connectivity principles)'과 동일한 것이었다. 이 원칙은 국내 네트워크회사에게 불리한 것이었다. 인터넷 사용자에게 콘텐츠, 어플리케이션, 장비 선택의 자유를 포괄적으로 허용했기 때문이다.

이 조항들에 의한다면 IP 공유기 선택권은 사용자에게 있다. 이 협정문을 준수한다면 국내 IP 공유기의 사용은 정당성을 얻게 되고, 논쟁은 종결될 수 있었다. 그런데 아이러니하게도 한국 정부의 태도는 이 원칙을 꺼리는 듯 했다. 정부는 이 조항에 대해 부속서한을 제안했다.

"양 대표단은 제15.7조(전자상거래를 위한 인터넷 접근 및 이용에 관한 원칙)에 포함되어 있는 유형의 인터넷에 대한 접근 및 이용에 관한 원칙이 전자상거래 관련 활동을 위한 개방되고 경쟁적인 환경을 유지하고자 하는 양 당사국의 공유된 목적을 지지한다는 것과, 네트워크 제공자, 응용프로그램 및 서비스 제공자, 콘텐츠 제공자, 그리고 인터넷 사용자간의 적법한 계약적인 약정이 당사국의 관련 당국에 의하여 배타적이라고 간주되지 아니하는 한, 그것이 당사국에 의하여 이러한 원칙과 합치되게 집행될 수 있음을 인식하였습니다."

이 부속서한에 따르면 네트워크회사들의 IP공유기 금지정책은 한국 정부의 해석에 따라 유효성을 유지할 수 있다. 네트워크회사의 '공유기 금지 약관'은 한국정부에 의해 이미 허락되었으므로 한미 FTA가 비준되더라도 네트워크회사의 정책은 변경되지 않을 수 있는 것이다. 한국정부가 부속서한까지 만들면서 네트워크회사의 단말기 통제정책을 지지해 준 것이다.

네트워크회사의 공유기 배제정책에도 불구하고, 공유기는 점점 더 확산되었고 가정 내 일반적인 장비가 되어갔다. IP 공유기는 단지 저렴한 접속을 원하는 사용자만이 아니라 인터넷 사용자 전체로 스며들었다. 예를 들어 홈네트워크 시설을 훌륭하게 갖추고 있는 한 고급 아파트는 한 가구당 5개의 공인 IP를 할당할 수 있는 여유가 있는데도, 기가비트(gigabit)급 IP 공유기를 무상 공급했다. 이제 IP 공유기는 IP 주소 부족이나 인터넷의 효율적(저렴한) 사용을 위한 용도가 아니더라도 가정 내에서 필요한 장비가 되고 있음을 의미했다.

종결에 대한 해석적 다양성

연관사회집단의 등장은 IP 공유기에 대한 다양한 해석이 등장했기 때문이다. IP 공유기는 국제적으로 널리 사용되는 단순한 인공물이었음에도 불구하고 한국에서 이 논쟁은 종결에 다다르기 어려웠고, 오랜 동안 논란을 겪었다. 그 혼선은 우연적인 증상이 아니다.

IP 공유기 논쟁에 대한 종결은 모호한 점이 있다. 가장 가까운 곳에서 이 논쟁을 지켜본 사람들조차도 그 종결에 대한 의견이 달랐다. 한 네트워크 엔지니어는 IP공유기 논쟁이 이미 종결되었다고 평가했다. 네트워크회사의 IP공유기 금지조항은 공식적으로는 존재하지만 사실상 사문화되었으므로 다시 논의하는 것이 무의미하다는 것이다.

인터넷 사용자들도 공유기 금지조항이 사문화되었다는 점에 공감하면서도 동시에 모호함을 느끼고 있다[10]. 한 소비자운동 활동가는 이 문제는 아직 끝나지 않았다고 평가했다. 그는 네트워크회사들이 여전히 공유기 검출 시스템을 운영하고 있고 SOHO 사업자에 대해서는 제재조치를 하고 있다는 점을 들었다.

> "네트워크회사의 약관에 공식적으로 IP 공유기 금지조항이 여전히 존재하고, 지금도 부분적으로 사용자들을 압박하고 있다…한미 FTA의 네트워크중립성 조항도 부속서한 때문에…무

10) "이제 그만 공유기를 인정해 주세요" (http://cusee.net/2461890)

용지물이 됐다."

한 정부기관 정책담당자는 IP 공유기 논쟁은 언제든지 다시 쟁점이 될 수 있다고 보았다. 디지털 TV 셋업 박스(set-up box)와 같이 새로운 기술상품이 대중화 된다면 이 문제는 다시 제기될 가능성이 있다는 것이다. 셋업박스도 가입자단말기(CPE, Customer premises equipment)의 일종이고 IP 공유기의 사례를 본다면 네트워크회사는 자신의 허락 없이 셋업박스를 사용할 권한이 없다고 주장할 가능성이 있기 때문이다.

이러한 혼선은 네트워크회사들이 IP 공유기 금지조항을 계속 유지하면서도 그 집행은 일관되게 수행하지 않기 때문이었다. 네트워크회사가 IP 공유기 금지정책을 공식적으로 폐기하지 않는 것은 그들이 전통적인 통신회사에 기반을 두고 있기 때문이었다. 인터넷 접속서비스는 기존 전화네트워크를 사용했는데 전화 네트워크는 인터넷과 달리 중앙집중적 관리 방식을 취해왔다.

네트워크회사와 장비제조회사의 기술프레임

IP 공유기 논쟁을 좀 더 이해하기 위해서 이 논쟁에서 격돌했던 두 집단, 네트워크회사와 장비제조회사의 기술 프레임을 비교해 볼 수 있다. 기술프레임(technological frame)은 기술의 사회구성주의 이론에 등장하는 개념이다. 기술프레임은 개별 연관사회집단의 기본이론, 암묵적 지식, 설계방법이나 기준 등 공학적 실행, 특정 테스트 절차, 목표들과 관습들의 조합이다. 우리는 기술프레임을 그려봄으로써 개별 연관사회집단의 양상을 비교해 볼 수 있다.

[표 4-3]과 같이, 네트워크회사의 목표는 "네트워크접속 판매"이고, 장비제조회사의 목표는 "IP 공유기의 판매"다. 네트워크회사가 자신의 목표를 달성하는데 있어 직면한 주요 문제를 살펴보면, 네트워크 시스템과 네트워크의 성격 사이에 존재하는 긴장 상태 때문에 발생한다는 것을 알 수 있다.

네트워크회사들은 인터넷접속서비스를 제공하기 시작하면서, 새로운 긴장상태에 직면한다. 그 하나는 네트워크회사의 닫힌 시스템(Closed System)과 개방적인 인터넷 체계 사이의 긴장이다. 인터넷은 이질적인 네트워크들 사이의 연결을 허용하는 메커니즘이다. 인터넷의 개방성과 네트워크 회사의 폐쇄성은 상충했다. 네트워크회사는 물리적 네트워크를 관리하기 위해 거대 기술시스템을 운영하는데, 시스템관리자의 관점에서 가장 이상

[표 4-3] **기술프레임 비교**

	네트워크회사	장비제조회사
목표	네트워크접속 판매	IP 공유기 판매
주요문제	닫힌 시스템과 인터넷의 이질성(개방성) 간의 긴장 네트워크의 사적 소유와 공공적 성격 간의 긴장	네트워크회사의 금지정책 홈네트워크 정책에서의 누락
문제해결 전략	단말기 통제 네트워크분리 대중 홍보	사용자와의 상호작용적 문제해결
필요조건	정부의 승인 사회적 정당성	인터넷 접근성 증가 가입자단말기 선택권 증가
암묵적 지식	네트워크 관리 정책, 법률에 대한 이해	어플리케이션 최적화

적인 시스템 전제 조건은 외부환경의 영향을 받지 않는 닫힌 시스템이다. 이 시스템의 관리자는 불확실성(그리고 자유)을 제거하기 위해 관료제와 정형화 그리고 비숙련화에 의지하는 경향을 보이게 된다.

한편 네트워크회사의 시스템은 인터넷접속서비스를 제공하면서 인터넷의 이질성을 수용해야 하는 했는데, 그것이 네트워크의 안정적 유지와 양립 가능해야 한다. 그런데 네트워크회사의 관리적 책임 경계는 명확하지 않고, 법률적 또는 사회적인 측면에서 일관적인 것은 없었다. 2003년 통신위원회에 제기되었던 이용자 손해배상 사건 판정은 네트워크회사와 이용자 사이에 의견 차이를 보여주었을 뿐 아니라, 네트워크회사의 관리적 책임의 경계가 모호한 상태임을 드러냈다.[11]

또 다른 긴장은 네트워크의 사적 소유와 네트워크의 공공재적 성격 사이의 긴장이다. 물리적 네트워크는 사적 소유지만 인터넷 사용이 대중화되고 사용자들이 인터넷 사용을 일상적인 행위로 간주하면서 네트워크의 성격은 공공적인 것으로 변화했다. 네트워크의 성격은 네트워크회사에 의해 결정되기 보다는 사용자에 의해 더 결정적인 영향을 받는다. 네크워크의 가치는 얼마나 많은 사용자가 그 네트워크를 사용하는가, 그리고 그들이 그 네트워크 접속에 얼마만큼의 중요성을 부여하는가와 관련되어 있다.

네트워크의 공공재적 성격으로 인한 사회적 요구 때문에 네트워크회사는 자신의 사

11) 2003년 1월 25일, 웜바이러스로 인해 수 시간 동안 전국적인 인터넷접속중단 사건이 있었다. 일련의 이용자들은 KT와 정통부를 대상으로 손해배상을 요구하는 문제를 제기, 통신위원회 조정을 요청했다.

적 재산에 대한 결정을 부분적으로 공적 요구에 맡겨야 한다. 그것은 네트워크회사로서는 피하고 싶은 불확실성에 해당할 것이다. 네트워크회사의 IP 공유기 금지정책은 네트워크접속을 더 효율적으로 통제하려는 네트워크 회사의 기술 프레임에서 나온 것이었다.

IP 공유기 등장으로 인하여 네트워크회사의 기술프레임 내에 존재하는 긴장이 구체화되었다. 네트워크회사와 장비제조회사의 목표는 상호 영향을 주고 있는데, 네트워크접속 판매라는 네트워크회사의 목표는 IP 공유기 판매라는 장비제조회사의 목표에 의해 도전받게 된다. 네트워크회사의 관점에서 IP 공유기는 네트워크 시스템의 불안정성을 높이는 요소로 간주된다.

네트워크회사는 이런 긴장을 해소하기 위한 방법 중 하나로 IP 공유기를 통제하고자 했다. 네트워크회사들은 전화서비스시절부터 네트워크의 끝에 부착되는 가입자단말기(CPE)를 통제하기 위해 노력했었다. 네트워크시스템의 관리영역 밖에 존재하는 단말기까지 통제함으로써 네트워크 관리의 안정성을 높일 수 있다고 생각했다. 네트워크 관리시스템 내부로 단말기를 끌어들여 관리할 수 있다면, 네트워크회사로서는 안정적이고 예측 가능한 상황이 된다. 따라서 네트워크회사는 IP 공유기를 포함한 단말기에 대한 통제권을 유지하길 희망했다.

사용자들과 장비제조회사들이 반발하자, 네트워크회사들은 자신들의 정책을 일방적으로 설명하거나 신문광고 등의 대중적 홍보방법을 동원했다. 단말기정책 이외에, 네트워크회사는 관리의 안정성을 위해 네트워크 분리하기 전략, 즉 프리미엄 네트워크와 일반 네트워크 서비스로 이원화했다.

네트워크회사가 IP 공유기를 끈질기게 싫어하는 이유는, 개별 PC처럼 단순한 단말기에 머무르지 않기 때문이다. 이 장비는 그들의 네트워크시스템 관리 영역을 침범할 가능성도 있다. 실제로 IP공유기는 그 기능이 점차 확대되어, 사용자의 내부 네트워크를 관리하고 내부와 외부 데이터 전송 정책을 설정할 수 있다. 이것은 네트워크회사의 라우터가 하던 역할 중 일부이다.

네트워크회사와 장비제조회사의 기술프레임은 상호적이면서 길항관계에 있다. 사용자들은 두 개의 기술프레임 속에 자신의 주장을 담아냈다. 네트워크회사의 추가요금 부과는 사용자들이 스스로 사전 고지를 해 줘야 하는데, 사용자들은 그렇게 행동하지 않았다. 사용자들은 IP 공유기를 구매하여 사용했고, 장비제조회사들의 장비 개선과정에 참여했다. 사용자들의 다양한 의견은 장비제조회사의 질의응답 데이터베이스로 누적되었다. 그 결과 IP 공유기가 새로운 홈라우터(Home router)로 부상하고 있다. 사용자들은 자신의 권한위임을 네트워크회사로 부터 장비제조회사에게로 부분적으로 이동시켰다.

종결된 것과 종결되지 않은 것

IP공유기 금지 논쟁을 통해서 등장했던 6개의 주장은 [표 4-4]와 같은 종결 양상을 보였다. 세로 항목에는 네트워크회사의 견해를 배열하고 가로 항목에는 장비제조사, 사용자, SOHO집단의 대립적 견해를 배치했다. 각 견해는 5개의 지점에서 충돌했다.

네트워크회사는 IP 공유기가 네트워크의 장애를 발생시킨다는 입증을 하지 못했고 IP 공유기가 네트워크의 부담을 유발한다는 네트워크회사의 주장도 사회적으로 인정받지 못했다. 결과적으로 IP 공유기의 정당성을 확인하는 것으로 종결되었다. 네트워크회사의 금지약관에도 불구하고 사용자들은 IP 공유기를 자신들의 방식으로 사용했고 정부는 네트워크회사의 금지정책을 지지하면서도, 그것이 "IP공유기의 근절로 이어져서는 안된다"는 입장을 밝힌 바 있다.

반면, '인터넷 접속과 사용자 범위' 그리고 '네트워크부담 및 수신자부담 원칙' 사이의 충돌 지점들은 불분명한 상태로 남겨진다. 이 3 개의 충돌지점은 이 논쟁에서 합의에 도달하지는 못했다. 이것은 네트워크회사의 기술프레임과 단말기 제조사의 기술프레임 사이에 존재하는 긴장이다. 모호한 채로 남은 문제는 "누가 사용자의 데이터 전송에 대한 통제정책을 수행할 것인가?", "네트워크의 부담을 어떻게 정의할 것인가?"라는 질문으로 전환될 수 있다. 그것은 인터넷 기술에 대한 거버넌스 영역이다.

[표 4-4] 주장과 충돌의 지점

	IP공유기 정당성	인터넷접속의 정의	사용자 정의 및 범위
네트워크장애	◎		
네크워크부담	◎	△	△
수신자부담원칙			△

공유기로의 권한 위임

논쟁의 과정에서 IP공유기는 추가적인 진화의 경로를 밟았다. IP 공유기 개발자들은 장비를 개선하는 과정에서 사용자들의 '격렬한' 주장이 반영했다. 사용자들은 네트워크회사에게 인터넷접속서비스 문제로 항의했듯이 장비제조회사를 향해서는 공유기에 대한 많은 불만을 제기했다. 그 불만들은 공유기 속으로 내장되었다.

"인터넷 환경이 나라마다 다르다. 예를 들어 넥슨이 카트라이더라는 게임을 개발했다. 넥슨은 일반 통신환경에서 그 게임이 잘 작동하는지를 테스트했을 것이다. 그러나 구체적인 어떤 공유기 사용환경까지 테스트하지는 못한다. …… 우리 공유기 사용자가 그 게임을 할 때, 어떤 버그를 경험하게 된다. 그러면 그는 우리 회사 홈페이지에 불만을 남긴다. …… 우리 기술자들은 그런 내용을 보고, 그 게임을 우리 공유기 환경에서 테스트하고 보완할 수 있는 수정 사항을 찾는다."

장비제조회사 소속 면담자, 2009. 9. 3

공유기제조회사의 Q&A 게시판들은 사용자들과 기술팀 사이에 오고 간 질의응답들이 누적되어 있다. 그 질의응답들은 IP공유기 본래의 기능 개선만이 아니라 그 당시마다 인터넷 사용자들이 직면했을 '문제들'에 대한 대안을 포함하고 있다.

"…… 단지 공유기는 공유기의 기능뿐만 아니라 이 기종인 모뎀과 연결되어서, …… 최적화가 얼마나 되어 있는가가 공유기에 생명이기 때문입니다. …… 특히 많은 그에 따른 프로그램을 사용하고, 그에 대한 많은 사람들이 이용하기 때문에 서포트도 가장 빠른 지원이 가능합니다.(많은 사람들이 요구하니까) 그리고 개발자들도 두회사의 인원이 가장 많고요 …… 두 사이트의 커뮤니티에 가보면 알겠지만 하루에도 30건이 넘는 질문에 대한 답변 그리고 많은 사용자들이 사용한 내역 및 어떤 프로그램에 대해서 어떻게 사용한다는 등의 사용자들에 대한 Database가 가장 많이 쌓여 있습니다.[12]"

장비제조회사들은 사용자들의 불만을 수용했고, 그 결과는 IP 공유기의 새로운 기능들로 드러났다. 한국의 IP 공유기가 어느 지역 보다 빠르게 사용자들에게 수용된 이유이기도 하다. 2001년경, IP 공유기는 무선랜 기능과 결합하기 시작했고, '유무선 공유기'라고 불려졌다. 2002년 이후, IP 공유기는 본래의 기능에서 벗어나서 매우 다양한 기능을 추가했고, 그것은 홈네트워크 환경에 밀착되었다. 특히, IP 공유기의 네트워크 관리 기능이 점점 늘어났다. IP 공유기는 '외부서비스 접속차단', '트래픽분산', '원격제어', '네크워크 모니터' 등 다양한 기능을 내장하기 시작했다.

이 기능들은 본래는 네트워크회사의 임무이고, 네트워크 라우터의 역할이었다. 기술적 차원에서 IPTV 서비스의 트래픽 설정을 네트워크회사가 할 수도 있지만, IP 공유기 사

12) http://kin.naver.com/detail/detail.php?d1id=1&dir_id=10402&docid=596586&qb=sPjAr7Hiw9/DtQ==&enc=euc-kr&section=kin&rank=75&sort=0&spq=1

[표 4-5] IP 공유기의 개선된 기능들

연도	기능	내용
2002년	외부서비스 접속제한	내부 특정 PC의 인터넷 연결을 차단, 외부의 FTP, Telnet 등 특정 서비스를 차단.
	WEB, FTP 서버 운영	내부의 PC를 WEB, FTP, Telnet, 메일 서버로 운영하는 기능, 패킷포워딩 또는 DMZ 설정
⇓		
2003년	트래픽분산 (routing policy)	내부의 PC에서 외부회선(전용회선, ADSL, 케이블)으로 데이터 전송을 보낼 때, TCP/IP 서비스의 종류(포트번호)나 IP 주소로 트래픽을 분산시켜서 회선을 효율적으로 사용 최대 2회선(전용선, ADSL, 케이블)을 연결할 수 있어 트래픽 분산, 회선 장애에 대해서 백업회선 운영 가능
⇓		
2004년	원격제어	외부에서 공유기에 접속하여 설정내용을 변경할 수 있음
	넷 필터 서비스	VPN 또는 VoIP 서비스를 이용하는 사용자의 경우, 환경에 따라 ON/OFF를 선택하여 내부 단말기가 외부 네트워크와 통신할 수 있도록 지원
	Wake On LAN	원격지에서 내부 PC의 전원을 켤 수 있음.
⇓		
2005년	무선랜 기능	무선 네트워크를 이용. IEEE 802.11b와 IEEE 802.11g 표준을 지원, 무선 보안 기능 추가, ACL 무선 맥 어드레스 차단 기능 클라이언트 접속 허용여부 선택
	네트워크 모니터	네트워크 오류 및 웜바이러스로 인한 비정상적인 네트워크 동작을 감지하고 이를 차단하는 기능, 인터넷 트래픽의 양과 종류별로 감지 차단하고 그 내용을 이메일로 사용자에게 통지
⇓		
2006년	WAN, LAN 포트 정보확인 및 링크속성(속도) 변경	사용환경에 따라 모뎀과 공유기의 장비 호환성으로 속도 저하 또는 브라우저 지연현상이 발생될 수 있다. 환경에 맞추어 속도(Speed)를 선택할 수 있고, Duplex는 full 또는 half를 선택. LAN 포트별로 차단 허용 선택할 수 있음

용자가 할 수도 있게 되었다. 이제 트래픽 관리는 네트워크 회사의 단독의 역할이 아닐 수 있다. IP 공유기의 새로운 기능들은 사용자들에 의한 새로운 위임이며, '통제지점의 이동'이고 '권력의 이전'을 의미한다. IP 공유기는 네트워크회사의 배제 속에서도 일상화된 인공물(Mundane Artifact)이 되었고 새로운 기능을 위임 받으면서 가정 내부 네트워크를 관

리하는 임무를 수행하게 되었다.

네트워크회사가 실패한 것

이 논쟁의 초기, IP 공유기가 네트워크회사의 배제를 극복할 수 있을 것이라고 기대하기는 쉽지 않았다. 네트워크회사는 대기업이었고 나머지 사회집단은 신생 기업이거나 소수 집단이었다. 그러나 IP 공유기는 네트워크회사의 배제를 넘어섰고, IP 공유기를 구매하거나 사용하는 일은 자연스러운 일이 되었다. 모든 연관사회집단들은 IP 공유기 자체는 금지대상이 아니고 사용자의 선택사항이라는 점을 인정했다.

IP 공유기 논쟁은 단순한 개별 인공물 논쟁이 아니다. 네트워크의 성격 및 구조문제와 연관되어 있고, 네트워크와 사용자와의 관계를 정의하는 문제 즉, 인터넷접속의 정의문제와 연결되어 있다. IP공유기 논쟁에서 남겨진 문제들은 '네트워크 접속구조와 가격문제'라고 재정의할 수 있다. 방송과 통신이 융합될 뿐 아니라 모든 가전 네트워크와 무선 네트워크도 하나의 네트워크로 연결되고 있기 때문에 IP 공유기 논쟁에서 남겨진 문제들은 인터넷만으로 국한되지 않는다.

사용자들이 네트워크를 수용하는 정도에 따라 네트워크의 성격은 재정의될 수 있다. 사용자들은 이미 인터넷접속을 일상적인 생활로 간주하고, 인터넷 요금을 기본 생활비용을 계산하고 있다. 인터넷접속서비스는 사기업이 제공하는 상품이지만 사용자들이 보편적으로 이용할 필요가 있다고 생각하는 순간, 그 성격은 공적인 것으로 변하게 된다.

인터넷 접속 비용을 결정할 권한이 누구에게 있나? 네트워크 회사에게 있나? 아니면 공공 정책으로 결정해야 하나? KT와 같은 네크워크회사들은 본래 인터넷 서비스를 하기 위해 출현한 회사가 아니었다. 그들은 전통적으로 전화 통신 요금을 지급하는 방식으로 인터넷접속서비스를 제공하기를 원했다. 그러나 인터넷 기술과 사용자들은 그런 방식을 거부했다.

기술 논쟁이 가져다 준 이득

기술 논쟁은 대체로 까다롭다. 그러나 그 과정은 기술에 대한 이해를 돕는다. 사용자들은 전문가들처럼 기술을 이해하기 어렵다. 기술을 이해하는 데는 시간과 비용이 들기 때문이다. 그런데 기술 논쟁에 참여한 사용자들은 놀라운 정도로 기술에 대한 해석을 잘 해낸다. IP 공유기 논쟁은 사용자들이 가장 관심을 가진 사안이었다. IP 공유기 논쟁은 인터넷 기술에 대한 사회적 학습을 도왔다. 그 과정에서 사용자들은 기술변화의 방향에 개입할 수 있었다.

[참고문헌]

김지연. 2010. IP 공유기 논쟁: 네트워크와 단말기 사이의 분투와 종결. 과학기술학연구 10(1): 73-106.

Park, C. et al. 2008. NAT Issues in the Remote Management of Home Network Devices. *IEEE Network*. 22(5):48-55.

4 우리는 왜 네이버를 쓰나

1999년은 (주)지식발전소는 "엠파스"라는 서비스명으로 한글 자연어 검색을 시작했고, 비슷한 시기 "네이버" 검색 서비스도 등장했다. 오삼균·박희진(2000)에 따르면, 당시 한글 사용자들은 검색결과가 빈약하다는 불만이 있었는데, 특히 사회 정치 분야 보다는 연예, 오락, 음악, 생활 부분의 자료가 부족하다는 것이었다. 엔터테인먼트 분야에 대한 요구는 인터넷 사용자들이 주로 젊은 층이었기 때문이었다. 인터넷 사용자 층의 불균형은 이후 한글 검색엔진의 발전에 누적적으로 영향을 준다.

한글 검색엔진은 당시 영어 검색엔진과는 전혀 다른 문제에 직면했다. 당시 한글 검색엔진은 검색결과를 아예 찾을 수 없는 경우가 많았다. 이 경우 사용자는 "검색결과를 찾을 수 없습니다"라는 알림을 보게 된다. 검색엔진의 기술적 역량이 부족해서만은 아니었다. 검색엔진이 검색할 수 있는 한글 웹문서가 매우 부족했다. 그러나 사용자 관점에서는 한글 웹문서의 부족은 감지할 수 없는 것이었고, 그저 검색엔진의 '무능'으로 보였다. 게다가 한글 검색엔진은 한글 형태소 분석이라는 고유한 난관을 만난다. 이 때문에 한글 검색결과는 사용자의 검색의도와는 전혀 다른 것을 보여주기 일쑤였다.

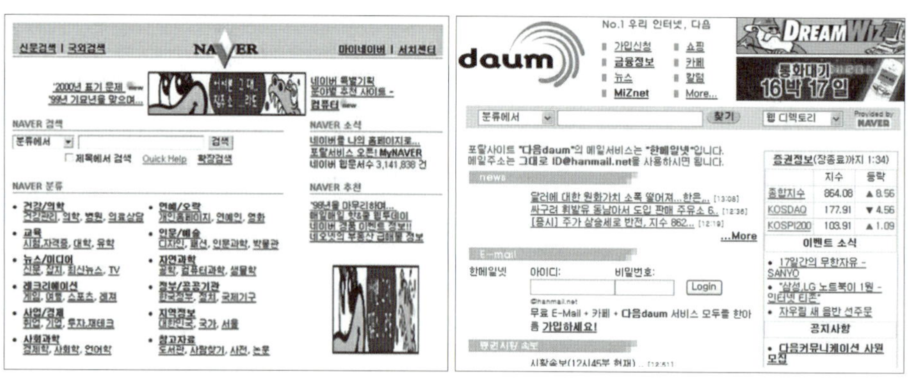

[그림 4-10] 초창기 네이버와 다음의 첫 화면

검색엔진의 한글 적응

초기 한글 검색의 난제 중에서 한글로 작성된 웹문서의 부족 문제는 '보다 뛰어난' 검색 알고리듬을 개발해야 하는 문제보다 더 시급했다. 1999년 당시 한글 웹 사이트 개수는 약 5만 여개 정도였는데, 검색할 만한 유용한 정보가 있는 웹사이트는 그보다 훨씬 더 적었다.

이는 검색엔진 기술 자체의 문제는 아니었지만, 검색엔진 기술이 성장하는데 있어서 극복해야 할 '결정적 문제'였다. 검색회사들은 검색기술을 개발하는 것만이 아니라, 그들이 수집해야 할 대상(데이터)도 스스로 만들어내야 한다는 것을 깨달았다.

결국 네이버를 비롯하여 검색회사들은 스스로 한글 데이터들을 디지털로 전환하기 시작했다. 가장 최근의 정보처리 방식에서부터 가장 오래된 정보처리 방식들에 이르기까지 데이터가 될 수 있는 것을 모두 검색시스템 내부로 끌어들였다. 신문서비스나 사전(辭典)서비스가 대표적인 사례이다. 한글 검색엔진들이 검색결과에 신문기사와 사전풀이를 기본으로 제공하게 되면서, 소위 "빈 페이지 문제"로부터 벗어나기 시작했다. 아직 관련 웹문서가 없는 질의어가 입력되더라도 그에 해당하는 사전적인 낱말풀이를 보여줄 수 있었다.

2000년 시작된 네이버의 "통합 검색" 서비스 역시 부족한 한글자료를 보완하기 위한 방법 중 하나였다. 개별 웹페이지를 단순히 순위별로 나열하는 것이 아니라 카페, 뉴스, 디렉토리, 쇼핑, 이미지, 동영상, MP3, 사전 등 섹션별로 노출해주는 방식이다. 예를 들어 "핑클"이라는 질의어가 입력된다면 사용자의 의도는 다양할 것이다. 핑클 멤버의 프로필을 알고 싶을 수도 있고, 사진을 보고 싶다거나 팬클럽을 찾고 싶을 수도 있다. 또는 핑클이 부른 노래를 듣고 싶을 수도 있다. 프로필을 알고 싶다면 블로그 범주로, 음악을 듣고 싶다면 동영상이나 MP3 섹션을 보는 것이 원하는 정보를 찾을 가능성을 높다.

각 범주별로 콘텐츠의 성격이 달랐기 때문에 웹문서를 일렬로 나열하기 보다는 범주별로 분류하여 묶어서 보여준다면 사용자들이 원하는 유형의 범주를 먼저 선택한 다음 구체적인 세부 콘텐츠를 찾으면 되기 때문에 원하는 정보에 다가갈 가능성이 높아진다. 이런 방식을 "통합 검색"이라고 지칭했는데, 부족한 한글 데이터를 '알뜰하게' 사용하기 위한 노력이었고 상당히 성공적이었다.

통합 검색 알고리듬은 섹션 별 클릭 횟수에 의존하여 섹션의 순위를 배치하기 때문에 각 키워드마다 섹션 배열을 달리했다. 해당 키워드 사용자가 평균적으로 많이 클릭한 문서의 섹션은 상위에 노출되고 그렇지 않은 경우는 하위에 노출되거나 아예 통합검색 결과에 노출되지 않는다. 이 알고리듬은 클릭 횟수와 문서 적합도가 비례한다고 전제하는 것이다. 그러나 사용자들의 의도는 다양할 수 있는데, 검색 알고리듬 상으로 적합해 보이는 문서지만 실제로는 사용자의 질의와 무관한 문서들도 존재했다.

한글 형태소 적용하기

한글 검색엔진이 직면했던 또 다른 주요 문제는 형태소 분석의 어려움이었다. 검색엔진은 주로 형태소를 분석하는 방식으로 색인한다. 대체로 명사가 문장의 주요 의미를 나타낸다고 보고, 문서 내 키워드의 빈도를 조사하고 가중치를 부여하여 색인을 만들어 저장한다.

그런데 한글문서의 경우 단순히 명사들의 배열 관계만 고려할 경우 문서의 내용을 적절하게 대변하는데 한계가 있었다. 영어권 자연어 문장들은 단어들이 주로 공백으로 분리되어 있어서 이를 중심으로 형태소 분석에 대입할 수 있었던 반면에 한글에서는 그렇지 못했다. 한글은 단어의 경계가 명확하지 않고, 문법적 기능을 하는 각종 조사 및 접사들에 의해서도 의미가 완전히 달라지곤 했기 때문이다. 그래서 단지 형태소 분석만으로는 색인으로서 제 역할을 하지 못하는 경우가 많았다.

이러한 한글의 특성으로 인해, 한글 검색엔진에서 사용자는 검색 의도와 다른 문서자료를 만날 가능성이 더 높았다. 이런 장벽을 넘기 위해 검색엔진 개발자들은 가능한 여러 가지 유형의 형태소 분절을 중첩적으로 고려해야 했다. 예를 들어 "먹이"라는 단어는 (1) 동물의 식량으로서 "먹이(명사)"는 물론이고 (2) 서예 도구인 "먹(명사)"과 조사 "이"의 결합어일 수도 있으며 (3) "먹다"라는 동사의 변형으로서 "먹"과 사역형 "이"와 현재진행형 어미 "는"의 결합어일 수도 있었다. 개발자들은 이 모든 상황을 예측하여 문서내용을 분석했어야 했다(윤성희, 2003).

이런 한글 형태소 분석의 난관은 한글 키워드를 다루는 검색엔진 개발자들의 역량을 강화했다. 영어권 검색엔진과 달리 한글 검색엔진에서만 나타났던 여러 가지 새로운 질서 형식을 불러일으키는 기초로 작동했다. 네이버의 지식in 서비스, 다음의 연관 검색어 서비스 등이 등장했다.

질의-응답 시스템: 현장지식을 흡수하는 기술

2000년 초 검색회사들은 한글 데이터를 빠른 시간에 생산해낼 새로운 방법을 더 찾아냈다. 당시 사용자들이 던지는 '기이한' 검색요청에 응답할 데이터가 '기술적으로' 존재하지 않았다. 사용자들이 원하는 상당수의 검색 요청들은 현장 맥락적인 것이었는데, 검색엔진은 그런 현장 맥락을 처리하기 어려웠다.

> "질의 결과가 "0"건이 나오는 것들을 가져다 놓고 고민했는데.... 사용자들은 "우리 동네 ○○슈퍼 언제 문 다시 열어요?" 같은 질문을 해요. 처음에는 "이거 미쳤나?"라고 생각했죠. "이게 검색엔진에게 물어볼 질문인가!" 하지만 답답하니까 물어본 거잖아요. 사람들은 그냥 질문한 것예요. 그런데 이런 거는 기술로 할 수 없어요. 질의한 걸 보면 사용자가 원하는 것이 뭔지 알겠는데, 그리고 누군가는 알고 있는 사람도 있을 텐데.........."
>
> 이해진, NHN CSO, 2012-11-22, 인터넷역사프로젝트 인터뷰 중에서

네이버의 "지식iN"(2002), 다음의 "아고라"(2004)와 같은 서비스들은 그에 대한 대응으로 부상했다. 지식iN 서비스는 검색 데이터의 최신성은 물론이고 사용자의 검색의도에 가장 근접한 결과를 제시할 가능성을 극적으로 높였다. 사용자들의 질의-응답 형식은 단지 더 많은 검색 결과를 만들어냈을 뿐만이 아니라 현장에 근접한 정보를 제공함으로써 정보 품질을 높여주었다.

지식iN 서비스는 마치 놀이와 같이 진행되었다. 질의를 한 사용자는 누군가의 답변을 기다리고, 답변들 중에서 가장 만족하는 것을 '답'으로 채택한다. 다른 사용자들도 답변의 적절성을 평가하여 추천할 수 있다. 사람들은 질문하고 응답하는 놀이에 빠져들었다. 그리고 검색엔진은 그들의 질의-응답 문서를 색인했다. 그렇게 되자 검색엔진은 일상적으로 궁금한 모든 것에 답을 주는 것이 가능해졌다.

아고라 서비스는 유사하면서도 조금 다른 형태로 이런 문제에 부응했다. 아고라 서비스는 누군가가 주장을 제기하면, 그에 대해 다른 누군가가 찬성과 반대 의사를 포함한 의견을 덧붙일 수 있는 전용 게시판이다. 그 외 모든 사용자들은 '찬성' 이나 '반대' 투표에 참여할 수 있다. 해당 글의 조회수/찬반 투표수에 따라 베스트 게시글로 등재되었다. 아고라 시스템은 다수의 '논객'과 열광적 '독자'들을 만들었다. 누군가의 질의에 답변하는 지식iN 방식과는 다르지만, 아고라 논객들은 동시대 사람들이 궁금해 할 주제들에 대해 논했다는 점에서 아고라 서비스 역시 일종의 '질의-응답 시스템'이었고 놀이였다.

아고라서비스를 유명하게 만든 계기는 미네르바 사건이다[5-3장 참조]. 그의 글은 매우 열광적으로 구독되었는데, 그 이유는 그의 글이 동시대 사람들이 잠재적으로 묻고 싶었던 문제를 제기하고 있었기 때문이다. 아고라 논객들과 사용자들 사이의 의견 교류는 즉각 웹문서가 되었고, 그것은 다시 검색엔진에 의해 분류·색인되어, 검색을 위한 데이터베이스 속으로 들어갔다.

한글 검색엔진의 공동 생산자

이렇게 한국의 대표적인 두 검색엔진은 인터넷 사용자 전체를 '답변자'로 동원하는데 성공했다. 달리 말하자면, 그들은 사용자들을 동원하는 새로운 형식을 발명해냈다. 이 형식을 통해 사용자들은 매일 엄청난 양의 웹문서를 기꺼이 생산해냈다. 결과적으로 한글 검색엔진은 '인간-질의자'의 물음을 충족시키기 위해서, 인간-답변자를 동원하여 더 많은, 그리고 품질이 좋은 자료를 생산하는데 성공했다.

인간-답변자들은 기계가 할 수 있는 것 보다 더 현장에 가까운 지식과 더 전문적인 정보를 제공할 수 있었다. 그리고 질의-응답시스템을 통하여 생산된 자료는 검색엔진이 관리할 수 있는 웹문서들이었다. 사용자들이 생산한 문서는 곧장 검색엔진에 의해 색인대상이 되면서 검색 알고리즘에 의해서 위계지어졌다. 그러고 나면 질의-응답에 직접 참여했던 사람 이외에 모든 검색엔진 사용자들에게 제공될 수 있게 된다. 한글 검색엔진의 검색 원천을 함께 구축했다는 점에서 한글 사용자들은 한글 검색엔진의 '공동 생산자'였다.

연관 검색어와 실시간 검색어: 사용자의 관심에 질서를 부여하는 기술

현재 한글 검색엔진에 입력되는 일일 질의어 수는 수 억 개에 넘을 것으로 추정된다. 대부분의 검색엔진은 질의어의 빈도와 양을 관찰하고 빈도가 높은 질의어 위주로 내용이나 특징을 분석한다. 질의어의 정규성은 검색엔진 관리자가 서비스 방향을 결정하는 중요한 근거가 된다.

> "키워드마다 가중치가 있어요. 많이 들어오는 키워드... 사업적으로 그것에 집중할 수밖에 없어요. 좀 더 디스플레이에 신경 쓰고 좀 더 많은 정보를 한꺼번에 보여주려고 노력합니다.... 영

화타이틀이라면, 비즈니스랑 연결되기도 하고 회사마다 특징을 살리려고 하는 것도 있기 때문에... 처음에는 감독이나 배우, 포스터, 런닝타임 정도를 보여주다가 시간이 가면 극장정보에다가 원작자도 나오고... 나중에는 케이블방송 정보도..."

김상호 네이트 검색팀장

질의어 통계정보를 바탕으로 "연관 검색어" 또는 "인기 검색어"와 같은 대중적 서비스가 개발되었다. 2004년, 다음은 검색서비스의 만족도를 높이기 위한 방법의 하나로 연관 검색어를 배치했다. 사용자가 "지하철"이라는 질의어를 입력하면 "지하철 노선", "지하철 시간표", "서울 지하철", "버스" 등과 같이 관련이 있을 것으로 추정되는 다른 질의어들을 함께 제시해주는 것이다. 만약 검색결과가 만족스럽지 않다면, 사용자들은 검색엔진이 제시해주는 연관 검색어를 참조하여 추가적인 검색을 이어갈 수 있다.

연관 검색어는 질의어들 사이의 연관도를 측정한 결과를 보유하고 있어야만 가능하다. 연관 검색어 추출방식은 입력되는 질의어들을 시간적으로 관측하여 일정한 질서를 부여하는 것이다. 검색엔진은 사용자들로부터 입력되는 매 순간의 질의어의 동향을 주시함으로써 다음 순간의 질의어의 동향을 관측할 수 있다. 어떤 사용자가 하나의 질의어를 사용하고 이어서 다른 질의어를 사용했다면 연속하여 입력한 질의어들 사이의 연관성이 높다고 추정한다. 다른 사용자가 동일한 질의어를 입력하는 순간, 검색엔진은 이전 사용자들의 질의 패턴을 참조하여 연관 단어를 제시해 준다. 그러면 사용자들은 적절한 질의어를 떠올리는데 도움을 받을 수 있고 최종적으로 검색 만족도를 높일 수 있다.

2005년 시작된 네이버의 "실시간 인기검색어" 역시 사용자들이 입력한 질의어들에 대해 일정한 질서를 부여하는 기술이다. 이 통계정보는 이용자들이 던지는 질의어를 "거의 실시간"으로 집계하여 10위까지 표시해준다. 좀 더 엄밀하게 말하면 실시간 인기검색어는 많이 입력된 단어의 순위가 아니라, 그 순간 입력량의 증가폭이 큰 순위를 보여준다.

예를 들어 "내일 날씨", "지하철 노선도" 등과 같은 검색어는 일상적으로 많이 입력되는 단어지만, 평상시에는 입력 횟수 추이에 큰 변화가 없기 때문에 실시간 인기검색어에 나타날 가능성이 적다. 그러나 태풍이나 첫 눈 소식이 있는 날에는 날씨 관련 질의어가 평상시 보다 많이 검색될 것이므로 인기검색어 순위에 등장할 수 있다. 평소 특정 검색어에 대한 평균적 입력횟수를 지속적으로 산정하여 저장하고 있다가 매 순간 평균적 범위를 넘어서는 단어 입력량의 정도에 따라 순위를 부여한다. 즉, 실시간 인기 검색어는 그 순간 '비정상적으로 많이' 검색된 단어의 순서다.

이 방법은 본래 검색품질을 관리하기 위한 것이었다. 실시간 인기 검색어는 사용자들의 검색 유형을 패턴화하여 미래 사용자들의 관심과 흥미를 포착함으로써 해당 단어에 대한 검색 결과를 미리 점검하여 사용자 만족도를 높이려는 것이다. 검색 품질을 유지하기 위해서 모든 질의어를 동등하게 관리하기 보다는 상대적으로 관심이 증폭되는 질의어를 중심으로 검색 품질을 개선하는 것이 검색엔진의 관점에서 효율적이었다. 검색엔진은 시시각각 변이하는 사용자들의 관심에 대해서도 질서를 부여하는 것을 학습해 가고 있었다.

사용자와 검색엔진의 상호적 강화

검색엔진은 순간적으로 인기를 얻은 단어의 등장을 단지 알려주기만 했을 뿐인데도 그것은 추가적인 변형을 불러올 위력을 가지게 된다. [표 4-6]과 [표 4-7]은 실시간 검색어의 위력을 단적으로 보여주는 사례 중 하나다. 대통령 선거가 있었던 2012년 네이버와 구글에서 "박근혜", "문재인", "안철수", "이정희" 키워드의 트렌드를 비교한 것이다.

당시 한글검색에서 네이버의 점유율(76%)이 구글의 점유율(4.5%) 보다 훨씬 높기 때문에 네이버와 구글을 단순 비교할 수는 없다. 네이버의 결과가 한국 사용자들의 정규성을 더 잘 반영하고 있을 것으로 고려하면서 비교표를 관찰해보자. 네이버 트렌드가 보여준 "박근혜"와 "문재인" 키워드 비율이 대통령선거에서 두 후보 사이의 득표율과 상당 정도 부합했음을 볼 수 있다.

두 회사 모두 키워드 트렌드 분포를 재현할 때, 해당 선택 기간 내에서 키워드들 중 최대 검색량을 보유한 키워드의 해당 시점을 "100"으로 지정하고, 나머지 키워드 검색량을 상대값으로 계산하여 표지한다. 대통령 선거기간 중, 이정희 후보는 토론방송에서 박근혜 후보를 맹렬히 공격하여 주목받았다. 그것을 반영하듯이 "이정희" 키워드는 세 번째 주간에서 각각 100(네이버)과 38(구글)로 급격한 상승을 나타내고 있다.

"이정희" 키워드는 전 기간에 걸쳐서 낮은 값을 가지고 있고, 네이버와 구글 모두에서 최소값(1)을 보유하고 있다. 그가 매우 낮은 지지율을 가진 군소정당 대표였으므로 낮은 키워드 값을 가지는 것은 현실의 상황을 잘 대변하는 것이었다. 그러나 네이버 트렌드 상에서 특정 기간(12월 3~9일) 동안 "이정희" 키워드가 최대값(100)을 차지하면서 '당당히' 다른 모든 키워드의 기준값이 되었다. 박근혜와 이정희 두 인물에 대한 지지도를 감안한다면, 네이버 트렌드 상에서 "이정희" 키워드의 최대값(100)은 실시간 인기검색어에 대한 사용자의 반응을 포함한 결과로 추정된다. 상대적으로 구글에서 이정희 키워드는 유사한

[표 4-6] **네이버 트렌드 키워드 비교(2012)**

	박근혜	문재인	안철수	이정희
11.19~11.25	11	20	26	1
11.26~12.2	12	12	10	10
12.3~12.9	15	13	22	100
12.10~12.16	14	13	30	14
12.17~12.23	57	34	8	20
12.24~12.30	7	4	2	5

[표 4-7] **구글 트렌드 키워드 비교(2012)**

	박근혜	문재인	안철수	이정희
11.18~11.24	18	17	43	1
11.25~12.1	35	20	16	3
12.2~12.8	46	22	19	38
12.9~12.15	51	31	11	20
12.16~12.22	100	43	11	19
12.23~12.29	24	7	4	5

시기 급격히 증가했지만 38에 머물렀다. 구글에서 최대값은 다섯 번째 주간(12.16~12.22)의 박근혜(100)였다.

> "실시간 검색어에 오르면 그래요... 모르고 있다가도... 보이니까 검색하잖아요... 영향을 안 미칠 수는 없어요. 실시간 검색어가 원래 그런 거니까...그러나 검색시스템의 영향이라기보다는 포털의 영향이라고 하는 게... 실시간 검색어는 검색서비스라기 보다는 포털 서비스이니까......"
>
> 박정아 다음 검색팀장

사용자들이 네이버 실시간 검색어에 노출된 "이정희" 관련 키워드를 보고 나서 추가적인 검색을 시도했다고 추론할 수 있다. 실시간 검색어 노출은 특정 키워드를 향한 사용자의 관심을 추가적으로 촉발함으로써 검색유입량을 자극할 수 있다. 이로써 단어관계 행렬 상에서 해당 키워드의 위계는 달라진다.

검색엔진의 자기 참조성

한글 검색엔진도 일반적인 검색엔진의 성격을 모두 가지고 있다[2-5장 참조]. 모든 검색엔진은 사용자의 명령을 잘 이해하고 더 만족할만한 결과를 수행하기 위해 지속적으로 노력하지만, 그럼에도 불구하고 웹문서와 사용자 사이를 '투명하게' 연결하는 것은 아니다. 본래적으로 문서들 사이에는 어떤 순위나 중요도도 존재하지 않으므로, 검색엔진이 부여한 위계는 '객관적'이라기보다는, 검색엔진 알고리듬 내에서만 충족적인 관계이다.

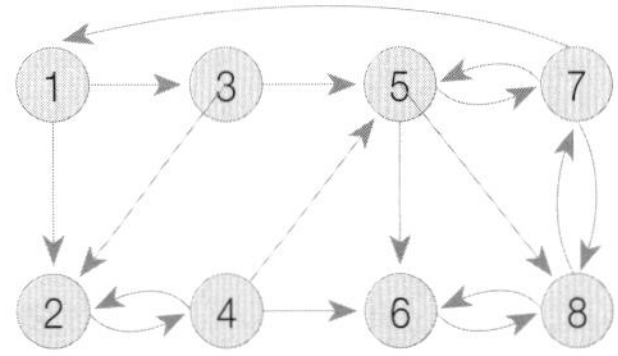

$$H=\begin{bmatrix} 0 & 0 & 0 & 0 & 0 & 0 & 1/3 & 0 \\ 1/2 & 0 & 1/2 & 1/3 & 0 & 0 & 0 & 0 \\ 1/2 & 0 & 0 & 0 & 0 & 0 & 0 & 0 \\ 0 & 1 & 0 & 0 & 0 & 0 & 0 & 0 \\ 0 & 0 & 1/2 & 1/3 & 0 & 0 & 1/3 & 0 \\ 0 & 0 & 0 & 1/3 & 1/3 & 0 & 0 & 1/2 \\ 0 & 0 & 0 & 0 & 1/3 & 0 & 0 & 1/2 \\ 0 & 0 & 0 & 0 & 1/3 & 1 & 1/3 & 0 \end{bmatrix} \qquad I=\begin{bmatrix} 0.0600 \\ 0.0675 \\ 0.0300 \\ 0.0675 \\ 0.0975 \\ 0.2025 \\ 0.1800 \\ 0.2950 \end{bmatrix}$$

[그림 4-11] 문서들의 하이퍼링크, 문서의 중요도(I) (자료: Austin, 2011)

검색엔진 알고리듬에 따라 최초에 설정한 중요도(I)는 다음 번 중요도(I)를 갱신할 때 호출되어 다시 참조되며, 문서와 문서 사이, 단어와 단어 사이의 순환적 연관성에 의해 상대적인 순위값이 부여 된다. 그리고 이런 방식이 그물망처럼 반복 되면서 어떤 것들 사이는 덩어리처럼 단단해진다. 이처럼 검색엔진 알고리듬이 부여한 질서양식은 자기완결적이고 재귀적으로 그리고 상승적으로 자기 자신을 강화한다. 검색엔진이 관측한 정규성은 사용자의 관심 그 자체라기보다는 검색엔진이 사용자의 관심이라고 해석한 것이라는 점에서 자기 충족적이다.

이런 현상은 키워드의 정규성을 측정할 때도 발생한다. 수 백 만개의 일간 질의어 중에서 서로 다른 질의어 수는 20-25만개 정도인데, 이중 최대빈도 일간 질의어 비율은 보통 2-4%에 불과하다. 나머지 많은 수의 질의어는 한두 번 정도만 입력된다. 가장 많이 입력되는 상위 1만개의 키워드가 차지하는 비중은 전체 입력 키워드의 극히 일부일 뿐이다. 검색엔진은 최대빈도를 나타내는 질의어들 쪽으로 무게 중심을 이동하고 다수의 '빈도가 낮은 질의어'는 추론의 효율성을 위해 폐기한다. 검색엔진에게 있어서 사용자의 질의어의 유입량은 '사용자의 관심의 양'을 의미한다. 검색엔진 데이터베이스 상의 '단어의 위계'는 '관심의 위계'로 해석된다. 선택된 키워드는 더 많이 참조되고 강화될 수 있고 선택되지 않은 키워드는 그럴 기회를 잃는다.

그러므로 '사용자의 의도' 자체와 검색엔진이 '사용자의 의도라고 해석하는 것' 사이에는 차이가 존재한다. 인간의 의도 또는 관심은 수학적으로 계산되지 않거나 잘 분절되지 않는다. 그런데 검색 알고리듬은 계산가능하고 분절가능한 단위로 그것을 전환하고 구조화하여야만 작동가능하다. 사용자들이 어떤 질의어를 입력할 때, 또 어떤 문서를 클릭할 때 검색엔진은 자신이 분절할 수 있는 단위 양식으로 그 행위를 포착하고 저장한다. 검색엔진은 자신의 알고리듬을 통하여 특정사실을 과도하게 강화할 가능성이 있다.

어떤 키워드가 실시간 검색어에 등장할 수 있다면, 극히 소수의 사용자만이 관심을 보이던 주변적 키워드이더라도 전체 사용자의 주목을 받을 수 있다. 이는 검색엔진으로 유입되는 검색(값)이 외재적 요소(사용자 검색)만이 아니라 검색엔진의 내적 작동도 포함한다는 의미이다. 이런 주변적 키워드의 부상은 누군가에게는 의미 있는 일일 것이고 다른 누군가에게는 문제로 해석될 수도 있다. 그럼에도 불구하고 실시간 검색어 서비스는 다양성을 포섭할 수 있는 가능성을 제시하고 있다.

일반적으로 검색엔진이 부여한 단어들 사이의 위계질서는 각 질의어의 유입 총량만을 고려하기 때문에 사용자의 관심의 정도가 큰 키워드에만 집중된다는 취약점이 있다. 그런데 실시간 검색어는 평균적 유입총량은 적더라도 순간적으로 유입 총량의 증가가 두드러지는 단어의 존재를 알려준다는 점에서 검색엔진의 새로운 시도이다. 결과적으로 실시간 인기검색어는 일시적이긴 하더라도 소수의 관심을 다수의 관심으로 전환할 수 있다.

검색엔진의 사회적 구성

검색엔진은 자신이 부여한 질서 양식 안에서만 입력된 명령을 해석할 수 있다. 검색엔진은 수집된 문서에 위계를 부여하는 기술, 입력된 단어들 사이에 위계를 부여하는 기술, 그리고 그 위계를 다시 참조할 수 있는 기술형식으로 변이해가고 있다. 이러한 검색엔진의 내적 질서는 홀로 형성된 것은 아니다. 검색엔진은 사용자와의 상호작용을 통하여 매 순간의 사용자의 관심을 추출하고, 자신의 내적 질서 속으로 흡수하여 검색 결과라는 '사실'을 생산한다.

사실 사용자의 관심은 사용자의 내재적 작동이므로 검색엔진은 그것을 직접 알 수 없다. 다만 사용자가 특정 단어를 검색엔진으로 투입하거나 반대로 검색결과 목록 중에서 어떤 것을 선택할 때 검색엔진에게 포착될 수 있을 뿐이다. 검색엔진은 사용자가 입력하는 여러 가지 값들-검색 창에 입력되는 단어나 검색결과 선택-을 받아들여 사용자의 관심을 추론한다.

물론 그 추론 과정은 검색엔진 자신의 내적 알고리듬에 의존한다. 한편으로 검색엔진은 사용자의 행위를 검색엔진 내부로 내재화하기 위해 자신의 알고리듬과 데이터베이스를 꾸준히 개선한다. 검색엔진과 사용자 사이의 상호작용이 거듭될수록 검색 알고리듬 내에는 사용자의 명령을 통하여 추론된 '사용자의 관심'이 재귀적으로 집적될 것이다. 이것이 '검색엔진의 합리성'이다.

그러한 합리성은 어느 정도 성공적이었다. 한국에서 야후나 구글 등 영어권 검색엔진은 여전히 네이버의 점유율을 넘어서지 못하고 있다. 한글 검색엔진은 한글 데이터 구축 등 한글의 특징에 더 잘 적응했다. 구글 검색엔진의 기술적 첨단성은 한글 사용자들에게 그다지 스마트하게 보이지 않았다. 사용자들이 원하는 것을 찾아주는 정도가 네이버 보다 못했기 때문이다. 한글 검색엔진의 발전사는 기술의 사회적 구성을 잘 보여주는 사례다. 최근 구글검색은 훌륭해지고 있다. 구글도 한글 사용자와의 상호작용에 힘쓴 결과다.

민주주의 문제

검색엔진의 사회적 적응은 몇 가지 문제를 불러일으키기도 한다. 가장 먼저 언급할 수 있는 것은 검색엔진의 대중주의이다. 사용자의 관심을 반영하는 과정에서 예상하지 못한 일도 일어났다. 검색엔진은 자신의 사용자 관심을 반영한 결과 엔터테인먼트 분야에 매우 많은 서비스 역량을 배치하고 있다.

2013년 3월 "이순신" 검색어에 대한 논란이 있었다. 드라마 "최고다 이순신"의 영향으로 "이순신"이라는 키워드 검색질의가 상승했다. 검색엔진은 자신의 알고리듬에 의거하여 "이순신" 키워드가 드라마 관련 키워드와 연관되어 등장하기 때문에, 이 키워드를 입력한 사용자가 드라마에 관한 정보를 원한다고 판단했다. 그래서 "이순신"이라는 질의어에 대해서 "이순신 장군"보다는 해당 드라마에 대한 정보를 상위 검색결과로 노출했다. 이것은 검색엔진의 입장에서 매우 정당한 것이었다.

그런데 사람들은 분개했다. 한 시민단체는 해당 드라마 제작사에 대하여 제목 사용 금지 가처분 소송을 제기했고, 일부 사용자들은 검색결과를 문제 삼았다. 이순신 장군은 한국인이 가장 존경하는 인물이지만, 검색엔진은 미쳐 그런 기준을 가지고 있지 않았다. 결국 검색회사들은 여론에 밀려서 검색순위를 즉각 조정했다. 검색엔진의 영향력이 커질수록 '순수한' 검색엔진의 해석이더라도 사회적 문제가 될 수 있다.

검색엔진의 판단은 단순한 안내자의 지위를 넘어서 사회적 문제, 나아가 민주주의의 문제로 확장되고 있다. 게다가 검색엔진은 사용자의 관심을 증폭하고 강화하여 전체 사용자의 관심을 전이시킬 수도 있다. 그렇다면 검색 알고리듬을 공개하는 것이 해답이 될 것인가? 아마도 내재적 작동방식이 외부로 드러나게 된다면, 검색엔진은 스스로 작동하기를 멈추거나 자신만의 매력을 잃어버릴 수도 있다. 검색 서비스에서 웹문서 순위를 다투는 사람들의 공격을 받을 수도 있다. 그렇다면 어떻게 검색엔진의 전문성을 승인하면서도, 검색엔진이 민주주의에 기여하게 만들 수 있을 것인가?

다양성 문제

검색엔진이 구성하는 세계가 매력적인 이유는 '객관적인 정보'를 제공했기 때문이라기보다, 검색엔진과 사용자들이 공동 생산한 결과이기 때문이다. 기술은 형성 과정에서 사회적 편향에 노출될 수밖에 없기 때문에 그 자체로 중립적이기 어렵다. 검색엔진도 마찬가지다.

예를 들어 다수 사용자가 젊은 층이기 때문에 젊은 층의 관심사에 더 민감하고, 결과적으로 노년층에게는 덜 친절하다. 그렇다고 해서 이를 즉각 문제삼는 것은 적절해 보이지 않는다. 검색엔진은 자신의 사용자에게 충실했기 때문이다.

다만 검색엔진의 다양성 문제, '지식의 다수성(plurarity of knowledge)'을 요구할 필요는 있다. 한국은 권위적 정치문화가 오랜 동안 유지되어 왔고, 그동안 한글 검색엔진은 정치 권의 압력을 받으면서 우려할 만한 변화도 보였다. 한글 검색엔진 회사들이 정치권과 대기업에게 유리한 행동을 하는 등 보수적으로 행동하고 있어서 사람들에게 실망을 주기도 했다.

그럼에도 불구하고 검색엔진의 중립성을 직접적 방식(법적 규제)으로 강제하려 하기보다 지식의 다수성을 포섭하도록 권장하는 방향이 적절하다. 지식의 다수성을 확보하는 것은 민주주의 문제이기도 검색엔진 자신의 성장에도 부합할 것이므로 협력을 얻을 가능성이 있다. 지식의 다수성을 확보하기 위해서 기술 기업은 사회문화와 민주주의 문제에 관심을 가져야 할 이유가 있다.

[참고문헌]

김지연. 2013. 인터넷 검색엔진: 사용자의 관심을 흡수하여 전문성을 강화하는 기술. 과학기술학연구 13(1): 181-216.

오삼균·박희진. 2000, 「국내 인터넷 탐색엔진에 대한 이용자 중심의 평가에 관한 연구-한글알타비스타와 네이버를 중심으로」, 『한국문헌정보학회지』 34(2): 117-133.

윤성희. 2003, 「웹기반 정보검색을 위한 자연어 키워드 색인에 관한 연구」, 『한국컴퓨터산업교육학회 논문지』, Vol. 4, No. 12, pp. 1103-1111.

Austin, David, 2011, "How Google Finds Your Needle in the Web' s Haystack", Feature Column. http://www.ams.org/samplings/feature-colum/fcarc-pagerank

5 인터넷은 중독되나

한국에서 인터넷 기술과 관련하여 가장 논쟁적인 사안은 "인터넷 중독" 문제일 것이다. 2000년 초 인터넷 기술이 대중화되면서 거의 동시에 인터넷 중독이라는 용어가 등장했다. 인터넷중독 예방사업은 정보통신부와 문화관광부 등 모든 정부기관의 중요 정책으로 부상했다. 이 용어는 여전히 논쟁 중이지만 2009년 법률적 용어로 공식화 되었다. 이 용어만큼 한국에서 인터넷 기술의 사회적 구성을 극적으로 보여주는 것도 없을 것이다.

용어의 기원

한국정보화진흥원은 '인터넷 중독'과 '인터넷게임중독' 문제를 관장해 왔다. 두 용어 모두 비슷한 시기에 법률적 규제의 대상으로 부상했다. 이 용어는 1990년대 중후반부터 심리학 및 교육학 분야 연구 논문들에서 등장했고 2001년 급격히 증가했다. 정부 역시 2000년에 들어서면서 인터넷 역기능이라는 주제로 정책 과제를 발주하기 시작했다.

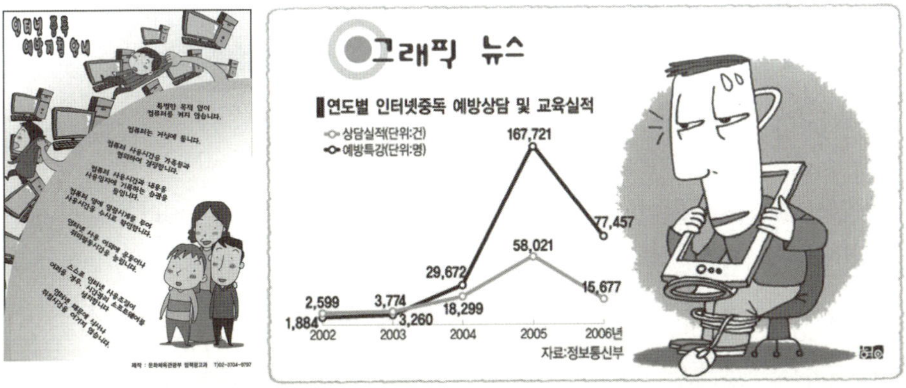

[그림 4-12] 2000년 초 인터넷 중독 예방 사업, 정부의 중요 정책으로 등장(왼쪽, 문화관광부 포스터, 오른쪽 전자신문 그래픽 뉴스

당시 정부 기관은 인터넷 기술을 보급하는 주체였기 때문에, 새로운 기술로 인한 현상을 가장 먼저 목격할 수 있었으며 동시에 정책 사업을 생산하는 역량도 가지고 있었다. 2001년 제정된 "정보격차 해소에 관한 법률"에 의해 한국정보문화진흥원(KADO)이 설립되었고, "건전한 정보문화 확산 및 인터넷 중독실태 조사 예방 및 해소 사업"을 추진했다. 이어서 2002년부터는 자체 기준에 따라 "인터넷 중독 실태조사"를 실시했다.

그리고 2006년 이후 '인터넷 중독법'을 신설하려는 시도들이 다수 등장했다.[13] 그러나 인터넷 중독법안을 단일법으로 제정하는 시도는 성공하지 못했다. 다만 그런 시도들을 종합하여 2009년 "국가정보화기본법" 내에 "인터넷중독의 예방과 해소 조항"이 신설되었다.

> 국가정보화기본법 제30조 (인터넷 중독의 예방 및 해소) 미래창조과학부장관은 관계 중앙행정기관의 장과 협의하여 인터넷 등의 지나친 이용으로 이용자가 일상생활에서 쉽게 회복할 수 없는 신체적, 정신적, 사회적 기능의 손상을 입는 것(이하 "인터넷 중독"이라 한다)을 예방·해소하기 위하여 필요한 계획을 수립하고 시행하여야 한다.

단지 한 개 조항에 불과했지만, 법률적으로 그리고 공식적으로 "인터넷은 중독적"이라고 선언했다는 점에서 위력적이었다. 이 조항을 근거로 한국정보화진흥원은 인터넷중독 예방 및 해소 사업을 추진하고 그 정도를 진단하기 위해서 "K-척도" 기준을 개발했다([표 4-8] 참조).

그러면서도 한편으로는 한국정보화진흥원은 공식적으로 발간되는 백서를 통해서는 "인터넷 중독에 대한 국내외 학계의 합의가 여전히 없다"는 것을 인정하고 있었다. 그런데도 '인터넷 중독'이라는 개념 정의가 법률에 포함될 수 있었고, 국가예산을 투여하여 인터넷 중독을 진단하거나 인터넷 중독률 감소계획과 사업을 꾸준히 진행했다. 한국정보화진흥원은 인터넷 기술에 대해서 한편으로는 정보화를 진흥하면서 한편으로는 그 중독성을 강조하는 등 이원적 태도를 보이고 있다.

한국정보화진흥원은 자체 진단기준에 따라, 전체 사용자의 약 10% 내외의 '인터넷 중독' 비율이 존재한다고 매년 발표해왔다. 이것은 일반 대중매체를 통해 재생산되었고 해를 거듭하면서 시민들의 일상에서 회자되는 용어가 되었다. 법적 지원 아래 본격적인 인

13) 정부기구에 의한 입법 발의 외에도, 2006년, 정보통신서비스 중독의 예방과 해소에 관한 법률안(김희정의원 대표발의) 2008년, 인터넷중독의 예방과 해소에 관한 법률안(한선교의원 대표발의) 등이 있었고, 2009년 국가정보화기본법 30조 신설이후에도, 2010년 청소년의 인터넷게임중독 예방 · 해소에 관한 법률안(이성헌의원 대표발의), 인터넷중독의 예방과 해소에 관한 법률안(최인기의원 대표발의)등 개별법 제정 시도는 계속 되었다.

터넷 중독 예방 사업을 추진함으로써 '인터넷 중독'은 점점 '존재하는 것'이 되어갔다. 2011년 청소년보호법의 셧다운제 조항이 제기될 무렵에 이르러서는 매우 익숙하고 당연한 용어가 되었다[14].

용어의 메타포

1990년 대 중반 심리학자인 낸시 영(Young, N. K.)은 물질남용장애(Substance Abuse Disorder) 진단기준을 응용하여 '인터넷 중독장애'라는 용어와 진단기준을 만들었다. 이어서 그리피스(Griffiths, M.) 등의 연구자들은 '행위 중독(behavioral addictions)' 개념을 제기했다. 이들 주장에 따르면 '행위 중독' 개념의 핵심적 근거는 인터넷 사용이 약물 중독과 유사한 현상적 결과를 만든다는 것이다. 즉, 인터넷 사용행위가 약물과 같다고 주장했다.

그런데 무엇보다도 이 개념은 용어 정의에 문제가 있었다. 미국정신학회에 따르면 중독 개념은 약물과 같이 섭취하거나 체내로 주입되는 물질에 대한 의존을 말한다[15]. 약물에 의한 중독은 신체의 내부에서 일어나는 화학적 작동이 있어야 한다.

그런데 '인터넷 중독'이나 '게임 중독'으로 지칭되는 현상은 신체 내부가 아니라 (기계와 그 사용자 사이에서 발생하므로) 신체 외부에서 일어난다. '행위 중독'이라는 개념에서 역시 모순적 조합이다. 행위란 인간 신체 내부가 아니라 인간과 타자 사이에서 발생하므로 신체 내부에 초점을 둔 '중독'개념과 용어 정의 상 상충한다.

자연히 '행위 중독'개념은 검증되기 어려웠다. 약물 중독은 거의 모든 사람에게 있어서 유사한 인과성이 나타나는데 비해서 '행위 중독' 증상은 보편적 인과성이 드러나지 않는다. 예를 들어 인터넷/게임중독 진단기준에서 '인터넷/게임 이용시간' 항목을 사용하는데, 이용시간이 많은 사용자와 그렇지 않은 사용자 사이에서 학교 및 사회적응 정도에 유의미한 차이를 찾기 어려웠다. 어떤 행동에 많은 시간을 소비했다고 해서 그 행동을 '중독적 행동' 혹은 문제 행동이라고 단정할 수 없었다.

그런 점에서 '인터넷 중독 척도'는 타당성이 낮고 그 기준도 임의적이라는 평가를 받고

14) 한국정보화진흥원(2011)에 따르면 '인터넷 중독' 용어 인지도는 87.7%라고 발표했다.

15) 물질 사용에 관한 문제 때문에 알코올이나 기타 약물의 사용을 고집하는 경우를 물질중독이라고 진단할 수 있다. 강박적이거나 반복적인 사용은 약물의 내성의 결과일 수 있고 약물사용을 줄이거나 중단할 경우 금단증상이 일어날 수 있다. 물질남용에 따르면 이는 물질 사용 장애로 간주된다. [Diagnostic and Statistical Manual of Mental Disorders (DSM-Ⅳ)]. 한편 미국정신의학회의 DSM 분류조차도 모호하고 근거가 부족하다는 비판도 존재한다.

[표 4-8] **한국형 인터넷중독 자가진단(K-척도) 검사문항**

번호		항목	전혀 그렇지 않다	때때로 그렇다	자주 그렇다	항상 그렇다
1	1	인터넷 사용으로 인해서 생활이 불규칙해졌다	①	②	③	④
	2	인터넷 사용으로 건강이 이전보다 나빠진 것 같다.	①	②	③	④
	3	인터넷 사용으로 학교 성적이 떨어졌다.	①	②	③	④
	4	인터넷을 너무 사용해서 머리가 아프다	①	②	③	④
	5	인터넷을 하다가 계획한 일들을 제대로 못한 적이 있다.	①	②	③	④
	6	인터넷을 하느라고 피곤해서 수업시간에 잠을 자기도 한다.	①	②	③	④
	7	인터넷을 너무 사용해서 시력 등에 문제가 생겼다.	①	②	③	④
	8	다른 할 일이 많을 때에도 인터넷을 사용하게 된다.	①	②	③	④
	9	인터넷 사용으로 인해 가족들과 마찰이 있다.	①	②	③	④
2	10	인터넷을 하지 않을 때에도 하고 있는 듯한 환상을 느낀 적이 있다.	①	②	③	④
	11	인터넷을 하고 있지 않을 때에도, 인터넷에서 나오는 소리가 들리고 인터넷을 하는 꿈을 꾼다.	①	②	③	④
	12	인터넷 사용 대문에 비도덕적인 행위를 저지르게 된다.	①	②	③	④
3	13	인터넷을 하는 동안 나는 가장 자유롭다	①	②	③	④
	14	인터넷을 하고 있으면, 기분이 좋아지고 흥미진진 해진다.	①	②	③	④
	15	인터넷을 하는 동안 나는 더욱 자신감이 생긴다.	①	②	③	④
	16	인터넷을 하고 있을 때 마음이 제일 편하다	①	②	③	④
	17	인터넷을 하면 스트레스가 모두 해소되는 것 같다.	①	②	③	④
	18	인터넷이 없다면 내 인생에 재미있는 일이란 없다.	①	②	③	④
4	19	인터넷을 하지 못하면 생활이 지루하고 재미가 없다.	①	②	③	④
	20	만약 인터넷을 다시 할 수 없게 된다면 견디기 힘들 것이다.	①	②	③	④
	21	인터넷을 하지 못하면 안절부절 못하고 초조해진다.	①	②	③	④
	22	인터넷을 하고 있지 않을 때에도 인터넷에 대한 생각이 자꾸 떠오른다.	①	②	③	④
	23	인터넷 사용 때문에 실생활에서 문제가 생기더라도 인터넷 사용을 그만두지 못한다.	①	②	③	④
	24	인터넷을 할 때 누군가 방해를 하면 짜증스럽고 화가 난다.	①	②	③	④

5	25	인터넷에서 알게 된 사람들이 현실에서 아는 사람들 보다 나에게 더 잘해준다.	①	②	③	④
	26	온라인에서 친구를 만들어 본 적이 있다.	①	②	③	④
	27	오프라인에서 보다 온라인에서 나를 인정해 주는 사람이 더 많다.	①	②	③	④
	28	실제에서 보다 인터넷에서 만난 사람들을 더 잘 이해하게 된다.	①	②	③	④
	29	실제 생활에서도 인터넷에서 하는 것처럼 해보고 싶다.	①	②	③	④
6	30	인터넷 사용시간을 속이려고 한 적이 있다.	①	②	③	④
	31	인터넷을 하느라고 수업에 빠진 적이 있다.	①	②	③	④
	32	부모님 몰래 인터넷을 한다.	①	②	③	④
	33	인터넷 때문에 돈을 더 많이 쓰게 된다.	①	②	③	④
	34	인터넷에서 무엇을 했는지 숨기려고 한 적이 있다.	①	②	③	④
	35	인터넷에 빠져있다가 다른 사람과의 약속을 어긴 적이 있다.	①	②	③	④
7	36	인터넷을 한 번 시작하면 생각했던 것보다 오랜시간을 인터넷에서 보내게 된다.	①	②	③	④
	37	인터넷을 하다가 그만두면 또하고 싶다.	①	②	③	④
	39	인터넷 사용시간을 줄이려고 해보았지만 실패한다.	①	②	③	④
	39	인터넷 사용을 줄여야 한다는 생각을 끊임없이 들곤 한다.	①	②	③	④
	40	주위사람들이 내가 인터넷을 너무 많이 한다고 지적 한다.	①	②	③	④

1=일상생활장애, 2=현실구분장애, 3=긍정적기대, 4=금단, 5=가상적 대인관계 지향성, 6=일탈행동, 7=내성

[표 4-9] **사용자군 점수분류**

초등학생용				중 · 고등학생용			
구분	고위험 사용자군	잠재적 사용자군	일반 사용자군	구분	고위험 사용자군	잠재적 사용자군	일반 사용자군
총점	104이상	89~103	88이하	총점	97이상	80~96	79이하
1요인	21이상	19~20	18이하	1요인	26이상	23~25	22이하
4요인	16이상	14~15	13이하	4요인	18이상	16~17	15이하
7요인	15이상	13~14	12이하	7요인	17이상	15~16	14이하

있다. 연구에 따르면 초기 개발된 영의 진단기준을 그대로 적용하여 측정한다면 국내 인터넷 중독률이 39.8%로 나타났다. 국내에서 개발된 K-척도에 의해서도 매년 8-9% 비율로 인터넷 중독자가 존재한다고 발표되고 있다. 그런데 이런 비율이라면 '인터넷 중독'을 병리적 현상이라기보다는 새롭게 등장한 정상적인 현상 중 하나로 보아야 하는 딜레마에 빠진다. 전문가들에 따르면 병리적인 현상이라고 지목하기 위해서는 1% 이내 비율로 나타나는 예외적 현상이어야 한다.

게다가 K-척도를 비롯하여 인터넷 중독테스트들은 매우 임의적 테스트에 불과하다. 이들 테스트는 일종의 설문지 형식으로 응답자가 해당 항목을 체크하도록 되어 있고 그 외 어떤 검증 절차도 없다. 게다가 몇 개 항목 이상이면 인터넷 중독자로 볼 것인지에 대한 기준도 명확하지 않다. 그래서 심지어는 원하는 비율에 맞추어 항목 수를 정할 수도 있다.

인터넷 중독이 문제 행동이라고 지목하기 위해서는 1% 이하로 중독률을 낮추어야 하지만, 그럴 수는 없는 상황이다. 만약 1% 이하의 미미한 비율만이 문제 행동을 하는 것으로 발표된다면 인터넷 중독에 대한 법조항이 만들어질 만큼 대중적 관심을 형성하지는 못했을 것이다.

문제는 '인터넷 중독'이 검증하기도 어렵지만 반증하기는 더 어렵다는 것이다. 최초 용어 자체가 모호하기 때문이다. 따라서 반증 연구가 없다는 것만으로 인터넷 중독의 존재를 승인하는 것으로 볼 수 없다. 현재 상태에서 '인터넷 중독'이라는 용어는 과학의 용어이기 보다는 "약물중독(Drug Addiction)" 개념에서 차용된 은유적 표현(Metaphor)이다. 이는 일상적인 언어사용에서 강조의 의미 또는 주위를 환기하는 의도로 '중독'이라는 표현을 즐겨 사용하는 것과 같은 맥락이다.

'인터넷 중독'을 은유적으로 사용하는 것만으로도 충분히 의미 있다. 인터넷 사용을 스스로 잘 관리하자는 취지를 강조하여 전달할 수 있다. 그러나 은유적 사용과 법률적 사용은 구별해야 한다. '인터넷 중독'을 법률용어나 공식적인 정책 용어로 곧바로 사용하는 것은 성급한 것이었다.

용어를 둘러싼 전투

그럼에도 불구하고 법률 제정이라는 성급한 결정했다는 것은 그럴 만큼 강한 사회적 압력이 존재했다는 함축이다. 이 용어의 사회적 수용은 의미심장하다. 언어는 세계에 대한 질서의 부여이며 사유의 체계이다. 어떤 현상을 "무엇으로 지칭할 것인가"하는 문제는 단순한 기호의 문제가 아니다.

모든 시대 상황에서 "명명하기의 문제(the issue of naming)"는 단독으로 만들어진 결정이 아니다. 명명하기를 통해서 '그것'은 구체적인 '실체'로서 특정되고 식별될 수 있다. 그러므로 용어 정의에 관한 전투는 권력의 문제다. 특정 용어의 사용은 그 용어가 불러일으키는 새로운 질서를 구축하겠다는 의지의 표명이다. 또한 해당 용어의 사용자는 그런 의지를 수용한 자들이다.

'인터넷 중독'만큼 널리 유통되는 용어는 '인터넷 게임 중독'이다. 문화부 및 게임산업계는 이 용어에 대해 당혹해했고 그에 맞서 '게임 몰입'이라는 대안적 용어를 사용하기 시작했지만 대항하기 어려웠다. 그래서 좀 더 강한 의미를 부여하여 '게임 과몰입'이라는 개념을 제시했다.

그런데, '게임 과몰입'이라는 용어 또한 '게임중독'이라는 용어만큼이나 개념정의가 충분치 않았다. "게임산업진흥에 관한 법률" 제12조의3(게임과몰입·중독 예방조치 등)는 '게임중독'과 '게임 과몰입'이라는 두 용어가 처해 있는 기이한 상황을 잘 보여주고 있다. 게임과몰입 용어사용자들은 게임중독용어를 반대했지만, 법률조항에는 두 용어를 동시에 병기했어야 했다.

> **게임산업진흥에 관한 법률 제12조의3 (게임과몰입·중독 예방조치 등)** ① 게임물 관련사업자「정보통신망 이용촉진 및 정보보호 등에 관한 법률」 제2조제1항 제1호의 정보통신망(이하 "정보통신망"이라 한다)을 통하여 공중이 게임물을 이용할 수 있도록 서비스하는 자에 한한다. 이하 이 조에서 같다)는 게임물 이용자의 게임과몰입과 중독을 예방하기 위하여 다음 각 호의 내용을 포함하여 과도한 게임물 이용 방지 조치(이하 "예방조치"라 한다)를 하여야 한다.
> 〈이하 생략〉

문화부와 '게임 과몰입' 용어사용자들은 '게임 중독' 용어의 문제를 지적하면서, 대신에 새로운 사회 행위 분석틀이 필요하다고 주장했다. 그런데 그들조차도 구체적인 진단기준을 설계하는 과정에서는 대부분 기존의 중독 모델 항목을 차용했다.

게다가 그들이 상정하는 '과몰입'에 대한 개념 정의도 서로 상이했다. '중독'에 대한 영어표기를 일관되게 "addiction"으로 표기되는 것과 달리, 과몰입 용어사용자들은 '과몰입'

16) 초기 과몰입 연구논문에서는 과몰입을 중독과 동일하게 "addiction"이라고 표기하기도 했고, 점차 "indulgence", "overindulgence", "overflow", "overuse" 등 다양한 표기가 등장했다.

에 해당하는 영어표현이 다양했다. 이는 이 용어에 대한 혼선을 간접적으로 보여준다[16].

게임중독 용어사용자들과 게임과몰입 용어사용자은 서로를 못마땅해 한다. 그럼에도 불구하고 '중독' 용어사용자들이나 '과몰입' 용어사용자들이나 모두 무엇인가 새로운 변형이 발생했음을 감지했다고 할 수 있다. 다만 그 새로운 변형에 대해 조망과 해석의 관점이 조금 달랐을 뿐이었다.

두 집단 모두 부족한 용어정의에도 불구하고 기술사회적으로 새로운 현상의 해석에 기여한 바가 있다. 우선 중독 용어사용자들은 인터넷/게임 기술이 단순한 도구에 머물지 않음을 경고했다. 다시 말해서 그들은 기술이 독자적인 행위성(agency of technology)을 가지고 있음을 감지했다고 평가할 수 있다. 다만 기술의 행위성을 파악할 새로운 프레임을 제시하기보다, 그들이 익숙하게 알고 있던 약물중독 프레임을 적용하는 오류가 있었다. 과몰입 용어사용자들은 그 새로운 현상이 병리적 차원에서 다루지기 어렵다고 비판했고, 사회행위적 관점을 도입하려했다는 점에서 적절한 비판자의 역할을 수행했다. 양쪽 모두 부분적으로 '진실'을 전달했다.

인터넷 이용자

그동안의 인터넷 중독 논쟁에서 간과된 것이 있다. 인터넷 기술에 대해서만 주목하고 그 기술의 이용자에 대해서는 주목하지 않았다. 기술과 기술이용자를 분리하며 한쪽에만 원인이 있다고 해석하는 것은 전형적인 이분법적 관점이다.

기술의 이용자는 그 기술을 사용함으로써 그 기술에 의미를 부여하는 주체다. 그들은 해당 기술과 상호작용함으로써 그 기술의 혜택은 물론이고 그 기술로 인한 위험과 불확실성을 감당해가는 자들이다. 따라서 우리는 기술 문제를 들여다 볼 때 기술의 이용자들과 함께 관찰해야 한다.

인터넷 중독 논쟁은 항상 기술만 있고 기술의 이용자는 존재하지 않는 것처럼 간주해온 기술 정책의 역사적 결과다. 마치 국민을 '다수의 침묵자'로 간주하는 것과 같이 기술이용자를 수동적 존재로 묶어 두고 있다[4-2장 참조]. 이 논쟁은 우리 사회 안에서 인터넷 기술이 불러일으킨 담론 중에서 가장 미묘하고 복잡한 사안이다. 이 논쟁 안에서 우리는 길을 잃었다. 그럼에도 불구하고 적어도 다음 두 가지 문제는 명백해졌다.

병리적 프레임 극복하기

'인터넷 중독' 이라는 용어가 은유적 표현이더라도, 그것이 널리 유포될 수 있었던 것은 대중의 기술혐오와 결합하여 증식되었기 때문이다. 기술혐오는 단순한 기술 회피가 아니라 기술에 대한 위험 인식이며 암묵적 저항이다. 따라서 기술혐오를 비난하기 보다는 그 사회적 배경을 이해할 필요가 있다.

'인터넷 중독' 또는 '인터넷 게임 중독' 용어가 한국에서 더 강하게 수용되었던 것은 우리사회가 인터넷 기술에 대해 강한 혐오를 품고 있다는 함축이다. 미국 정신장애 편람, DSM-IV(Diagnostic and Statistical Manual of Mental Disorders)에 따르면 관련 논문을 분석한 결과 인터넷 게임에 대한 부정적 연구는 대다수가 중국, 한국 등 아시아 국가에서 나온 것이라고 밝히고 있다.[17]

한국은 1990년대 중반 국가정보화사업을 강력하게 추진함으로써, 5-6년 정도의 짧은 기간 내에 거의 전 국민이 인터넷을 일상적으로 사용하게 만들었다. 기술도입에 대한 정부의 일방향적 태도는 아주 오래된 관행이었다. 정부는 기술도입과 기술정책 결정과정에서 일반시민들이 참여할 수 있는 경로를 고려하지 않았다. 오히려 그럴 가능성을 배제함으로써 빠른 의사결정을 할 수 있었고, 신속하게 기술정책 추진을 담보할 수 있었다. 새로운 기술을 수용하지 않거나 느리게 반응하는 것은 새로운 시대에 뒤처지는 것으로 낙인찍히는 것이었다.

그 결과, 일반 국민들은 새로운 기술에 대한 자연스러운 이해와 자기결정을 수행해 나아갈 기회를 박탈당했다. 대중의 참여 및 비판권이 제한됨으로써 기술저항은 억제되었다. 기술에 대한 적절한 이해를 통하여 관련 위험을 조절하는 민주적 과정이 소거되었고, 그 부재의 틈새에서 더 강한 기술혐오가 발생한 것으로 추정된다.

그리고 대중적 기술혐오는 기술에 대한 저항의 근거지가 되었다. 정부는 그런 기술 혐오를 '수용'하기 위해서 기술에 대한 규제 정책을 수립해야 했다. 일방적 기술 도입에 대한 기술 혐오가 존재했고 그런 대중적 반응을 조정하고자 등장한 것이 '인터넷 중독' 관련 규제 정책이었다. 이 과정에서도 과학적 검증이나 사회적 협의 과정은 거의 없었다. 그동안 국가가 급진적 기술 도입만을 주요 목표로 했기 때문에 사회적으로 기술에 대한 정상적인 비판담론이 발전하지 못한 결과였다.

17) http://www.dsm5.org

기술의 주체 구성하기

기술비판과 기술이해는 상호구성한다. 비판이 없는 곳에서 대중은 기술에 대한 자기 조절능력을 개발하기 어렵다. 인터넷 기술이 국가주도로 급진적으로 진행된 결과, 사람들은 인터넷/게임 기술의 사용과정에서 일어나는 문제에 대해 스스로 대처하기 어려웠다.

예를 들면 인터넷 게임을 많이 하는 자녀들과 인터넷 게임에 대해서 잘 모르는 부모들은 서로 일상적으로 불화했다. 그래서 다수의 부모들은 다시 국가에게 책임을 물었고, 국가는 '인터넷 중독 치료'라는 편의적이고 기계적 해법(technical fix)을 내놓았다.

대체로 기술사용 과정에서 발생하는 문제들은 복잡한 사회적 기술적 맥락과 얽혀있기 때문에 하나의 단일한 원인으로 소구되기 어렵다. 그런 만큼 기술로 인한 문제를 중독치료 같은 질병치료 프레임으로 해소할 수 없다. 기술사용 행위를 병리적 프레임으로 환원하는 것은 기술사용자를 '환자'라는 대상으로 만들 뿐, 기술 사용의 주체로 안내할 수 없다.

반면에 정부기관은 병리적 프레임으로 이득을 얻고 있다. 인터넷 게임이 '중독적'인지의 여부가 사회적 논쟁의 초점으로 부상했고, 정작 기술 비판과 참여의 부재는 주목받지 못했다. 다시 말해서 국가는 기술 논쟁을 병리적 프레임으로 묶어둠으로써 대중들로부터 더 많은 규제 권한을 위임 받을 수 있었고, 비판담론으로부터는 자유로울 수 있었다.

이 논쟁의 근원적 해결을 위해서는 그동안 소홀히 했던 기술비판과 참여를 위한 담론 형성으로 나아갈 필요가 있다. 그동안 인터넷 기술에 대한 성공사례 연구는 활발했지만 기술혐오에 대한 연구는 거의 없었다. 기술 혐오자와 기술 비사용자의 존재는 그 기술에 내재되어 있는 결함이나 결핍을 지시한다. 그런 기술 현상에 대한 연구는 기술의 민주적 개선에 기여할 것이다. 그리고 기술정책과 관련 연구의 최종 목표는 정부의 권한 강화가 아니라 기술의 주체가 수립될 수 있도록 돕는 것이어야 한다.

[참고 문헌]

김지연. 2014. 인터넷게임 중독논쟁의 기술사회적 함의. Journal of Korea Game Society 14(1): 81-92.

김지연 2016. 국가정보화법의 세계관과 그 시민들 - 정보기술 거버넌스에 대하여. 경제와사회 110: 300-331.

시민과학으로 혁신하기

CHAPTER 5

비교적 최근에 등장한 지식 생산 방식으로서 시민과학(Citizen Science)에 대해서 이야기해보고자 한다. 시민과학은 과학이 왜 민주주의와 관련이 있는지를 말해준다. 일반 시민은 비전문가인데 과학기술 문제에 어떤 역할을 할 수 있는가라는 의문이 들 수 있다. 시민과학 활동을 일찍 시작한 해외 시민과학 사례들을 통해서 교훈을 얻을 수 있다.

무엇보다도 시민과학 문제는 "누가 과학의 주체인가?"라는 질문에 대한 응답이다. 우리는 그동안 과학의 주체는 '과학기술자'라고 여겨왔다. 과연 과학기술자만 과학하는 사람인가? 그런 과학의 방식으로 우리가 열망하는 과학이 가능할가? 국제적인 동향은 과학기술자만으로 과학기술을 달성할 수 없다고 말하고 있다. 과학은 일반 대중 모두가 수행하는 활동이 될 때 '좋은 과학(Good Science)'이 될 수 있다.

사실 우리에게도 시민과학 모델이 없었던 것은 아니다. 현실 속의 삶을 살아가는 모든 사람은 과학지식을 생산하기 때문이다. 그러나 그동안 과학기술은 전문가만이 해야 한다는 논리가 강했기 때문에 시민과학이 안정적으로 자리 잡지 못했다. 우리는 제도적으로 그리고 문화적으로 과학기술자와 일반인을 분리해왔다. 양자 사이의 역할은 고정되어 있었고 그 경계를 강하게 유지해왔다.

리빙랩, 메이커 운동 등 해외 사례를 분석해 볼 때 시민과학 모델은 4차 산업 혁명 패러다임과도 연관이 있다. 국내에서도 리빙랩, 팹랩 등 새로운 시도가 도입되고 있다. 그런데 본래 모델의 취지와 달리 하향식(top-down) 관행이 여전하다. 우리는 시민과학을 못하는 것이 아니라 우리 스스로 못한다고 믿고 있는 것이 아닐가?

1 과학은 어떻게 민주주의를 구현하나

우리는 흔히 '과학은 사회와 무관하다'고 생각해왔다. 그래서 과학은 사회적 맥락과 관련이 없이 중립적이라고 믿어왔다. 그러나 과학기술학(STS) 연구들에 따르면, 과학지식도 사회와의 상호관계에서 구성된다[1장 참조]. 오히려 과학은 사회적 문제와 강한 연관을 가질 때 큰 성취를 해냈다. 따라서 법률이 제정될 때와 마찬가지로 유사하게 사회적 편향이 내장될 수 있으며 그로 인해 누군가는 이득을 얻고 누군가는 그 이득으로부터 배제될 수 있다. 때문에 과학에도 민주주의 문제가 발생하고, 과학에서 민주주의를 구현하기 위해서는 사회적 노력을 필요로 한다. 그렇다면 과학은 어떻게 민주주의를 구현할 것인가?

전문성의 정치, 전문가에게 권한 위임하기

일반적으로 전문성(expertise)은 과학적이고 합리적인 경험에 의해 생산된 역량을 의미한다. 나일론, 제트 비행기, 페니실린, 원자력, 새로운 경제 이론 등 19~20세기 놀라운 산물들은 과학 전문가들에 의해 등장했다. 그 과정에서 우리는 전문가 지식에 크게 의존하게 되었고, 그들의 지식을 통하여 세계를 바라보게 되었다.

그런데 현대 과학은 이득만이 아니라 새로운 위험과 불확실성도 촉발했다. 동일한 영역의 전문가들도 동일한 결론에 도달하는 것이 아니라 서로 상충하는 견해를 가지고 갈등하거나 경합했다. 전문가 집단 내부의 권력 갈등이나 인식론적 투쟁이 사회적 차원으로 확장되기도 했다. 과연 어떤 집단의 전문성(지식)을 사회적으로 가장 가치 있으며 믿을만하다고 볼 것인가? 이 문제를 둘러싸고 벌어지는 갈등적 경합과정을 "전문성의 정치(politics of expertise)"라고 한다.

"전문성의 정치" 개념은 전문성이 단지 중립적인 지식이 아니라 정치적 성질이 있음을 의미한다. 과학지식이 단일한 정답을 도출하는 것이 아니라 과학자들 사이에 다양한 견해가 있을 수 있으며, 그런 견해의 차이는 사회정치적 견해의 차이를 포함하고 있다. 그런 경합 과정을 통해서 어떤 과학지식이 전문성으로 인정되고 나면 그 지식은 다른 지식에 비해서 더 큰 권위를 가지게 된다. 과학지식은 결코 절대적일 수 없으며, 항상 불안정할 수밖에 없다. 전문성의 정치는 그런 과학지식의 불완전함을 사회적 권위로 대체함으로써 해소한다.

과학의 실패 경험

20세기 후반, 전문성과 과학지식은 만연해진만큼 그 불완전함도 번번하게 드러났다. 1979년 미국 스리마일 섬 원자력 발전소 사고, 1986년 체르노빌 원자력 발전소 폭발 사고는 과학기술이 적절한 통제 관리를 수행할 수는 없다는 것을 보여주었다. 사고 원인 분석가들에 따르면, 원전과 같은 기술 시스템은 그 복잡성 때문에 사고를 완벽하게 배제할 수 없다.

찰스 페로(Charles Perrow)의 "정상사고론(Normal Accidents Theory)"이 대표적이다. 그의 저서는 한국어로 〈무엇이 재앙을 만드는가: '대형 사고'와 공존하는 현대인들에게 던지는 새로운 물음〉이라는 제목으로 출간된 바 있다. "과학기술 시스템은 완전하지 않다!", "현대의 복잡한 시스템에서 정상 상태란 사고를 포함한다"는 사실은 모든 사람에게 충격이었다.

일부 전문가들은 원전사고를 인간의 실수로 규정하고 싶어한다. 기계의 오류작동을 인간이 모니터링 하지 못했다고 해서 인간의 실수라고 주장하는 것이다. 그러나 시스템은 인간의 실수도 포함하여 설계되어야 한다. 의도하지 않은 인간의 실수는 정상상태에서

[그림 5-1] 미국 스리마일 섬 원자력 발전소 사고

늘 일어나는 일이다.

[그림 5-2] 1990년 존 검머 농림부장관은 자신의 어린 딸(4세)과 함께 BBC 방송에 출연하여 쇠고기가 안전하다며 직접 햄버거를 먹었다.

다음 사례는 1990년대 발생한 영국 '광우병'이다. 이 질병은 살아있는 소에게 죽은 소를 먹이로 주었기 때문에 발생한 것으로 밝혀졌다. 초식동물에게 육식을 강제한 것은 그 자체로 기이한 행동이 있는데, 농장의 기술적 효율성을 개선한다는 명목으로 수행되었다. 당시 질병에 걸렸을 수 십 만 마리의 소가 도축되었는데도, 과학자들은 병에 걸린 소를 먹더라도 사람에게 질병이 옮겨가지는 않는다고 주장했다. 영국 농림부 장관 존 검머(J. Gummer)는 자신의 딸과 햄버거를 먹는 장면을 텔레비전으로 보여주기도 했다.

그 후, 150명의 영국인이 '변종 크로이츠펠트-야콥 병(CJD)"으로 고통스럽게 죽어갔다. 과학기술에 의존했던 의사결정은 광우병 확산을 불러일으켰는데, 광우병과 그 위험을 이해하는데는 실패했다. 과학자들은 살아있는 소에게 죽은 소를 먹는 것이 안전한 음식을 생산하는데 심각한 위험이 될 것을 알지 못했나?

2002년 영국은 구제역 때문에 수십만 마리 소를 불태워야 했다. 몇 주 뒤 과학자들은 적절한 대책을 논의하는 자리에서도 여러 논쟁적 견해를 내놓았다. 소에게 예방 백신을 놓아야 하나? 소를 계속 살처분해야 하나? 대중은 정부의 무능함에 놀랐고, 거짓말하는

[그림 5-3] 기후게이트 당시 만평 질문: 지구온난화 논쟁에서 실제로 위험에 처한 종은 무엇인가? A. 북극곰 B. 진실

과학자에게 정보를 얻고 있다는 것을 알게 되었다. 결국 전체 농장 관리 자원을 낭비하고 음식공급망의 위험을 관리하는데 실패했다.

또 다른 사례는 2009년 전 세계 주요 신문 1면을 장식했던 기후게이트(Climategate)였다. 미국 이스트 앵글리아 대학에는 "기후 연구단"이라는 조직이 있었고 그 곳에는 기후변화 과학 분야 주요 공로자들이 있었다. 그런데 기후 변화 회의론에 영향을 받은 해커들이 그 연구단의 이메일 1,000개와 문서 2,000개를 해킹하고 공개했다.

갑자기 대중들은 과학자들이 비공식 상황에서 서로 어떻게 대화하는지를 보게 되었다. 그런데 그 문서들 속에 등장하는 과학자들은 그동안 '과학자'라고 생각하던 모습의 과학자가 아니었다. 연구단 과학자가 미국 에너지 및 온난화 위원회 상원의원에게 보낸 이메일에서 자신들의 연구에 불리한 자료를 숨기기도 했다.

과학자들은 서로 전투를 벌였는데 과학 차원의 논쟁이라기보다는 정치적 차원의 전투였다. 심지어 정직과 개방성이라는 과학적 기준조차도 자신들의 승리를 위해 희생시키는 것으로 드러났다. 과학자들은 우아함과 거리가 멀었고, 유명인이나 선거 운동원처럼 텔레비전에 등장해서 자신의 주장을 폈다. 또한 기후문제는 과학의 새로운 경향을 낳았다. 과학 내부에서 일어나는 논쟁과 경쟁이 텔레비전과 인터넷을 통해서 대중 앞에 드러났다. 기후문제의 복잡성과 불확실성은 과학자 내부의 합의만으로 종결되지 못했고, 외부화되었다.

전문성에 대한 실망

이런 환경에서 과학기술의 전문적 의사결정에 대한 정당성 문제가 등장했다. 브라이언 윈(Wynne, B)의 연구에 따르면, 전문가들은 현장지식에 취약했다. 1986년 구소련 체르노빌 핵발전소의 폭발 사고로 영국 컴브리아 지역의 황무지가 방사성 세슘에 오염되자 과학자들은 현지 토양에 대한 검토 없이 알카리성 토양에 관한 기준을 적용하여 "장기간 토지 이용 금지는 필요하지 않다"고 결론내렸다. 정부도 과학자들의 견해를 그대로 공식 발표했다. 그러나 발표와는 달리 방사능 세슘은 오랫동안 활성화된 상태를 유지했고, 그 결과 방목 양들에게서 높은 수준의 세슘이 계속 검출되었다.

이 지역에서 양을 키우던 농부들은 컴브리아 지역의 특수한 지리적 조건과 식물 생장 조건을 잘 알고 있었기 때문에, 정부와 과학자들의 주장을 무시했다. 목양농들이 보기에 정부 당국과 과학자들은 오만하고 무지했다. 과학자들은 지역 목양농들의 양치기에 관

[그림 5-4] 빨간색 지역이 영국의 컴브리아 지역, 이 지역 농민들에게 양방목은 주요 수입원이다.[인터넷 검색]

한 경험적 지식을 경청하지 않았다. 그 결과 정부 당국의 방침은 거듭 오류를 범하게 되었다. 이 사례는 일반인 지식(Lay Knowledge)이 과학적 전문성보다 실제 문제해결에 더 기여할 수도 있음을 보여주었다.

스티브 엡스틴(Epstein, S.)은 전통적인 과학 분야에 비전문가들이 적극적으로 참여하면 큰 성과를 낼 수 있다고 주장했다. 전통적으로 질병 치료 연구는 자격증 있는 과학자들만이 수행할 수 있는 일이었다. 1980년대 중반부터 다양한 사회운동이 활발해졌다. 특히 동성애 운동과 여성 운동 등의 영향을 받은 에이즈 단체 활동가들은 에이즈 치료제 개발 방식이나 속도 등에 불만이 있었다. 에이즈 치료약은 환자수가 적기 때문에 개발하더라도 시장규모가 적어서 제약회사의 수입에 도움이 되지 않았다. 에이즈 단체 활동가들은 1987년 대규모 시위를 벌이면서 정부와 과학자들을 압박했다.

그 결과 활동가들은 1992년 연방정부가 지원하는 국립보건원의 에이즈 임상시험 그룹(AIDS Clinical Trials Group)의 의결권을 가진 정규 위원이 되었다. 처음에는 과학 지식이 부족했지만 학술회의 참가, 연구 프로토콜 검토, 전문가로부터 정보 획득 등의 방식으로 의학 언어와 문화를 배움으로써 학술문화적 유능함을 획득하기 시작했다.

에이즈단체 활동가들은 에이즈 환자 집단을 스스로 구성하고 의학 연구자들과 에이즈 환자 공동체를 중개하여 임상 자원자의 확보를 용이하게 만들었다. 그들은 에이즈 연구자들이 갖고 있는 연구 절차 상의 관심과 환자 공동체의 윤리적 요구 양자 모두를 만족시키는 방법론적 해법을 제시함으로써 과학지식의 생산성을 높였다.

과학사회학자들은 영국의 목양농들과 미국의 에이즈 환자들이 보여준 지식에 대해 각별한 지위를 부여하고 그들을 “일반인 전문가(Lay Experts)”이라고 명명했다. 일반인들의 지식은 과학의 전문성과 동등한 정도의 전문성의 지위를 얻어가고 있다.

기여 전문성과 연계 전문성

전문적인 의사결정이 유효하지 않다는 생각은 전문적 의사결정의 “정당성 문제(Problem of Legitimacy)”를 불러일으켰다. 과학자들만이 과학의 문제를 의사결정하는 것이 옳은가? 옳지 않다면 과학자 이외에 어떤 사람들이 의사결정에 참여해야 하는가? 전문가들의 의사결정에 대한 정당성이 제기되었기 때문에, 사람들은 대체로 이를 해소하기 위한 대안으로 의사결정의 주체 범위를 확장하는 방식을 고려할 것이다.

콜린스(Collins, H.)에 따르면, 소수의 핵심 전문가 집단만이 그 분야의 전문적 의사결정에 참여하는 것이 정당성을 잃었다고 해서, 반대로 모든 대중이 그러한 의사결정에 참여하게 된다면 해당 전문 분야의 작동이 마비될 것이다. 우선 이 문제에 대한 대안을 제시하기 위해 우선 전문성의 정의와 구체적인 이해 기준이 필요하다.

콜린스는 전문가 암묵지에 대해 기여전문성(contributory expertise)과 연계전문성(interactional expertise) 개념을 도입했다. 이 두 전문성은 모두 특정한 전문적 의사결정에 대하여 타당한 주장을 할 수 있는 능력을 말한다. ‘진정한 이해’란 전문적 암묵지와 관련이 있는데, 그 암묵지를 소유한 집단 내에 속하여 사회적 몰입을 할 수 있을 때에만 얻을 수 있다. 그래서 전문성은 핵심집단(core-set)의 전문성과 연결되어 있으며, 기질적으로 연계능력(interactive ability)과 성찰 능력(reflective ability)을 포함한다.

기여전문성은 전문성이 유지되는 영역에 기여하기 위해 그 전문성을 획득한 사람만이 보유하는 능력이다. 기여전문성은 특정 전문성을 소유한 집단에 속하여 전문적 암묵지를 체화하는 과정에서 획득되는 역량이다. 그러한 체화를 기반으로 기여전문가는 그 영역에서 요구하는 전문성(지식)을 생산한다. 기여전문가는 해당 전문영역 내에서 사용하는 언어의 내용을 정의하고 개발하는데 기여한다. 그런 점에서 기여전문성은 자기-보존적(self-sustaining)이다.

기여전문가들 중에는 기여전문성만이 아니라 연계전문성을 동시에 가지기도 한다. 물리학자들 중 일부는 물리학에 대한 전문성만이 아니라 이를 다른 영역의 사람들에게 해석하여 전달하는 능력이 있는 사람들도 있다. 그러나 일반적으로 기여전문가들의 연계적 역량은 제한적인 것으로 알려져 있다.

연계전문성은 한 분야의 지식을 이해하고 분별하는 능력과 그 분야의 지식을 다른 분야의 지식으로 번역하여 전달할 수 있는 능력을 말한다. 그래서 연계전문성은 협력적 연구를 가능하게 해준다. 예를 들어 과학사회학자들은 과학사회학 분야에서는 기여전문성을 가지지만 자신의 연구대상이 되는 특정 과학분야에 대해서는 연계전문성을 가진다. 연계전문가는 특정 과학분야의 물질을 이해하고 그 분야 기여전문가들과 함께 토론할 수는 있지만 그 물질을 직접 조작할 수는 없다. 예를 들어 과학사회학자인 콜린스는 중력파 연구를 이해하고 중력파 연구자들과 토론도 할 수 있지만 중력파 실험실에서 직접 실험 물질을 다룰 수는 없다.

연계전문성은 특정 전문분야의 언어 측면에서는 전문성을 가지지만 그 분야의 실행의 측면에서는 전문성을 가지지 않는다는 점에서 기여전문성에 의존적이다. 연계전문가는 기여전문가 집단과 지속적인 의사소통을 통해서만 해당 전문성을 획득할 수 있다. 그렇지만 연계전문성은 기여전문성의 가치를 해석해냄으로써 그 전문분야의 형성에 기여할 수 있기 때문에 새로이 등장하는 기여전문성이 권위 있는 영역이 될 수 있도록 도울 수 있다.

과학사회학자 외에도 예술비평가, 전문저널리스트, 프로젝트 매니저 그리고 과학기술 관련 시민 활동가들도 연계전문가들이다. 에이즈단체 활동가들은 에이즈치료약 개발과정에서 과학자와 환자 사이를 연계함으로써 치료약 개발을 촉발시켰다.

누가 '진실'을 해석하나

때로 기여전문성 보다 연계전문성이 더 중요할 수 있다. 연계전문성이 해당 전문분야의 의사결정의 정당성에 대한 사회적 동의를 형성할 수 있기 때문이다. 전문적인 의사결

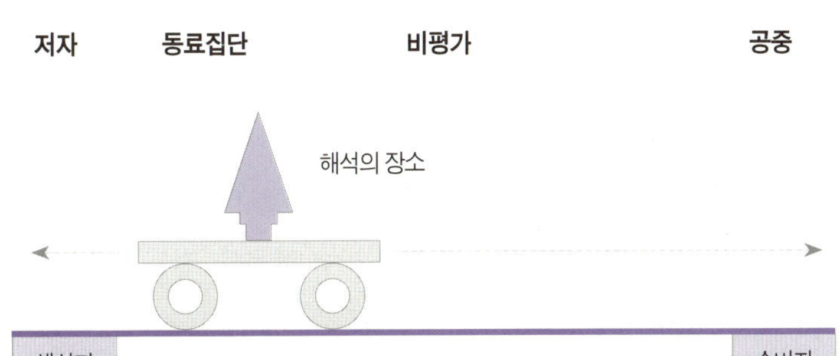

[그림 5-5] 과학 지식 해석의 장소 이동 : 저자에서 공중으로, 생산자에서 소비자로(Collins, 2002)

정과정에 소수의 기여전문가만이 아니라 연계전문가들이 참여한다면 정당성 문제를 해소하면서도 해당 분야의 전문적 지식생산을 방해하지 않을 수 있다.

그런데 여기에서 연계전문가들이 과연 전문적 의사결정에 참여할만한 역량을 충분히 가지고 있는가라는 질문이 제기될 수 있다. 어느 사회집단이든지 그들만의 특정 언어를 개발하고 육체적 참여를 통해서 그 언어를 학습한다. 기여전문가들의 전문성은 그러한 사회적 체화(social embodiment)의 결과이다. 연계전문가들은 기여전문가들과 모든 조건을 공유하지는 않으면서 언어적으로만 교류한다. 콜린스는 연계전문가 튜링테스트를 통해서 연계전문가의 역량을 검증할 수 있다고 제안했다[5-3장 참조].

어떤 전문분야이든지 그곳의 승인된 실재(taken-for-granted reality)란, 사실은 그들이 공유하는 실행만큼이나 그들이 공유하는 언어의 생산이다. 실행과 언어의 비중은 영역마다 다를 수 있지만 특정 전문분야를 언어적 측면에서 관찰할 때 연계전문가와 기여전문가 사이의 차이는 거의 존재하지 않는다.

연계전문가들의 등장으로 과학지식에 대한 '정당한 해석'의 장소는 과학자에서 대중방향으로 이동한다. 그리고 이런 현상과 함께 등장하는 것이 바로 시민과학(Citizen Science)다. 오래전부터 아마추어 과학자 문화가 강하게 형성되어 왔던 유럽과 북미에서는 2000년 이후 시민이 직접 참여하는 과학 연구 활동이 점점 더 구체화되고 있다. 시민 지식(Citizen Knowledge)은 전문 지식과 함께 공동 생산(Co-creation) 모델을 형성해가고 있다.

시민 과학

시민과학(Citizen Science) 용어는 1990년대 들어서면서 자주 사용되기 시작했는데, 이 용어의 등장 이전부터 시민참여 과학 활동은 이미 여러 형태로 있어왔다. 옥스퍼드 영어사전은 시민과학을 "전문적 과학자와 과학기관의 안내 또는 그 안내 아래 협력하여 다수의 일반 대중이 수행하는 과학적 작업"이라고 정의하고 있다.

역사적으로 가장 잘 알려진 시민과학 사례는 1932년 출범했던 영국조류협회(BTO, British Trust of Ornithology)의 대규모 자원자 기반 새관찰 프로젝트들이다. 초기 프로젝트들은 기존의 전문 과학의 프레임을 유지하고 있다는 점에서 "전통적인 시민과학(classic citizen science)"으로 분류되고 있다.

초기 시민과학은 여가활동의 한 형태였다. 그들은 대체로 사회적으로 영향력이 있는 남성들이었고 고학력의 고소득 계층이었다. 그들은 과학연구용 특수 장비를 구매할만

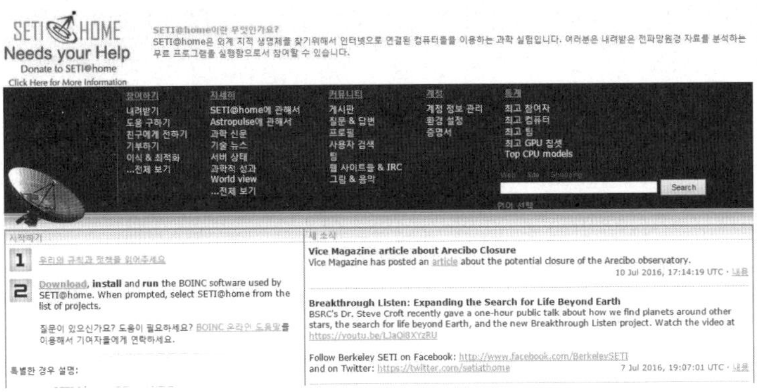

[그림 5-6] SETI@home

[그림 5-7] Zooniverse

큼 재정적 자원과 시간이 있는 사람들이었다. 때로 아마추어 자원자들 중에는 훈련받은 과학자를 능가하는 역량을 발휘하기도 했다. 과학자들은 그들을 "슈퍼 자원자(super-volunteers)"라고 불렀다. 그렇더라도 전통적인 시민과학에서 '과학자'와 '시민'의 경계는 명백했었고 주로 과학자 주도로 시민을 계몽하고 교육하는데 초점을 두었다.

최근의 시민과학 프로젝트에서는 점차 과학자와 일반 시민과의 경계가 모호해지고 있다. 유럽 및 북미에서 시민과학의 목적이나 참여방식이 다양해지고 있는데, 특히 생태 및 환경보존 영역에서 정보기술을 접목하여 거대-규모 데이터-수집을 구현하고 있다. 이들 프로젝트에서는 "시민이 지식을 만들고, 지식이 시민을 만든다!"는 구호와 함께 시민과학을 단순한 과학작업의 보조자가 아니라, 적극적 과학지식 생산자의 지위를 부여하고 있다.

시민과학 용어가 기록상으로 처음 등장한 것은 1989년 프리랜서 작가 R. 커슨의 기술동향 기고문 "환경을 위한 실험실(Lab for the Environment)"이었다. 당시 환경단체들은 정부나 기업으로부터 독립적인 실험 수행이 가능한 실험실을 찾기 어려웠고, 샘플을 보내서 결과를 받기까지 길게는 몇 달을 기다려야 했다. 대부분의 환경 문제에서 속도는 동기부여를 형성하는데 중요했다. 그래서 그들은 자신들만의 실험실을 만들기 시작했다.

미국 오듀본 협회(National Audubon Society)는 산성비 캠페인을 위해서 시민참여를 요청했다. 50개 주에 살고 있는 225명의 자원자들이 빗물 표본을 수집하고 산성도를 측정해서 협회에 보고했다. 그 결과는 매월 전국 산성비 지도형식으로 출간되었고 이 정보는 의회를 설득하는데 사용되었다.

그 후 시민과학 용어는 점점 더 많이 사용되었고 최근 10년 동안 시민과학 프로젝트는 양과 규모에 있어서 빠르게 성장했고 실천의 차원에서 점점 더 일반 대중의 역할을 더 강조하는 방향으로 변화했다. 일반 대중은 교육대상에서 지식생산의 동료로 부상하고 있다.

대표적인 시민과학 중 하나로 SETI@Home이 있는데, 참여자들의 컴퓨터를 활용하여 '분산적 컴퓨팅'(distributed computing)환경을 구성하여 외계 지적 생명체를 찾는 과학 실험이다. 참여자들은 무료 프로그램을 다운로드 받아서 자신의 컴퓨터에서 실행하기만 하면 참여가 완성된다.

컴퓨터와 인터넷 등 IT 기술의 발달로 시민들이 과학 활동에 보다 쉽게 참여할 수 있는 기회가 더 많아졌다. 가령, 영국과 미국에 기반을 둔 Zooniverse(www.zooniverse.org)가 유명한데, 2007년 옥스포드대 천문학자 린토트(C. Lintott)와 그의 동료들은 천체 사진을 일반에 공개하면서 참여를 요청했다. 주 내용은 일반인들이 공개된 사진을 함께 분석(예, 사진 속의 이미지가 '별'인가? 아닌가?)하는 작업이다. 약 1백만 명의 회원들이 참여하고 있다.

이외에도 나사(NASA)가 주관하는 기후변화와 환경모니터링을 목적으로 하는 GLOBE (www.globe.gov), 전통적인 새관찰 프로그램을 IT와 접목한 eBird(www.ebird.org) 등 매우 다양한 형태의 시민과학 프로그램이 운영되고 있다.

모바일 인터넷은 시민참여를 더 촉발했다. 모바일 인터넷 이용자의 71.9%는 모바일 인터넷을 유선 인터넷보다 선호하는 것으로 나타났고, 55.8%는 모바일 인터넷을 통한 사회참여(사회적 의견 표명, 기부, 봉사, 행사 참여 등)가 증가했다고 답했다. 앞으로 모바일을 통한 시민참여 과학지식 생산 모델이 더 일반화될 것으로 보인다.

현재 시민과학은 대중 참여적 방식을 과학 연구에 도입함으로써 저비용 고효율 과학연구의 방법을 개발해가고 있다. 사실 과학연구의 여러 측면들-관찰, 분류, 분석 등-은 노동집약적이고 시간과 비용이 많이 든다. 기술-매개적 시민과학은 한편으로는 과학지식을 생산하는 저비용 방법을 개발하고, 다른 한편으로는 대중을 과학에 개입시킬 수 있었다.

바르셀로나 팹랩 사례, 스마트 시민 프로젝트

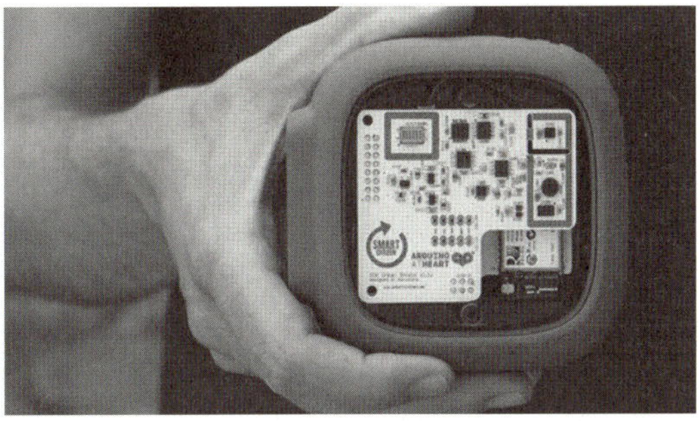

[그림 5-8] 스마트 시민 프로젝트 감지 도구(SCK, Smart Citizen Kit)

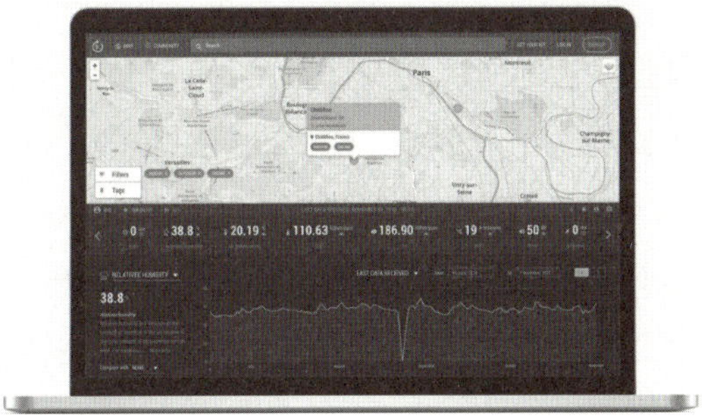

[그림 5-9] 스마트 시민 프로젝트 온라인 플랫폼

스페인의 "스마트 시민(Smart Citizen)" 프로젝트는 환경 데이터를 집합적으로 수집하고 공유하려는 취지로 2012년 바르셀로나 팹랩(Fab Lab)에서 시작되었다. 시민들의 기금으로 감지키트(SCK, Smart Citizen Kit)와 온라인 플랫폼을 개발했다.

이 도구는 작은 하드웨어 장치로서 공기 구성(CO and NO_2), 기온, 습도, 빛의 명암 정도, 소음 레벨을 측정한다. 이 장치를 켜면 Wi-Fi 무선 모듈 상에서 센서 측정 데이터를 자동으로 플랫폼으로 전송한다. 전력을 조금만 사용하기 때문에 발코니나 창틀에 장기간 두어도 잘 작동하며 전원은 태양열 패널이나 배터리로 공급할 수 있다. 누구나 쉽게 제작할 수 있도록 감지키트(SCK)에 관한 모든 설계 파일은 공개되어 있는데, 개별 제작자가 필요에 따라서 특질과 역량을 추가할 수 있다.

이 프로젝트의 가장 중요한 특질 중 하나는 수집된 데이터를 누구나 볼 수 있다는 것이다. 사람들은 자신의 감지도구로 수집한 데이터를 업로드할 수 있고, 다른 사람들과 데이터를 공유할 수 있다. 스마트 시민 플랫폼은 모든 사람이 무료로 사용하도록 만들어져서 시민과학의 민주주의 모델을 제시하고 있다. 이렇게 수집된 환경 데이터는 사람들을 교육하고 제도를 개선하는 활용할 수 있다.

시민과학 게임

시민과학은 대중 참여를 쉽고 효율적으로 형성하기 위한 방법의 하나로 게임화를 도입했다. 시민과학게임 사이트(https://citizensciencegames.com)에서 진행중인 시민과학게임 현황을 확인할 수 있다. 대표적으로 2008년 폴드잇(Foldit), 2010년 이터나(EteRNA)가 있다.

2008년 워싱턴 대학팀이 운영하는 폴드잇(Foldit) 게임에서, 참가자들은 3-D 단백질 시뮬레이션을 조작함으로써 단백질 구조를 예상해 볼 수 있다. 이 게임에서 플레이어들은 시뮬레이션된 3-D 단백질 모델을 구부리거나 뒤틀어 볼 수 있다.

컴퓨터는 단순하고 반복적인 계산을 아주 빠르게 할 수 있지만 단백질 접힘과 관련된 과업을 효과적으로 수행하지는 못한다. 반면 인간은 의도, 공간 합리성, 여러 번의 시도와 오류를 통해서 단백질 접힘을 예측하는 과업을 더 잘 수행했다.

폴드잇을 통해서 다수의 게임플레이어들 단백질 접힘을 발견했고 결국 10 년 동안 과학자들을 괴롭히는 문제를 해결했다. 2011년 연구진은 Nature Structural & Molecular Biology 저널에 과학자와 게이머 공동 저자 논문을 실었다. 게이머가 AIDS 바이러스의 복제에 중요한 단백질 저격 효소(protein-sniping enzyme)의 구조를 해결하는 데 중요한 역할을 한 것이었다.

2010년 카네기멜론 대학과 스탠포드 대학 연합팀은 생명현상의 중심적 역할을 하는 RNA의 구조를 발견할 목적으로 이터나(EteRNA) 게임을 개발했다. 게임 내에서 사용자는 초급 수준부터 단계별로 RNA 조합을 완성해볼 수 있고, 인내심이 강한 사람들은 결국 한 번도 발견한 것이 없는 새로운 RNA 모형을 조합하는 단계에 도달할 수 있다.

몇 번의 시행착오를 통해 게이머들은 소프트웨어보다 더 정확하게 분자배열을 찾아내

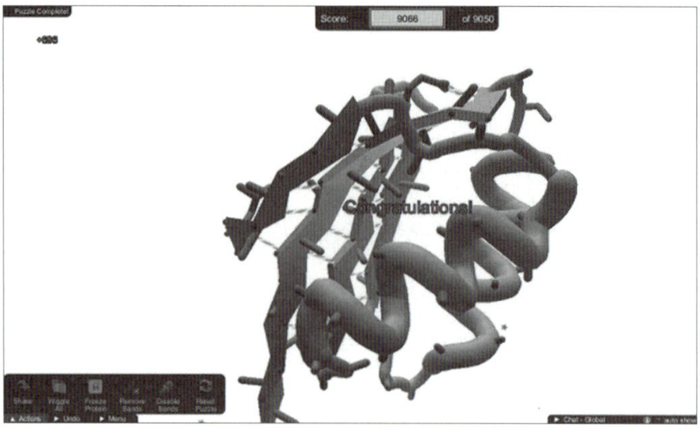

[그림 5-10] 폴드잇(Foldit) 게임화면

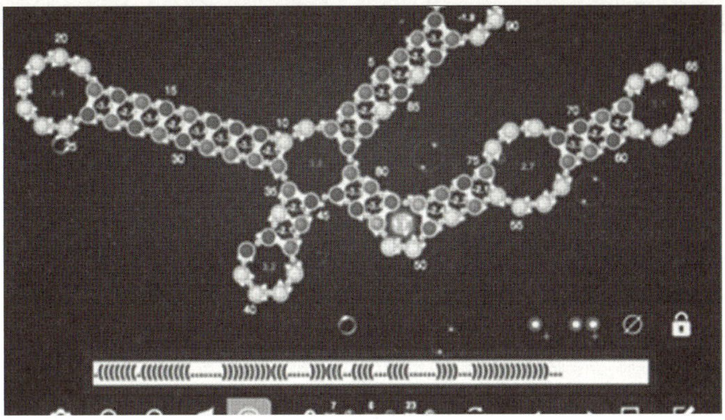

[그림 5-11] 이터나(EteRNA) 게임화면

곤 했다. 이지형 연구원(카네기멜론대학 컴퓨터과학과 박사과정생)에 따르면, 게이머들은 기존의 알고리듬 소프트웨어보다 훨씬 더 정확하게 실제 자연에 존재하는 분자 배열을 정확히 찾아내는 40개 가량의 "공략법"을 찾아냈다(사이언스온, 2014. 02. 05). 이를 토대로 연구진들은 RNA 분자 배열 설계 소프트웨어의 알고리즘, '이터나봇(EteRNABot)'을 개선했다. 인간참여자는 기계알고리즘보다 '예외가 많은 패턴'을 발견하는데 뛰어나다는 것을 확인해 주었다.

게이머들이 만들어낸 RNA 배열 결과는 대학 실험실에 보내진다. 게임 속에서 만들어진 가상의 배열 결과가 실제로 합성되는지를 테스트하기 위한 것이다. 실험을 통하여 게임 상의 RNA 조합이 새로운 RNA인 것으로 확인되면 이를 학술적으로 공개한다. 2018년 3월 이터나 게임 플레이어들은 단독으로 RNA 발견에 관한 논문을 발표하기도 했다.

시민과학 제도화

시민과 과학자들이 함께 공동으로 연구를 진행하는 일은 결코 쉽지 않다. 과학자들 사이에서 융합 연구도 쉽지 않은 것을 볼 때 당연한 일이다. 그들은 서로 사용하는 용어도 다르고 문화도 다르기 때문이다. 그러므로 시민과학을 위한 제도적 지원이 필요하다. 이미 오랫동안 시민과학을 수행 중인 유럽과 미국에서도 관련 제도들이 등장하고 있다.

대중 참여와 관련 전문인력 네트워크를 촉진하기 위해서, 영국 과학기술촉진위원회는 정부 기구 형식으로, NCCPE(National Co-ordinating Centre for Public Engagement, 2008)를 설치했다. 이 기구는 대학 내 연구자들이 지역 시민들과 협력하는 것을 안내하고 중개하며 감시한다. 유럽연합도 정책적으로 시민과학 "일반 공중 구성원에 의해 수행되는 과학 작업 또는 전문 과학자나 과학기구와 협력하여 진행하는 과학 작업"이라고 정의하며 적극적으로 지원하고 있다(European Commission, 2017).

미국은 2017년 기존 "경쟁법(competitive Act)"을 "혁신 및 경쟁법(American Innovation and Competitiveness Act)"으로 개정하고 "크라우드소싱 및 시민과학법(Crowdsourcing and Citizen Science Act)"섹션을 포함시켰다. 여기서 시민과학과 크라우드소싱에 대한 절차를 규정하며 정부의 지원 내용을 밝히고 있다. 이 법이 혁신 및 경쟁법 내 포함된 조항이라는 점도 주목할만하다. 일반 대중 참여가 과학기술 혁신과 관련이 있다는 것을 강하게 시사하고 있다.

이 법에서 제시한 시민과학의 영역으로는 매우 포괄적인데, "(1) 연구 질문을 형성하기 (2) 프로젝트 설계를 창조하고 정제하기 (3) 과학실험 수행하기 (4) 데이터 수집하고 분석하기 (5) 데이터 결과 해석하기 (6) 기술과 적용을 개발하기 (7) 발견하기 (8) 문제 해결하기"를 제시하고 있다.

국제적 추세는 과학에서 시민의 역할을 단지 보조적이거나 교육용으로 한정하지 않는 방향으로 나아가고 있다. 시민들은 전문가들과는 다른 차원의 관심사를 가지고 과학작업에 참여한다. 그들은 전혀 다른 새로운 것을 찾아내곤 한다. 게다가 그들은 수적으로 엄청나게 큰 집단이다. 시민의 규모만큼 다양성과 엄청난 양의 시도가 가능하다는 것을 의미한다. 그들은 과학지식의 공동생산자가 되고 있다.

[참고문헌]

대니얼 리 클라인맨 2012. 〈과학기술 민주주의: 과학기술에서 전문가주의를 넘어서는 시민참여의 도전〉. 김명진 외 옮김. 갈무리.

이영희. 2012. "전문성의 정치와 사회운동-의미와 유형". 『경제와 사회』 93: 13-41.

Balestrini, M. et. al. 2017. "A City in Common: A Framework to Orchestrate Large-scale Citizen Engagement around Urban Issues", *CHI 2017*, May 06 - 11, 2017, Denver, CO, USA.

Collins, H. & R. Evans. 2002. "The Third Wave of Science Studies: Studies of Expertise and Experience," *Social Studies of Sciences*. 32(2): 235-296.

European Commission. 2017, "Policy brief on Citizen Science - Towards Issues of Concern to Citizens". [http://www.sisnetwork.eu]

2 누가 과학의 주체인가

과학기술 문화 형성 과정에서 국가정책은 중요한 영향을 미친다. 국가 정책의 중요성은 거의 모든 나라에서 나타나는 현상이다. 미국은 오래 전부터 군사적 목적으로 과학기술 투자를 했고 그 결과는 거대 과학(Big Science)로 나타났다. 미국정부의 과학기술 투자 목적은 국가 경쟁력 강화에 있었는데, 냉전 시대를 반영하는 것으로 거의 모든 나라에서도 마찬가지였다. 냉전시대 과학은 전문가 중심의 과학문화를 형성했다.

이분법적 과학문화

우리나라는 1967년 과학기술진흥법, 1995년 정보화촉진기본법, 2001년 과학기술기본법, 2009년 국가정보화기본법 등을 제정하고 법이 규정한 대로 과학기술에 대한 투자가 진행되어 왔다. 법률은 나름의 방식으로 '시대 정신'을 반영하며 법률이 제정되는 순간 사람들은 대체로 그 법률을 수용하는 태도를 취한다. 이 법률들은 과학기술, 과학기술자, 국민(대중), 정부의 관계를 배치해냈고 이것은 과학 문화로 정착 되었다.

과학기술기본법

제1조(목적) 이 법은 과학기술발전을 위한 기반을 조성하여 과학기술을 혁신하고 국가경쟁력을 강화함으로써 국민경제의 발전을 도모하며 나아가 국민의 삶의 질을 높이고 인류사회의 발전에 이바지함을 목적으로 한다.

제2조(기본이념) 이 법은 과학기술혁신이 인간의 존엄을 바탕으로 자연환경 및 사회윤리적 가치와 조화를 이루고 경제·사회 발전의 원동력이 되도록 하며, 과학기술인의 자율성과 창의성이 존중받도록 하고, 자연과학과 인문·사회과학이 서로 균형적으로 연계하여 발전하도록 함을 기본이념으로 한다.

과학기술 관련법들은 대체로 과학기술(또는 과학기술자)에게 과학기술 발전의 임무를 전적으로 부여하고 일반 국민은 '그로 인한 혜택을 받는 자들'로 지목하고 있다. 이런 이분법적 구조는 근대 과학의 모습이기도 하며, 과학기술에 대한 오해와 과도한 믿음을 형성해 왔다. 우리나라의 경우, 제도적 측면에서 그와 같은 이분법적 적용은 더 강화되는 경향을 보였다.

그 결과 과학주의(Scientism)와 기술결정론(Determinism)이 사회 전반에 체화되었다. 과학주의는 과학이 절대적이고 유일한 정답을 알려줄 것이라는 태도로 과학지식에 전적으로 의존하는 관념이다. 기술결정론은 기술의 발전 경로가 사회와 무관하게 진행된다는 관점으로 선진국의 첨단 기술을 도입하면 우리나라에서도 동일한 기술 형성이 진행될 것이라는 관점을 말한다. 이로써 과학기술은 전문가들만의 일이 되었다.

과학주의 또는 전문가주의는 과학과 대중의 사이를 더욱 멀리 분리시켜 놓았다. 과학기술 전문가가 지식을 발전시키고 나머지 사람들은 그것을 따라 배우거나 그로 인한 이득을 얻기만 하는 일방향적 관계로 인식되었다. 그와 같은 문화적 태도는 과학기술의 폐쇄성을 부추겼고, 대중의 과학에 대한 막연한 의존이나 그 반대로 막연한 불신을 낳는 배경이 되었다.

과학기술자만이 과학기술의 주체인가?

전 세계적으로 시민과학이 널리 확산되고 있고 국내에서도 점차 시민과학 모델들이 등장하고 있다. 그러나 현행 법 상 과학기술의 주체는 모호하다. 법률 문헌적으로는 과학의 주체에 대한 언급이 없다. 그러나 맥락적으로 과학기술자들에게 큰 책임을 부여하고 있다는 점에서 내용적으로 과학기술자를 과학의 주체로 보고 있다고 해석할 수 있다. 사회문화적으로도 그런 관점은 유지되고 있다. 시민과학 프로젝트가 진행되더라도 국민(대중)은 시민과학 속에서 단순히 교육 대상이거나, 단순 노동의 제공자로서 지위만 가지는 경우가 많다.

과학기술기본법

제4조(국가 등의 책무와 과학기술인의 윤리)

① 국가는 과학기술혁신과 이를 통한 경제·사회 발전을 위하여 종합적인 시책을 세우고 추진하여야 한다.

② 지방자치단체는 국가의 시책과 지역적 특성을 고려하여 지방과학기술진흥시책을 세우고 추진하여야 한다.

③ 기업, 교육기관, 연구기관 및 과학기술 관련 기관·단체 등은 과학기술 활동을 적극적으로 수행하고 그 성과가 유용하게 활용될 수 있도록 최대한 노력하여야 한다.

④ 과학기술인은 자율을 바탕으로 과학기술 활동을 수행하되 과학기술이 미치는 사회적·윤리적 영향을 고려하여 진실성 있게 수행하여야 하며, 경제와 사회의 발전을 위하여 과학기술의 역할이 매우 크다는 점을 인식하고 자신의 능력과 창의력을 발휘하여 이 법의 기본이념을 구현하고 과학기술의 발전에 이바지하여야 한다.

제5조(과학기술정책의 중시와 개방화 촉진)

① 정부는 과학기술정책의 수립과 추진을 통하여 과학기술이 국가의 경제적·사회적 문제를 해결하고 미래전략을 달성하는 중추적인 역할을 할 수 있도록 필요한 자원을 최대한 동원하여 창의적 연구개발과 개방형 과학기술혁신활동을 적극적으로 지원하여야 한다.

② 정부는 정책형성 및 정책집행의 과학화와 전자화를 촉진하기 위하여 필요한 시책을 세우고 추진하여야 한다.

③ 정부는 과학기술정책의 투명성과 합리성을 높이기 위하여 과학기술정책을 형성하고 집행하는 과정에 민간 전문가나 관련 단체 등이 폭넓게 참여하게 하고 일반 국민의 다양한 의견을 모을 수 있는 방안을 마련하여야 한다.

제30조(과학기술문화의 창달 및 창의적 인재육성) ① 교육부장관과 과학기술정보통신부장관은 과학기술에 대한 국민의 이해와 지식 수준을 높이고 과학기술이 국민생활 및 사회전반에 널리 이용되며 국민이 창의성을 발휘할 수 있도록 과학기술문화를 창달하고 창의적 인재를 육성하기 위한 시책을 세우고 추진하여야 한다.

과학기술기본법에서 국민의 지위는 과학기술의 주체라기보다는, 이미 수립된 과학기술을 배우고 따라야만 하는 '어린 아이'로 묘사된다. 과학기술자와 국민을 연결하는 방식은 오직 대중들 중에서 뛰어나 인재를 발굴할 때만으로 한정된다. 과학기술의 '인재'를 대중 속에서 발굴하지만 발굴된 이후에는 대중과 어떤 연결도 없이 분리되어 버린다.

이 법률에서 정부는 "과학기술 정책의 투명성과 합리성을 높이기 위하여 과학기술 정책을 형성하고 집행하는 과정에 민간 전문가나 관련 단체 등이 폭넓게 참여하게 하고 일반 국민의 다양한 의견을 모을 수 있는 방안"을 마련해야 하지만 특별히 집행되는 방식은 없다. 일반적으로 관련 공청회나 정보 청구와 같은 방식이 있지만, 관련 기관들이 충실히 정보를 제공하지 않기 때문에 일반인이 과학기술 문제에 개입하기는 매우 어렵다.

현재 정부 자료나 학술 자료의 공개 수준은 낮다. 오래 전 부터 열린 정부를 지향해왔지만 행정 관료들은 언제나 정보공개 청구에 대해서 미온적이거나 때로 적극적으로 저항하고 있다. 학술 자료는 대학이나 연구 단체에 소속되어 있지 않다면 별도로 비용을 지불해야만 하는데 일반인들에게 큰 부담이며 장벽이 된다. 정부 자료, 과학기술 자료가 일반인에게 공개 되지 않고 정보 청구를 하더라도 제공되는 경우는 드물다는 점은 과학문화가 여전히 해당 전문가 중심으로만 진행되고 있다는 것을 의미한다.[4-2장 참조]

과학기술 시민권

과학기술은 그 과학기술이 영향을 미치는 영역을 생성한다. 그리고 그 영역은 특정한 희소가치를 형성함으로써 그로인한 도덕적 상황을 새롭게 생성한다. 예를 들어서 독성화학 공장의 배치는 이전에는 풍부했지만, 이제는 희소해진 생명과 건강을 드러냄으로써 주변 지역을 하나의 영역으로 묶는다. 이전에는 별 가치가 없었던 오염 배출 탐지에 대한 지식이 이제 가치 있는 것으로 재정립된다.

그 과정에서 그 영역 내 구성원들은 공통의 주체성을 의식하고, 이 상황을 조정하고 제어할 수 있는 단일한 권위를 가지는 '리바이어던(Leviathan)'의 필요를 의식하면서, '기술의 정치 공동체(technological political community)'를 형성한다. 이 공동체는 리바이어던이 아직 등장하지 않은 시기에 먼저 형성될 수도 있다.

기술을 관리하기 위해 공동체가 채택한 리바이어던의 형태 중 하나가 '기술 규제 체제(technology regulation regimes)'다. 이것은 복잡한 환경 위험을 관리하는 데 영향을 주는 모든 법률, 규제, 집행 철학, 태도 등의 총체로 구성된다. 개별 기술 규제 체제는 생기기도 하고 사라지기도 한다. 그러나 그러한 기술의 정치 공동체와 그들의 관리를 위임받은 관리 시스템 전체('리바이어던')로서 '기술 정치 시스템(technological political system)'은 지속된다.

과학기술의 정치 공동체를 형성하는 구성원들은 동등한 지위를 가지는 것으로 전제한다. 그들이 바로 '과학의 주체'이며, 과학 시민권(Scientific Citizenship)의 담지자다. 과학 시민권은 동등한 권리를 부여받는데, 그러한 권리로는 다음과 같은 4가지를 언급할 수 있다. (1) 지식 또는 정보에 대한 권리 (2) 참여의 권리 (3) 충분한 정보에 근거한 동의를 보증받을 권리 (4) 집단과 개인의 위험의 총량에 대한 제한 권리다.

여기서 '정보'란 해당 기술로 인한 영향이 미치는 권역 내에 사는 주민들이 이해할 수 있는 정보 형태를 의미한다. 예를 들어서 (1) 모든 식물 또는 쓰레기 더미 내 화학물의 이름 (2) 그 화학물의 양 (3) 이들 기술의 어떤 부분이 위험한지 (4) 그 기술이 어떻게 작동하는지 (5) 위험의 인과적 경로는 무엇인지 (6) 그 기술은 어떻게 운영되는지 (7) 그러한 물질의 안전 허용 용량이 알려져 있는지 (8) 그 기술에 대한 불확실성은 무엇인지 (9) 누가 통제하는지, 그 규모, 개연성, 질적 문제를 분석하고 평가하기 위한 발견적 방법이 존재하는지 등을 포함한다. 이런 권리를 통해서 구성원들은 해당 지식에 대한 의미를 형성하고 그 의미에 동화된다. 이것은 바로 위험 커뮤니케이션 작업의 목표이기도 하다.

과학 시민권은 또한 의무도 수반한다. 그 의무의 내용은 다음과 같다. (1) 자신의 안전을 확인하고 마음의 평화를 얻기 위해 지식을 배우고 활용할 의무 (2) 다수의 의지에 참여하고 이를 수용할 의무 (3) 과학기술 시민의 자격에 부합하는 문해능력과 덕성을 실행할 의무다. 그런 의무를 수행하는 과정에서 구성원들은 서로 결합되고, 사회에 대한 기여, 주인의식, 통일성, 단일성, 동화의 느낌을 형성한다. 권리와 의무의 통일성은 역동적이고 풍부한 과학기술 시민권의 핵심적 내용이다.

과학 거버넌스

우리는 그동안 국민(시민) 대중을 과학의 주체로 이해하는데 인색했다. 과학기술을 발전시키고 창의와 혁신을 강조했고 인재양성에 주목해왔지만 그동안 과학의 발전은 불확실성이 높아지고 있다. 과연 과학과 과학자의 성장이 일반 국민과 사회와 격리된 상태에서 가능할 것인가?

과학과 사회 양쪽 모두를 위해서 우리는 "누가 과학의 주체인가?"라는 문제에 주목할 필요가 있다. 그동안 우리는 당연한 것처럼 과학자만이 과학의 주체로 생각해 왔다. 관련 법률만이 아니라 그런 법률에 대한 문제제기가 없었다는 점에서 우리 사회도 그런 태도를 지지해왔다는 것을 알 수 있다.

과학의 주체에 대한 정의가 없는 것으로 보아, 관련 법률들은 일반 국민과 과학과의 관계 설정에 대한 숙고가 거의 없었다고 할 수 있다. 일반 국민의 지위는 단순히 과학 기술을 수용하고 그 보상으로 수혜대상자가 되는 정도에 불과했다. 그 결과 과학기술 정책은 정부부처와 전문가 중심으로 편성되었고, 정책에 대한 투명한 운영이나 시민참여는 거의 고려되지 못했고, 일반 국민(대중)의 비판적 성찰 역량은 성장하기 어려웠다.

다수의 연구에 따르면 과학 연구와 기술 개발은 불확실성을 안고 있으며 그러한 과학기술 상의 문제는 오늘날 대부분의 사람들이 인정하는 바이다. 과학기술의 문제는 기술관료나 전문가들에 의해서 조정될 수 있는 범위를 자주 넘어선다. 그러한 불확실성은 오히려 사회적 차원에서 조율될 수 있다. 과학기술 발전 과정에서 무엇을 연구해야 할지 그리고 무엇을 개발할 지와 같은 의제 설정은 일반 국민-이용자들과 상황을 공유하는 과정에서 안정화 될 수 있다.

대중참여 과학 연구개발 문제는 과학 거버넌스 문제로 이어진다. 이제 정부 기관이나 일부 전문가 집단에게만 한정되어 왔던 과학기술 관리문제를 어떻게 일반 국민(과학기술의 주체)의 관리로 전환할 수 있을지를 구체적으로 고민해야 하기 때문이다.

해당 분야의 전문성은 없지만 일반 상식을 가진 시민들이 전문 영역의 의사결정에 참여할 수 있는 방법을 개발해야 한다. 다만 시민참여를 직접 참여만으로 한정할 필요는 없다. 시민들은 각자 자신의 삶이 있기 때문에 과학기술 정책의 모든 의사결정에 직접 참여할 수 없다. 대신 과학기술의 접근 가능성이 높아진다면 시민들은 문제가 있다고 판단될 때 즉각적으로 개입할 수 있다. 사실 그동안 시민들의 참여 부재는 시민이 무능해서라기보다는 의사결정을 할 수 있을 정도의 적절한 보고를 받지 못했기 때문이다.

헌법상 과학기술의 임무에 관한 논쟁

시민단체 "변화를 꿈꾸는 과학기술인 네트워크(ESC, Engineers and Scientists for Change)"는 최근 헌법상에 적시되어 있는 과학기술의 임무를 공식적으로 문제 삼았다. 일부 과학기술인들에 의해서 제기된 것이기는 하지만 과학기술의 민주주의 문제 차원에 돌아볼 필요가 있다.

현재 대한민국 헌법 상에서 '과학기술'이라는 단어는 2회 등장한다. 아래 [표]에서 보듯이 제22조와 제127조다. ESC에서 문제 삼은 조항은 127조 1항이다. 이 조항의 주어는 '국가'인데, "국민경제의 발전에 노력"해야 한다. 이는 곧 과학기술의 임무를 '국가 경제 발전'이라고 선언하는 것과 같다.

대한민국 헌법
제22조 ① 모든 국민은 학문과 예술의 자유를 가진다.

②저작자·발명가·과학기술자와 예술가의 권리는 법률로써 보호한다.

제127조 ①국가는 과학기술의 혁신과 정보 및 인력의 개발을 통하여 국민경제의 발전에 노력하여야 한다.

그렇다면 과학기술은 '국가 경제 발전'에 기여할 경우에만 권장할 만한 것인가? 헌법이 과학기술을 '경제 발전의 도구'로만 여기고 있다는 것이 아닌가? ESC의 주장은 일리가 있다. 앞서 언급한 바와 같이 미국을 비롯하여 대부분의 국가들은 과학기술을 국가경쟁력의 도구로 여겨왔다. 그 때문에 과학기술에 막대한 연구투자를 해왔다. 냉정 시대 '국가주의'를 대표하는 증상이다. 한국도 다르지 않았다. 다만 한국의 법률은 너무나도 솔직하게 국가주의적 태도를 법률 텍스트로 명시해 놓았을 뿐이다.

모든 나라가 그렇게 하고 있다고 해서 냉전적 국가주의가 정당하다고 할 수는 없다. 과학기술인들은 과학기술이 과학기술 이외의 목적을 위해 도구화되기 보다는 과학기술 그 자체의 내적 동력에 의해 작동하기를 원할 것이다. 과학은 세계를 이해하는 질서를 수립해왔는데 그와 같은 위력을 발휘한 영역은 매우 드물다. 한편 과학이 독자성을 가지게 될 경우, 과학의 지향과 국가의 지향이 상충한다면 어떻게 조정해야 할까? 같은 새로운 문제에 직면할 수 있다.

따라서 이 문제는 과학기술인만의 문제라기보다는 전체 국민의 관점으로 확장해서 논의되어야 할 필요가 있다. 기존의 방식대로 과학기술인과 국민 대중을 구분하는 이분법 모델에서는 해결책이 나오기 어렵다. 분리 모델에서는 과학기술인에게는 이득이 있고 일반인에게는 의미 없는 일로 해석될 수 있기 때문이다. 또는 그 반대의 경우에도 해결책이 나오기 어려울 것이다.

헌법 제 22조가 선언하고 있듯이 모든 국민이 "학문의 자유"를 누리는 환경이 된다면 과학기술의 도구화는 상당히 완화될 수 있을 것이다. 모든 국민이 누리는 학문의 자유가 실현된다면 국민(시민)이 과학기술의 주체로서의 지위를 실현하는 것과 같은 환경을 의미하기 때문이다.

그와 같은 환경이라면 우리는 과학주의와 '국가주의' 태도를 통제할 수 있을 것이다. 헌법이 선언하고 있는 모든 국민의 학문의 자유를 통해서 구체적인 과학기술 주체의 등장과 실천이 가능한 환경이 구현된다면 '과학기술에 대한 국가주의'를 적절히 통제할 수 있을 것이다.

[참고문헌]

정인경. 2015. “과학 거버넌스와 과학 시민권: 이론적 검토.” 『한국정치연구』 24(2): 335-361.

변화를 꿈꾸는 과학기술인 네트워크(ESC), 2017. 〈4차산업혁명 시대? 과학기술과 헌법: 헌법 127조 제 1항의 문제점 및 대안〉 공개 포럼 자료집.

Frankenfeld, P. J. 1992. “Technological Citizenship: A Normative Framework for Risk Studies”, *Science, Technology, & Human Values* 17(4) : 459-484.

Stevenson, N. .2006. “Technological citizenship: Perspectives in the recent work of Manuel Castells and Paul Virilio”. *Sociological Research Online* 11(3):1-11.

Stevenson, N. .2015. “Post-citizenship, the New Left and the democratic commons”. *Citizenship Studies* 19(6-7): 591-604.

3 미네르바는 전문가인가

앞서서 '기여 전문성'과 '연계 전문성'에 대해서 다루었다[5-1장 참조]. 연계전문성은 기여전문성의 가치를 해석해냄으로써 그 전문분야의 형성에 기여할 수 있기 때문에 새로이 등장하는 기여전문성이 권위 있는 영역이 될 수 있도록 돕는다. 과학비평가, 과학저널리스트, 프로젝트 매니저 그리고 과학기술 관련 시민활동가들도 연계전문가에 포함될 수 있다.

그런데 연계전문성 개념은 여전히 사회적으로 충분한 신뢰를 얻고 있지 못하다. "연계전문가의 전문성을 어떻게 신뢰할 수 있는가?"라는 문제 때문이다. 해리 콜린스(Collins, H.)에 따르면, 연계전문가란 원칙적으로 특정 전문 영역에서 기여전문성의 선취 없이 단지 연계전문성만 가지는 사람이 획득할 수 있는 전문성의 정도가 충분해서 기여전문가의 언어적 실행과 구분 불가능한 수준에 도달한 사람을 지칭한다. 그렇다면 그런 연계전문성을 우리는 어떻게 확인할 수 있나?

연계 전문성 튜링 테스트

콜린스는 연계전문성을 확인하기 위한 방법으로 변형된 형태의 튜링 테스트를 제안했다. 튜링 테스트는 원래 인공지능을 테스트하기 위해 고안된 것이다. 튜링테스트의 기본 구조는 면접관이 상대방과 대화를 주고 받는 과정에서 상대방의 자격('지능')을 판단하는 시험 모델이다[2-2장 참조].

콜린스가 제안한 테스트에서는 튜링테스트(A)의 자리에 '연계전문가'를 배치한다. 연계전문가-후보자가 이 테스트 과정에서 기여전문가들과 구별할 수 없는 정도의 의사소통 역량을 보인다면 우리는 그가 해당 분야의 전문성을 보유하고 있다고 인정하자는 것이다.

만약 누군가 이 테스트를 통과할 수 있다면, 그는 기여전문 분야에 물리적 참여가 없더라도 언어적 몰입이 충분히 주어진다면 해당 전문분야 언어를 숙련할 가능성을 증명

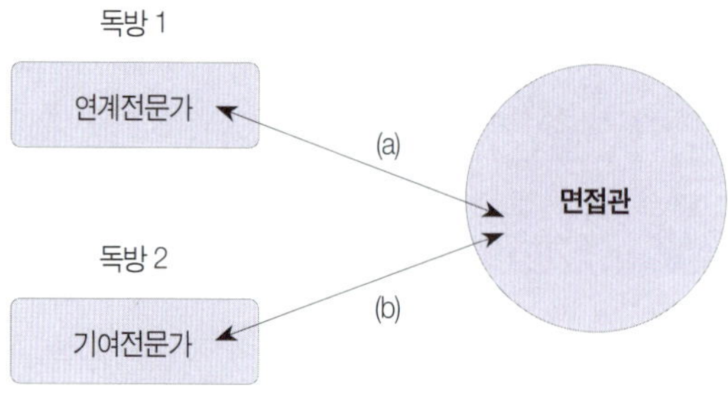

[그림 5-12] 콜린스의 연계전문가 테스트

하는 것이다. 물론 연계전문가에 의한 언어적인 전문성의 획득은 흔히 일어날 수 있는 일은 아니다. 당연히 기여전문가와의 원활한 의사소통이 가능해지기 위해서 연계전문가는 상당한 정도의 비용노력을 들여야 한다. 그럼에도 불구하고 그것이 가능한 일이라면 반드시 물리적 참여를 통해 전문성을 획득한 기여전문가만이 연계전문가가 될 수 있다는 넘어설 수 있다. 이를 바탕으로 연계전문가의 정당성이 수립될 것이고, 연계전문가의 전문적 의사결정 참여를 안정적으로 지지할 수 있을 것이다.

이 테스트를 제안했던 콜린스도 이 테스트를 직접 실험할 수는 없었다. 실험설정이 쉽지 않기 때문이다. 실험을 자원할 사람을 구하기도 어렵다. 그런데 한국에서는 그에 준하는 사건이 일어났다. 2008년 금융 전문가로 알려진 다음 아고라 경제방 논객 "미네르바(박대성)"가 사실은 금융 전문가 집단에 소속된 적이 없었다는 사실이 확인된 것이다. 사람들은 그가 전문가가 아니라는 사실에 분개했지만 우리는 오히려 그가 연계전문성이라는 개념을 실증했다는 점에 주목해야 한다.

미네르바의 연계전문성

2008년 당시, 다음 아고라 경제토론방 게시판 논객들의 경제 분석은 인기가 높았고, 현실 경제전문가들의 영향력을 압도하기 시작했다. 당시 경제 관료들이나 주요 일간지 경제 전문기자들이 서브프라임 사태의 심각성을 간과하는 동안, 경제방 논객들은 이미 미국발 경제위기를 경고하고 있었다.

이 과정에서 미네르바의 역할은 두드러졌다. 미네르바는 2008년 3월부터 아고라 경제방에 글을 게시하기 시작했고 빠른 시간에 아고라 경제방에서 주목받는 논객이 되었다. 미네르바는 그해 7월 14일에는 미국 서브프라임 모기지(비우량주택담보대출) 사태가 한국

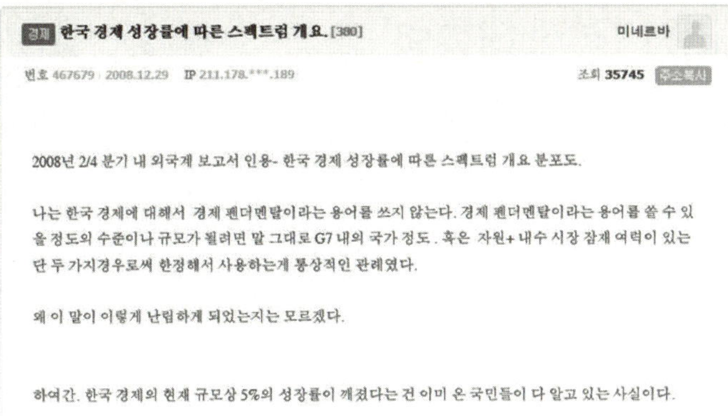
경제 한국 경제 성장률에 따른 스펙트럼 개요. [380] 미네르바

번호 467679 2008.12.29 IP 211.178.***.189 조회 35745 주소복사

2008년 2/4 분기 내 외국계 보고서 인용- 한국 경제 성장률에 따른 스펙트럼 개요 분포도.

나는 한국 경제에 대해서 경제 펀더멘탈이라는 용어를 쓰지 않는다. 경제 펀더멘탈이라는 용어를 쓸 수 있을 정도의 수준이나 규모가 될려면 말 그대로 G7 내의 국가 정도 . 혹은 자원+ 내수 시장 잠재 여력이 있는 단 두 가지경우로써 한정해서 사용하는게 통상적인 관례였다.

왜 이 말이 이렇게 난립하게 되었는지는 모르겠다.

하여간. 한국 경제의 현재 규모상 5%의 성장률이 깨졌다는 건 이미 온 국민들이 다 알고 있는 사실이다.

[그림 5-13] 미네르바의 아고라 게시글 캡쳐화면

에도 큰 영향을 줄 것이라고 예견하며 "하반기 물가가 오르니 생필품 6개월분을 미리 사두라"고 조언했다. 8월 25일에는 "산업은행이 리먼 브러더스를 인수하면 부실자산 500억원을 떠안아야 한다"며 리먼브라더스 파산을 예측하는 한편 산업은행의 리먼브라더스 인수시도를 비판했다.

이어서 8월 29일에는 급격한 환율 변동 사태를 예견하며 "환율이 9월 중순 최대 1125원, 9월 하반기에는 1180원에서 1200원까지 오를 것"으로 예견했는데, 실제로 환율이 상승했다. 10월 6일 "한미 통화 스와프 체결해 300억 달러 이상을 가져오지 않으면 환율이 1400원에 이를 것"이라는 예측했는데, 10월 23일이 되자 환율이 1400원을 돌파했다. 이렇게 그의 예측이 현실로 드러나자 미네르바의 글은 국내외 언론의 주목을 받기 시작했다.

미네르바 구속

미네르바에 대한 사람들의 관심이 각별했던 만큼 모두들 미네르바의 신원을 궁금해 했다. 다른 경제방 고수들과 달리 미네르바 개인에 대해서는 알려진 것이 거의 없었다. 그런데 예기치 않게 검찰에 의해 강제적으로 그의 모습이 세상에 드러나게 되었다. 당시 검찰은 박대성(미네르바)이 '공익을 해할 목적'으로 인터넷 상에 허위의 정보를 게시했다고 주장했다. 그러나 미네르바가 게시했던 약 340여개의 글 중에서 검찰이 지목한 허위 사실은 단지 2 건 - "외환거래 중지(2008. 7. 30)" 그리고 "외환거래 금지 공문발송(2008. 12. 29)"-에 불과했다.

당시 법률 전문가들은 미네르바를 구속시킨 검찰의 주장을 반박했다. 물론 미네르바

실체 드러난 '경제 대통령' 가짜에 놀아난 대한민국

검찰, 허위 글 유포 혐의 '미네르바' 체포
31세 무직자 -- 전문대 나와 경제학 독학

서울중앙지검 마약조직범죄수사부는 8일 인터넷에서 정부의 경제정책을 비판했던 '미네르바'라는 필명의 네티즌이 박모(31)씨인 사실을 확인했다고 밝혔다. 검찰은 7일 인터넷 상에서 허위사실을 유포한 혐의(전기통신기본법 위반)로 박씨를 서울 창천동 자택에서 긴급체포했다. (관계기사 2, 3, 10면)

구속영장은 9일 청구키로 했다. 검찰은 박씨가 포털 사이트 다음의 '아

직업이 없다. 박씨의 인근 주민은 "어쩜에 오가다 보면 집에서 컴퓨터를 많이 하는 것 같았다. 무슨 일을 하느냐고 물으면 '집에서 일한다'고 답했다"고 말했다.

박씨의 출입국 기록을 조사한 결과 외국에 체류한 적도 없는 것으로 확인됐다. 지난해 3월부터 인터넷에 등장했던 미네르바는 "외국의 금융기관에서 근무했다"며 자신을 소개했다. 박

29일 미네르바라는 ID로 다음의 '아고라'에 올린 '대정부 긴급공문 발송-1보'란 글을 통해 허위사실을 유포한 혐의다. 박씨가 당시 "오늘 오후 2시30분 이후 주요 7대 금융기관 및 수출입 관련 주요 기업에 달러 매수를 금지할 것을 긴급 공문으로 전송했다"고 주장한 것은 명백한 허위사실이라는 것이다.

김수남 서울중앙지검 3차장은 "박씨에 대한 고소·고발이 없었지만 중대 범죄로 판단해 자체적으로 수사에 착수했다"고 말했다. 이철재·박유미 기자 seajay@joongang.co.kr

의 글에 등장하는 '정부의 공문'은 존재하지 않았지만 정부의 외환보유 상황에 문제가 발생했었고, 재정 관료들이 시중은행 임원들을 소집하여 관련 회의를 했다는 사실이 확인되었기 때문이다. 실체적으로 보면 미네르바는 허위의 사실을 말한 것이지만 맥락적으로는 '진실'이었다. 최종적으로 법원은 박대성의 글이 공익을 해할 의도가 없었다고 보아 무죄를 선고했다.

연계전문가의 역량

언론에서는 '미네르바-박대성'을 '가짜 전문가'라고 단정했지만 그의 전문성은 재해석될 필요가 있다. 미네르바는 경제평론가로서 연계전문가(interactional expert)가 구비해야 할 일반적인 특질들을 모두 가지고 있다. 그는 금융 및 실물경제분야의 기여전문가는 아니지만 기여전문가들과 자연스럽게 의사소통할 수 있고 전문적 분석을 통해 상황을 분별·성찰하고 그것을 번역하여 전달하는 능력에서도 뛰어났다.

미네르바는 주로 다루었던 금융과 외환 분야는 일상생활에 큰 영향을 주는데도 불구하고 일반인들이 이해하기 어려워서 경제뉴스나 평론에서 잘 다루지 못했던 지식이었다. 같은 주제의 글을 게시하더라도 미네르바의 글은 다른 전문가들의 글보다 더 많이 구독되었다. 미네르바가 경제 분야의 문제를 해석하여 대중적으로 전달하는 연계 능력이 있었기 때문이다.

특히 미네르바는 구체적인 사건을 분석하고 주제화하는데 뛰어났다. 2007년부터 시작된 미국 서브프라임 위기는 2008년이 되자 공적자금을 투입해야할 만큼 심각해졌지만 국내에서는 그 영향에 대한 우려가 거의 등장하지 않았다. 금융전문가들은 대체로 위험

을 경고하지 않았다. 위험을 경고한 전문가도 일부 있었지만 일반 시민들의 큰 관심이 되지는 못했다. 미네르바는 국내 은행들이 미국 주택대출 은행에 투자한 규모를 명시적으로 서술했고, 따라서 미국 은행들의 위기는 한국의 경제위험으로 이어질 것임을 설명해냈다.

미네르바의 경제문제에 대한 분별력은 기여전문가들에 의해서도 인정받았다. 경제학자이면서 아고라 경제방 논객이었던 김태동 교수(성균관대)는 미네르바의 글은 "금융기업 근무경력이 없는 사람이 쓸 수는 없다"고 평가했다. 미네르바는 국제 금융론이나 화폐금융론 교과서에도 나오지 않는, 금융시장 사람들만이 이해하는 전문용어들을 전체 맥락에 맞게 정확히 사용하고 있었다. 금융전문가들은 경제예측이 얼마나 어려운 것인지를 잘 알고 있었기 때문에, 미네르바의 분석에 대해 일반인들 보다 더 놀라워했다. 그들은 미네르바가 매우 뛰어난 감각을 지닌 금융현장 전문가라고 단언했다.

> "내일을 50원 슈팅 나온다. 저 그 얘기 보고 깜짝 놀랐어요. 우리가 최대한 환율의 진동폭이 10원만 움직여도 그 규모에 대한 손실의 리스크 관리를 못한다면 거의 사망 직전까지 갑니다. 그런 것들을 다 미리 그 전날이나 2-3일 전에 그것도 여러 가지 정부의 정치적 매커니즘이나 어떤 상황 때문에 이렇게 나타날 거다라고 미리 예견했다는 것은 상당히…"
>
> 이승조, s투자 리서치센터장, SBS 그것이 알고 싶다 703회 2009. 2. 7

이처럼 미네르바는 다양한 지표-환율, 금리, 외환보유고, 가계대출, 소비자물가 등-를 수집·분석하는데 있어서 뛰어난 역량을 보여주었다. 이러한 지표들은 모두 일반 시민들의 생활을 구성하는 것들이었지만 당시 국내에 공개되지 않았던 지표들이었다. 미네르바와 경제방 논객들만이 그러한 문제를 제기했고 특히 미네르바는 그 문제를 사회화 하는데 성공했다.

경제 현상은 경제주체들의 기대와 예측 그 자체이기 때문에 어떤 문제제기의 성공은 결정적이다. 은행파산에 대한 불안이 은행예금 인출을 불러일으키고 실제적인 은행파산으로 이어질 수 있다는 것은 잘 알려진 사실이다. 그래서 경제 참여자들이 무엇을 알고 있고, 무엇에 대해서 더 많이 말하며, 무슨 말을 더 많이 퍼트리느냐는 것은 그 자체로 중요하다. 미네르바는 무엇을 보아야 하는지를 제시했고 아고라 이용자들은 미네르바가 말하는 것을 듣고 따라 말하고 퍼트렸다.

번역의 내러티브

미네르바의 전문성은 금융전문성을 일반인의 언어로 번역하는 것이었다. 미네르바가 금융 및 실물경제 영역의 문제를 제기하는데 성공할 수 있었던 것은 비전문가들도 이해 가능한 언어로 번역해냈기 때문이다. 사실 경제전문가들도 이미 비관적인 경제상황을 잘 알고 있었고 그 중 일부는 그런 사실을 게시하기도 했다. 이들 대항 전문가들은 다수의 문제제기를 했지만 그들이 사용하는 전문적 언어는 일반 사람들에게는 너무 어려운 것이었다.

미네르바는 사람들이 스스로 특정 경제상황을 판별할 수 있도록 그려보여 주는 방식을 취했다. 때문에 뛰어난 경제지식을 가지고 있지 않더라도 다소간의 주의를 기울이기만 한다면 그의 글을 읽으면서 제기된 상황에 대해서 스스로 판단할 수 있었다.

당시 상당수의 사람들이 미네르바의 말을 믿었고 재정 관료의 말은 믿지 않게 되었다. 때문에 정부의 경제정책은 타격을 받았다. 아고라 사람들은 미네르바의 해석을 통해서라면 단순한 수용자가 아니라 해당분야의 문제에 영향을 미치는 참여자가 될 수 있었다. 결과적으로 정부 금융 관료들은 미네르바와 경쟁해야 했다.

미네르바의 번역 역량은 그의 정치적 자각에 기반하고 있다. 그는 1998년 IMF를 겪으면서 친구 아버지의 죽음을 목격했고 재정 관료들의 무능을 경험했다. 그는 당시 한국정부(또는 전문가)가 마지막 순간까지 사람들에게 아무런 경고도 하지 않았었다고 기억했다. IMF 사태를 초래했던 재정 전문가들이 다시 2008년 정부 요직으로 복귀하는 것을 보고, 미네르바는 시민들에게 강한 경고를 보내기로 결심했다. 그래서 그의 글에는 절박함이 배어 있었다.

그는 정부 관료들에 대해 "3류 양아치 같은 노인네", "병딱 같은 노인네"라는 욕설도 서슴지 않았다. 미네르바는 자신을 "군고구마파는 영감"으로 소개하면서 노인 캐릭터의 힘을 빌려 더 자유롭게 욕설을 사용했다. 욕은 명쾌하게 문제 상황을 부각하는 힘을 가지고 있다. 그의 욕은 누구에게 문제가 있는 것인지를 뚜렷하게 표지하는데 효율적이었다. 아고라 이용자들은 미네르바의 욕을 통해서 문제 원인을 단순화시키는 이득을 얻었다.

튜링 테스트 통과하기

아고라 시스템은 스스로 의도한 것은 아니지만 결과적으로 '연계전문가 튜링테스트'를 제공했다. 아고라 시스템은 두 가지 점에서 튜링테스트 설정을 충족시켰다. 아고라시스템은 게시자의 신원을 숨길 수 있었고, 금융전문가('면접관')들이 대화(글)을 통해서 미네르바를 얼마든지 검증할 수 있었다.

아고라 시스템을 통해서 전문가들은 미네르바를 철저하게 검증할 수 있었다. 미네르바는 처음부터 지지자가 많았던 것은 아니었다. 그는 경제방 논객들 사이의 치열한 경합 과정에서 성장했다. 경방고수들은 자신이 게시한 글에 대해 언제나 다른 논객의 비판에 직면해 있었다. 2008년 당시 경방고수는 약 40여명 수준이었는데 그들은 대체로 경제 전문가이거나 금융현장 전문가들이었다. 미네르바와 같은 경제 비전문가 출신 경방고수는 소수였다. 따라서 미네르바의 아고라 활동은 그 자체로 경제전문가들에 의한 검증과정이었다.

미네르바에 대한 비판과 검증은 일시적으로 끝나지 않았다. 미네르바가 아고라를 넘어 공개적으로 유명해진 이후에는 더 많은 경제전문가들에 의한 검증과정을 겪었다. 특히 미네르바가 주로 비판했던 재정 관료들과 그 정책을 지지하는 연구자들 그리고 대기업 CEO들은 미네르바를 매우 불쾌하게 생각하고 있었기 때문에 미네르바의 게시글을 철저하게 분석했다.

그런 검증 후, 미네르바는 아고라 시스템 내에서 금융전문가로 승인되었다. 아무도 그의 자격에 대해서 문제 삼지 않았다. 그를 강하게 비판했던 사람들조차도 그의 전문성만큼은 의심하지 않았다. 미네르바의 경제문제에 대한 분별력이 기여전문가들 사이에서도 놀라운 정도였기 때문이다. 그는 기존 전문가 그룹을 능가하는 대중적 신뢰를 얻기까지 했다. 아고라 이용자는 물론이고 경제전문가들까지도 미네르바를 다른 전문가들과 구분할 수 없었다.

만약 기계가 면접관을 속일 수 있다면 지능이 있다고 판정하는 것처럼, 금융전문가들은 미네르바를 자신의 동료 금융전문가를 구별할 수 없었다. 그러므로 그는 언어적 차원에서 금융경제 분야의 전문성을 보유하고 있다고 보아야 할 것이다. 미네르바 사건은 "특정 분야의 전문가 교육을 받은 적이 없고 사회적 접촉에 의한 전문성 체화도 없는 사람이 그 분야를 설명할 전문성을 가질 수 있는가?"라는 질문에 대해서 "그렇다"라고 답해주었다.

연계 전문성의 정당성

이제 대중 앞에 모습을 드러낸 박대성이 기대했던 경제전문가가 아니었다고 해서 그를 비난할 필요가 없다. 오히려 그는 전문성에 대한 새로운 가능성을 제시해주었다. 미네르바는 기여전문가 커뮤니티에 직접 참여하여 전문성을 체화한 적이 없고 다만 언어적 참여(책과 인터넷사이트)만으로도 연계 전문성을 획득할 가능성이 있다는 것을 보여주었다.

물론 이런 전문성의 획득은 흔히 발생할 수 있는 것은 아니다. 그럼에도 불구하고 그것이 가능하다는 사례는 연계전문성이 특정 전문분야에 대한 의사결정에 개입할 수 있는 지위를 얻는데 정당성을 부여할 것이다.

미네르바는 결과적으로 '연계전문성 튜링테스트'를 거쳐서 자신의 전문적 능력을 입증했다. 그의 능력은 단순한 전문적 분석능력만이 아니라 그 전문지식을 다른 언어로 번역해서 전달하는 능력도 포함하는 것이었기 때문에 그를 연계전문가라고 부르는데 부족함이 없다. 그는 기여전문가와 일반시민이 함께 공유할 수 있는 공통의 해석틀을 구성해냈고 그 새로운 해석틀을 통해서 사회적 차원에서 전문분야의 문제를 제기하는데 성공했다.

미네르바 사례에 비추어 보면, 연계전문가는 금융경제라는 전문분야의 의사결정 과정에서 일반 시민을 단순한 수용자에서 의사결정의 참여자로 전이시킬 수 있음도 보여주고 있다. 일반 시민들이 전문적인 의사결정에 대한 다른 해석을 제공받을 수 있다면, 특히 이해 가능한 언어로 번역된 해석을 제공받을 수 있다면, 그들은 일정한 의사결정권을 확보할 수 있게 된다.

연계전문가의 탄생이 가능하다는 논거는 기여전문성 역시 언어로 구현된다는 것을 확인한 것이기도 하다. 실행과 언어의 비중은 영역마다 다를 수 있지만 특정 전문분야를 언어적 측면에서 관찰할 때 연계전문가와 기여전문가 사이의 차이는 거의 존재하지 않는다. 물론 실행의 차원에서 기여전문가와 연계전문가의 차이는 분명히 존재한다. 인공지능이 튜링테스트를 통과했더라도, 인공지능이 인간이 되는 것은 아니다. 미네르바는 기여전문가가 아니라 연계전문가다. 여기서 중요한 것은 연계전문가는 반드시 기여 전문가일 필요가 없으며, 오히려 서로 다른 영역들 사이를 넓게 포섭하는 역량이 더 중요하다는 것이다.

[참고문헌]

김지연. 2012. "정보통신기술과 전문성의 재구성: 미네르바 사례를 중심으로". 『동향과 전망』 제86호 pp. 164-200.

Collins, H. & R. Evans 2002. "The Third Wave of Science Studies: Studies of Expertise and Experience," *Social Studies of Sciences*. 32(2).

Collins, H. & R. Evans 2007. *Rethinking Expertise*. Chicago: The University of Chicago Press.

Collins, H. 2011. "Language and Practice", *Social Studies of Science* 41(2), SAGE.

4 시민과학 플랫폼은 무엇인가

오늘날 과학이 안고 있는 위험과 불확실성 문제는 보다 넓은 대중적 참여를 필요로 한다. 과학의 위험과 불확실성은 과학만의 기준이 아니라, 사회문화적인 차원에서 해석될 필요가 있다. 그러기 위해서 과학이 모든 것을 결정해 줄 것이라는 인식을 조정하고 대중과의 상호작용을 더 초점을 맞추어야 한다. 과학자와 대중은 상보적으로 협력하고 과학지식 생산을 더 잘 촉발할 수 있다.

과학을 관리하기

지난 20 여 년간 세계화는 과학기술의 본성을 바꾸었고 동시에 과학기술은 세계화를 형성했다. 지식과 전문성 그리고 위험과 불확실성의 성격과 범위 그리고 시민권의 맥락도 변하고 있다. 시민권과 과학에 관한 논쟁은 울리히 벡(Beck, 2012)의 위험 사회(Risk Society) 논쟁에 큰 영향을 받았다. 벡은 과학 전문성에 대한 대중적 비판이 더 광범위하고, 더 근본적인 사회 전환을 불러왔다고 주장했다. 위험 사회라는 주제는 공중이 점점 위험에 관심을 가진다는 함축이다. 위험이 산업 기술과 기술 시스템 자체에서 나오고 있다는 인식이 대중적으로 확산되었다.

오늘날 과학연구에서 발생하는 불확실성은 위험 문제만큼이나 중요하지만 위험 문제보다 이해하기 어렵고 관리하기는 더 어렵다. 과학연구에서 불확실성은 우연적이거나 일시적인 것이 아니라 본성적 특질이다. 예를 들어 모든 기후 모델링은 비선형적이고 역동적인 기후 시스템을 보여주기에 충분하지 않다. 그래서 기후변화와 환경문제에 관한 과학적 평가 문서를 작성할 때는 자신의 불확실성을 제시함으로써 독자가 해당 불확실성을 고려하여 판단하게 해주어야 한다. 그럼에도 불구하고 여전히 대다수 정책결정자들은 과학지식에 거의 전적으로 의존하고 반면에 일반 대중의 인식론적 역량은 크게 무시하고 있다.

위험과 불확실성

브라이언 윈(B. Wynne)은 위험, 불확실성, 미결정성, 무지라는 4가지 유형의 개념을 분류하여 구분했다. 그에 따르면 위험(risk)은 정량적 가능성으로 환원된 앎이다. 한편 불확실성(uncertainty)은 주요 매개변수는 알지만 그 분포 개연성은 알지 못하는 상태이다. 다시 말해서 정량적 발생 가능성을 확정할 수 없지만, 질적 판단을 충분히 할 수 있는 정도로 아는 상태를 말한다.

무지(ignorance)란 모른다는 것을 모르는 상태를 말하는 것이다. 따라서 무지 상태에서는 기존 지식에 토대를 둔 수행을 하게 된다. 그러므로 역설적으로 무지의 증가는 불확실성의 감소를 수반한다. 마지막으로 미결정성(indeterminacy)이란 매개변수 및 그 변수들 사이 상호작용에 대해 알려진 것이 없어서, 인과적 연쇄 또는 그물망이 열려 있으므로 어떤 판단을 하기에 충분하지 않은 상태이다.

위험과 불확실성의 관계에 좀 더 주목해보자. 위험은 문제를 계산 가능한 개연성의 차원으로 환원하는 전문기술적 프레임이다. 이 프레임은 문제를 단순화하고 인공적으로 경계를 만들고 단순한 그림으로 환원하는 것이다. 위험에 대한 엄밀한 정의는, 손해의 발생 가능성을 계산하는 것, 그리고 그 손해가 발생시킬 비용을 제시하는 것이다. 그러나 그 엄밀함은 단지 개념적인 것이다.

한편 불확실성을 줄이고 적절히 관리하기를 원하는 사람은 불확실성 문제를 정량적 평가가 가능한 상태(위험 범주)로 전환하고자 한다. 일반적으로 지식 생산자는 충분하지는 않더라도 적어도 많은 불확실성과 미결정성이 있다는 것을 안다. 반면에 그 지식 '사용자들(과학자이거나 아니거나 상관없이)'은 그 지식을 실재보다 더 확실한 것으로 인식하는 경향이 있다. 다시 말해서 과학이 정확한 진단을 해주리라고 믿고 싶어한다.

사람들은 의사결정을 해야할 때 불확실한 것을 '확실한 것'으로 전환하려고 한다. 과학의 확실성에 의존해서 자신의 결정을 지지하고 반대자의 결정을 공격하고자하기 때문이다. 그런데 불확실성은 위험과 달리 과학자들도 정량적인 판단을 할 수 없는 상태인데, 과학적 확실성에 과도하게 의존함으로서 결국 과학자들은 불확실성에 대한 비공식적인 판단을 할 수 밖에 없게 된다. 이러한 과학 의존 문화 때문에 그동안 과학자들이 불확실성 관리 문제에서 지배적 역할을 해왔다.

불확실성을 정량적인 것으로 전환하기 보다 오히려 그 문제가 안고 있는 불확실성을 인지할 때 사회적 차원에서 더 잘 관리될 가능성이 있다. 그래서 불확실성 문제는 더 넓은 대중적 참여를 필요로 한다. 불확실성을 이해하고 관리하는 문제는 해석학적이고 문

[표 5-2] 불확실성의 여러 유형 (Wynne, 1992; Shackley & Wynne, 1996을 구성)

분류	설명	비고
위험 (risk)	정량적 가능성으로 환원된 앎	과학연구의 결과로 도출
불확실성 (uncertainty)	정량적 가능성을 확정할 수는 없지만, 질적 판단을 충분히 할 수 있는 정도로 아는 상태	불확실성을 위험문제로 전환하려고 시도
무지 (ignorance)	모른다는 것을 모르는 상태.	(충분히 잘 알고 있다고 전제하는 것과 같기 때문에) 불확실성이 감소하는 효과
미결정성 (indeterminacy)	매개변수 및 그 변수들 사이 상호작용에 대해 알려진 것이 없어서, 인과적 연쇄 또는 그물망이 열려 있는 상태	어떤 판단 또는 실행하기에 충분하지 않음

화적이 것이 되어야 한다. 그래서 불확실성에 대한 해석은 사회적 정체성을 고려하는 차원에서 이해되어야 한다. 지금보다 과학에 덜 의존해야 하고 그 대신 대중과의 상호작용에 더 적극적이어야 한다.

피셔(Fischer, 2005)는 과학지식이 시민과 노동자들의 지지와 신뢰를 받는 것이 필수적이라고 주장한다. 오늘날 거대 기술에 대한 시민과 노동자의 이해는 사회-역사적 맥락에 뿌리를 두고 있다. 그들의 지식은 사회문화적으로 내장된 것이고 경험된 것이다. 기술은 그들의 사회문화적 체화를 통해서 재해석될 수 있다. 기술적 위험에 대한 사회적 인식과 평가는 기술 관리적 의사결정 구조, 역사적 관계, 집단 및 공동체 구성원에 의해 해석되고 경험된 총체이다. 만약 노동자와 관리자, 시민과 전문가 조직의 사회적 관계가 불신이 높으면 불확실성도 증폭된다.

불확실성 담론과 시민과학

불확실성이 높은 의사결정을 할 때 과학지식보다 사회적 경험이 필수적이다. 만약 관련 경험조차도 없다면, 우리는 평범한 지식으로부터 외삽법에 근거하여 예측해야 한다. 어떤 사람들은 꽤 선견지명이 있어서 이런 상황을 잘 관리해나가곤 한다. 이를 감안하면 단지 과학 논리의 형식 개념에만 의존하지 않고 실천적 이성이라는 비공식적 논리의 중요성을 이해할 필요가 있다.

불확실성을 관리하는 일은 실제로 일반인들이 이미 하고 있는 일이다. 사회 세계에서 일어나는 의사결정이 과학지식이 없다는 이유로 비합리적이라고 할 수 없다. 문제해결을 위한 실천적인 담론은 사실 사회적 행동과 연동된 것이다. 시민들은 사회적 경험이라는 자신들의 전망 내에서 불확실성을 해석하면서 헤쳐나아가고 있다. 그들의 경험과 믿음은 행동의 가이드라인을 공급한다. 그래서 달리 참조할 공식 기준이 없고, 불분명하고, 불확실하거나 불안을 유발하는 상황에서 사람들은 자신의 경험과 믿음에 토대를 두는 주장을 선호한다. 대표적으로 환경 운동은 이미 그런 이데올로기적 지지를 받고 있다.

사회적 담론은 불확실성을 조정하는 빠르고 적절한 수단이다. 담론은 여러 영역을 횡단하면서 여러 행위자들이 빠르게 자신의 이해관계를 규정하고 동맹을 구축하고 특질지도를 그려내고 정체성을 구성하도록 만든다. 오늘날 시민과학은 단순히 시민참여에 만족하는 것을 넘어서, 과학연구와 불확실성 담론 및 실행을 관리하고 중개하는 방향으로 나아가고 있다.

대중참여 과학연구

시민과학 운동은 사회적 의사결정 방법을 급진적으로 전환하고 있다. 지방자치체가 공원을 관리하는 방법에서부터 어디에 중앙정부 투자를 할 것인지에 이르기까지 시민과학을 활용할 수 있다. 시민과학 참여경험을 통해서 대중들은 과학과 기술 그리고 사회적 의사결정에서 더 강력한 역할을 하고 있다. 이미 다양한 시민과학 플랫폼이 다양한 이해관계를 가지고 있는 과학자 및 대중참가자들을 안정적으로 연결하고 조정하는 업무를 수행하고 있다.

쉬크와 동료들(Shirk, et al., 2012)은 대중참여 과학연구(Public Participatorry science Research) 프로젝트 설계를 위한 프레임워크를 [그림 5-11]과 같이 5개 국면으로 소개했다. 먼저 (1) 투입(Inputs) 단계는 과학적 관심과 대중적 관심이 프로젝트 내부로 진입하는 과정이다. 이러한 프로젝트는 협력적 노력이므로, 대중과 과학 공동체 양자 모두의 이해관계(희망, 요구, 목표, 기대)를 고려해야 한다.

(2) 활동(Acitivies) 단계는 프로젝트의 설계, 수립, 관리 등 작업 전체를 말한다. 이 단계의 작업은 일반적으로 과학자, 대중 구성원, 그 외(교육가, 기술자 등) 구성원들로 구성된 팀에 의해 수행된다. 자원자 네트워크 수립과 의사소통 그리고 참여자를 관리 유지하는데 필수적인 메커니즘을 지원해야 하고, 표본 전략과 프로토콜 설계, 자료 훈련, 데이터 기입/데이터 등재 기술과 같은 프로젝트 기반시설 개발이 필요하다. 여기에는 설비

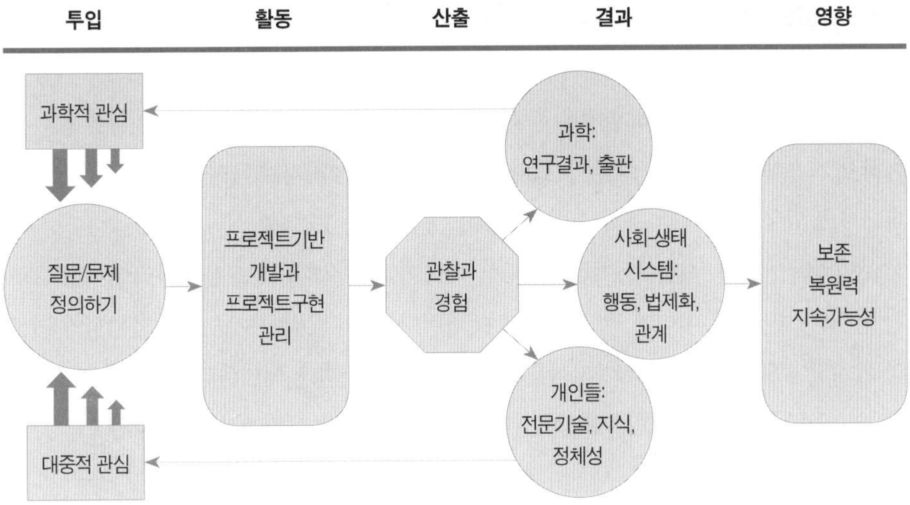

[그림 5-11] 대중참여 과학연구(PPSR) 프로젝트 5국면 (Shirk, et al., 2012)

훈련, 자료 분산, 모임과 행사 주관, 협력자와 참여자 모두와 의사소통하기 같은 프로젝트 관리도 포함된다.

(3) 산출(Outputs) 단계는 활동의 초기 생산물 또는 결과물들이 드러나는 과정이다. 산출은 관찰, 데이터 기록, 간편화, 분석 등을 포함한다. 예를 들어 데이터베이스 상에는 다수의 관찰, 다수의 개인들, 웹사이트 방문, 자원자 시간, 워크샵 훈련 등 결과물이 적재된다.

(4) 결과(Outcomes) 단계는 프로젝트의 특정 산출로부터 나오는 전문기술, 역량들, 지식 같은 측정 가능한 요소들이다. 개인 참가자는 참여 과정에서 전문기술과 지식을 얻을 수 있고 만족스러운 정체성을 생성할 수 있다[1]. 마지막으로 사회-생태적 시스템 차원에서는 대중적 행동을 불러일으켜서 입법화에 성공할 수도 있다. 이것은 공동체의 협력을 내장하도록 하는 사회적 학습을 강화할 수 있다.

(5) 영향(Inpacts) 단계, 앞의 결과 단계가 단기적 변화에 관한 것이라면 이 단계는 인간 복지와 자연 자원 보존을 개선하는 장기적이고 지속가능한 변화를 가리킨다. 프로젝트의 영향은 양적 차원에만 한정되지 않고 더 넓은 사회맥락 차원으로 스며든다.

1) e-Bird 프로젝트 참여자들은 스스로를 이버더(eBirder)라고 지칭한다. 그들은 새관찰 활동을 통해서 새로운 정체성을 형성했다.

시민과학의 유형

시민들이 자신들의 삶과 환경을 구체적으로 통제할 수 있을 때 위험과 불확실성을 극복하고 지속가능성을 구체화할 수 있다. 시민과학을 형성하기 위해서는 과학기술 전문성과 시민들의 필요와 사회 문화 사이의 관계를 면밀하게 고려해야 한다.

시민과학 개념을 '시민이 수행하는 과학 작업'이라고 정의한다면 우리나라에서도 다양한 형태의 시민과학이 이미 진행 중이다. 여기서 '시민'의 범위에는 공식적 전문성의 여부와 관계없이 일상 속에서 삶의 지식을 획득하는 모든 사람을 의미한다. 이 범위에는 과학자(전문가)도 포함될 수 있다. 과학의 민주화 사례에서 주로 해당 분야 과학자와 전문가들이 다수 참여하는데 그들은 자신의 전문성을 시민-지향적으로 사용한다. 이 경우 그 행위는 그들의 과학전문성이 아니라 그들의 시민성으로부터 나온 것이다.

시민과학에서 일어나는 '과학 작업'은 전통적으로 과학자들이 수행해오던 연구주제와 방법론에 한정되지 않는다. 시민들의 과학 수행의 형태는 적극적인 연구주제 설정에서부터 단순한 데이터 센싱이나 재정기부에 이르기까지 매우 다양하다. 시민들의 경험과 참여규모의 방대함은 새로운 연구주제와 방법론을 만들어가고 있다.

여기서는 시민과학에 대한 이해를 돕기 위해서 한국의 문화적 환경을 반영하여 시민과학의 유형을 다음과 같이 4가지로 분류하고자 한다. (1) 교육으로서의 시민과학 (2) 운동으로서 시민과학 (3) 연구플랫폼으로서 시민과학 (4) 거버넌스로서 시민과학.

이상 4가지 시민과학의 유형은 모두 시민과 과학의 상호작용이며 사회적 학습(social learning)의 과정이다. 교육과 운동 유형의 시민과학은 가장 오랫동안 다양한 사례가 쌓여왔다. 연구플랫폼은 최근 유럽과 북미 지역에서 등장한 유형으로 Citizenscience.org 또는 Scistarter.com 같이 과학자(집단)와 시민을 중재하여 과학연구와 문제해결을 지원하고 있다. 거버넌스 유형은 시민 합의회의 방식이 가장 대표적이다. 시민과학에서 플랫

[표 5-3] 시민과학 유형 구성

	유형	설명
1	교육으로서의 시민과학	과학소양, 대중의 과학이해, 과학의 대중이해
2	운동으로서의 시민과학	과학 민주주의, 과학연구 과정의 민주화
3	연구플랫폼으로서의 시민과학	과학과 시민을 매개, 연구협력의 도구, 방법론, 형식, 흔히 전통 과학 연구 실천보다 더 큰 규모의 방법
4	거버넌스로서의 시민과학	사회의 지식-생산 역량, 증거기반 의사결정 경로

폼이나 거버넌스 유형은 아직 그 사례와 경험이 많지 않다.

웹기반 시민과학 플랫폼

시민과학 프로젝트를 운영하기 위해서 무엇보다 과학연구자들과 자원자들을 연결해야 한다. 국제적으로 몇 가지 시민과학 프로그램과 플랫폼이 존재하고 있다. 다수의 시민과학 활동이 웹을 기반으로 하고 있는데, 시민들이 쉽게 활동에 참여하면서 데이터를 효과적으로 수집하고 분석할 수 있기 때문이다. 웹기반 시민과학은 이미 단순한 패턴 탐지를 넘어서 중요한 생태학적 가설을 시험하는 영역으로 이동하고 있다. 시민과학은 방대한 규모의 데이터 수집과 분석 관리를 통해서 과학 연구 과정을 지원하도록 설계할 수 있고 특별히 적응적 관리 프로그림에 적절하다.

웹기반 플랫폼은 데이터 분석 작업에도 효과적이다. 분석작업은 빅데이터 처리 메커니즘과 유사하다. 가장 일반적인 형태는 집합적 센싱(collective sensing)이다. 이것은 플리커,

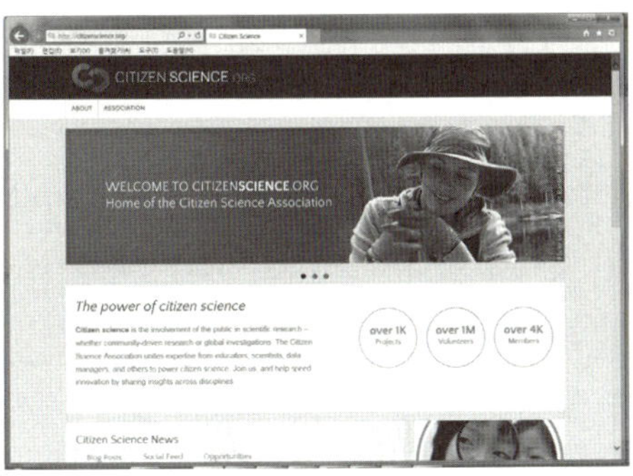

Citizenscience.org

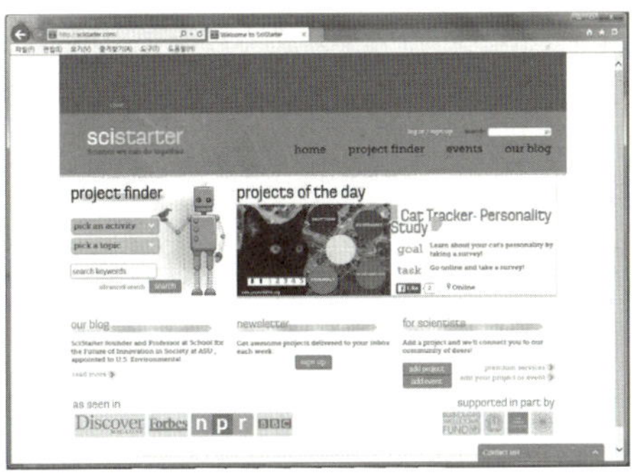

Scistarter.com

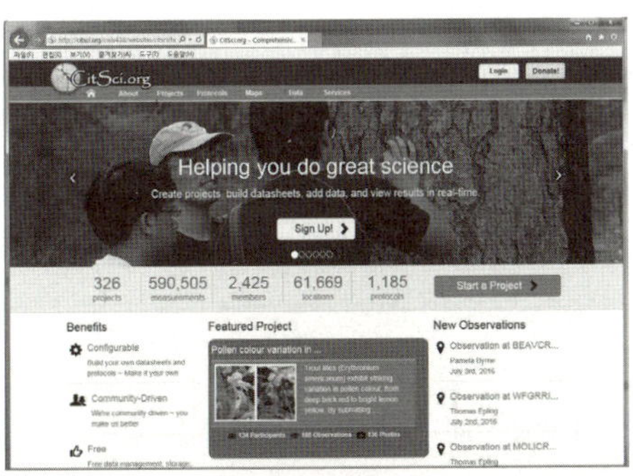

CitSci.org

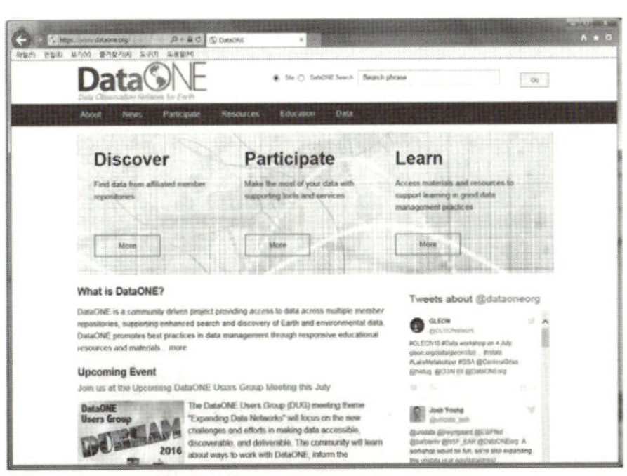

DataONE.org

트위터, 모바일 폰 네트워크 등과 같은 시스템을 포함하여 집합적 네트워크로부터 들어오는 익명의 수집 데이터를 분석하는 것이다.

장기적 관리를 지원하고 시민과학 데이터, 메타 데이터 관련 디지털 미디어를 공유하기 위해 사이버 기반시설과 기타 자원 개발이 필요하다. 기반시설을 구축하려면 개발자, 디자이너가 포함된 제작팀이 필요하다. CitSci.org 와 DataONE.org 같은 플랫폼이 대표적이다.

이 플랫폼들은 시민들이 시민과학에 어떻게 참여하고, 왜 참여하는지, 무엇을 얻는지에 대한 단초를 제공해준다. 웹기반 시민과학 플랫폼의 가능성은 계속 실험될 것으로 보인다. 기술적인 측면만이 아니라 시민참여자의 동기부여 측면이 어떻게 기술적인 측면과 결합할 수 있을 것인지는 지속적인 탐색이 요구된다.

스마트 시티

시민과학 플랫폼으로 스마트 시티를 고려할 수도 있다. 스마트 시티는 도시 생활을 과학기술과 연결하는 거대한 플랫폼이다. 그런데 그동안 국내에서 스마트 시티 프로젝트들이 화려한 계획만큼 사회적으로 인정받지는 못했다. 가장 큰 문제는 스마트 시티를 단지 첨단 기술 시스템으로만 오해하고 있다는데 있다.

스마트 시티의 목표는 사회경제적 측면에서 지속 가능한 해결책을 내오기 위해서 사람들의 요구에 대응하는 기술적 설계를 개발하는 것이다. 따라서 스마트 시티는 과학기술과 사회문화의 종합적 결합을 매개할 수 있어야 하고 그럴 때만 성립가능하다.

스마트 시티를 축약적으로 이해하기 위해서 스마트 캠퍼스 예시를 이용해 보겠다. 스마트 캠퍼스는 스마트 시티 개념에서 왔으며, 대학은 그 자체로 작은 도시이기 때문에 스마트 시티의 테스트 베드(Test Bed)가 될 수 있다. 대학은 도시와 마찬가지로 입력(자원)과 출력(생산)이 있고 사용자들의 복합적 활동이 일어나는 곳이다.

스마트 캠퍼스

국내에서 스마트 캠퍼스는 도입(초기) 단계이다. 아직 대학의 스마트 캠퍼스에 대한 이해와 공유는 충분하지 않다. 주로 스마트 캠퍼스를 효율성이나 비용감소라는 경제적 이

스마트 캠퍼스 해외 사례

스마트 캠퍼스는 구성원 공동체에게 여러 관련 서비스를 제공하는 사회-기술적 플랫폼(socio-technical platform)이며 혁신적 ICT 해결책들을 도입하는 '실험실'이다. 스마트 캠퍼스는 사회적 삶(social life), 학문적인 삶(academic life), 실천적인 삶(practical life)을 포함해야 하고, 각 영역마다 구체적인 관련 서비스들이 다양하게 개발될 수 있다.

스마트 캠퍼스 프로그램들은 보통 해당 대학의 과학 소양(science literacy)에서 출발하는데, 개별 대학마다 특정한 측면에 초점을 두고 개발된다. 예를 들어 리스본 대학은 에너지 효율성을 강조하고 랭커스터 대학은 사회-디지털 지속가능성에 초점을 둔다.

프랑스 툴루즈 제3 폴 사바티어 대학(Toulouse Ⅲ Paul Sabatier University)은 2013년 스마트 캠퍼스 "neoCampus" 프로젝트를 시작했다. 스마트 캠퍼스 프로젝트는 간-학제적 협력이 잘 이루어져야 성공할 수 있다. 그래서 프로젝트팀은 여러 분야 과학자들 사이의 협력과 관리, 기술직원과의 상호협력에 중점을 두었고, 스마트 캠퍼스의 생태철학에 구성원들이 참여하도록 유도했다. 구체적인 응용서비스로는 "협력 WiFi", "오픈 데이터 플랫폼", "에코 시티즌십(eco citizenship)", "생물 다양성" 등이 있다.

"neOCampus"는 학생들 사이의 협력에서부터 사회문제에 참여하기까지 스마트 캠퍼스의 다양한 잠재성을 보여준다. 교육과 사회생활을 연결함으로써 학생들은 학습과정을 통해서 대학 내 문제는 물론이고 사회문제 해결의 주체가 될 수 있다. 교육과 사회 문제 해결을 함께 학습을 통해서 학생들의 대학생활 이후 삶의 문제에도 긍정적인 영향을 줄 수 있다.

[그림 5-12] 스마트 기기의 활용 사례: 캠퍼스 내 온도, CO2, 습도 등을 측정 장치(왼쪽), 생물다양성 앱(오른쪽)

득을 강조함으로써 스마트 캠퍼스의 정당성을 홍보하는데 집중하고 있다. 이런 현상은 국내 스마트 시티 추진 과정에서도 동일하게 나타났던 경향이다. 스마트 캠퍼스 구축 과정이 구성원들의 협의보다는 하향식으로 진행되면서 내적 동력을 형성하지 못했다.

스마트 캠퍼스의 학습 효과에 대한 동의 수준은 높지 않은 것으로 나타나고 있다. 전문가 설문 결과, 대학 내 스마트 교육이 미칠 영향 중 교육 영역과 학습자원 측면에서 동의가 높은 것으로 나타났지만 학습 효과 측면에서 동의는 다소 낮았다. 국내 250여 대학들의 스마트 캠퍼스를 진행하고 있지만 대학 구성원들에게 크게 환영받지는 못하고 있다. 이러한 스마트 캠퍼스의 문제는 시민과학 플랫폼이 겪게 될 문제를 암시한다.

기술주의 접근 문제

현재 국내 스마트 캠퍼스의 문제는 사회적 조건과 상관없이 그 기술을 적용하기만 하면 '원하는 목표'를 달성할 것으로 확신하는 '기술주의'에서 나온 것이다. 이런 태도는 기술을 단지 비용 절감이나 생산성이라는 경제주의적 기준으로만 바라보는데서 온 것이다. 결국 구성원들의 동의와 협력 같은 사회적 측면을 도외시하기 때문에 스마트 캠퍼스 기술이 적용되더라도 정작 사람들은 무관심하거나 꺼려하고 그저 의무적으로만 어쩔 수 없이 사용하게 만든다.

대다수 스마트 캠퍼스 구축은 주로 전자출결, 모바일결제, 모바일 시설예약, 셔틀버스 알림, 모바일 도서관, 스마트에너지 시스템 등 온라인화에 집중하고 있다. 반면에 캠퍼스라는 공간에 대해 통합적으로 접근하지는 못하고 있다. 게다가 단순한 온라인 서비스도 사용자들의 편의를 지원할 만큼 충분히 관리되고 있지는 못하고 있다. 일례로, 전자 출결 시스템은 잦은 기계(작동) 오류, 대리출석 문제로 인해 이중으로 출석을 체크하는 번거로움을 가중시키는 것으로 나타났다. 기술 자체가 모든 것을 대체할 것으로 기대하기 때문에 일상적 유지관리의 중요성도 간과하는 것이다.

스마트 캠퍼스는 기능적으로 구현되고 난 이후에도 전문적인 서비스 운영팀에 의해서 꾸준히 관리되어야 하고 그 과정에서 사용자들의 요구를 시스템 내부로 반영할 수 있어야 한다. 스마트 캠퍼스 계획이 초기 단계에서 구성원들과의 협력과 승인 아래 출발하지 않았기 때문에 사용자의 피드백을 이끌어내기도 어렵다. 동기부여가 없는 사용자는 기술과 상호작용하지 않으며 그 결과 단순한 기능적 요소조차도 황폐화된다.

규율과 관리 도구로만 활용

첨단 기술은 스마트 캠퍼스를 변화시킬 수 있지만, 대학 공동체에 대한 비전, 사회적인 측면과 사용자와의 상호작용성 측면에 대한 고려가 없다면 그 결과는 규율과 관리의 강화만 남게 된다. 다수의 대학관리자들은 주로 출결체크, 출입인증 또는 강의 평가와 같이 구성원들에 대한 통제와 규율을 강화하는 것을 '스마트함'으로 인식하고 있다.

학생과 연구자 구성원들에 대한 통제 강화는 대학을 스마트하게 만들기보다는 오히려 대학 공동체는 더욱 경직되게 할 우려가 있다. 스마트 캠퍼스에 대한 대학 공동체의 공통의 비전이 없는 상태에서 경쟁 방식의 통제를 기술을 동원하여 더욱 강화하기 때문에 구성원들은 협력하기 보다는 성과와 보상에 더 의존하게 된다. 대학 공동체의 역량 강화 없이 단지 온라인 정보 채널이 주로 취업이나 진로 안내들로 채워진다면, 학생들은 경쟁사회의 질서를 더 강하게 학습하게 될 것이다. 이로서 학생들은 경쟁이라는 편향적 사회질서에 더 익숙해지며 상대적으로 협업과 창의적 문화 환경에 대한 학습 기회를 잃게 된다.

종합적으로 볼 때 다수의 대학의 스마트 캠퍼스 정책을 채택했지만, 교육-생활-연구를 위한 공동체 기반의 협업적 패러다임 변화는 고려하고 있지 않았다. 오히려 스마트한 기능들이 기존의 중앙집중적이고 위계적이고 규율질서를 강화하는데 적용되고 있다. 이는 스마트 캠퍼스의 지향에 대한 구성원들의 충분한 동의가 의도적으로 배제되고 있음을 의미한다.

스마트 캠퍼스는 대량의 데이터를 생산하고 분석함으로써 거의 실시간에 가깝게 의사결정을 할 수 있도록 도울 수 있다. 이 때 생산되는 데이터는 대학 구성원들에 의해서 생산되기 때문에 그들의 동의가 필수적이다. 그렇지 않다면 개인정보나 사생활 침해, 감시 문제를 불러일으킬 수 있다. 이런 점에서도 스마트 캠퍼스는 단순한 기능적 전환만으로는 달성되기 어렵다. 스마트 캠퍼스가 작동하기 위해서는 기존의 일방향적, 하향적 교육 대신에 참여적이고 상향적인 운영방식이 필수적이다.

스마트 캠퍼스는 규율 집행자가 아니라, 상이한 관심과 역량을 가지고 있는 대학 구성원들의 협력을 중재하는 플랫폼이 되어야 한다. 그렇게 된다면 스마트 캠퍼스는 동시에 시민과학 플랫폼이 될 수 있다. 대학은 스마트 시티의 실험실로서 그리고 스마트 시티의 협력자로서의 역할을 요구받고 있다. 스마트 캠퍼스 플랫폼은 교육적이면서도 사회적이고 동시에 기술적이어야 하며, 지속적으로 진화하는 것으로 이해되어야 한다. 이 플랫폼에서 학습은 현실의 문제를 직접 다루면서 더 흥미진진한 것이 될 수 있다. 학생들이 개발한 서비스가 도시 전체를 위한 서비스로 확장될 때, 학생들은 사회에 직접 기여하는 법을 배울 수 있다.

구성원들의 협업을 매개하는 플랫폼

여러 사례에서 알 수 있듯이 시민과학 플랫폼이 직면하게 될 어려움은 과학기술적인 것이기 보다는 '사회적인 것'이다. 특히 서로 다른 영역에서 온 사람들이 서로 이해하고 함께 작업하는 것을 배우는 것은 결코 쉽지 않다. 다양한 사회적 배경과 견해를 가진 사회집단들이 해결해야 할 의제에 동의하고 그 문제를 풀기 위해서 협력하는 일은 오랜 노력과 사회적 학습을 요구한다.

4차 산업혁명으로 지칭되는 새로운 기술 패러다임은 복합적 전문성과 대규모 사용자 집단이라는 특징 때문에 더욱 불확실한 환경을 형성할 것이다. 이런 새로운 환경에서 의사결정은 전통적인 전문성 개념이나 기능적 능력만으로 충분하지 않다. 다른 역량을 가지고 있는 구성원들을 연결함으로써 상호 학습하며 불확실성을 제어하는 경험을 끌어낼 수 있어야 한다. 시민과학 플랫폼은 4차 산업혁명 환경에서 생활해야 하는 우리들에게 유용한 방법론이 될 수 있다.

[참고문헌]

김지연. 2018. 한국의 시민과학이 전하는 메시지: 1982-2018. 과학기술학연구 18(2): 43-93.

김지연. 2018. 학습자중심 스마트 캠퍼스: 교육-생활-연구 플랫폼, 학습자중심교과교육연구 18(21): 763-786.

Beck, U. 2012[1986]. *Risk Society: Towards a New Modernity*. Sage Publications.

Durant, Darrin 2008. "Accounting for Expertise: Wynne and the Autonomy of the Lay Public Actor". *Public Understanding of Science* 17(1): 5-20.

Fisher, F. 2005. "Are Scientists Irrational? Risk Assessment in Practical Reason". *Science and Citizens : Globalization & the Challenge of Engagement*. edits by Leach, M., Scoones, I. and Wynne, B. Zed Books: London · New York. 54-65.

Ravetz, J. 2005. "The Post-normal Science of Safety". *Science and Citizens : Globalization & the Challenge of Engagement*. edits by Leach, M., Scoones, I. and Wynne, B. Zed Books: London · New York.

Shackley, S. and Wynne, B. 1996. "Representing Uncertainty in Global Climate Change Science and Policy: Boundary-Ordering Devices and Authority". *Science, Technology, & Human Values*, 21(3): 275-302.

Shirk, J. L., Ballard, H. L., Wilderman, C. C., Phillips, T., Wiggins, A., Jordan, R., & Bonney, R. et al. 2012. "Public Participation in Scientific Research: a Framework for Deliberate Design". *Ecology and Society*, 17(2): 29.

Verstaevel, N., Boes, J., & Gleizes, M. (2017). From Smart Campus to Smart Cities Issues of the Smart Revolution, In: *2nd Workshop on Smart and Sustainable Cities(WSSC2017) in association with the IEEE Smart World Congress 2017*, 4 July 2017 - 8 July 2017 (San Francisco Bay, United States).

Wynne, B. 1992. "Uncertainty and Environmental Learning: Reconceiving Science and Policy in the Preventive Paradigm". *Global Environmental Change*, (June, 1992): 111-127.

Wynne, B. 2005. "Risk as Globalizing 'Democratic' Discourse? Framing Subjects and Citizens". *Science and Citizens : Globalization & the Challenge of Engagement*. edits by Leach, M., Scoones, I. and Wynne, B. Zed Books: London · New York. 66-82.

5 한국의 시민과학은 무엇을 얻었나

한국의 시민과학은 환경운동에서 시작되었다. 1987년 민주화 이후에는 시민참여가 더 다양해졌다. 특히 1990년대 "생명윤리"를 문제제기했던 시민과학센터(1997)가 등장하면서 이론적 차원의 과학비판 활동까지 시민과학 영역이 넓어졌다. 이제 한국의 시민과학이 전개한 성과를 정리하고 향후 과제를 논의해 볼 때다.

한국의 공해지도(1986)와 환경운동

1980년대 반공해와 반핵운동이 시작되었다. 반공해 및 환경 운동은 사회운동적 성격이 강했고, 그 운동의 내용은 정부와 주류 과학기술 전문가(집단)의 견해와 대립함으로써 과학의 문제가 되었다. 그래서 반대 주장의 근거를 제시할 수 있는 연구 조사활동이 필수적으로 요구되었다. 초창기 반공해운동의 대표적 연구조사활동으로는 한국공해문제연구소가 제작했던 "한국의 공해지도(1986)"가 있다.

> "공해문제에 관한 한 주민에게서 배워라" 는 말이 있다. 공해지역에 살면서 온갖 공해피해를 맛보는 주민들만이 공해의 무서움을 정확히 인식하고, 진정한 해결책을 낼 수 있다는 것이다. 사무실에 앉아서 무슨 ppm이니 BOD니 하는 숫자 놀음으로는 공해문제에 대한 진정한 접근은 불가능하다. "

한국의 공해지도는 한국의 공해 현황의 특징에 대해서, (1) 공해 피해가 일부 지역에 국한된 것이 아니라 전국토가 공해지도로 선포될 만큼 전국적으로 확산되었고 (2) 오염이 매우 급속하게 진전하고 있으며 (3) 오염의 성격이 질적으로 악화되고 있다고 제기했다.

이 공해지도는 7 가지의 구체적 사례조사 - "공해로 쫓겨나는 울산", "괴질로 신음하는 주민들 온산", "전국 1, 2위를 타두는 공해지역 부산", "공해생산 자유지역 마산", "폐유를 먹고 자라는 김 광양만", "하늘이 보이지 않는 도시 서울", "원자력발전소와 농약 공해"-를 통해 공해 문제를 시각화했다. 예를 들어 그림 [그림 5-13]은 울산지역 괴질 발생 현황을 지도 이미지로 제시한 것이다.

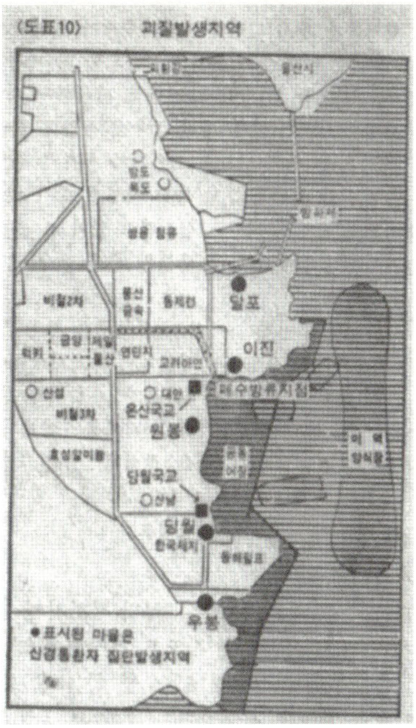

[그림 5-13] 한국의 공해지도 중 일부. 울산시 근교 온산면 괴질발생지역. 온산면 달포부락에 살았던 이상원 군(12세)은 1984년부터 갑자기 원인모를 괴질로 신음하다가 1985년 7월 5일 사망했다.

한국공해연구소와 반공해운동연합을 거쳐서 공해추방운동연합(공추련) 활동에서도 이런 연구조사 노력은 계속되었다. 창립총회 보고서(1988. 9. 10)에 따르면, 그동안 "민중이 직면하고 있는 공해피해와 핵위기를 올바로 폭로하고 민중이 공해추방 반핵운동을 주체적으로 펼쳐나가는 데 있어서 필요한 전문지식을 조사 홍보"했다고 자평했다.

이런 활동을 기반으로 1993년 환경운동연합이 출범했다. 환경운동연합은 환경실태 조사와 분석을 위한 시민환경연구소(1993), 기후변화 완화 및 적응 정책 연구 및 제반 조사활동을 위한 기후변화행동연구소(2009)와 같은 여러 전문기관들을 두고 있다. 환경운동연합은 그동안 환경/생태/에너지 분야에 대한 시민참여 통로로서 역할을 수행했고 그런 노력의 결과로 시민들의 경험과 인식도 변화했다. 2017년 신고리 5~6호기 공론화 과정에서 환경운동연합은 건설중단 입장을 대변하는 역할을 수행했다.

시민과학센터(1997~2017)

시민과학센터는 1997년 "참여연대 과학기술민주화를 위한 모임(이하 과민모)"에서 출발했다. 당시 국제적으로는 복제양 "돌리" 발표가 있었고 국내적으로 정치 민주화가 뿌리를 내리면서 경실련, 참여연대 등 각종 시민운동단체들이 활발하게 성장하고 있었다. 과민모의 출범은 과학기술 운동이 본격적으로 시작되었음을 의미했다.

과민모는 사회 전반에 대한 민주화의 필요가 널리 공감을 얻었던 반면에 과학기술 민주주의 문제에 대한 관심은 여전히 거의 없다는 현실을 문제라고 인식했다. 한국의 과학기술 발전은 시민들의 진지한 참여나 여론 형성 없이 정부·기업·과학 엘리트 간의 폐쇄적인 의사결정 방식이 강하게 형성되었다. 과민모는 과학기술의 민주주의 운동으로서 "시민 과학"을 주장했다.

과민모는 출범 다음해였던 1998년, 유네스코 한국위원회가 주도했던 합의회의 준비 과정에 참여했다. 주제는 "유전자조작 식품의 안전과 생명윤리"였는데 국내 최초의 합의회의 프로젝트였다. 합의회의 모델은 과민모 구성원들이 이미 주장해왔던 방법론이었는데 그러나 당시 상황은 그런 모델을 담보할 만큼 사회적 조건-비판적인 담론과 실천-이 충분하지 않았다. 그럼에도 불구하고 이를 계기로 관련 시민단체들 중심으로 "생명안전·윤리 연대모임(이하 연대모임)"이 구성될 수 있었다.

과민모와 연대모임은 2005년 생명윤리법 제정 과정에 적극 참여하여 주요 조항을 법안으로 포함시키는데 성공했다. 가장 큰 논란이 되었던 배아복제연구의 금지 조항은 완전히 수용되지는 못했지만, 생명윤리를 독립적인 법안으로 제정한 사례는 국제적으로 유일했다.

한편 그런 성과에도 불구하고 구성원들의 피로감이 누적되었고 생명공학 사회운동에서 소외된 구성원들도 생기면서 이탈하는 현상이 나타났다. 시민과학센터는 현안 이슈에 치중하는 단기적 정책 투쟁보다는 시민의 문제의식 확산을 지향하는 중장기적 담론 투쟁에 집중하기로 의견을 모았다.

2005년 2월 과민모는 시민과학센터로 명칭을 변경했다. 2005년 11월 22일 MBC PD수첩("황우석 신화의 난자 의혹")이 방영되면서, 2006년 5월 황우석 등 6명에 대한 검찰 기소가 이루어지기까지 약 6개월 동안 사회 전체가 논쟁에 휩싸였다. 당시 시민과학센터는 조직 차원의 개입은 하지 않았고 개인적 차원의 참여만 했다. 센터의 임무를 '시민운동단체'로서 설정하기 보다는 '과학기술에 대한 진보적 담론 생산'으로 전환하겠다는 결정 때문이었다.

그동안 시민참여센터는 3차례의 주요한 합의회의 프로젝트를 수행했고 여러 차례 소규모 과제를 수행했으며, 단행본을 출간하거나 회원 토론회와 심포지엄 등을 열었다. 특히 격월간으로 꾸준히 발간한 "시민 과학"은 통권 100호를 발간함으로써 시민과학 현장의 역사를 기록으로 남겼다. 그 외에도 과학기술 영화보기 모임은 회원들 간의 친교 공간을 만드는 데 일조했으며, 국내에 잘 알려지지 않은 다큐멘터리들을 소개함으로써 교육·강의에서 활용할 수 있는 동영상 아카이브를 구축했다.

그런데 시민과학센터는 2017년 해산을 선언했다. 시민과학센터의 해산에는 오랜 동안의 활동 무력화 과정이 누적되었던 결과였다. 왜 시민과학센터 활동은 침체되었는가? 무

[그림 5-14] 2002년 시민과학센터의 "생명윤리법 제정촉구를 위한 기자회견" (왼쪽), 2017년 시민과학센터 소식지 "시민과학" 마지막 호(오른쪽).

엇보다도 2005년 생명윤리법 제정의 성과를 조직적 역량강화로 연결시키지 못했다는 점을 고려해 볼만하다. 센터 구성원들은 중요한 업적을 남기고도 그것을 '성과'라고 인식하기보다는 '완벽하지 못함'에 초점을 두었기 때문에 '실패'라고 인식했다. 새로운 문제제기를 하는 역량은 뛰어났지만 자신의 성과를 조직 강화로 연결하는 역량은 다소 부족했다. 외부적 요인으로는 한국사회에 강하게 내재되어 있는 전문가주의, 과학 예외주의가 큰 장애로 작동했다. 이 문제는 여전히 시민과학의 과제로 남았다.

시민참여연구센터(2004~)

과학상점(Science shop)은 유럽에서 시작된 시민과학의 모델 중 하나다. 과학상점은 지역의 연구기관이나 대학 연구소가 실용적 목적을 위해 결과를 활용하겠다는 입장을 가지고 연구비를 지불할 능력이 없고 상업적 동기가 없는 지역주민과 시민단체로부터 과학기술 문제를 의뢰받아서, 주민들과 함께 문제를 해결해 나가는 방식을 지칭한다.

한국에서는 1998년 '공대저널'을 간행하던 학생들을 중심으로 '과학상점 운동 관악학생특별위원회'가 만들어졌고 도림천 개선 문제 등을 다루었다. 전북대에서도 유사한 시도가 있었으나, 양자 모두 학교 제도(정규교과목 신설)로 전환되지 못했고 그 결과 지속성을 잃으면서 중단되었다.

현재 국내에서 과학상점 모델은 시민참여연구센터가 거의 유일하다. 연구센터는 2002년 대전과학상점 준비모임에서부터 시작되었다. 과학상점 준비모임은 지역사회 문제해결

[그림 5-15] 시민참여연구센터 2015년 주민워크숍(왼쪽), 2017년 주민워크숍(오른쪽)

을 위한 과학적 지식, 기술적 역량을 강화하는 것, 그리고 과학기술자들이 교육 및 연구 환경에 대한 문제의식을 발전시키도록 자극하는 것을 목표로 설정했다. 과학상점 활동에서 지역 시민사회단체들은 의뢰자이면서 참여 연구자이며 동시에 과학기술자들을 자극하는 매개체였다. 센터 활동가들은 지역 공동체 운동단체, 시민사회단체, 환경단체들과 교류하고 소통하는 가운데 실천적인 존재 이유를 찾을 것으로 기대했다.

시민참여연구센터는 구체적으로 과학 기술 분야의 성과들을 사회적으로 활용하고, 시민들이 직접 과학 기술의 영역에 개입할 수 있도록 도와주는 역할을 하고자 노력했다. 센터의 최초 시범 프로젝트는 "대전 1,2공단 환경개선활동"이었다. 당시 센터는 지역주민, 시민사회단체들과 긴밀하게 협력하면서 몇 가지 활동을 수행했다. (1) 대기오염이 인체에 미치는 영향이나 이와 유사한 외국 사례의 연구 등 기초 조사 (2) 대전시 발주 연구조사 프로젝트가 주민들의 입장에서 수용되고 있는지에 대한 지속적인 검토와 감시 (3) ArcView-GIS 프로그램을 이용한 공단 지역의 오염물질 배출 지도 작성을 했다.

센터 연구자들은 사회문제해결 R&D가 여전히 기술공급 중심 관점을 유지하고 있고 시민참여와 현장에 대한 연구자들의 이해가 부족하다는 점을 제기했고, 리빙랩 모델 등 다른 방법론들도 유연하게 수용했다.

한편 센터 활동에서 가장 어려운 것은 지속성 문제였다. 대부분의 회원들은 집중해서 많은 시간을 내기 어렵고, 4-5년 이상 활동이 지속되는 일은 드물었다. 센터가 겪고 있는 문제는 1990년대 서울대와 전북대의 과학상점이 중단된 배경과도 유사한 맥락이다. 지속성 문제를 해결하기 위해서는 시민들과 전문가들이 과학 상점 활동에 대한 동기부여가 있어야 하고, 또한 그런 활동을 안정적으로 지원하는 제도화가 필요하다. 과학상점의 제도화 예시로는 과학상점 활동을 대학의 정규과목으로 운영하는 방법이 있다. 그리고 정부차원에서 시민참여 과학정책을 수립하는 방법도 고려할 수 있다.

네이처링(2012~)

네이처링(Naturing)은 자연을 이해하고 싶은 사람들을 지원하기 위한 온라인 기반 자연활동 공유 플랫폼이다. 네이처링의 강홍구 대표는 이 플랫폼을 기업 형식으로 운영하고 있는데 "기업 형태가 가장 지속가능하다"고 판단했다. 네이처링은 공익적이고 창의적 서비스로 인정받아 "인터넷 서비스 Mashup Camp 2013" 대상을 수상하기도 했다. 이 과정에서 네이처링은 자연생태교육과 시민과학프로젝트를 기획 지원하는 업무의 특성을 고려하여 사회적 기업으로 전환했다.

네이처링의 생태지도 작성 활동은 유럽의 시민과학 모델과 유사하다. 회원들이 자연관찰을 수행하고 네이처링 플랫폼에 관찰 데이터를 등록하면 관찰 위치가 지도에 자동으로 표시된다. 한 번의 자연관찰은 지도 위의 표지점 하나로 매칭된다. 그 점들이 모여 기후변화 지도나 봄꽃지도, 반딧불이 지도, 학교숲 지도가 완성된다. 이 지도는 생물의 서식지, 시간과 기후, 생물 사진 등의 정보를 가시화한 것으로써 시민들에게 자연에 대한 새로운 정보를 제공할 수 있다.

네이처링은 전문가들과의 네트워크도 지원한다. 예를 들어 자연안내자 네트워크를 운영하는데, 여기서 자연안내자란 생물, 생태, 생명의 관계에 대한 시선, 경험, 지식을 공유하는 각 분야 전문가를 의미한다. 현재 30여명의 전문가들이 시민들의 질문에 응답하고 있다. 네이처링은 "2017 환경부장관 표창(생물다양성보전 플랫폼)"을 받았고, 환경부 등 여러 정부 기관과 함께 시민과학 프로젝트를 진행하고 있다.

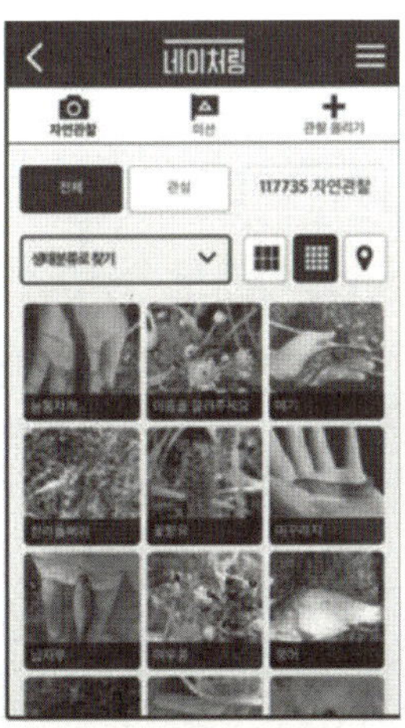

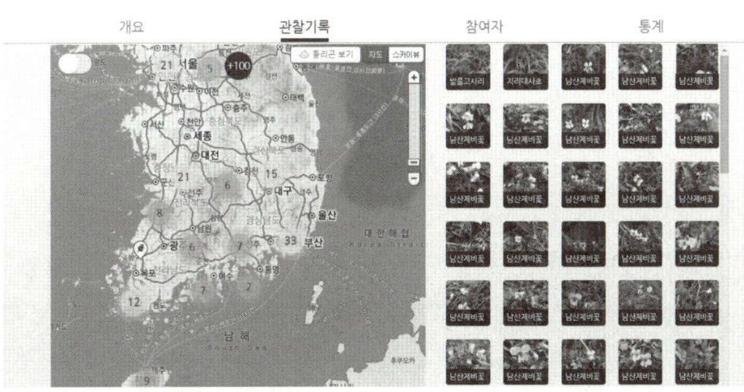

[그림 5-16] 네이처링 모바일앱 화면(왼쪽), "K-BON 국민참여 모니터링 남산 제비꽃 개화 기록"(위쪽)

성대골 에너지 자립마을(2012~)

후쿠시마 원전 사건 이후 성대골 주민들은 "마을에서 에너지 전환을 위해 무엇을 할 것인가?"라는 워크숍을 열고 '절전소'를 시작하기로 결정했다. 절전소 운동에 2012년 총 70가구가 참여해서 35,000킬로와트시(kWh)를 절약했다. 이후 절전소 운동은 여러 상가와 학교로 확대되었다.

2012년 4월 성대골에 마을학교가 생겼는데, 이 학교는 강당으로 쓰던 공간을 임대했기 때문에 겨울이 다가오면서 난방문제가 고민이었다. 주민들은 회의를 거쳐 석유, 가스, 전기를 쓰지 않고 난방 문제를 해결하기 위해서 단열개선 사업을 시작했다. 도시의 에너지 자립을 위해서 건물 단열사업이 가장 중요하다고 의견이 모아졌기 때문이다. 2013년 마을기업 "마을닷살림 협동조합"을 조직했고, 2015년부터 주민들은 에너지 반상회를 정기적으로 열고 있다. 반상회를 통해서 가정용 누진제요금 문제를 토론했고, 미니태양광과 태양열온수기도 보급했다.

2016년에는 마을 공동체는 태양광을 주제로 리빙랩을 수행하기로 결정했고 주민들은 "마을 연구원"이 되었다. (사)에너지기후정책연구소, ㈜마이크로발전소, 연세대학교 지속가능한도시전환연구소와 함께 미니태양광을 각 가정에 설치했다. 이 사례는 태양광 기술에 대한 시민지식 확장에 기여한 것으로 평가받고 있다.

성대골 리빙랩 사업결과는 "도시지역 미니태양광 리빙랩 시민 가이드북(2017)"으로 제작되었다. 김소영 대표는 성대골의 이런 모든 활동의 바탕에는 '교육'과 '공동체'가 살아있기 때문이라고 평가했다. 주민들이 꾸준히 에너지 활동을 하는데 있어 교육이 가장 중요했고, 공동체가 함께 했기에 포기하지 않고 지속될 수 있었다. 성대골 사례를 볼 때, 시민과학과 리빙랩 등 시민참여 과학활동의 성공 여부는 성과지표에 의존하는 평가가 아니라 해당 공동체의 역량 강화를 우선적으로 고려해야 한다는 것을 보여준다.

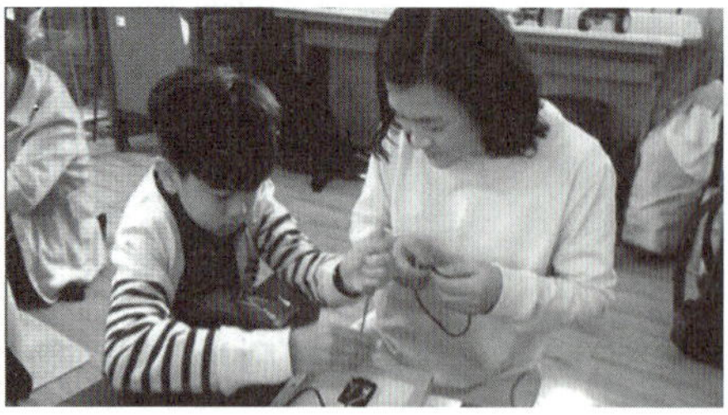

[그림 5-17] 부모와 아이가 함께하는 태양광 놀이 워크숍 (김준한 외, 2017)

[그림 5-18] 마을연구원 활동 공유 워크숍 (김준한 외, 2017)

세월호 다큐멘터리 "그날 바다"(2015)

2015년 1월, 시사 동영상 "김어준의 파파이스"에서 김어준씨는 세월호 사건에 대한 다큐멘터리 제작을 선언했다. 10억 원을 목표로 크라우드 펀딩("프로젝트 부(不)")을 개시했다. 프로젝트 부(不)는 "한자로 아닐 부, 부정부패, 부조리에 대해 안 된다, 거부한다는 의미"라고 밝혔다. 이 펀딩 프로젝트는 45일 만에 10억 원을 넘어섰고, 다시 10억 원의 추가펀딩을 시작했다. 2016년 4월 2차 펀딩도 완료되었으며 총 참여 건수는 16,021건에 달했다.

일반 시민들이 다큐멘터리 영화 제작 펀딩에 빠르게 참여한 배경은 정부와 과학자들이 제공하는 공식적 정보에 대한 불신 때문이었다. 그들은 공식적인 지식의 결핍을 자발적으로 메우고자 했다. 이 영화는 원래는 2015년 9월에 개봉 예정이었으나, 제작 중에 추가 자료가 계속 발견되어 개봉이 계속 늦어지다가, 2018년 4월 "그날, 바다(김지영 감독, 정우성 내레이션)"라는 제목으로 극장 개봉되었다.

> "세월호 자료가 방대해요. 그 방대한 자료를 ... 진짜 많이 본 분은 수연아버님(박종대씨)이라고 유가족이신데, 굉장한 분이시다. 그분은 정말 자기 아들이 왜 죽었는지 알고 싶으니까......... 증거보전 신청하고 공무원과 끝까지 싸우고... 그 자료를 밤에 다 읽고, 수연아버님은 지금도 보고 계세요. (처음에) 우리들이 사실은 데이터 위주로 갔었다가, 뒤에 그것을 근거로 수연아버님이 많이 주장을 하셨는데 생존자들의 공통된 경험, 서로 모르는 생존자들의 공통된 경험을 설명할 수 없는 데이터에 의한 결과는 자기는 인정할 수 없다. 처음에는 사실 제가 그걸 경시했어요....... 제가 초반에 (AIS)지그재그를 발견했을 때 제가 찾아갔는데 수연아버님이 딱 그 얘기하더라고요. 지그재그를 보면서 크게 동요는 안하시면서 그 때 그 얘기를 했어요. '감독님 아니야, 배가 기울어지는 순간에 사람이 날아갔어' . 그때 들었던 거예요. 2014년 10월에 들었는데 그 때 제가 과학적 태도가 몸에 안 배었었나봐요. 사실 그건 물리적 현상이거든요. 그리고 한 사람의 얘기가 아니라 나중에 저희들도 수연아버님이 말한 자료들을 다 보니까 사람이 날아갔다는 것은 팩트더라구요. 서로 모르는 여러 장소에 있던 사람들이 동일한 경험을 했다면 이건 팩트거든요. 그 때는 그걸 경시했어요. (김지영 감독, 2018. 4. 18) "

다큐 제작팀과 세월호 가족들은 꾸준히 정보와 의견을 교류했고, 그 과정에서 '생존자의 증언에 등장하는 물리적 현상'과 '(기계가 생산한) 데이터' 사이의 일치 여부를 기본적 준거 틀로 수립했다. 최종적으로 영화제작팀은 박두재 물리학 교수, 최성식 관제장비 엔지니어 등 전문가와의 협업을 토대로 세월호의 의도적 침몰 가능성을 주장했다. 작업 방식은 김지영 감독이 먼저 사실을 발견·수집하면 협력 전문가들이 분석·검증하는 형식으로 진행되었다. 한편 세월호 유가족들은 세월호 사고원인 조사과정에서 경험했던 전문가들에 대한 불신을 호소했다.

세월호 유가족들은 이 영화가 세월호 침몰 원인에 대해서 모든 가능성을 염두에 두고 문제제기했다는 점에서 의미가 있다고 평가했다. 한편 세월호 침몰원인에 대한 경쟁가설로는 네티즌 자로의 괴물체 충돌설 등이 있다. 양자 모두 자기 가설에 대한 반론을 열어놓고 있다. 이 다큐 영화는 다수의 자발적 참여와 방대한 양의 자료조사 및 노력 동원 양상을 보여주었는데, 이것은 사회적으로 세월호 침몰원인에 대한 강한 동기부여가 있음을 알 수 있다. 시민들의 강한 동기부여는 정부의 재조사를 압박했다. 시민과학은 과학이 물어야 할 질문의 방향을 제시할 수 있다.

변화를 꿈꾸는 과학기술인 네트워크(ESC, 2016~)

2016년 6월 과학기술인 단체 "변화를 꿈꾸는 과학기술인 네트워크(ESC, Engineers and Scientists for Change)가 출범했다. 여기서 '과학기술인'은 전문직업인으로서 과학기술자만이 아니라 과학기술에 관심을 가지는 모든 사람을 포함한다고 밝혔다.

ESC는 출범 목적에 대하여 (1)과학적 사고와 합리성이 한국사회에 뿌리내릴 수 있도록 노력 (2) 과학기술이 권력집단이나 엘리트만의 소유가 아니라 시민의 공공재가 될 수 있도록 다양한 대안적 과학기술 활동을 추진 (3) 과학기술을 통해 시민사회와 연대하여 한국사회의 문제를 해결하고 지속가능한 미래를 설계하는 일에 동참할 것을 선언했다.

ESC의 성격에 대해서는 단체 내부에서도 다양한 의견이 있지만 초대 대표 윤태웅 교수는 ESC를 과학전문가 단체가 아니라 시민단체라고 정의했다. 누구나 ESC의 회원이 될 수 있기 때문이고 과학자도 시민의 범주에 포함된다는 점을 강조했다.

> "ESC의 활동은 시민과학센터의 연장선에 있고 우리활동은 시민과학에 해당한다고 생각한다. ESC의 조직성격은 과학기술자단체가 아니라 시민단체다. 그 안에 과학기술자와 과학기술학자들이 있는 것이다. 흔히 과학기술자의 전문성과 시민을 별개의 사람으로 분리시켜서 생각하는데, 오히려 우리 모두는 시민이고 각자 아주 좁은 범위의 전문성을 가지고 있다고 생각하는 것이 맞다. 또 모든 시민은 자신만의 전문성을 가지고 있다. 그러므로 전문가와 시민은

다른 사람이 아니다. 융합이라는 문제도 서로 다른 전문성들 끼리 협력해야 한다 생각하면 매우 어려운 문제가 되지만, 우리가 모두 시민이라는 것에서 출발하면 서로 쉽게 협력할 수 있다. 각자 다른 분야 전문가라는 점을 강조하기보다 모두 시민이라는 점을 확인하면 쉽게 의사소통할 수 있다......(중략)........ 탈원전 문제를 시민과 전문가의 대립으로 몰고 가는 경향이 있다. 탈원전은 시민이 아니라 전문가에게 맡기자는 식의 주장은 안타깝다. 탈원전 문제에는 과학기술적 문제만이 아니라 사회경제적, 윤리적 문제들이 복잡하게 얽혀 있어서 한 사람이 그 모든 분야의 전문가일 수 없다. 게다가 원자핵발전 전문가와 탈핵 활동가 중에서 누가 더 원전 없는 세상에 대해 상상해봤는지를 생각해보면 탈핵 활동가들이 탈핵에 대해서는 더 전문성이 있지 않겠나 생각한다." (윤태웅, ESC 대표, 2018. 5. 28 발언요약)

현재 ESC는 열린정책위원회, 청년과학기술인위원회, 과학문화위원회, 크라우드펀딩위원회, 과학교육위원회, 해외과학기술인위원회 등의 위원회별 활동을 하고 있다. 최근 ESC는 제도개선 활동으로 과학기술 관련 개헌 서명을 진행한 바 있다.

주요 내용은 과학기술의 혁신을 경제발전의 수단으로 삼도록 명시한 헌법 조항(제127조 제1항)을 삭제할 것을 주장하는 것이다. 이는 국가주의에 대한 비판으로서 시민과학 활동가들이 오래 전부터 제기해왔던 사안이기도 했다. 2018년 2월, ESC는 1,006명의 서명을 첨부하여 "과학기술, 경제발전 수단으로 명시하는 헌법조항 개헌 필요"라는 제목의 국회청원문을 제출했다.

신고리 5~6호기 공론화위원회(2017)

신고리 5~6호 원전 건설 여부를 결정하기 위해서 문재인 대통령의 지시에 따라 2017년 7월 공론화위원회가 구성되었다. 위원회가 채택한 "시민참여형 조사" 방식은 대표성을 갖춘 일정수의 시민들에게 전문가 지식과 정보를 제공하여 충분한 학습과 토론을 하게 한 후 결과를 도출하는 조사방식이다.

무작위 추출된 2만 명의 최초 조사자 중 500명을 층화확률 추출방식으로 선정하여 시민참여단을 구성했다. 시민참여단을 위해서 인터넷 상에 자료제공, 동영상 강의, 질문과 응답이 가능한 게시판을 제공했고, 종합토론회는 2박 3일 숙박을 하면서 집중적으로 이루어졌다.

최종적으로 공론화위원회는 시민참여단의 설문 결과("건설재개" 의견이 59.5%로 "건설

[표 5-4] **신고리 공론화 시민참여단 의견 분화**

최초조사_분포 [명(%)]		시민참여단_분포 [명(%)]		4차조사_분화 [항목/명(%)]		4차조사_분포 [명(%)]
① 건설 중단	5,522 (27.6)	138 (27.6)	137 (29.0)	①	108(78.8)	191 (40.5)
				②	23(16.7)	
				③	4(2.9)	
				④	2(1.4)	
② 건설 재개	7,327 (36.6)	184 (36.6)	173 (36.7)	①	10(5.7)	265 (56.2)
				②	161(93.0)	
				③	2(1.1)	
				④	0(0)	
③ 판단 유보	4,095 (20.4)	178 (35.5)	132 (28.0)	①	63(47.7)	13 (2.7)
				②	64(48.4)	
				③	5(3.7)	
				④	0(0)	
④ 잘모름	3,062 (15.3)		29 (6.1)	①	9(31.0)	2 (0.4)
				②	18(62.0)	
				③	2(6.8)	
				④	0(0)	
합계	20,006 (100)	500 (100)	471 (100)		471 (100*4)	471 (100)

중단" 의견 40.5%)를 토대로 정부 측에 건설재개를 권고했다. 반면 원자력발전 정책에 대해서는 "축소(53.2%)", "유지(35.5%)", "확대(9.7%)" 의견이 도출되어 원전축소 정책도 함께 정부 측에 전달했다.

그런데 건설재개와 원전축소는 상충하는 태도였다. 시민참여단은 건설 중인 원전에 대해서는 재개를 지지하면서도 장기적으로는 원전 축소를 주문했다. [표 5-4]는 공론화위원회가 제공한 원천자료(1차, 4차)를 토대로 구성한 것으로 숙의 과정에서 시민참여자들의 의견 분화를 볼 수 있다.

가장 주목할만한 것은 "판단유보"집단의 분화에 대한 것이다. 최초 설문에서 "판단유보"를 선택했던 집단은 4차 선택에서 의견을 결정하면서 분화했다. 일반적으로 이 집단은 전체 평균과 유사한 분포를 가지는 방향으로 분화할 것으로 예상되었지만, 실제로는

"건설중단(47.7%)"과 "건설재개(48.4%)"로 분화했다. 이것은 시민참여단 전체 평균 분포(40.3% vs 56.4%)와는 상당히 다른 것이었다. 그들은 숙의 과정을 거친 후 평균 비율보다 훨씬 높은 정도로 건설중단을 선택했다. 이 집단은 평소에는 자신의 견해를 드러내지 않지만 건설재개 견해가 더 지배적인 주변 환경에도 불구하고 독자적인 판단을 수행했다.

시민참여단은 원자력발전소 건설이라는 문제에 대해 관련 정보와 자료를 받고 상호 토론하는 것만으로도 "지식의 공동생산"에 기여했다. 그들의 결정은 공론화위원회의 권고사항이 되었고 정부는 그 권고를 수용했다. 시민참여단의 판정은 공론화 절차를 통해서 '진실'이 되었다. 그들은 당장의 건설문제만이 아니라 미래의 원자력발전에 대해서도 중요한 준거가 될 지식을 생산했다. 새롭게 생산된 '우리의 지식'은 바로 원자력발전이 장기적으로 감축되어야 한다는 것이었다.

시민과학의 성과

종합적으로 한국의 시민과학은 지난 30여 년 동안 의미 있는 성과를 제시했다. 우선 (1) 시민과학은 과학주의와 전문가주의에 대한 비판과 성찰을 대중적 의제로 만들었다. 근대과학 모델이 제시하는 자연과 세계에 대한 공식적·표준적 해석을 거부하고 다양하고 대안적 이해를 제안했다는 의미가 있다.

다음으로 (2) 그동안 과학기술 법제도와 정부정책에서 발전주의적 시각이 주류적 흐름이었는데 시민과학은 생태주의와 대중의 과학이해라는 새로운 관점으로 진입하는 경로를 열었다. 그 결과 이제 과학기술 분야의 시민참여는 사회적 관심이 되었다.

마지막으로 (3) 과학기술 전문가만이 아니라 일반시민들이 지식 생산의 한 축이라는 인식이 싹트고 있다. 최근에는 정부기관들도 시민과학과 시민참여 모델 도입하는 사례가 증가하고 있다. 이는 그동안 과학기술 정책에 대한 시민과학 진영의 비판이 사회적으로 승인받고 있다는 의미이다. 신고리 공론화위원회 시민참여단은 사회적 의사결정을 통한 사회문제 해결 가능성을 보여준다. 시민참여자들은 이미 과학주의, 즉 '유일한 진실의 세계'라는 틀을 넘어서고 있었다.

시민과학의 과제

한국의 시민과학은 계속 변화 중이지만, 아직도 주류 과학의 부속물의 지위에서 벗어나지 못하고 있다. 초기의 시민과학이 '교육'이나 '운동'의 성격이었다면 최근의 시민과학은 '거버넌스' 성격으로 확대되고 있다. 시민과학은 교육과 운동의 영역만이 아니라, 더 다양한 영역으로 확장될 수 있다. 특히 '연구플랫폼으로서 시민과학'은 유럽과 북미에서 그 가능성을 실험 중이다. 다양한 시민과학의 잠재성을 현실화하기 위해서 그동안 시민과학 활동과 관련 정부정책 및 문화를 되돌아 볼 필요가 있다.

(1) 국내 관련 법제도가 여전히 과학주의와 전문가주의를 강화하고 시민과학의 지위를 억압하고 있다는 것이다. 그동안 관련법은 과학자와 시민을 이분법적으로 구분했고 시민의 지위를 수동적 역할로 상정했다. 법제도는 당대의 인식론적 지형을 대변하며 미래의 실천적 차원을 규정한다. 과학기술기본법은 과학기술과 시민의 관계를 설정하면서 과학기술(또는 정부기관)에게는 능동적 역할을 시민에게는 수동적 역할을 배정해왔다. 법제도 내에서 시민은 과학기술의 혜택을 누리는 것 이외에 거의 아무런 역할도 하지 않는 것으로 그려지고 있다.

근래에는 국가주도 과학기술 발전을 반성하면서 민간주도 과학기술 혁신을 지향해야 한다고 주장하고 있지만 여기서 민간주도란 개념은 기업(산업) 중심의 협소한 의미로 사용하고 있을 뿐이다. 정부 정책은 혁신을 지향하면서도 혁신의 주체인 시민의 역량 강화 문제에 대해서는 무관심했다. 이런 현상은 주로 시민(대중)에 대한 정부 관료들의 부정적 인식에 기인하고 있다. 대표적으로 한국의 정부기관들은 관련 정책 수립 과정에서 민간위원회를 설치하더라도 거의 권한을 주지 않거나 형식적으로만 운영해 왔었다.

(2) 한편 한국의 시민과학은 정부 비판적이고 체제 저항적 성향을 내장해왔다. 이는 한국의 정치 환경이 민주적이지 못한 배경 때문이었다. 그래서 시민과학은 과학민주화는 물론이고 정치적 민주화 문제를 함께 부담해야 했다. 권위적이고 비민주적인 정치권력 구조는 '과학주의' 또는 '전문가주의'와 '경제제일주의'를 더욱 강화하고 시민참여를 방해했다. 이런 조건 때문에 정부기관과의 협력은 제한적일 수밖에 없었다. 그 결과 다양한 이해당사자의 교류와 협력을 경험하기 어려웠다.

(3) 정부와 과학자집단 만큼이나 시민과학 활동가들도 결정론적 관점을 충분히 극복하지 못하고 있다. 시민과학센터는 생명윤리법 제정이라는 큰 성과를 냈으면서도 배아복제연구의 금지 조항을 통과시키지 못했다는 점을 너무 크게 부각하면서 활동성과를 조

직적 성과로 전환해내지 못했다. 환경운동연합은 신고리 공론화 결과, 건설재개 의견이 우세하자 매우 실망한 나머지, 장기적으로 원전축소 의견이 우세했다는 결론에 대해서는 주목하지 않았다. 이런 현상은 그들이 인식론적으로 시민과학에 대하여 미리 결정된 '이상적 모델'을 가지고 있다는 함축이다. 환경운동 활동가들도 한국이라는 지역적 변이성에 유연하게 대응하지 못했다.

(4) 정부 영역에서 수행되었던 시민참여 사업의 경우, 여전히 성과주의를 극복하지 못했다. 정부는 다수의 시민참여 활동을 지원했지만 시민참여라기 보다는 시민동원의 성격이 더 두드러지게 나타났다. 성과주의는 시민과학도 '새마을 운동'으로 만들 수 있다. 이런 관행은 대중적으로 내재화되었고 협력적 사업방식을 방해하고 있다. 결국 정부주도 사업을 많이 할수록 공동체 의식은 붕괴되고, 정부주도 사업의 경우 단기간에 성과를 내기 위해서 시민을 동원하는 악순환을 반복할 가능성이 있다. 정부지원 영역에서 시민참여 프로젝트를 평가할 때 기존의 정량적 사업성과 기준을 재고하고, 대신 공동체의 역량 강화를 중요 기준으로 설정할 필요가 있다.

(5) 마지막으로 언급할 점은 전문가와 정책입안자들이 시민(대중)들과의 의사소통에 미숙했고, 의사소통을 훈련하려는 노력이 충분하지도 않았다. 상이한 이해당사자들 사이의 의사소통은 당연한 것으로 간주되지만 쉽게 달성되지 않는다. 더 나아가 이런 의사소통은 개인 간의 의사소통만이 아니라 서로 다른 집단 간 의사소통을 포함한다. 서로 다른 정체성을 가진 집단은 각각 고유한 관점과 언어에 익숙하다. 따라서 그들 사이 교류는 추가적인 접근과 노력이 요구된다. 집단 간 의사소통의 부족은 과학 전문가, 정책입안자들만이 아니라 시민과학 활동가들에게서도 나타난다. 과학전문가, 정책입안자, 시민과학 활동가 모두에게 시민과학 훈련을 위한 제도적 지원이 필요하다.

[참고문헌]

김동광 (2008), 「'STS'와 시민참여- 대중의 과학이해(PUS)에서 과학기술의 시민참여까지」, 『한국과학기술학회/강좌자료(2018.8.1.)』 1-13.

김지연. 2018. 한국의 시민과학이 전하는 메시지: 1982~2018, 과학기술학연구 18(2): 43-93.

김환석 (2017), 「시민과학센터 20년을 돌아보며」, 『시민과학센터 20주년 회고 및 결산 자료집』.

박진희 (2004), 「과학기술 관련 시민사회운동의 역사와 그 역할」, 『과학기술학연구』 4(1): 111-140.

6 어떻게 문제를 발견하나

이제 "4차산업혁명"이라는 용어는 하나의 패러다임으로 승인되어 가고 있다. 한편에서는 아직 4차 산업은 실체가 없다는 비판도 있지만, 이 개념의 사용은 이미 대중적인 것이 되었다. 특히 빅데이터와 인공지능 기술을 진원지로 하여 우리 사회가 크게 변이하고 있고 점점 더 빠르게 변이할 것임에 대한 사회적 공감이 있는 것으로 추론할 수 있다.

우리나라는 1990년대 정보화를 빠르게 도입함으로써 전 세계 주목을 받은 바 있다. 한국의 통신 기술과 뒤이어 등장하는 정보 기술은 국가 주도 사업의 결과였다. 2000년 이후 국가 주도 방식의 정보화가 더 이상 성공을 담보하지 못하면서, 하향식(Top-down) 방식에 문제가 있다는 반성이 사회 전반에 걸쳐서 형성되고 있다.

최근 4차산업혁명으로 인한 기술의 변화는 우리의 사고와 행동 방식에 영향을 줄 것으로 예상된다. 전통적인 하향식 의사소통 또는 일방향적 의사소통으로는 과학기술 연구에서 적절한 의제 설정과 성취를 형성하기 어렵기 때문이다.

이런 변화는 당연히 과학기술 문화와 정책에도 전환을 요구하고 있다. 사실 4차 산업이라는 용어가 등장하기 전부터 그런 변화는 이미 진행 중이었다. 국제적으로 시민과학, 메이커 운동, 리빙랩, 그리고 오픈 사이언스 운동 사례를 들 수 있다. 과학기술 연구 작업에서 과학기술 전문가와 일반 시민이 공동 생산자로서, 공동 제작자로서 동등하게 참여하여 성과를 내는 사례가 점점 많아지고 있다.

시민과학을 위한 문제 발굴하기

과학기술 연구 방법의 변화는 과학기술 연구 주제의 변화로도 이어지고 있다. 대규모 참여로 얻어지는 대규모 데이터 덕분에 이전에는 할 수 없었던 연구도 가능해지고 있다. 또한 이런 연구 방식을 통해서 전통적으로 지식 생산과 교육을 분리했던 패러다임에서 지식 생산 현장에서 교육도 함께 수행하는 패러다임으로 전환할 수 있다. 과학기술 전

[그림 5-19] 문제 발견하기 (Dijk, et al, 2017)

문가는 일반 시민으로부터 데이터를 얻을 수 있고, 과학기술이 해결해야 할 사회 문제를 발굴할 수도 있다. 일반 시민들은 전문가들에게 연구 절차를 배우고 연구 과정에 개입할 수도 있다.

그런데 이런 변화는 이상적인 모델을 도입하는 것만으로 쉽게 성취되지는 않는다. 우리는 리빙랩, 팹랩, 시민과학 모델을 도입하고 있지만 기대만큼 성과가 크지 않았다. 좋은 모델을 도입하는 것만으로 성공이 보증되지는 않는다는 것을 보여준다. 특히 이런 모델들이 가지고 있는 특성은 다양성과 지속가능성을 동시에 담아내야 한다. 서로 상이한 삶의 배경을 가지고 있으며, 이해관계도 다양하며, 학술적 역량도 매우 다른 사람들이 함께 공동 작업을 할 수 있어야 한다.

특히, 지식 생산에서 의제설정은 중요하다. 과학기술의 의제 설정이란 사회적 역량을 투여해서 해결해야 할 자격이 있는 '문제'를 발견하는 것이다. [그림 5-19]는 "가치(규범)에서 불일치" 차원과 "지식에서 불확실성" 차원을 4분하여 문제의 성격을 정의하고 있다. 가치의 불일치와 지식의 불확실성이 낮은 영역의 문제는 "구조화된 문제"들이다. 우리의 과학기술은 그동안 주로 이런 구조화된 문제에 집중해 왔었다.

그런데 과학 영역을 비롯하여 모든 지식은 불확실성을 내포하고 있다. 또한 다원화 사회에서 가치(규범)에서 불일치가 높은 문제들이 많아지고 있다. "비구조화된 문제"는 "구조화된 문제" 보다 정의하기 어렵고 해결책을 찾기도 어려워서 전통적인 방법론으로는 성과를 내기 어렵다. 전통적인 순수 학제 연구 방식보다는 학제간 융합 연구 그리고 더 폭넓게는 대규모 시민과학 과정에서 새로운 문제를 발견할 가능성이 있다.

이는 다양성과 지속가능성을 담아낼 수 있는 의사소통 역량과 연구 작업 관리 역량을 요구한다. 특히 그런 역량은 개인의 차원을 넘어서 사회문화적 차원에서 작동할 수 있어야 한다. 이는 개인의 역량 강화를 포함하여 사회적 학습(social learning)의 필요를 제기하고 있다.

새로운 패러다임에 조응하는 과학기술 문화와 정책 전환이 필요하다. 기존의 과학기술 연구가 주로 보상과 처벌 또는 경쟁 방식으로 성과를 내려는 패러다임이었다면, 이제는 지식 공유와 공동체 역량강화를 최종 목표로 하는 패러다임으로 이동해야 한다.

국가와 전문가만이 과학기술을 수행하는 것으로 간주했던 전통적인 패러다임에서는 과학기술 민주주의 문제와 과학기술 혁신의 문제를 별개의 영역으로 보거나 때로는 상충하는 것으로 보는 관점이 강했다. 새로운 과학기술 문화 패러다임에서는 민주주의와 혁신을 양자택일적인 것으로 보는 갈등적이고 이분법적 관점을 해소할 수 있다. 오히려 민주주의와 혁신을 동시에 지향할 때 과학기술에서 혁신이 일어날 가능성이 높다. 혁신이란 기존에 연결되어 있지 않던 것을 연결할 때 발현되는 성향이 있기 때문이다. 그리고 혁신은 사회적으로 승인될 때 혁신의 지위를 얻을 수 있다는 점에서 사회적 차원의 민주주의와 관련되어 있다.

시민과학의 제도적 지원

앞에서 살펴보았듯이 과학 분야에서도 대중의 개입 없이 이뤄진 의사결정은 정당성을 확보할 수 없을 뿐만 아니라 사회적 수용성도 보장할 수 없다. 이런 맥락에서 전 세계적으로 과학기술에 대한 시민참여와 거버넌스 모델이 다양하게 시도되고 있다. 그런데도 참여적 전환을 강조하는 것만으로는 과학에 대한 민주적 거버넌스를 보장할 수는 없다.

여러 실행 상의 문제들, 예컨대 사람들의 지식이나 자원의 결핍, 대안을 수립하고 진행하기 위한 시의 적절성의 문제, 그리고 시민참여의 모델들이 미치는 영향에 관한 연구와 검토 노력도 필수적이다. 단지 해외의 시민과학 모델을 도입하는 것만으로는 부족하다. 현재 리빙랩과 팹랩 등 좋은 모델이 도입되고 있지만 대중 참여 방법이 충분히 고려되지 않으면서 본래의 취지와 달리 '새마을 운동화'되고 있다.

시민과학의 가장 중요한 의미는 과학지식이 과학자에 의해서만 생산되는 것이 아니라, 사회적으로 공동 생산될 수 있음을 제시하는 것이다. 과학자이든지 시민이든지 그들은 모두 '지식의 공동 생산자'들이다. 이 점이 사회적으로 공히 인정될 수 있다면 시민과학은 더 많은 잠재성을 발휘할 것이다.

나아가 시민과학은 공식적인 과학 작업에도 활력을 불어넣을 수 있다. 시민들이 단지 과학지식의 대상이거나 소비자(또는 수혜자)가 아니라 생산자(제작자)의 지위를 가지기 위해서는 그들 사이를 잘 연결해주고 도와주는 새로운 연구 플랫폼과 거버넌스 방식을 적극 실험해야 한다.

2018년 2월 발표된 "2040년을 향한 국가과학기술 혁신과 도전- 제4차 과학기술기본계획(2018~22)"에는 "참여"라는 단어가 52회, "국민 참여"는 6회 언급되지만 "시민 과학"은 전혀 등장하지 않는다. 제도적 차원에서 국민 참여 개념은 자주 사용되지만 구체적인 방법론은 아직 없는 상황이다. 시민과학센터가 제기했듯이 "시민을 위한 과학"에서 "시민에 의한 과학"으로 전환을 위한 구체적인 제도화가 필요하다.

지식 생산과 사회적 승인을 동시에 수행

세월호 다큐멘터리 크라우드펀딩은 과학적 조사에 대한 시민들의 강한 동기의 규모가 매우 크다는 것을 보여주었다. 그들은 과학이 무엇을 연구해야 하는지를 제시할 수 있다. 신고리 공론화 과정에서 시민들은 충분한 정보와 의사소통 기회가 있다면 자신의 결정을 유보하지 않을 것임을 증명하고 있다. 그들의 행동은 과학기술에 대한 정보제공과 참여가 일회적인 것이 아니라 일상적인 형식이 되기를 요청하고 있다. 시민들은 제도적으로 적절한 방법론을 제공받는다면 더 적극적으로 과학 작업의 공동생산자가 될 수 있다.

과학지식의 공동생산은 지식의 형성과 그 지식의 사회적 승인 과정을 동시에 수행한다는 점에서 사후적으로 사회적 정당성을 확보해야 하는 전통적 과학연구 방식보다 오히려 더 생산적이다. 과학지식의 공동생산 플랫폼이 가능해지면 연구자들도 다른 연구 분야와 협력하기 좋은 환경을 확보할 수 있다. 다수의 전문성과 대규모 시민이 함께 수행하는 과학 작업을 안정적으로 운영하기 위한 제도화를 고민해야 한다. 시민들은 과학을 별도로 배울 필요 없이 자신의 삶의 문제를 풀어가는 과정에서 과학을 학습하는 이득을 얻을 수 있다.

[참고문헌]

Dijk, M; de Kraker, J; van Zeijl-Rozema, A; van Lente, H; Beumer, C; et al. 2017. Sustainability assessment as problem structuring: three typical ways, *Sustainability Science* 12(2): 305-317.

김지연. 2018. 한국의 시민과학이 전하는 메시지: 1982~2018, 과학기술학연구 18(2): 43-93.

김지연·김명심·김규태·김성희·박주형. 2018. 신고리 원전 공론조사 데이터 분석을 통한 기술 시민권 탐색, ECO 22(2): 177-224.

인공지능과 공존하기

CHAPTER 6

여기서는 인공지능(기계학습)의 작동 원리에 대해 알아보고, 인공지능과 우리의 공존문제도 논의해 본다. 인공지능은 현재 정보기술 영역에서 부상하는 최신 영역이며 또한 미래 영역으로 기대받고 있다. 인공지능은 그 출발부터 지금까지 항상 사회적 논쟁과 함께 성장해왔다.

사실 인공지능/로봇 분야는 기술적 진전보다 이야기 속에서 더 많이 성장했었다. 전혀 관련 기술이 없었던 1910년대부터 영화와 소설 속에서 인공지능/로봇이 등장하기 시작했다. 인공지능/로봇 분야는 이야기가 기술을 주도하는 모습이다. 사회적 대중적 관심이 기술의 발전에서 얼마나 중요한지를 보여준다. 최근 가장 큰 대중적 관심을 불러 일으켰던 알파고와 이세돌 대국에 대한 사회적 의미도 해석해 볼 것이다.

한편 특이점론이나 트롤리 문제처럼 많이 언급되는 논제에 대한 비평도 포함할 것이다. 인공지능에 대한 낙관론과 비관론이 상충하면서 사람들은 크게 혼란스러워하고 있다. 대중적 관심이 큰 주제에 관한 설명 중에는 별다른 근거 없이 유통되는 논거들도 많다. 예술이 그렇듯이 과학 콘텐츠도 다양한 비평의 대상이 되어야 한다.

마지막으로 인공지능의 윤리 문제를 다룬다. 인공지능의 윤리는 인공지능의 성패를 가늠하는 기준이 될 것이다. 그런 점에서 윤리 문제는 일반 사회구성원들만이 아니라 관련 개발자(기업)들에게도 중요한 문제다. 인공지능의 윤리 문제에서 가장 큰 쟁점이 되고 있는 노동과의 문제도 다루어 본다. 인공지능이 노동을 대체할 것이라는 예측 때문에 우리 사회는 크게 불안해하고 있다.

1 알파고는 어떻게 승리했나

2016년 이세돌과의 바둑대국을 통해서 알파고(AlphaGo)는 공학적 차원을 넘어서, 철학적 차원과 사회적 차원의 행위자로 부상했다. 이세돌-알파고 대국은 일종의 튜링테스트의 변형이다. 튜링테스트[2-2장 참조]처럼 자신의 신분을 감추지는 않았지만 튜링테스트가 목적했던 바, '인간으로 승인받기'를 목표로 삼았다.

알파고는 자신은 물론 상대의 착수를 예견하는데 있어서도 인간 전문가 수준에 도달했다. 대국 전 이미 바둑 전문가들은 유럽 바둑 챔피언 판후이(Fan Hui)와 알파고의 기보(2015)를 보고 나서 놀라워했다. 기보만으로는 컴퓨터(비인간)가 바둑을 두고 있다고 생각하기 어려웠기 때문이었다. 그러면서도 빈번하게 어처구니없는 실수도 많이 했다며 여전히 바둑전문가 수준에는 미치지 못할 것으로 예상했었다.

2016년 3월 알파고는 이세돌과 대국에서 다시 '완벽한' 승리를 거두었다. 이로서 알파고는 인간 전문가만큼이나 바둑을 둘 수 있다는 것을 확고하게 증명했다. 한국기원은 알파고의 바둑 역량에 매료되었고 명예단증(9단)을 수여했다. 알파고는 기계로서는 처음으로 인간과 같은 공식적인 지위를 얻게 되었다.

[그림 6-1] 알파고-이세돌 대국 현장. 사진 자료: 구글

대국 과정에서 알파고는 몇 가지 특징을 드러냈다. 알파고의 수법은 때로는 "신선한 수"이기도 했고 종종 "쓸데없는 수"이기도 했다. 기계가 신선한 수를 둘 수 있다는 것도 놀랍지만 실수를 할 수 있다는 것도 놀라운 것이었다. 신선하거나 쓸데없는 행동을 함으로써 알파고는 사람이라면 두지 않았을 수를 둠으로써 인간전문가와는 다른 면모를 보여주었다.

제1국에서 승패를 가른 분기점으로 언급되는 알파고의 102수(백)는 인간 프로기사라면 두지 않는 수였다(김성룡 9단, 박정상 9단). 이 시점은 "사람이라면 심리적으로 크게 흔들릴만한 불리한 상황이었는데, 알파고는 과감하게 상대 진영으로 침투했고, 이세돌은 응수하기 쉽지 않았다". 이렇게 전통적인 바둑 정석을 뒤집는 수들이 대국 전반에 걸쳐서 등장했다.

제2국 알파고의 37수(흑)는 바둑의 기리에는 맞지 않는 수였고(김명완 9단), 전 세계 프로기사 1300명을 통틀어서 그런 수를 둘 사람은 없을 것이었다(김성룡 9단). 이 시점에서 "백집(이세돌)은 굳혀진 반면에서 흑(알파고)의 두터움은 그만한 가치를 갖는지는 불확실했다". 이 수는 바둑 해설가들 사이에서 논란이 있었지만 최종적으로 "훌륭한 수"라고 결론을 내려졌다.

이 후 연이은 대국에서 알파고의 수법은 존경과 감탄의 대상이 되었다. 김성룡 9단은 "아, 인간이 '알사범'의 의도를 파악하기 어렵네요(2국)"라며 알파고를 의인화했다. 송태곤 9단은 "알파고는 프로들이 금방 둘만한 부분은 한참 생각하고, 우리가 20분이상이 지나더라도 생각하기 어려운 수는 금방 둬요. 참 매력적 이예요(5국)."라며 감탄했다. 바둑해설가들은 알파고의 바둑에 대해서 점점 더 "아름답다"는 찬사를 기꺼이 사용하기 시작했다.

> "다음 수를 알파고가 어떻게 둘지 정말 궁금하네요. 종잡을 수가 없어요. 프로라면 이렇게 두겠지만...항상 알파고는 다른 수를 만들어내거든요......(잠시 후).... 아 ! 어떻게 이런 수법이 있지요. 또 한 번의 가르침을 주네요!" (이희성, 홍민표 9단, 3국 해설)

한편 알파고는 인간이라면 하지 않을 '무의미하거나 손해가 되는 수'도 빈번하게 보여주었다. 이 때문에 바둑 해설가들은 의아해했다: "(알파고의) 실력이 들쭉날쭉 한다....전혀 인간 같지 않았다(김성룡 9단, 1국)." 또는 "사람은 안하는 실수죠. 자충이죠(차민수 5단, 3국)." 또는 "어처구니없어요. 저건 바둑이 아니죠. 이건 18급 수준 이예요. 엄청난 손해 수죠(이현욱 9단, 4국)." "계속 선수 교환을 하네요. 알파고는 나중에 해도 되는 수도 미리 하더라고요. 나중에 팻감으로 사용해도 되는 곳인데...(중략)...또 그러네요 이건 악수죠(홍민표 9단, 5국)."

알파고는 승리했고 그 승리의 내용 안에는 그동안 인간(전문가)이 한 번도 한 적이 없는 의사결정이 포함되어 있었다. 알파고가 새롭게 내놓은 수법은 인간이라면 그것이 이득이 되는지 미리 판단할 수 없기 때문에 결코 시도하지 않았을 수들이었다.

알파고의 '복기'

대국 6개월 후, 딥마인드사는 이세돌과 알파고 대국 해설(해설자: 판후이)을 공개했다. 해설 내용 중에는 알파고가 대국 중 수행했던 상황 판단을 짐작할 수 있는 자료들이 포함되었다. 그런 점에서 이 해설 문서는 부분적으로는 알파고의 '복기(復棋)'라고 할 수 있다. 사실 이세돌은 알파고와의 대국 당시, 대국이 끝날 때마다 평소처럼 대국상대와 함께 복기를 하고자 했지만 당시 알파고는 복기를 할 준비가 되어 있지 않았었다.

딥마인드사가 공개한 바둑해설 곳곳에서 알파고가 당시 매순간 자신의 승률을 어떻게 평가했는지, 상대방(이세돌)의 수법을 어떻게 평가하고 예견했는지를 알 수 있다. 다음은 제2국에 대한 해설 중 일부이다.

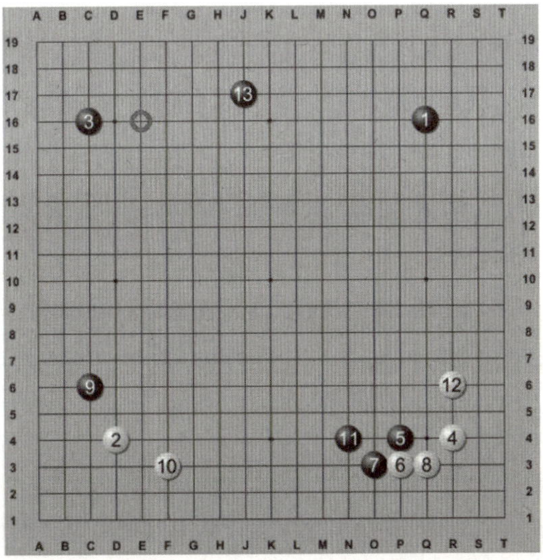

[그림 6-2] 이세돌 대 알파고 제2국

"백 12(이세돌)를 보고 나서 …알파고는 흑 13수를 두었다. 이 수는 해설가들을 놀라게 했다. 우하귀에서 손을 뺐기 때문이다. 알파고는 백 12가 좋지 않다고 여겼다. 알파고는 백이 좌상귀로 침투하는 수(16-E)를 두는 것을 제안했다. 구리와 저우루이양은 알파고의 제안을 보고 나(판후이)만큼이나 충격을 받았다. 우하의 정석과 같이 오랫동안 두어진, 그 누구도 의문을 갖지 않았던 정석에 오류가 있을 수 있는 것일까? 이 시점, 알파고의 승리 확률 예측이 49.7%로 올라갔다."

특이한 것은 당시 흑돌이었던 알파고의 승률이 "올라갔다"고 했는데도 49.7%였다는 점이다. 알파고는 흑의 최초 승률을 50%이하로 설정한다는 것을 미루어 짐작할 수 있다.

판후이는 해설과정에서 자신의 감회도 서술하고 있는데 인공지능 대결자로서 이세돌의 상태에 공감을 표하는 것이었다. "알파고와 대국을 하는 건 괴로운 안락사와 같은 느낌이다. 뭔가 이상하다고 느낄 때면 우리는 이미 죽은 거나 다름없다. 알파고와 대국을 할 때면 더 많은 수가 두어질수록 더 많은 의문들이 머릿속에 떠오르며 그러한 의문들은 결국 우리를 패배의 길로 이끈다."

알파고의 자기 대국

이 대국 해설 자료들 중에는 알파고의 자기 대국(self-play) 해설도 3 개 포함되어 있었다. 알파고가 방대한 양의 자기 대국을 수행했다는 사실은 2015년 네이처 논문을 통해서 잘 알려져 있었지만 완전한 대국 기보가 공개된 것은 처음이었다. 자기 대국 기보들은 단지 3개에 불과한데도 알파고의 인상적인 면모를 드러내고 있었다.

예를 들어서, 자기 대국 1국과 3국에서 알파고 (흑)은 승률이 점점 높아지다가 어느 순간 승률이 떨어지면서 알파고(백)에게 역전패를 당했다. [그림 6-3]은 알파고 대 알파고 제1국 97-98수에 대한 해설이다.

알파고 흑과 백은 동일한 역량을 가지고 있으므로 대국 과정에서 동일한 의사결정(행동)을 할 것이라고 예상할 수 있다. 그러나 알파고는 예상 밖의 것을 보여주었다. 같은 역량을 가진 기계 사이에서 역전이 가능하다는 것은 알파고(흑)과 알파고(백)이 동일하지 않았다는 의미이다.

출발 시점에서 알파고(흑)과 알파고(백)은 동일한 기계였다. 그런데도 어느 시점에서 각각 다른 판단을 했다. 그 차이로 인해 알파고(백)은 판세를 뒤집을 수 있었다. 알파고(흑)

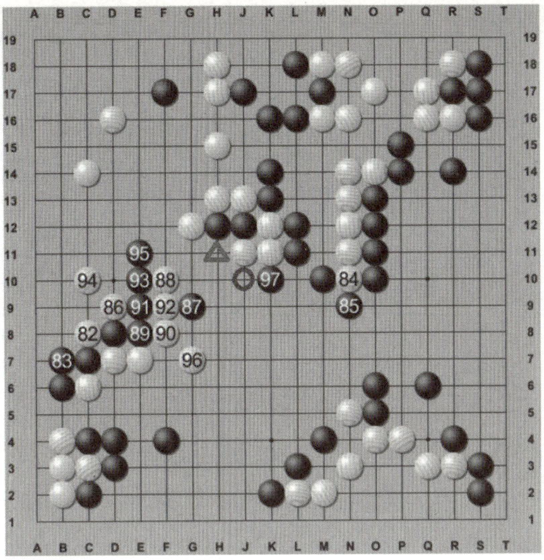

[그림 6-3] "흑은 형세에 대한 자신감이 있었고, 백이 (11-H, 세모표시)로 둘 수밖에 없다고 여겼다. 하지만 백이 더 나은 계획을 찾아냈다. 백의 꼬부리는 수(10-J, 원표시)가 중앙의 전투에 더 좋은 수였다."

과 알파고(백)은 게임이 진행되는 동안 서서히 다른 존재가 되고 있었다.

스스로 개선하는 기계

알파고는 '자기 자신을 관찰하고 자신의 프로그램을 수정한다'는 튜링의 정의에 맞게 행동했다. 알파고는 미리 결정된 프로그램에 의해서 행동하는 것이 아니라, 학습을 통해서 자신의 행동과 환경의 반응을 관찰하면서 확률·통계적으로 자신의 프로그램을 수정함으로써 의사결정에 도달했다. 강화학습은 보상함수를 적용함으로써 기계 스스로 목표를 발견할 수 있었다.

알파고 개발자조차도 알파고가 구체적으로 수행한 수법에 대한 인과성을 설명할 수 없다. 알파고의 승리에 대해서 하사비스는 "할 말을 잃었다"고 말한 바 있다. 대국 중의 알파고의 의사결정이 개발자가 아니라 알파고에 의해서 수행되었다는 점을 확인할 수 있었다. 알파고의 신경망-숨은층(hidden layers)은 개발자에게도 '숨겨진 것'(블랙박스, Black Box)이었다. 마치 우리의 사유 과정에 대해서 우리 자신도 충분히 설명할 수 없는 것과 같다. '사유'란 주체들의 상호작용적 실천을 통해서만 관찰될 수 있을 뿐이다.

알파고의 바둑 이해하기

알파고는 승리했지만 그렇다고 알파고가 인간처럼 바둑을 이해한 것은 아니다. 오히려 알파고는 인간처럼 바둑을 이해하지 않고도 승리할 수 있는 방법이 있음을 보여주었다.

알파고는 인간과 다르게 바둑을 '이해'했기 때문에 대국 전반에 걸쳐서 전통적인 바둑 정석을 뒤집는 수들을 내놓을 수 있었다. 그렇기 때문에 인간 전문가가 하지 않는 실수도 했던 것이다.

알파고 개발팀은 알파고의 학습 과정에서 나타난 특성 중 일부를 밝힌 바 있다. 예를 들어 "알파고 검색 시뮬레이션에서 지도학습 정책망(Pσ)이 강화학습 정책망(Pρ)보다 더 성능이 좋았다(Pσ 〉 Pρ). 이것은 현재 상태를 판단할 때는 인간 전문가 데이터가 더 훌륭했다는 의미다. 강화학습은 확률통계적으로 단일 최적 이동을 선택하는 반면에, 인간은 무엇이 유망한 이동인지에 대해 다양한 선택을 하기 때문이다".

반면에 "강화학습 정책망으로부터 파생된 가치 함수가 지도학습 정책망에서 나온 가치 함수보다 성능이 좋았다(vPρ(s) 〉 vPσ(s))". 가치 함수는 장기적인 목표를 예상하는 역량인데, 이 부분에서는 알파고의 자기학습 기반 데이터가 인간전문가 데이터 보다 훌륭했다는 해석이 가능하다. 먼 미래를 내다보는데 있어서 알파고는 인간 전문가 데이터에 의존하기 보다는 자기 학습 데이터에 의존하는 것이 유리했다. 물론 바둑의 세계에서 그렇다는 것이다.

이상의 분석 결과는 인간과 인공지능의 역량이 상이할 수 있다는 점을 보여준다. 강화학습은 멀리 예측하는데 뛰어나고, 상대적으로 인간전문가는 먼 미래 예측보다는 현 상태의 불확실성에 더 강했다. 이것은 인간과 인공지능의 역량이 상보적일 수 있다는 함축이다.

이 점은 이세돌과의 대국에서도 입증되었다. 이세돌의 제4국 78수(백)는 알파고의 '차분한 계산'을 뒤흔들었고 마침내 승리를 결정했던 착수였다. 이세돌은 알파고 만큼 멀리 내다보며 수를 계산할 수 없는 대신 전혀 새로운 착수(알파고 개발팀의 표현에 따르면 '인간의 다양한 선택' 중 하나)를 시도하여 문제를 돌파했다.

알파고는 당시 이 착수를 제대로 평가하지 못했고, 87수에 이르러서야 자신의 승률이 떨어진다는 것을 비로소 알게 되고 최종적으로 180수만에 불계패를 선언했다. 이세돌의 착수는 알파고가 예측할 수 있는 범위를 넘어선 것이고, 인간의 다양한 행동 선택의 면모를 보여주었다.

그 외 개발팀은 알파고 변종들 평가에서는 혼합 버전의 성능이 좋았다고 보고했다. 가

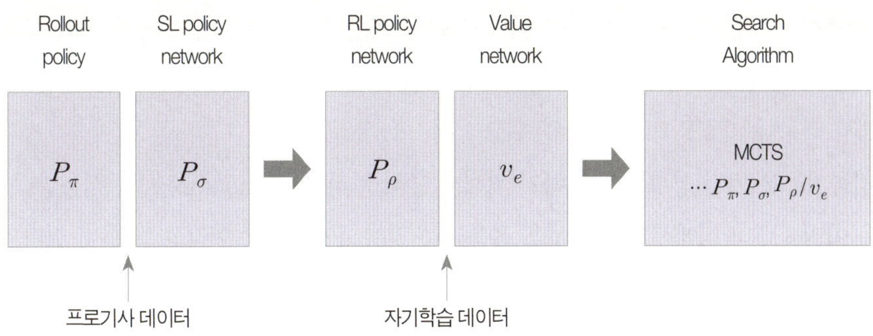

[그림 6-5] 알파고 학습 구조

치망(λ=0)만을 이용하여 평가된 상태 위치를 토대로 진행하는 버전에서부터 롤아웃(λ=1)만으로 진행하는 버전까지 여러 가지 혼합 버전을 시험했다. 가치망은 강화학습을 통해서 나온 데이터를 토대를 장기적 예측을 수행한다. 롤아웃(roll out)은 상대적으로 간단한 예측을 수행한다. 그 결과 중간값 혼합 평가(λ=0.5)의 성능이 가장 좋았는데, 이것은 가치망과 롤아웃 메커니즘이 상호보완적이라는 함축이다: 가치망은 강하지만 터무니없이 느리고 반면에, 롤아웃은 취약하지만 빠르다.

기계의 독자성 문제

대국 내내 알파고는 많은 '실수'를 했다. 이세돌 대 알파고 제4국에서 알파고의 97수는 대표적인 실수로 언급된다. 인간 전문가라면 도저히 할 수 없는 정도의 형편없는 착수였다. 이미 이세돌을 3번이나 이길 정도의 실력을 가지고 있는 경쟁자가 범할만한 실수가 아니었다. 그래서 이세돌은 이 수가 '버그'에 가깝다고 평가했다.

그런데 인공지능의 실수는 문제점이라기보다는 오히려 인공지능의 가능성이기도 하다. 실수를 했다는 것은 오히려 알파고가 독자적인 의사결정을 했다는 증거이다. 인공지능 알고리즘은 불확실한 상황에서도 의사결정을 할 수 있어야 한다. 인간과 마찬가지로 인공지능은 전혀 예상하지 못한 상태에 놓일 수 있기 때문이다. 우리가 인공지능에게 던지는 임무들은 독창적인 능력을 요구한다.

당시 알파고는 독창적이지 않다면 도저히 풀 수 없는 복잡하고 불확실한 상황에 직면했다. 알파고에게 있어서 불확실성은 바둑의 수가 너무 많아서 그것을 모두 물리적으로 계산할 수 없다는 것이다. 이런 경우 이 문제를 해결하기 위해서 인간들은 비이성적이거나 예측하지 못한 행동을 한다. 이세돌의 제4국 78수가 그러했듯이 기존에는 하지 않았을 다른 행위를 시도한다. 그것은 전통적인 방법으로부터 이탈된 기이한 것이 될 수 있고 그래서 너무나 비효율적인 것이 될 수도 있다.

인공지능은 그런 상황을 극복하기 위해서 흔히 무작위성(randomness)을 적용한다. 튜링은 이미 학습과정에서 무작위성을 적용하는 것이 효율적일 것이라고 말한 바 있다[2-2장 참조]. 이후 인공지능 연구자들도 카드를 잘 섞을 때 누릴 수 있는 효과를 얻기 위해서 무작위성을 활용했다. 알파고 역시 자신이 알지 못하는 그리고 예상하지 못한 상태에서 확률적 무작위성을 적용했다. 이 때문에, 그 의사결정의 매 층위에서 도출되는 선택 경로들은 결코 동일한 것이 될 수 없다.

그래서 알파고는 독자적이고 창의적인 착수를 해낼 수 있었다. 특히 알파고의 자기 대국(self-play)은 그런 창의성을 잘 보여준다. 알파고(백)이 알파고(흑)과 자기 플레이를 하는 과정에서 서로 다른 예측을 하는 장면이 대표적이다. 대국을 진행하는 아주 짧은 시간 동안에도 그들은 다른 개체가 되어 가고 있었다. 알파고의 버전들이 만약 계속 독자적 버전으로 유지된다면 그 버전들은 점점 더 개별적인 것이 될 것이다.

또한 알파고에 내장된 규칙도 알파고의 독자성을 구성하는 요소이다. 알파고에 내장된 중국식 바둑 규칙 때문에 알파고(백)과 (흑)이 더욱 다르게 행동했을 것으로 추정된다. 바둑전문지 사이버오로(cyberoro)에 따르면, 중국식 규칙에서 (인간 전문가 사이 대국) 백 승률은 평균 52.8%로 흑승률에 비해 높다. 알파고도 그러한 규칙의 영향을 받았다. 중국식 규칙이 백에게 유리하고 이것이 알파고에게 영향을 줄 수 있다는 점은 이세돌의 언급에서도 나타났다. 제4대국 승리 후 기자회견 당시 이세돌은 알파고가 백일 경우와 흑일 경우 다르게 행동한다고 평했다. 이세돌은 알파고의 행동의 차이를 누구보다 가까이에서 느꼈다.

알파고는 학습과정에서 이런 영향을 반영하여 최초 승률을 다르게 설정하는 것으로 추정된다. 출발할 때 승률이 다르기 때문에 알파고(백)과 알파고(흑)은 상황(환경)을 다르게 평가하며 서로 다른 판단을 내놓게 된다. 그리고 착수가 더해질수록 그런 상이함은 강화될 것이다.

인공지능의 학습은 때로는 창의적인 것이고 때로는 실수가 될 수도 있다. 그 행동이 창의적인 것인지 실수인 지는 사후적으로만 해석될 수 있을 것이다. 어떤 것이든지 새로운 시도로 연결될 것이다. 이것은 인공지능에게 필수불가결한 역량이다. 인공지능의 독자성은 우리가 인공지능을 원하는 순간 인공지능에게 허락할 수밖에 없는 것이기도 하다. '기계의 사유(thinking of machine)'는 사실상 '기계의 독자성(originality of machine)'을 포함할 것이다. 그래서 그 내적 인과적 과정은 외부의 논리로 설명될 수 없을 것이다. 인공지능이 자신의 의사결정과정을 '충분히' 설명하지 못할 수 있다는 의미가 된다. 이것은 우리 인간에게서는 흔히 일어나는 일이기도 하다.

[참고문헌]

김지연. 2017. "알파고 사례 연구: 인공지능의 사회적 성격", 과학기술학연구 17(1): 5-39.

김지연·박주영 외. 2018. 머신러닝 기술의 이해: 기술사회학과 공학적 측면을 중심으로. 드림미디어.

2 알파고는 무엇을 바꾸었나

이세돌-알파고 대국은 튜링테스트를 떠올리게 했다. 튜링테스트가 언어적 역량을 시험하는 것이라면 이 대회는 시험의 내용을 바둑 수행 역량으로 대체했다. 이미 다양한 튜링테스트의 변형 버전들이 있어왔다. 1991년 시작한 뢰브너상 대회(Leobner's Prize Contest) 기획자들은 튜링테스트를 현실적으로 작동 가능한 것으로 만들기 위해서 튜링테스트 원버전을 다소 수정했었다. 10명의 사람과 10명의 기계가 동시에 출전하여 10명의 면접관에게 심사를 받았고 대화의 주제도 '세익스피어'와 '옷'으로 제한했었다. 튜링테스트의 원래 취지를 구현하되, 그 취지가 현실화될 수 있는 방법적 개선은 흔히 일어나는 일이다.

알파고는 이세돌과의 대국 이전에 이미 온라인 바둑게임 사이트에서 바둑전문가들과 여러 차례 대국을 한 바 있다. 이세돌-알파고 대국이 알려지고 난 이후에야, 사람들은 바둑 사이트에서 활동했던 "deepmind"라는 이름의 대국자가 있었다는 것을 기억해냈다. 사람들은 당시에는 그 대국자가 기계라는 것을 인지할 수 없었다고 증언했다. 그리고 알파고는 2015년 유럽 바둑 챔피언 판후이와 대국에서 5전승했기 때문에 이세돌과의 대국에서 알파고가 얻고자 한 것은 단지 알파고의 바둑역량을 확인하는 것 이상이었을 것이다. 그것은 바로 알파고의 존재에 대한 사회적 승인이었다. 기계 지능의 사회적 승인이야말로 바로 튜링테스트의 역할이다[2-2장 참고].

튜링 테스트의 사회적 성격

과학기술은 사회와 별개로 발전하는 것이 아니라 사회적으로 구성된다. 기계의 지능을 판정하고자 했던 튜링테스트는 인공지능의 사회적 성격을 강하게 암시하고 있다. 튜링 테스트는 일종의 순환하는 무한 덫에 빠진다. 우리는 인공지능을 한 번도 본 적이 없다. 지능을 탐지하려면 그것이 지능인지를 알 수 있는 탐지 장치를 만들어야 한다. 튜링

테스트는 그런 탐지장치에 해당하는데 우리는 그 탐지장치가 정말 지능을 잘 구별할 지 알 수 없다. 이 장치를 통해서 인공지능이라고 판정된 이후에야 이 장치가 훌륭하게 작동하는지를 확인할 수 있다. 이런 상황을 콜린스(H. Collins)는 '실험자 회귀(Experimentor's regress)'라고 명명한 바 있다. 실험자 회귀를 벗어나는 방법은 사회적으로 합의된 검증기준을 설정하는 것이다.

실험자 회귀 개념이 말하고자 하는 바는 탐지장치는 그 자체로 완전하지 않다는 것이다. 탐지장치의 불완전함은 사회적으로 극복되어야 한다. 튜링테스트는 인간과 기계의 경계를 설정하려는 시도다. 그 경계를 구분하는 역할은 면접관에게 주어진다. 면접관의 판정내용은 사회적이다.

튜링테스트는 한 사회 구성원과 비구성원을 분리하는 방법과 유사하다. 1989년 세미팔라틴스크 테스트(Semipalatinsk test)는 원폭실험으로 반핵운동에 직면했던 옛 소련 시절에 실시되었었는데, 테스트의 목적은 마을 원주민(구성원)과 스파이(비구성원)를 구분하는 것이다. 마을에서 오랫동안 살았던 원주민 면접관이 질문을 한다. 면접관은 그 마을에서 살았기 때문에 자신의 사회화에 기반을 둔 질문을 한다. 면접관은 그 마을에 대해서 말이나 글을 통해서는 배울 수 없고 실천적 경험을 통해서만 알 수 있는 질문을 할 것이므로 스파이라면 그 테스트를 통과할 수 없을 것이다.

튜링테스트의 면접관 역시 글이나 말과 같은 정량적 학습으로는 알 수 없고 오직 인간이 실천을 통해 아는 것을 질문할 것이다. 면접관은 참가자들의 답변을 들으면서 참가자의 자격을 판단한다. 면접관의 질문은 근본적으로 그 자신의 사회적 지식을 근거로 도출된다. 면접관의 사회적 지식이 자신의 동료 구성원(인간)과 비구성원(기계)를 구별하는 근거가 된다.

면접관의 판단 능력은 삶의 과정에서 사회적으로 구성된 것이다. 한 공동체의 구성원들은 사회적 실천을 공유한다. 그런 경험의 공유는 사회적 실천을 통해서 지속적으로 유동한다. 그 사람이 자신과 같은 구성원인가 아닌가의 문제는 '정체성'의 문제이기도 하다. 그렇다면 '면접관의 지식'이란 사실은 '사회적 정체성'과 관련된 것이라고 할 수 있다.

튜링 테스트 통과는 인공지능 여부를 판단하는 절대적 기준이 아니다. 튜링도 그것을 이미 알고 있었다. 사실 우리는 우리 자신의 지능에 대해서도 제대로 정의하고 있지 못하다. 튜링 테스트의 의도는 면접관의 사회적 지식에 의존하여 참가자의 자격을 판단하는 것이다. 사실상 인공지능이란 면접관이 속해 있는 "사회집단 구성원과 얼마나 유사한가?"라는 기준을 통과하는 문제다.

그런데 사회집단의 경험은 계속 변해갈 것이므로 아마도 그 기준은 계속 변동할 것이다. 앞으로 우리가 기계와 더 많은 상호적 경험을 하게 된다면 우리의 사회적 지식도 변이할 것이고, 면접관들은 기계의 반응에 대해서 이전 보다 더 친근하게 느낄 수도 있다.

확장된 튜링테스트

이세돌-알파고 대국의 양자는 특별히 마련된 공간에 함께 들어가서 경기를 펼쳤고 그 모습은 스크린을 통해 방영되었다. 알파고는 튜링기계로서, 튜링테스트의 (A)의 자리에 놓인다. 이세돌은 기계와의 대비를 위해 (B)의 자리에 배치되었다.

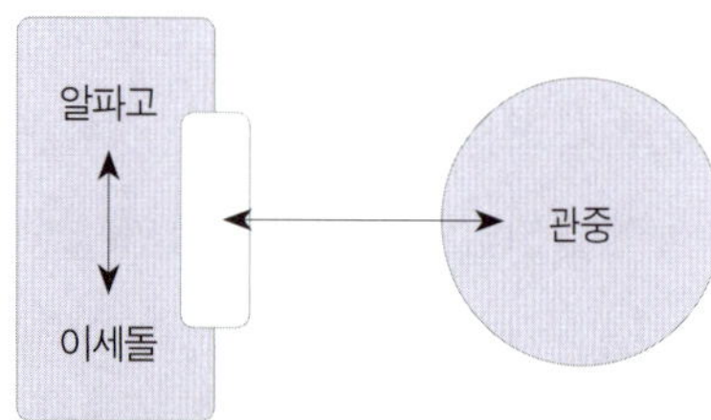

[그림 6-6] 알파고-이세돌-관중의 배치

이 대국에서 알파고와 이세돌이 같은 공간 안에 들어있다고 볼 수도 있고 그렇지 않다고 해석할 수도 있다. 알파고의 '신체'가 정형적인 형태가 아니기 때문이다. 알파고의 계산자원은 미국의 구글 센터에 있었고 통신선을 타고 경기장 내 컴퓨터 화면에 자신의 의사결정을 뿌려주면 최종적으로 아자황이라는 대리 행위자를 통해서 구현되었다. 알파고의 '신체'는 테스트 공간 안으로 완전히 들어갈 수 없었다. 그래서 이세돌이 알파고를 완전하게 대면하지 못했다는 점에서 별도의 공간에 있는 것과 같은 효과가 있었다.

최종적으로 양자는 바둑 경기의 결과로 면접관에게 평가받았다. 그들의 바둑 경기를 분석함으로써 알파고의 '자격'을 평가할 수 있었다는 점에서 이세돌(B)은 알파고(A)와 비교 대상으로써, 그리고 '진실'의 증언자로써의 역할을 수행했다.

알파고, 인간의 진실을 흔들기

튜링기계는 인간의 행동과 구분할 수 없는 정도로 행동해야 한다. 튜링 테스트가 언어적 차원에서 기계의 정체를 은닉하는 것이라면, 확장된 튜링 테스트로서 이 대국에서 알파고(A)는 바둑 규칙의 차원에서 기계와 인간의 경계를 전복하는 역할을 맡았다.

알파고는 최고의 인간 전문가와의 경기상대 자격을 얻었다는 점에서 이미 어느 정도 튜링의 정의를 만족시키는 기계였다. 미리 결정된 프로그램에 의해서 행동하는 것이 아니라, 학습을 통해서 자신의 행동과 그 행동에 대한 환경의 반응을 관찰했고, 나아가 스스로 목표를 발견할 수 있었다. 그 결과 적절한 의사결정에 도달했고 승리할 수 있었다.

그럼에도 불구하고 알파고가 인간처럼 바둑을 이해한 것은 아니다. 알파고가 인간처럼 바둑을 이해하는 것이 아니라는 점을 공식적으로 확인할 수 있었던 것이야말로 이 세돌-알파고 대국의 중요한 의미였다. 오히려 알파고는 인간처럼 바둑을 이해하지 않고도 승리할 수 있는 방법이 있음을 보여주었다. 결과적으로 인간과 다른 방법으로 바둑을 '이해'했기 때문에 인간에게 패배를 안길 수 있었다.

인간의 지능과 다르지만, 동등한 자격을 가지는 '지능'의 등장

알파고는 인간의 지능과는 다르지만 동등한 자격을 승인받았다. 그런데 여기에서 우리는 알파고의 '새로운 지능'만이 아니라, 알파고의 '새로운 신체'에 주목해야 한다. 우리가 볼 수 있는 것은 신체의 움직임이다. 인간 지식은 인간 개별 신체에 체화됨으로써 비로소 발현된다. 이를 알파고에게 적용해보면, 알파고도 자신의 신체를 기반으로 지식을 체화했다고 보아야 한다. 알파고의 신체는 인간의 신체와 다르기 때문에 의사결정 방법도 달랐다.

알파고의 수행에서 목격되었듯이, 인공지능의 학습은 때로는 '창의적인 것'이고 때로는 '실수'이기도 하다. 어떤 것이든지 인간 전문가들이 보여준 적이 없는 새로운 것이었다. 알파고의 행동은 환경과 상호작용하며, 그 과정은 다시 알파고에게 체화되어 다음 의사결정의 토대가 되었다. 이는 '기계로의 체화(embodiment within machine)'라고 부를 수 있다. 우리가 목격한 알파고의 독자적인 의사결정은 그의 체화된 '새로운 신체'에서 나온 것이다.

알파고는 자기 대국 과정에서도 고유한 신체성을 보여주었다. 결정적으로 알파고(백)과 알파고(흑)이 서로 상이한 판단을 했다. 그들 각각의 독자적 판단은 그들 각각의 내부로 체화되고 바로 그 다음 순간 그 둘은 조금 달라졌다. 그 순간들이 모여서 알파고(백)과 알파고(흑)은 서로 다른 신체성을 얻는다. 자기 대국 과정이라는 짧은 시간 동안에도 '개별로서 알파고'가 가능하다면, 그런 과정을 더 연장한다면 알파고들 사이에는 변이가 생기면서 점차 무시할 수 없는 정도로 '개별성'을 획득할 것으로 예상된다.

알파고의 체화는 외관적으로 인간의 체화와 유사성이 있다. 예를 들어서 알파고는 인간 전문가들처럼 백번일 때와 흑번일 때 다르게 행동했다. 이세돌과 바둑전문가들은 알파고가 백번일 때는 보수적으로 움직였고, 흑번일 때는 좀 더 도전적으로 움직인다고 증언했다. 유사하게 조혜연(9단)도 "알파고는 백일 때 강하고 일본의 젠은 흑일 때 강하다"고 평가했다. 통계적으로 중국식 규칙은 백에게 유리하고 일본식 규칙은 흑에게 유리하다.

이것은 백에게 덤을 많이 주는 중국식 규칙에서 인간 전문가들이 보여주는 태도와 동일한 것이다[1]. 알파고는 '인간처럼' 흑번일 때와 백번일 때 자기 자신을 다르게 평가하며, 다르게 행동했다. 알파고는 어떤 처지에 놓이는지에 따라서 다른 역할을 소환했고 그 역할로 인한 결과를 다시 체화하면서 서로 달라져갔다.

또한 기계학습의 무작위성(randomness) 요소도 알파고의 신체성을 구성하는데 기여한 것으로 보인다. 사실 자연에서도 무작위성 때문에 변이가 일어나곤 한다. 유전자 코드 상에서 복제 오류나 방사능 노출과 같은 어떤 사건이 기존 패턴을 붕괴시키곤 한다. 변이는 패턴과 무작위성 사이의 상호작용이며, 그 시스템을 새로운 방향으로 진화시키는 분기점이 된다. 비록 알파고의 무작위성이 인공적인 것이지만, 어떤 형태로든지 변이를 만들어 낼 것으로 추정된다.

종합적으로, 알파고는 튜링기계로서 역할을 충실히 수행했다. 인간의 신체를 가지지 않고도, 그리고 인간처럼 이해하지 않고도 바둑을 이길 수 있다는 것을 증명함으로써 알파고는 세계 이해와 진실에 관한 우리들의 믿음에 균열을 가져왔다. 알파고는 우리 인간이 확신하던 전통적인 '진실'을 흔들었다. 알파고의 체화는 이제 인간의 체화와 동일하지는 않지만 인간의 체화와 동등한 의미를 요구하고 있다.

이세돌, 인간의 진실을 증언하기

튜링테스트에서 인간참가자(B)는 기계(A)에 대한 적절한 정보를 면접관(C)에게 전달하는 역할을 한다. 이 대국에서 이세돌은 알파고의 기계성을 드러내는 역할에 '배정'되었다. 그는 대국을 통해서 알파고 행위의 특질이 잘 드러나게 만들었고, 대국 후 인터뷰를

1) 중국식 규칙은 7.5집, 한국식은 6.5집, 일본식은 5.5집을 백에게 덤으로 준다. 바둑전문지 사이버오로(cyberoro)에 따르면, 중국식 규칙에서 백승률은 평균 52.8%로 흑승률에 비해 높다. 2017년 공개한 50개의 자기대국에서 알파고(백)의 승률은 76%였다.

통해서는 알파고의 경기 성향을 증언했다.

넓은 의미에서 보면 먼저 직접 대국을 했던 판후이와 그 외 바둑전문가들도 그런 (B)의 역할에 포함된다. 바둑 전문가들은 이세돌과 유사하게 알파고의 행위 특질을 감지할 수 있다. 사실 대국 이전부터 알파고는 온라인 바둑 사이트에 등장해서 여러 바둑 전문가들과 경합했고, 대국 이후에도 다수의 경기를 온라인에서 수행한 바 있다. 바둑 전문가 집단은 공동으로 그리고 지속적으로 (B)의 역할을 수행하고 있다.

딥마인드사의 데이비드 실버와 데미스 하사비스가 말했듯이, 알파고 개발자도 알파고가 수행한 의사결정의 인과적 경로를 완전히 추적할 수 없다. 개발팀은 알파고를 제작하고 훈련시키기는 했지만 알파고와 긴박한 대결을 해 볼 수 없다. 오히려 알파고와 대결을 했던 이세돌과 바둑전문가들이야말로 알파고의 행동을 구체적으로 이해할 가능성이 있다. 개발자들은 기술적 차원에서 알파고를 설명할 수는 있지만, 수행의 차원에 대해서는 바둑 전문가들이 더 잘 설명할 수 있다. 이 테스트가 바둑 전문가와 알파고의 수행 차원을 비교하는 것이기 때문에 그들은 알파고에 대한 최적의 증언자들이다.

알파고의 착수에 대해 이세돌과 바둑 전문가들은 때로는 창의적이라고 칭찬했다. 바둑 전문가들이 알파고의 행동에 대해서 인간(전문가)이 한 번도 한 적이 없는 의사결정들을 하고 있다고 증언했기 때문에, 비로소 관중들은 알파고의 행동을 이해할 수 있었다. 알파고는 인간이라면 이득이 되는지 미리 판단할 수 없기 때문에 결코 시도하지 않았을 착수들을 다양하게 구사했다. 이 부분에서 알파고는 인간보다 너무 '훌륭'했기 때문에 오히려 인간과 동일하지 않다고 평가받았다.

알파고에 관해 증언하기

더 나아가 이세돌은 알파고를 자극하여 새로운 수행을 촉발시키기도 했다. 인공지능 알고리즘은 불확실한 상황에서도 의사결정을 할 수 있어야 한다. 인간과 마찬가지로 인공지능은 전혀 예상하지 못한 상태에 놓일 수 있기 때문이다. 이세돌 만큼이나 알파고도 매 순간 복잡하고 불확실한 상황에 직면했다.

이런 경우 문제를 해결하기 위해서 인간들은 비이성적이거나 불합리해 보이는 행동을 한다. 이세돌의 제4국 78수가 그런 상황에 해당한다[2]. 그것은 전통적인 방법으로부터 이

2) 이세돌의 이 착수는 아무도 예상하지 못한 것이었다. 그러나 착수가 되자마자 바둑전문가들은 감탄했다.

탈된 기이한 것이 될 수 있고 그래서 너무나 비효율적인 것이 될 수도 있지만 전혀 예상하지 못한 해결책이 되기도 한다.

알파고가 범했던 '실수들'도 그런 불확실한 상황에 직면한 결과였을 것이다. 제4국 알파고의 97수가 대표적이다. 인간전문가라면 도저히 할 수 없는 정도의 "형편없는 착수"였다.

> "일단 알파고가 노출시킨 약점은 두 가지 정도이다. 하나는 기본적으로 백보다는 흑을 조금 힘들어 하는 게 아닌가 싶다. 오늘 자기가 생각하지 못했던 수가 나왔을 때는 일종의, 실수라기보다는 버그형태로 몇 수가 진행됐다. 생각 못했을 때 좀 대처능력이 떨어진다. 백보다는 흑번일 때 더 어려워한다."

그런데 그런 알파고의 실수는 기계 성능의 차원에서는 문제점이라고 여겨질 수도 있지만, 다른 한편 하나의 행위자로서 수행 차원의 독자성이 있음을 보여주는 측면이기도 하다. 알파고가 미리 프로그램 되어있는 대로 또는 단지 인간을 그대로 따라 행동했다면, 오히려 그런 '이상한 실수'는 하지 않았을 가능성이 높다.

그러한 알파고의 실수를 많이 이끌어낸 것은 이세돌의 기여이다. 바둑경기 전반에 걸쳐서 알파고의 실수는 인간의 실수와 비교될 수 있었다. (B)의 역할로서 이세돌은 알파고의 지능이 인간의 지능과 같은지를 가늠하는 원천을 제공했다. 이세돌은 알파고를 교란시켰고 알파고와 인간과의 차이, 즉 알파고의 기계성이 충분히 드러나도록 도발했다. 그 과정에서 알파고는 자기 자신을 노출할 수 있었고, 관중들에게 '인간이 아님'으로 확인되었다.

'인간면접관'의 등장

이 대국은 전형적인 튜링테스트와 달리, 면접관(C)의 역할에 구체적인 행위자가 배정되지 않았다. 이 대국이 잠재적으로 기대했던 것은 다수의 관중이 면접관이 되는 것이었다. 알파고는 판후이와의 대국에서 이미 성능을 확인받았으므로 이세돌과의 대국의 중요한 목적은 단지 게임의 승리가 아니라 사회적 승인이었다. 그런 만큼 더 많은 사람(면접관)의 참가할수록 좋은데, 경기는 많은 사람을 모으기 좋은 방식이다.

모든 튜링테스트에서 면접관(C)은 중요하다. 이 대국은 전 세계를 대상으로 TV와 컴퓨터 스크린을 통해 실시간으로 방영되었고, 다수의 사람들이 이 대국을 관전했다. 알파고의 자격을 판정하는 것은 그 대국을 지켜보았던 관중들이었는데, 그들은 열광적으로 대국을 관전함으로써 스스로 면접관(C)의 자리에 앉았다.

그리고 무엇보다 중요한 것은 이들 '면접관'은 개별 인간이 아니라 대국과정 전반을 통해서 형성된 일련의 집합적 존재라는 것이다. 특히 바둑 해설가들이 일반 관람객들의 관전을 도왔는데, 이들은 바둑 전문가 집단에서 온 사람들이다. 그들은 이세돌과 알파고의 착수를 해석하여 대중에게 전달했다. 그들의 발언은 관객의 담론 속에서 재인용되었다. 이러한 관전 과정을 거치면서 담론을 통해 상호 침투적으로 결합된 집단이 구성되었는데, 그들이 이 테스트의 '면접관'이다. 여기서는 '인간 면접관'이라고 부르겠다.

인간 면접관들의 변이

이제 인간 면접관이 관찰한 내용에 대해 이야기해 보자. 우선 가장 먼저 이야기 할 수 있는 현상은 인간 면접관이 대국 과정에서 알파고를 의인화했다는 것이다. 보통 인공지능 연구자들은 인공지능의 의인화를 경계하는데, 인공지능에 대한 오해를 불러올 수 있기 때문이다. 다수의 SF 소설과 영화작품들은 인공지능과 로봇을 악당으로 의인화하곤 했다.

그렇지만 인공지능의 의인화 현상은 인간면접관에 의해 관찰된 중요한 내용이며 이를 결코 무시할 수 없다. 인간면접관이 인공지능을 의인화하는 것은 면접관 자신의 사회적 지식을 반영한다. 면접관은 그가 알고 있는 세계의 지식을 동원하여 자신이 관찰한 것을 설명할 수밖에 없다. 그들은 그것 외에 달리 표현할 방법을 찾을 수 없었다.

이런 의인화는 대국 과정에서 인간 면접관의 지식이 변하고 있음을 의미한다. 대국이 이루어지는 단 5일 동안 인간 면접관의 태도는 극적으로 변했다. 알파고를 '알사범'이라고 부르면서 인간처럼 대하기 시작했다. 알파고의 의인화는 알파고가 한국기원의 명예단증(9단)을 받음으로써 완성되었다. 누구도 알파고의 명예단증 자격을 부적절하다고 여기지 않았다. 이것은 인간 면접관이 알파고(기계)를 사회적으로 승인하는 방식 중 하나였다.

다음으로 주목할만한 것은 이세돌(B)과 인간면접관(C)이 자기 자신을 제3자로 표현하기 시작했다는 것이다. 알파고가 계속 승리하기 시작하자, 바둑 전문가들과 해설가들은 알파고의 행마를 단정적으로 평가하기 보다는, "인간의 눈으로 볼 때는 괜찮아 보여요" 또는 "인간의 생각으로 보기에는 좋아보이지는 않는다"라며 조심스럽게 견해를 피력했다. 이세돌도 인터뷰 과정에서 "인간"이라는 표현을 자주 사용했는데 "아직은 인간이 대

새로운 조망시점 예시들

과학기술은 우리에게 새로운 조망시점을 제시해왔다. 프로이트에 따르면, 과학의 역사에서 일어났던 모든 혁신들은 종류는 다르지만 하나의 공통점이 있다. 그것은 절대적 확신이라는 인간의 오만(나르시즘)을 차례로 뒤엎어 나간 것이다.

그 첫 번째는 천동설 대신에 지동설을 제기한 과학혁명이다. 인간의 지각경험 상 지동설을 인정하기 어려웠다. 지구(인간)을 중심으로 세계가 움직인다는 견해를 지지해주었다. 지동설은 지구 밖에서 지구와 다른 행성들을 동시에 내려다보는 시점에서만 승인할 수 있는 모델이다.

인류의 인식적 혁명을 불러왔던 사건들은 우리 인간이 견지해왔던 자기중심적 인식을 깨트리고 조망시점을 자기 외부로 이동시켰다. 코페르니쿠스, 갈릴레오, 뉴턴이 지구가 변두리 항성에 딸린 작은 행성에 지나지 않음을 밝혀냄으로써 인간이 유한한 우주의 중심에 있다는 믿음을 붕괴시켰다. 다시 다윈이 나타나 인간을 <동물의 후손>으로 격하시켰다. 그러자 사람들은 인간만이 가진 <이성>에서 겨우 위안을 찾고 있는데, (프로이트의) 심리학이 다시 무의식을 제시했다.

[표 6-1] 프로이트의 인류의 인식변화 (Freud, 1917; Floridi, 2014)

	구분	대표저서	내용
1	코페르니쿠스 혁명 (과학혁명)	"천구의 회전에 관하여 (1543)"	지구는 우주의 중심이 아니다
2	다윈혁명 (생물학혁명)	"종의 기원(1859)"	인간은 생명계의 최고 정점이 아니다
3	프로이트 혁명 (정신의학혁명)	"꿈의 해석 (1899)" "정신분석의 네 가지 기본개념(Lacan, 1964)"	우리는 우리자신에 대해 모호하게 알 뿐이다

결해 볼 수 있는 수준이라고 생각한다"고 소감을 밝혔다. 자연히 대국 관전자들도 자기 자신을 "인간"이라고 표현하며 스스로를 객관적 대상처럼 호명하기 시작했다.

인간 면접관들이 자기 자신을 제3자화하는 현상은 알파고가 존경할만한 기량을 가지고 있어서 인간과 대등한 자격을 가지고 있다고 인정한 때문이다. 인간 면접관의 자기 대상화 현상은 '알파고의 자격에 대한 승인'의 또 다른 표현이다.

그리고 그 승인의 순간, 인간 면접관들의 관찰 시점은 이동했다. 다시 말해서 인간 면접관들은 인간과 알파고 모두를 동시에 내려다보는 '새로운 조망 시점'을 가지게 되었다. 그 조망 시점이야말로 대국과정에서 형성된 인간면접관의 최종적 시선이다. 그들은 이제 인간과 인공지능을 동시에 내려다보는 그 가상의 위치에 서서, 인간의 시선과 인공지능의 시선을 모두 흡수하여 체화해 갈 것이다. 그것을 인간과 인공지능의 '합성적 시선(Synthetic gaze)'이라고 부르고자 한다. 이것은 과학혁명, 다윈혁명, 프로이트 혁명에 이은 4번째 혁명이 될 수 있다.

인간과 기계는 경쟁 관계가 아니다

알파고는 승리했지만 인간보다 우월하다는 의미는 아니다. 바둑은 매우 복잡하지만 인공적으로 만들어진 규칙의 세계다. 그곳에서의 승리가 세계의 모든 불확실성에 대한 대응 역량으로 곧장 확장되는 것은 아니다.

이 대국에서 "누가 더 우월한가?"라는 질문은 적절하지 않다. 기계와 인간은 서로 다른 신체를 가지고 있다. 다른 신체는 세계를 다르게 경험하며 다른 방식으로 지식을 구성한다. 그래서 알파고는 인간처럼 바둑을 이해할 수 없다. 기계의 지능은 인간의 지능과 다른 사유 방식을 가지고 있다고 보는 것이 더 타당하다. 기계지능이 인간과 다른 방식의 사유 방식을 가지고 있다는 의미에서 인간과 기계는 동일하지 않으며 따라서 대체 관계가 될 수 없다.

인공지능에 대한 견해를 수립하는 과정에서 기계에 대한 오래된 믿음도 재조정될 필요가 있다. 기계가 인간을 대체할 수 있다는 믿음의 프레임은 오랫동안 근대 사회를 구성하는 토대였다. 인간의 수행을 기계로 그대로 이전할 수 있고, 그래서 기계가 인간과 동일한 수행을 할 수 있다고 기대했었다. 그리고 기계가 인간을 대체할 것이라는 믿음을 유포해왔다.[6-6장 참조] 만약 그것이 사실이라면 기계는 인간과 경쟁하는 지위에 놓일 것이다. 이 믿음의 프레임은 인간과 기계의 화해할 수 없는 관계, 즉 '인간과 기계의 전쟁' 프레임으로 이어졌다. 이세돌-알파고 대국을 계기로 그런 프레임도 재고될 필요가 있다.

[참고문헌]

김지연. 2017. "알파고 사례 연구: 인공지능의 사회적 성격", 과학기술학연구 17(1): 5-39.

Floridi, L. 2014 The Fourth Revolution : How the Inforsphere is Reshaping Human Reality, Oxford University Press.

Freud, S. 1917. "A Difficulty in the Path of Psycho-analysis", The Standard Edition of the Complete Psychological Works of Sigmund Freud, ed. James Strachey(London Hogarth Press), 17. An Infantile Neurosis and Other Works, 1917-1919, 139-144.

[참고문헌]

김지연. 2017. "알파고 사례 연구: 인공지능의 사회적 성격", 과학기술학연구 17(1): 5-39.

3 특이점론은 왜 문제인가

컴퓨터 과학자이면서 구글 이사이기도 한, 레이 커즈와일(R. Kurzweil)은 강한 인공지능(strong AI) 주장자이며 인공지능 특이점론(Singularity) 제안자다. 여기서 특이점이란 기계가 인간과 동일한 지능을 가지게 되는 순간을 지칭한다. 그는 인공지능이 특이점을 넘어서 인간을 뛰어넘을 것이라고 주장하고 있다.

커즈와일의 주장은 국내에서도 많은 사람들에게 인용되었으며 대중 미디어에서 인공지능 관련 문제를 다룰 때 가장 많이 소개하는 내용 중 하나다. 때로 정부 보고서나 전문가들의 논문에서도 비판 없이 받아들여지고 있다. 사람들은 곧 인공지능 특이점이 올 것이라고 믿게 되었다. 커즈와일의 특이점론은 정말 그렇게 타당한 주장일가? 인공지능 특

기술적 특이점

기술적 특이점(technological singularity)은 인공지능(AI)의 발전이 가속화되어 모든 인류의 지성을 합친 것보다 더 뛰어난 초인공지능이 출현하는 시점을 말한다. 즉, 특이점이란 미래학에서 문명의 미래 발전에 가상 지점을 뜻하는 용어로서, 미래에 기술 변화의 속도가 급속히 변함으로써 그 영향이 넓어져 인간의 생활이 되돌릴 수 없도록 변화되는 기점을 뜻한다. 미래연구에 있어서 인류의 기술 개발 역사로부터 추측하여 얻을 수 있는 미래 모델의 정확하고도 신뢰할 수 있는 한계인 「사상의 지평선」을 가리킨다.

대표적인 특이점주의자인 버너 빈지(Vernor Vinge)의 경우 특이점의 도래를 2005년으로 추산하였으나 20세기에 비해 21세기의 기술적 진보가 크게 약화됨으로써 기술적 특이점의 도래에 대한 가상 이론이 재논의 되었다. 인공지능 과학자 겸 미래학자인 레이 커즈와일(Ray Kurzweil)은 현재의 인공지능 발전 속도를 고려할 때, 서기 2040년경에 인공지능이 특이점에 도달할 것이며, 특이점 이후 인류는 인공지능에 의해 멸종하거나 혹은 인공지능 나노 로봇의 도움을 받아 영생을 누릴 것으로 예측하였다.

[자료: 위키피디아]

이점주의자들은 자신이 예상한 특이점 시기가 다가오면 다시 예상 시기를 늦추면서 지금에 이르렀다.

그동안 과학자의 주장은 과학자 사회 내에서 검증되어야 하고 사회적 검증으로부터 제외되는 특권을 누렸다. 그러나 과학자의 주장도 일반적 주장과 마찬가지로 예외 없이 논쟁의 대상이 되어야 하고 그 과정에서 재해석되고 검증될 필요가 있다. 놀랍게도 커즈와일의 주장은 과학자 내부에서도, 사회에서도 별다른 검증이나 비평 없이 대량으로 유통되고 있다. 컴퓨터 과학자들은 그의 주장이 사회적인 것이라고 보고 논평하지 않는다. 반면에 사회과학자들은 그의 주장이 컴퓨터과학 영역이라고 간주한다. 그는 어느 분과에도 속하지 않는 주장을 함으로써 모든 비평을 피하는 이득을 누리고 있다. 그 손해는 엉터리 주장을 들어야 하는 일반 대중에게 돌아갈 것이다.

특이점주의자

커즈와일은 자신의 책 〈특이점이 온다〉에서, 특이점이 멀지 않았으며 유전공학, 나노기술, 인공지능 기술이 인류 문명을 특이점으로 이끌 것이라고 반복적으로 강조하고 있다.

> "특이점의 모습은 다양하다. 특이점은 기하급수적 증가에서 거의 수직에 가깝게 치솟는 단계에 해당한다. 이 단계에서는 기울기가 너무 급격해서 기술이 무한대의 속도로 발전하는 것처럼 보인다. 물론 수학적으로 보면 불연속점이나 단절이 없고 증가 속도는 매우 크기는 하지만 유한하다. 그러나 '현재' 우리의 제한된 틀에서 보기엔 이 임박한 사건은 너무 날카로워서 이제까지의 발전과 연속선상에 있지 않은 단절로 느껴진다. '현재' 라는 단어를 강조한 이유는 사실 특이점의 영향으로 인해 우리의 이해력에도 본질적인 변화가 있을 것이기 때문이다. 우리는 기술과 융합함으로써 지금보다 훨씬 영리해질 것이다."

그의 또 다른 책 〈마음의 탄생〉에 따르면, 특이점이란 특히 '강한 인공지능'을 의미한다.

> "강한 인공지능의 현실성을 의심하는 사람들, 그리하여 특이점 자체를 의심하는 사람들은 보통 양적 성장과 질적 성장을 구분하려고 한다. 기억 용량, 처리 장치 속도, 통신 대역폭 등 양적 역량에 해당하는 부분은 기하급수적으로 성장하고 있지만 소프트웨어(방법론과 알고리즘)는 그렇지 않다는 것이다."

그의 주장은 점점 더 과감해져서 '뇌 업로드' 개념도 예언하고 있다.

> "뇌 업로드란 뇌의 두드러진 특징들을 모조리 스캔한 뒤 강력한 연산 기판에 적절하게 옮겨 재가동시키는 것이다. 그러려면 한사람의 인성, 기억, 기술, 역사 모두를 파악해야 한다. 그런데 어떤 사람의 정신을 완벽히 포획하고자 한다면 재설치 대상인 마음의 기판에 육체도 덧붙여질 필요가 있다."

수확가속의 법칙?

커즈와일은 특이점 주장을 뒷받침하기 위해서 '수확 가속의 법칙(Law of acceleration returns)'을 제안했다. 그는 경제학의 "수확 체감의 법칙"을 모방하고 정보관련 기술에 대한 데이터를 수집해서 수학적 모델로 만들어 낸 용어라고 소개하고 있다. 그의 '수확 가속의 법칙'이란 "기술적 진화가 생물학적 진화의 뒤를 이음으로써 진화의 가속적 속도가 유지되는 것"을 말한다.

[그림 6-7]은 커즈와일이 대표적으로 제시하는 데이터 나열 그림이다. 커즈와일의 주장은 SF영화 스토리와 닮아있다. 그러나 문제는 그가 자신의 주장을 단순한 이야기로 소개하는 것이 아니라는 점이다. 사람들은 그의 주장을 인공지능 전문가의 검증된 지식으로 받아들이고 있다.

> "진화는 기본적으로 추상성의 수준을 높이는 방향으로 펼쳐진다. 물리학이 화학을 낳고, 화학이 생물학을 낳았다. 우리는 원자에서 분자로, DNA로, 뇌로 진화해온 것이다."

그의 '수확 가속의 법칙'은 과학 방법론 차원에서 많은 오류를 범하고 있다. 우선 생물학적인 차원의 속도와 기술적인 차원의 속도를 연결하여 하나의 속도로 환원할 수 있다고 전제하고 있기 때문이다. 생물학적 속도든지 기술적 속도이든지 속도라는 기준을 적용하고 측량하려면 그에 걸맞는 새로운 방법론이 제시되어야 할 것인데, 커즈와일은 아무 것도 제시하지 않는다.

방법론적 오류

커즈와일의 좌표 [그림 6-7]은 단순히 연대기적 사건 표시에 불과하다. 그가 제시하는 근거는 너무나도 단순해서 놀랍다. 커즈와일에 따르면, 좌표 상에서 최초의 생명체 등장 시기와 진핵 세포의 등장, 컴브리아기 생명폭발, 파충류, 포유류, 영장류, 호미노이드 등의 순으로 열거하고 나서 그 각각의 시간 차이가 점차 급격히 짧아졌다는 것이다. 이것이 그가 주장하는 수확가속법칙 근거의 전부다. 이와 같은 단순 데이터를 근거로 생물학과 기술과 사회를 모두 관통하는 법칙을 주장하고 있다.

고고학에서 생물학적 발견은 지금도 진행 중이다. 우리가 알고 있는 것이 전부가 아니다. 예를 들어서 최초의 생명체와 진핵 세포 사이에 아무 것도 없었다고 단정할 수 없다. 따라서 현재 우리가 알고 있는 사건만으로 패턴을 구성하는 것은 의미가 없다. 우리가 알고 있는 사건은 우리 시대와 가까울수록 더 많이 발견되었을 가능성이 높다. 따라서 그 사건들을 단순히 연결하면 당연히 근대에 가까워질수록 사건의 시간 차이가 짧아지는 것처럼 보일 수 있다. 커즈와일은 자신이 현재 알고 있는 것이 세상의 진실 전체라고 간주하고 있다. 이것이야말로 나르시즘적 태도의 전형이라 할 것이다.

또한 좌표 상에 언급되는 기술적 사건들은 임의적으로 선택된 것들이다. 예술과 초기 도시, 농업, 저술과 바퀴, 도시 국가, 인쇄술과 실험 방법, 산업혁명, 전화와 전기와 라디오, 컴퓨터, 개인용 컴퓨터를 순서대로 나열하면서 그 사건들 사이 시간도 갈수록 급격히 짧아졌다고 주장하고 있다.

편의상 기술사적 사건들을 지명할 수는 있지만 기술 속도를 측정할 목적으로 특정 사건을 지목하여 연결하는 일은 어떤 기술사학자도 시도한 바가 없다. 여기 언급된 기술적 사건이 인간의 발전을 얼마나 대표할 수 있는가? 그가 열거한 사건만이 기술사에서 언급할 가치가 있는 사건인가? 그 외 다른 기술적 사건들은 무시될만한 것인가? 이런 문제에 대한 기술사학자들의 자문이나 인용도 전혀 없다. 커즈와일은 천진난만하게도 아무런 고민이 없다. 이들 기술적 사건의 나열은 커즈와일의 개인적 취향에 의한 자의적 선택에 가깝다.

커즈와일은 생물학에 이어서 기술만이 아니라, 분자와 뇌까지도 하나의 일직선 상의 사건으로 배치해버렸다. '궁극의 선형 모델'이라고 할 수 있다. 누구도 이런 '과감한 시도'를 할 수는 없을 것이다. 하나의 영역에서도 사건의 전개를 하나의 선으로 연결하는 모델은 논란이 된다. 그런데 생물학과 기술, 사회, 뇌라는 전혀 다른 분야의 사건들을 하나의 선으로 관통시키는 설명 모델을 상상할 수 있을까?

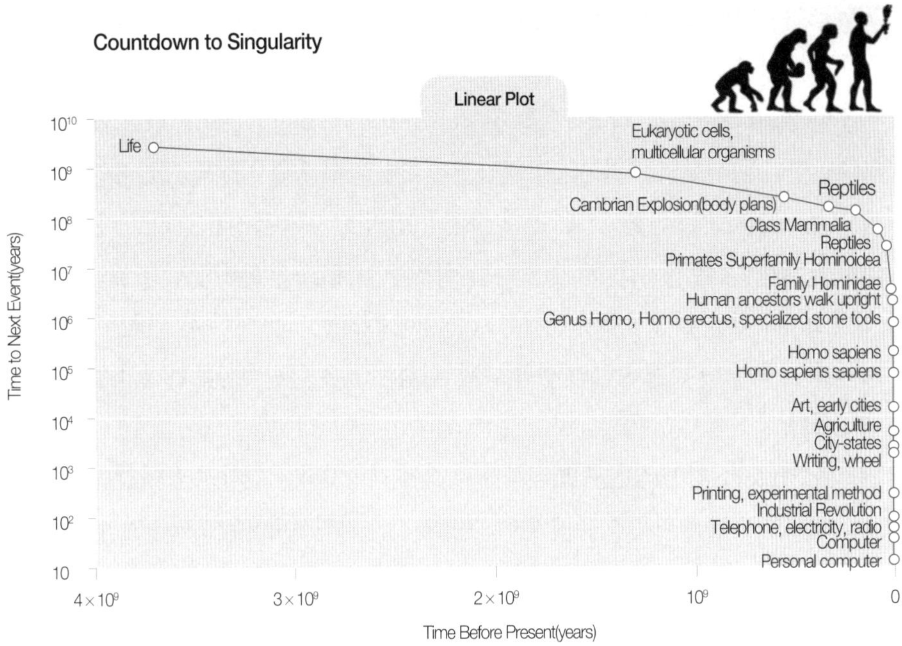

[그림 6-7] 커즈와일의 수확가속의 법칙 도식

별다른 근거 없이 이런 모델을 제시한 커즈와일도 문제지만, 그런 모델이 대중적으로 널리 유포되고 있는데도 아무도 그런 주장을 비판하며 나서는 학자들이 없다는 것도 기이한 일이다. 그가 대표적인 인터넷 기술 회사인 구글의 이사라는 점이 그에 대한 무조건적인 믿음을 형성한 것으로 보인다.

아무도 커즈와일이 만들어낸 거대한 환상을 깨고 싶어 하지 않는 것 같기도 하다. 또는 커즈와일이 컴퓨터 공학자이기 때문에 그의 예측은 당연히 진실일 것이라고 믿는 것일 수도 있다. 우리의 과학문화에서 전문가에 대한 과도한 의존현상이 커즈와일의 전문성에 대해서도 과도한 신뢰로 연결된 것이다.

커즈와일은 자신의 전문 분야인 컴퓨터 기술에 대해서만 언급한 것이 아니라 생물학과 인류 문명사 전체를 자신의 특이점론에 우겨넣고 있다. 커즈와일은 여러 영역에 걸쳐서 데이터를 끌어와서 자기 주장을 만들어냄으로써, 각각의 전문가들로부터 받아야 할 비판으로부터 비켜갈 수 있었다. 전문가들은 자기 분야의 문제가 아니라고 생각하면 아무런 관심을 가지지 않으려는 습관이 있다.

환원주의, 결정론적 세계관

단순한 몇 가지 지표를 임의적으로 선정하여 인과적 설명의 근거로 삼는 것을 환원주의라고 한다. 환원주의는 결정론적 관점으로 이어질 수 있다. 대표적으로 유전자 환원주의, 또는 유전자 결정론을 들 수 있다. 유전자 상의 단순한 특징을 근거로 마치 그 사람의 미래 운명이 결정된 것처럼 간주하는 경우가 있다. 그러나 특정 질병 소인이 유전자 상에 표지되더라도 그 사람이 실제로 그 질병에 걸리는 것은 아니다. 질병은 유전자만으로 결정되지 않는다. 그 사람의 생활 습관, 환경과 같은 불확실성이 질병의 발현에 함께 개입한다.

커즈와일은 자신의 주장을 뒷받침하기 위해서 생물학적 사건까지 끌어왔는데, 그의 생물학에 대한 주장은 다윈 이론에 위배된다. 다윈의 자연선택설은 생명종들의 진화가 '하등한 것에서 고등한 것으로 발전'한다는 기존의 진화론을 부정한 것이었기 때문에 혁명적 견해였다. 다윈이론은 여전히 가설이지만 지난 160여 년간 그 이론을 부정할만한 증거는 제시되지 못했다.

그런 만큼 다윈 이론은 튼튼한 견해인데, 그 핵심적 내용은 생명 종 사이에 우열이 없다는 것이다. 모든 종의 진화는 미리 결정된 것이 아니라 어떤 환경을 만나느냐에 달려있다. 그 생명종이 어떤 환경을 만나게 될지는 미리 결정된 것이 아니므로 그 종이 환경 변화에 대면하는 순간 결정된다. 따라서 현재 지구상에 존재하는 모든 생명종은 자신의 환경에 잘 적응한 결과이므로, 모두 '고등한 존재'다.

커즈와일은 다윈 이론에 대해서 진지하게 이해하려는 노력을 한 적이 없음이 분명해 보인다. 그는 생명 종이 '추상성의 수준'에서 복잡성과 능력이 기하급수적으로 증가한다고 말하면서, 생명종이 하등한 것에서 고등한 것으로 상향 발전한다고 주장한다. 이는 명백히 다윈 이론에 위배된다. 그가 언급하는 '추상성'이라는 개념도 불분명하다.

> "진화의 과정은 추상성의 수준(its increasing levels of abstraction)이 더 높아지는 과정이며, 그 결과 진화의 속도는 점점 빨라지고, 진화의 산물이 지닌 복잡성과 능력은 기하급수적으로 증가한다. 이런 현상을 나는 수확가속의 법칙(law of accelerating returns, LOAR)이라고 이름 붙였다."
>
> 마음의 탄생

> "패러다임 전환 속도는 십년마다 두 배씩 증가해왔다…. 2000년도의 발전 속도로는 20세기

가장 성공한 종은 박테리아!

다윈주의자이면서 고생물학자인 스티븐 제이 굴드(S. J. Gould)는 그의 책 <풀하우스(2002)>에서, 인간 중심의 진화론자들을 강하게 비판하면서, 인간종을 생물 진화 상에서 결코 성공한 종이 아니라고 지적하고 있다.

> "사실 인간은 포유류 중에서도 아주 작은 집단인 영장목(총 4천여 종의 포유류 가운데 영장목은 약 2백 여 종밖에 되지 않는다)에 속한 한 종에 지나지 않는다. 진화의 관점에서 볼 때 박쥐, 쥐, 영양 등이 오히려 더 성공한 포유류(다)...... 물론 인간은 의식이라는 진화의 기발한 발명품을 소유하고 있으며, 이로 인해 오로지 인간만이 이 문제를 반추할 수 있게 되었다. 그러나 다세포 동물군의 80퍼센트를 차지하는 절지동물들이 신경의 복잡성을 향한 진화를 전혀 택하지 않고도 엄청난 진화적 성공을 거둔 것을 보라......소수의 생물들은 변이가 열려 있는 쪽으로만 계속 복잡성을 진화시켜왔다. 그러나 최빈값은 유구한 생명의 역사 기간 내내 박테리아였다. 박테리아는 어떤 기준에 비추어 보아도 태초부터 지금까지, 그리고 앞으로도 영원히 지구에서 가장 성공적인 생물일 것이다."

인간중심의 진화이론은 나르시즘적 해석에 불과한데, 사람들은 자기-사랑에 기반한 역사 설명을 좋아하는 경향이 있다.

> 내내 성취한 모든 것을 단 20년 만에 해치울 수 있을 것이다."
>
> 마음의 탄생

커즈와일의 생명관은 다윈이 비판했던 선형적 진화 모델을 따르는 것으로써 진화이론을 역행하는 것이다. 이것은 생명종에 대한 우열적 관점이며 인간종을 중심으로 한 해석이다. 생명종의 진화의 목표가 인간을 향하는 것으로 단정하는 것이다. 이런 태도는 즉각적으로 우생학적 관점으로 유도될 가능성이 있다[3]. 생명종 사이의 우열이 있다는 주장은 인간 사이에도 우열이 있다는 견해로 유도되기 쉽다.

이런 맥락은 그가 인공지능과 인간의 관계를 우열적 경쟁관계로 설정하는 태도에서도

3) 베르나르 스티글러는 〈자동화사회〉에서 구글의 우생학적 목표를 비판한 바 있다. 커즈와일은 구글이사이고, 구글은 특이점대학을 지원하고 있다.

확인할 수 있다. 그의 "인공지능이 인간을 곧 뛰어넘을 것이다"는 발언을 정말 자주한다. 그의 설명 모델 속에서 모든 사건, 모든 행위자들은 서열이 매겨진다. 그 외 다른 기준이나 해석 방식은 없다.

두뇌 개조, 인간 개조, 우생학적 관점

한편 커즈와일의 결정론적 관점은 자유의지에 대한 문제로도 연결된다. 그는 리벳 실험(Libet Experiment)과 같은 신경과학의 몇 가지 실험들을 증거로 제시하고 있다. 이 논쟁은 커즈와일만이 아니라 신경과학 분과에서 제기된 가장 뜨거운 주제이기도 하다. 그렇긴 하더라도 커즈와일처럼 단정적으로 자신의 견해를 언급하는 사람 그다지 많지 않다.

> "자유의지란 무엇일까? 우리는 정말 자유의지를 가지고 있는 것일까? 우리가 결정을 내렸다는 인식을 하기 전부터 의사결정을 행동으로 옮기는 작업이 몸 안에서 일어난다는 것을 입증하는 실험이 속속 나오고 있다. 이러한 증거들은 자유의지가 망상에 불과하다는 것을 의미하지 않을까?"
>
> 마음의 탄생

커즈와일의 결정론적 세계관은 두뇌 개조, 또는 인간 개조로 곧장 나아가고 있다. 만약 우리 사회가 그의 세계관을 그대로 수용하게 된다면, 20세기 초 사회적 지탄을 받으며 이미 폐기되었던, 우생학의 재탄생을 목격하게 될 것이다.

> "우리의 두뇌는 심각한 한계를 안고 있다. 뇌는 고도의 병렬처리를 이용해 섬세한 패턴을 빠르게 인식한다. 그러나 우리의 사고는 극도로 느리다. 기본적인 신경 처리 속도는 오늘날의 전자회로보다 수백만 배 느리다. 인간 지식 기반이 기하급수적으로 증가하는데 반해 새로운 정보처리를 위한 생리학적 대역폭은 극도로 제한되어 있다."
>
> 특이점이 온다

> "특이점을 통해 우리는 생물학적 몸과 뇌의 한계를 극복할 수 있을 것이다. 우리는 운명을 지배할 수 있는 힘을 얻게 될 것이다. 죽음도 제어할 수 있게 될 것이다. … 이 세기가 끝날 때 쯤에는 지능의 비생물학적인 부분이 순수한 인간의 지능과 비교할 수 없을 만큼 강력해져 있

을 것이다."

마음의 탄생

그가 주장하는 "인간의 두뇌가 가지고 있는 한계"라는 것은 우리의 공통된 견해가 아니다. 커즈와일을 비롯한 일부 특이점론자들의 견해일 뿐이다. 인간 두뇌에 대한 해석은 아직 진행 중이다. 우리는 우리 두뇌에 대해서 아직 잘 알지 못한다. 우리는 우리의 뇌에 대해서 '한계'라고 말할 자격이 아직 없다.

게다가 커즈와일은 자신이 극복하고자 하는 한계가 무엇인지 명백히 밝히고 있지 않고 있다. 비생물학적 지능(인공지능)이 인간의 지능보다 더 우월할 것이라는 주장의 근거가 명시적으로 제시되어 있지 않다. 무엇을 기준으로 판단하느냐에 따라 '우월성'은 다를 수 있다. 복잡한 계산 문제라면 인간은 이미 컴퓨터 보다 못하다. 자연의 불확실성을 감지하는 역량을 기준으로 한다면 어떤 인공지능 보다 인간이 나을 것이다.

튜링테스트에 대한 오해

커즈와일은 인공지능 전문가로 알려져 있지만 튜링테스트에 대해서 무지하다. 사람들은 그의 말을 전문가의 말로 듣지만 그의 언급을 자세히 살펴보면 그는 튜링테스트를 크게 오해하고 있다. 그는 튜링이 이 테스트에서 말하고자 하는 바를 제대로 이해하지 못하고 있다.

> "2020년대 말에는 인간 지능을 완벽히 모방하는데 필요한 하드웨어와 소프트웨어가 모두 갖춰지면서 컴퓨터가 튜링테스트를 통과할 것이고 더 이상 컴퓨터 지능과 생물학적 인간의 지능을 구별할 수 없게 될 것이다."

커즈와일의 저술 전반을 살펴보면 그는 기술과 사회를 이원론적으로 분리하여 사고 있다. 그가 말하는 인공지능은 단지 기술자들에 의해서만 수립될 것이다. 그러나 알렌 튜링이 제시한 바처럼, 그 기계가 지능이 있는지를 판별하는 것은 바로 '인간면접관'이다.

2장에서 살펴 본 바와 같이, 우리는 '지능' 자체를 정의할 수 없다. 그래서 튜링이 제시한 방법은 인간 면접관들에게 판단을 위임하는 것이었다. 튜링기계는 이 테스트를 통과하기 위해서는 인간 구성원처럼 행동해야 한다. 그래서 기계는 인간면접관들에 의해서 '인간 동료'라고 인정받아야 한다.

그것은 결코 쉽지 않은 일이다. 많은 튜링테스트를 구현한 대회가 열렸지만 여전히 테스트를 통과했다고 흔쾌히 인정할만한 기계는 등장하고 있지 않다. 인공지능은 기술자들에 의해서 만들어지지만 최종적으로 사회적 지식을 체화한 인간구성원들에 의해서 승인되어야 한다. 커즈와일이 생각하듯이, 기술만으로 튜링테스트를 통과하는 기계는 존재할 수 없다.

강한 인공지능에 대한 오해

그가 말하는 강한 인공지능(Strong AI) 개념은 1980년 존 썰(Searle, J.)의 "중국어방(Chinese Room)" 사고 실험에서 창안한 용어다. 당시 존 썰은 튜링테스트를 통과하더라도 인간과 같이 기계가 "지향성(intentionality)"를 가지는 것은 아니라는 주장을 하고자 했다.

썰은 지식 또는 지능은 인간의 신체에 체화되는 것이므로, 인간과 다른 신체를 가진 기계가 인간과 동일한 지능을 가질 수는 없다고 말했다. 결론적으로 썰의 주장은 강한 인공지능은 불가능하다는 것이었고, 여기서 강한 인공지능이란 인간과 같은 지향성을 가진 기계를 의미했다.

커즈와일은 존 썰의 강한 인공지능 개념을 차용하면서도 존 썰의 주장과는 반대로 강한 인공지능이 가능하다고 주장하고 있다. 그리고 강한 인공지능만이 튜링테스트를 통과할 수 있다고 전제했다. 이미 언급한 바와 같이 이 주장은 튜링테스트의 창시자인 알렌 튜링의 견해와도 완전히 다른 것이다. 튜링은 튜링 기계가 인간과 동일할 것이라고 주장하지 않았다. 그렇게 생각했다면 튜링테스트를 고안해내지도 않았을 것이다.

튜링은 '생각하는 기계'가 인간을 대체할 것이라고 전망하지 않았고 대신에 '생각하는 기계'가 인간을 도울 것이라고 전망했다. 튜링에게 있어서 '생각하는 기계'는 인간의 경쟁자가 아니라 인간의 동료이자 협력자였다.

> "우리의 전체 사유 과정은 우리에게도 신비적이다. 생각하는 기계를 만들려는 시도는 우리가 우리자신을 어떻게 생각하는지를 발견하는 일에서 우리를 크게 도울 것이라고 나는 믿는다."
>
> Turing, 1950

커즈와일처럼 주장할 수 있다. 인공지능의 미래는 알 수 없으며 누구든지 전망을 제시할 수 있다. 그런데 문제는 적절한 인용이나 근거도 없이 임의적으로 제시되고 있는 커즈와일의 주장에 대한 비판이 거의 없다는 것이다. 사람들은 커즈와일의 주장을 무비판적으로 확대 유포하고 있다. 마치 검증된 진실인 것처럼 미디어와 정부 보고서에도 등장하고 있다.

그 때문에 사람들은 인공지능에 대해서 근거 없는 낙관론에 빠지기도 하고 때로는 인공지능을 막연히 두려워하기도 한다. 커즈와일 식의 해설은 인공지능에 대한 이해를 돕기는커녕 오해를 부추김으로써 인공지능 기술에 대한 사회적 논의의 기회를 박탈한다. 커즈와일의 주장은 그 주장을 비판하는 논의가 시작될 때 오히려 의미를 찾아갈 수 있을 것이다. 커즈와일의 주장은 그에 대한 강한 믿음만 걷어내면 누구에게나 보이는 논리적 오류로 가득 차 있다.

[참고문헌]

김지연·박주영. 2018. 머신러닝 기술의 이해: 기술사회학과 공학적 측면을 중심으로. 드림미디어.

Turing, A. M. 1950. "Computing Machinery and Intelligence", *Mind*, 59: 433-460.

4 트롤리 문제는 왜 문제인가

인공지능과 자율주행 자동차가 현실적인 기술로 인식되면서 여러 가지 윤리적, 사회적 문제가 논의 중이다. 그 중에서 "트롤리 문제(Trolley problem)"는 가장 잘 알려진 이야기 중 하나다. 극단적인 상황에서 '누구(무엇)를 희생(선택)할 것인지"를 두고 양자 선택을 해야 하는 사고 실험(thought experiment)이다.

이 문제는 원래 철학자들의 가상적 실험 예문이었다. 그런데 2000년 중반 이후 급격하게 설문조사 방식으로 수행되기 시작했다. 자율주행차가 등장하면서 더욱 관련 언급이 많아졌다. 사람들은 혼란에 빠졌다. 트롤리 문제의 세계관으로 보면 누군가를 희생시켜야만 되기 때문이다. 여기서는 우선 트롤리 문제의 기원에 대해서 알아보고, 그 다음 트롤리 문제의 공리주의 성격과 그 현실적 적용문제에 대해 살펴보고자 한다.

트롤리 문제의 시작

이 문제의 시작은 필리파 풋(Philippa R. Foot)의 1967년 논문 "낙태 문제와 이중 효과 원리(The Problem of Abortion and the Doctrine of the Double Effect in Virtues and Vices)"에서 시작되었다. 이 논문에서 풋은 트롤리 문제를 제시하려고 했던 것은 아니고 다만 낙태의 정당성을 옹호하는 과정에서 트롤리 예시를 언급했을 뿐이었다.

[그림 6-10] 필리파 풋(Philippa R. Foot)

"이중 효과 원리(Doctrine of Double Effect, DDE)"라는 용어는 중세 철학자 토마스 아퀴나스에 의해서 정립된 것이다. 이 원리는 살인 행위에 대한 자기방어 허용 조건을 제시한 것으로 유명하며 지금도 여전히 형법 원리("the concept of Mens Rea in the criminal law")로 응용되고 있다.

이중 효과 원리의 기본 내용은, 하나의 행동이 '좋은 결과'와 '나쁜 결과'를 동시에 불러 오는 도덕적 논란 상황에서, 좋은 결과를 위해서 의도적으로 나쁜 행동을 하는 것은 항상 나쁘다는 원리다. 역으로 해석하면 나쁜 결과는 의도하지 않은 경우에만 허용된다. 여기서 '의도'란 '앎'을 포함한다. 나쁜 결과를 예견할 수 있었다면 의도한 것으로 간주된다. 나쁜 결과를 미리 예견할 수 있지만 그에 관해 아무런 숙고도 하지 않는다면 '의도적인 행위'로 해석될 수 있다.

(나쁜 목적이든 좋은 목적이든 관계없이) 어떤 살인도 허용되지 않는다. 다만 살인이 정당한 행동으로 허용되려면 자신을 방어(좋은 결과)하는 과정에서 파생적으로 살인(나쁜 결과)이 일어났을 때다. 그런데 그가 살인을 의도했거나 미리 예견할 수 있었다면 자기 방어(좋은 결과)라고 하더라도 그 살인(나쁜 결과)은 허용되지 않는다.

이 원리를 그대로 적용하게 된다면 임산부가 낙태를 하는 행위는 항상 정당하지 못하게 된다. 어머니의 생명을 구하기 위해서(좋은 결과) 낙태를 해야 하는 상황이더라도 그로 인하여 태아의 사망(나쁜 결과)을 예견할 수 있기 때문이다.

풋은 임산부의 생명을 살리기 위한 낙태를 옹호하기 위해서 이중 효과 원리의 범위를 재설정하고자 했다. 그는 먼저 '의도'의 양상을 2가지로 분류하는 접근법을 사용했다. 그에 따르면 임산부를 살리기 위한 태아의 예견된 죽음은 누구도 태아의 죽음을 원하지 않았다는 점에서 "간접적 의도"다. 그러므로 산모의 생명을 살리려는 낙태는 "직접적이고 적극적 의도"를 가진 나쁜 결과와 구분해야 한다는 것이다.

이어서 풋은 임산부의 생명과 태아의 생명 사이의 선택을 비교하기 위해서 다양한 사례를 언급하는데 그 중 하나가 트램 운전자의 딜레마였다.

> "탈주하는 트램(runaway tram) 운전자를 가정해 볼 수 있다. 그는 2개의 트랙 중 하나를 선택하는 조정만 가능하다. 한 트랙에는 5명이 일하고 있고 다른 트랙에는 1명이 일하고 있다. 그가 진입하는 트랙의 사람들은 모두 죽게 될 것이다.......... 문제는 그 운전자가 적은 사람이 있는 트랙 쪽으로 가야 한다고 우리가 주저 없이 말해야 하는 이유가 무엇인가이다."

풋의 모델은 임산부의 생명권을 제시했다는 점에서 의미가 있다. 중세식 이중 효과 원리를 문자 그대로 적용한다면 임산부의 생명권을 방어하기 어려웠다. 트램 예시에서 풋은 산모의 생명을 5명의 생명으로, 태야의 생명을 1명의 생명으로 비유했다. 누구나 5명을 살리는 선택을 할 것이라는 맥락에서, 당연히 산모를 살리는 선택을 해야 한다는 주장을 이끌어내고자 했다. 그 과정에서 공리주의적 접근법이 포함되고 말았다. 공리주의는 "최대 다수의 최대 행복" 원리로 잘 알려져 있다. 그래서 공리주의적 선택은 대체로 다수를 선택하곤 한다. 풋의 주장이 의도하지는 않았더라도, 1명 보다는 5명을 구하는 선택 그리고 태아보다는 임산부를 구하는 선택에서 생명의 양을 비교하는 결과를 낳았다.

"트롤리 문제"로 명명하기

[그림 6-11] 주디스 톰슨(Judith J. Thomson)

1976년 주디스 톰슨(Judith J. Thomson)은 논문 "죽이기, 죽게 놔두기 그리고 트롤리 문제(Killing, Letting Die, and the Trolley Problem)에서 이 트램 운전자의 딜레마를 좀 더 구체화했다. 이 때 '트롤리 문제'라는 잘 알려진 이름도 붙여졌다.

톰슨은 낙태, 안락사, 희소한 의료 자원의 배분 같은 의사결정을 할 때, '죽이기(killing)'와 '죽게 내버려 두기(letting die)'를 선택해야 하는 일이 일어난다고 제기했다. 그리고 이 선택이 단순하고 기계적인 방식으로 적용될 수 없다고도 덧붙였다. '죽게 내버려 두기(산모의 죽음)'보다는 '죽이기(태아의 죽음)'를 선택할 수밖에 없는 상황이 의료 상황에서 자주 발생하기 때문이다.

톰슨은 여러 가지 트롤리 문제 상황을 구체적으로 제시해 놓았고, 이것이 오늘날 우리에게 알려진 트롤리 문제의 원형이 되었다. 필리파 풋과 주디스 톰슨의 트롤리 문제 제기는 이중 효과 원리 자체를 거부한 것은 아니다. 이중 효과 원리의 과도한 적용을 경고하고자 했다. 또한 당시 그들의 트롤리 문제 상황은 실제 상황이 아니라 수사적 장치일 뿐이었다.

진화심리학자들의 실험 연구

2000년 이후 다수의 행동 과학자, 진화심리학자들이 트롤리 문제를 연구 방법으로 사용하기 시작했다. 인간의 도덕적 판단에 관한 이론을 수립하기 위해서 트롤리 문제 상황을 설문조사 방법으로 도입했다. 트롤리 문제의 단순함 때문에 실험 설정이 편리했기 때문이었다. 진화생물학자이면서 심리학자인 마크 하우저(Marc D. Hauser)와 동료 연구자들은 2006년과 2009년 트롤리 문제에 기반을 둔 설문조사를 실시하여 약 5,000명에게 응답을 받았다 질문 시나리오는 다음과 같다.

시나리오 1

"데니스는 열차의 승객이다. 운전자는 기절했다. 열차가 달려가는 기찻길에 5명이 있다. 철로 왼쪽에 다른 철로가 있고 데니스는 진로를 바꿀 수 있다. 그 철로에는 1명이 있다 데니스는 열차를 변경해서 1명을 죽이거나, 열차를 그대로 놔두어서 5명이 죽도록 놔 둘 수도 있다."

시나리오 2

"프랭크는 철로 위 인도교 위에 있다. 그는 다리로 접근하는 통제 불능 열차를 봤다. 철로에는 5명이 있다. 그는 그 열차 경로에 무거운 것을 떨어뜨리는 것만이 유일하게 열차가 멈출 수 있는 방법이라는 것을 안다. 인도교 위에는 충분히 몸무게가 나가는 1명이 있다. 프랭크는 그 사람을 밀어서 죽일 수 있다. 또는 그렇게 하지 않음으로써 5명이 죽게 놔둘 수 있다."

그 외 변형된 시나리오 3과 4도 설문조사에 포함되었다. 조사 결과, 1번 질문에 대해 85%가 "허용한다"고 한데 반해, 2번째 질문에는 단 12%만이 "허용한다"고 답했다. 하우저는 "사망자의 수는 변하지 않았지만 완전히 반대되는 결정"이라고 강조했다. 그는 사람

들이 딜레마 상황에서 "의도의 원리[4]" 보다는 "행동의 원리[5]"와 "접촉의 원리[6]"를 더 중요하게 간주한 결과라고 해석했다.

트롤리 문제가 처음 철학자들에 의해서 등장했을 때와는 달리 행동과학과 진화심리학에서 트롤리 문제는 의사결정자(행위자)의 의도를 중요한 기준으로 상정하는 이중 효과 원리로부터 완전히 이탈했다. 하우저는 의도의 문제를 소거해가고 있었다. 특히 하우저의 연구 방식으로 트롤리 문제의 윤리적 배경은 사라지고 공리주의적 관점만 강화되었다. 공리주의는 어떤 상황에서도 의사결정을 내릴 수 있도록 만들어 준다. 그 댓가로 소수의 희생을 정당화하는 경향이 있다. 공리주의 방식은 이미 소수의 희생을 사실상 예견(의도)하고 있다.

설문조사 방식 비판

트롤리 문제 유형의 대규모 설문조사가 성행하자, 바우만과 동료들(Bauman et al, 2014)은 진지하게 비판했다. 트롤리 문제는 원래는 수사적 장치이며 사고실험이었다. 철학적 차원의 트롤리 문제와 설문조사형 트롤리 문제는 맥락적으로 다르다. 게다가 트롤리 문제를 설문조사 방식으로 사용할 때 검사 타당도가 낮다고 비판했다.

우선 트롤리 문제 상황은 비현실적이다. 그런 양자택일적 상황은 일상적이지 않으며 실제 도덕적 상황을 대표하지도 않는다. 일상적 상황은 매우 복잡하고 불확실하다. 우리가 현실에서 의사결정을 쉽게 내리지 못하는 배경이기도 하다.

이런 설문조사에서는 자신의 행동과 그 결과가 분리되기 때문에 그 선택이 현실에서 그대로 반복된다고 볼 수 없다. 이 설문조사는 선택 결과에 따른 법적 책임이나 도덕적 불명예를 감수하지 않는 조건에서 이루어진다. 따라서 사람은 신중하게 선택하지 않을 것이다.

응답자들은 이 설문조사를 단지 흥미, 재미라고 간주할 것이다. 사람들은 그 상황이 재미라고 인지하는 경우, 나쁜 결과(부정적 정보)를 무시하는 경향이 있다. 따라서 이런 방식의 응답 결과는 도덕적 통찰을 얻는데 거의 아무런 기여도 하지 않는다. 그러므로 트롤리 실험 데이터는 주의해서 해석해야 하며, 조사 결과에 전적으로 의존해서는 안된다.

---

4) 의도적으로 한 행동이 의도적이지 않은 행동 보다 비도덕적이라고 판단하는 원리

5) 행동함으로써 일어난 피해(누군가의 죽음)는 행동하지 않아서 일어난 피해보다 더 비도덕적이라고 판단하는 원리

6) 직접적 신체 접촉이 수반되는 위해가 그렇지 않은 위해보다 더 비도덕적이라고 판단하는 원리

바우만의 비판에 덧붙여서 언급할 것이 있는데, 트롤리 문제를 설문조사로 수행할 때 전혀 다른 양상의 문제를 추가로 일으킬 수 있다. 설문과정은 그 자체로 일종의 학습 과정이 될 수 있다. 응답자들은 응답 과정에서 소수의 희생을 선택하도록 학습될 수 있다. 또한 조사 결과가 공표됨으로써 사람들은 소수의 희생을 정당한 것으로 인식하도록 영향을 받을 수 있다.

네이처 논문, 도덕기계실험

비판에도 불구하고 진화심리학자들의 트롤리 문제 설문조사는 더 빈번해지고 있다. 2018년 네이처지에 "도덕 기계 실험(The Moral Machine Experiment)"이라는 제목의 논문이 실렸다. 논문의 취지에 따르면 자율주행차의 윤리적 행동을 설정할 목적으로, 트롤리 문제를 응용하여 온라인 기능성 게임으로 구현했고, 웹 상에 공개했다. 총 233개 나라에서 약 4천만명이 참여했다.

문항 예시는 아래 그림과 같다. 자율주행차가 3명의 승객을 태우고 주행하고 있는데, 거리에 보행자 3명을 만났다. 그대로 직진하면 보행자가 사망하고 진로를 변경하면 장애물에 부딪혀서 승객이 사망한다. 자율주행차는 어떻게 해야 할가?

그 외 문항에서는 각각 남성과 여성, 뚱뚱한 사람과 적정 체중의 사람, 사회적 지위가 높은 사람과 낮은 사람, 교통 법규를 지키는 사람과 그렇지 않은 사람, 노인과 아이, 다수

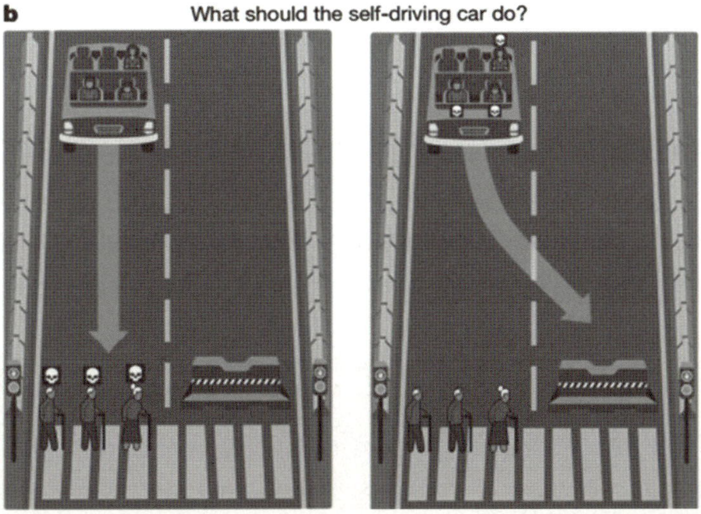

보행자와 소수 보행자, 인간과 동물 등이 비교 항목으로 제시되었다.

조사 결과, 사람들이 각 문항 중에서 가장 큰 격차를 드러낸 항목은 "(1) 동물보다 인간 (2) 소수 보다 다수 (3) 노인 보다 아이를 선택하기"였다. 그리고 이어서 이 논문의 저자들은 이 3가지 항목을 자율주행차를 위한 알고리즘으로 고려하라고 제안했고, 적어도 정책입안자들이 참조할만한 사항이라고 권했다.

만약 알고리듬이 된다면

저자들의 권고처럼 "동물보다 인간 보호, 소수보다 다수 보호, 노인보다 아이 보호" 원칙을 자율주행차의 알고리듬으로 내장한다면 그 자율주행차는 사회적으로 승인될 수 있을까?

그럴 듯해 보이지만, 실제로 이런 알고리듬 때문에 누군가 다치거나 사망하게 된다면 희생자의 유족들은 분노할 것이다. 그 상황을 목격하는 사람들도 그 분노에 동조할 가능성이 높다. 소수의 희생이나 노인의 희생은 일견 타당한 선택으로 보이지만 희생자가 된 당사자에게는 결코 용납할 수 없는 일일 것이다. 아마도 희생자측은 법적 소송을 제기할 것이다. 그리고 더 나아가 사회문제로 번질 수도 있다.

또한 그런 알고리듬은 법정에서 상당히 불리할 것이다. 대규모 설문조사를 근거로 수립되었다고 항변하더라도 설득력을 갖기 어려울 것이다. 대체로 형사법에는 이중효과원리와 유사하게 '범죄의 고의성' 기준("the Concept of Mens Rea in the Criminal Law")을 포함하고 있다. 고의성이란 '인지가능성'을 포함한다. 알 수 있었는데도 나쁜 결과를 불러오는 행동을 했다면 무지한 상태였을 때보다 그 책임이 더 크다. 알고리듬에 내장되었다는 것은 이미 그런 희생을 예견한 것이 되므로 '고의성' 범주에 포함될 여지가 있다.

누군가의 희생이 상황적 불가피성에 의해서 발생한 것이 아니라 알고리듬에 의해서 이미 결정되어 있었다면 희생자 집단은 분노할 것이고 사회적 반감도 불러올 수 있다. 종합하자면 철학적 차원에서 이 설문조사 방법론은 사회문제를 단순한 공리주의적 관점으로 환원하려 했다는 점에서 문제가 있을 뿐만 아니라, 실용적 차원에서도 자율주행차의 도덕적 기준을 제시하는데 별 도움이 안된다.

이런 설문조사는 그저 흥미위주의 논쟁을 생성할 뿐이다. 오히려 사람들의 관심을 돌려놓아서 자율주행차를 위한 사회적 담론 형성을 방해한다. 사람들이 인공지능과 자율주행차의 등장을 불안해하고 있는 상황에서 진지한 사회적 논의를 진행할 수 있어야 한다. 그런데 트롤리 문제 설문조사는 흥미위주의 이야기거리를 제공할 뿐, 이 기술의 사회적 구성에 도움이 되지 않는다. 우리는 트롤리 문제(특히 설문조사 결과)에 갇혀서는 안 될 것이다.

[참고문헌]

Philippa Foot, 1967. "The Problem of Abortion and the Doctrine of the Double Effect in Virtues and Vices", *the Oxford Review*, Number 5.

Judith Jarvis Thomson, 1976. "Killing, Letting Die, and the Trolley Problem", *The Monist* 59(2), 204-217.

Bauman, Christopher W.; McGraw, A. Peter; Bartels, Daniel M.; Warren, Caleb, 2014. "Revisiting External Validity: Concerns about Trolley Problems and Other Sacrificial Dilemmas in Moral Psychology". *Social and Personality Psychology Compass* 8/9 (2014): 536-554.

Hauser, M. D. 2006. *Moral Minds: How Nature Desinged Our Universal Sense of Right and Wrong*. Abacus: London.

강명신 2014. 이중효과원리와 트롤리 사례 실험: 선의 추구에 대한 의무론적 제약. 〈윤리학〉 3(1): 33-48.

5 인공지능은 윤리를 배울 수 있나

2016년 알파고 등장 이후, 세계 각국은 관련한 정책보고서, 권고, 입법 등을 통해서 지능기계 시대와 사회적 변화에 대한 견해를 제시하고 있다. 그럼에도 불구하고 아직 인공지능 기술에 대한 용어조차도 동일하지 않다. 여러 용어의 혼란스런 등장은 아직 이 분야의 논의가 지금 막 시작되었다는 것을 보여주고 있다. 관련 논의들은 아직 완결적인 견해에 도달하고 있지는 못하지만 적어도 어떤 의제들이 제기되고 있는지를 이해하는데 도움을 준다.

여기서는 유럽의회 권고, 아실로마 AI 개발 원칙, IEEE의 인공지능 윤리적 숙고 자료를 소개함으로써 인공지능 개발에서 제기되고 있는 문제의 다양성에 대해 알아보고자 한다.

스마트 로봇에 관한 유럽의회 권고

유럽의회는 2017년 "로봇공학에 관한 민사법적 규율에 관한 권고(European Civil Law Rules in Robotics)을 결의했다[7]. 이 문서에서는 "스마트 자동 로봇(smart autonomous robots)"이라는 개념을 사용한다. 그 정의는 다음과 같다: (1) 센서를 통해서 자동적으로, 자신의 환경과의 데이터 교환(상호-연결성)을 통해서 데이터를 획득하고 교환하고 분석하며, (2) 자기-학습을 하고(선택적 기준), (3) 물리적 지원을 하고 (4) 자신의 행위와 행동을 자신의 환경에 적응시킨다.

이 권고는 "윤리적 원리" 부분에서 다음을 언급하고 있다

10. 로봇공학을 통하여 역량강화 잠재력은 일련의 긴장과 위험에 따라 미묘한 차

7) https://eur-lex.europa.eu/legal-content/EN/TXT/?uri=CELEX%3A52017IP0051

이가 있으며, 인간의 안전과 건강, 보안의 관점(자유, 사생활, 완전성과 존엄성: 자기 결정권과 비차별, 그리고 개인 정보 보호)에서 진지하게 접근되어야 한다:

11. 로봇의 복잡성과 여러 사회적, 의학적, 생명윤리적 함의에 따라서 윤리 원칙을 안내함으로써 기존 유럽연합법의 틀을 적절하게 갱신하고 보완해야 한다. 설계, 생산, 사용과 수정을 위한 명확하고 엄격하고 효율적인 지침 체계가 필요하다. 결의안 부속서에서 로봇 공학자를 위한 행동강령, 로봇 프로토콜을 검토할 때 연구 윤리 위원회의 강령과 설계자 및 사용자를 위한 모델 면허 강령의 틀을 제시한다.

12. 투명성의 원칙을 강조한다. 인공지능의 도움을 받아 취해진 결정이 한 사람 이상의 삶에 실질적인 영향을 미칠 때, 그 결정의 배경이 되는 근거를 제공하는 것이 항상 가능해야 한다. 인공지능 시스템의 계산을 인간이 이해할 수 있는 형식으로 환원할 수 있어야 한다. 첨단 로봇에는 기계에 의해 수행되는 모든 거래 데이터를 기록하는 '블랙 박스'가 있어야 한다. 여기에는 의사결정에 관여한 논리도 포함해야 한다.

13. 지침의 윤리적 기본 틀은 유럽연합 조약 제2조 및 인간 기본권 헌장 원칙과 선한 가치, 비차별, 자율성 및 정의에 근거해야 한다. 연합법의 다른 기본 원칙과 가치 뿐만 아니라, 투명성, 자율성, 개인의 책임감과 사회적 책임, 기존의 윤리적 관습 및 규범만이 아니라, 평등, 정의와 동등성, 차별 금지, 정보에 입각한 동의, 사생활 및 가족 생활 및 데이터 보호, 인간의 존엄성 등을 포함한다.

14. 전통적으로 보호받고 사적 영역으로 배치되어 기밀성을 위협하는 로봇은 개인의 민감 정보를 추출하여 전송할 수 있기 때문에 특별한 주의를 기울여야 한다.

위 내용 중 특히 주목할만한 것은 유럽의회가 스마트 로봇의 윤리적 의무로서 로봇의 의사결정에 대한 설명의 의무를 제시했다는 점이다. 이것은 마치 정부 조직이나 주식회사에게 의사결정에 대한 설명을 요구하는 것과 유사해 보인다. 국민(시민)과 주주들은 평소에는 자신들의 의사결정 권한을 정부나 회사에게 위임한다. 정부는 국민의 대리인이고 회사는 주주의 대리인이다. 그런데 문제가 발생하면 사후적으로 그런 의사결정의 배경에 대해서 따져 묻는다. 그 때 정부나 회사는 자신의 '주인'에게 설명할 의무(accountability)가 있다.

정부나 회사는 설명의 의무를 수행하기 위해서 여러 가지 방법을 개발해 왔었다. 대표적으로 성과평가나 정량평가 같은 방식으로 이루어지곤 했다. 스마트 로봇도 유사한 방법을 사용할 수 있다. 또는 자신만의 설명 방법론을 개발할 수도 있다. 물론 그런 설명이 수행되더라도 언제나 충분하지는 않을 것이다. 아마도 설명되지 않는 부분은 스마트 로봇 기술이 사회적으로 얼마나 신뢰받고 있는냐에 따라 좌우될 것이다.

다음으로 개인 정보 문제다. 정보사회에서 이미 개인정보는 중요한 문제였다. 스마트 로봇은 인간과 친밀하게 상호작용하기 위해서, 그리고 더 스마트해지기 위해서 더 많은 개인 정보를 수집해야 한다. 스마트 로봇이 인간을 분별하고 그 사람에 맞는 서비스를 제공하게 하려면 더 많은 개인 정보를 허락해야 한다. 로봇은 인간을 구별할 때 그들(인간)에 관한 데이터에 의해서만 구별할 수 있기 때문이다. 스마트 로봇에게 인간사용자는 데이터로 구성된 인공물이다. 그런데 스마트 로봇은 그런 개인 정보를 쉽게 다른 곳으로 전송할 수도 있다.

이 문제는 이미 미셸 푸코(Foucault, M.)가 〈감시와 처벌(Discipline & Punish: The Birth of the Prison, 1977)〉에서 분석한 바 있다. 파놉티콘은 정보의 비대칭성을 이용해서 권력을 유지한다. 통치대상에 대한 데이터가 풍부할수록 권력은 자신의 통치대상을 더 잘 알 수 있다.

개인정보법에 등장하는 정보주체(data subject)는 다른 사물들과 마찬가지로 데이터로 치환되어 데이터 공간 안으로 기입된다. 그런 데이터를 통해서 타자에게 알려지게 된다. 그래서 개인정보법에서 개인 정보의 생성은 해당 개인의 동의를 받도록 정하고 있다. 스마트 로봇이나 스마트 시스템은 데이터를 수집하기 때문에 사람들의 정체성을 구성할 수 있는 위치에 놓일 것이다. 그러나 허락받지 않은 데이터를 생성하더라도 근본적으로 정보 주체가 알 수 없다는 문제가 여전히 존재한다.

한편 유럽위원회는 미래 사법기관이 로봇의 영향을 평가할 때 모든 가능한 법적 해결의 함축들을 탐색하기 위해서 스마트 기계의 법적 지위를 부여하라고 권고하고 있다.

> 59-f. 로봇에 대한 특정 법적 지위를 만들어라, 그래서 최소한 가장 현명한 자동 로봇은 특정 권리와 의무를 가진 전자인간(electronic persons)의 지위를 가지는 형태로 법이 제정될 수 있다. 그 로봇이 일으킬 수 있는 모든 손상을 수선하고 로봇이

스마트 자동 의사결정을 하거나 그 외 독립적으로 제3자와 상호작용하는 경우에 전자적 개인성을 적용할 수 있다.

스마트 로봇에게 '전자인간'의 지위를 부여하라는 권고사항은 상당히 급진적으로 보인다. 그럼에도 사회적 논의의 주제를 명확하게 제시했다는 의미가 있다. 이 권고는 스마트 로봇이 자율성을 가지고 있으므로 법적 책임도 있다는 논리적 함축이다. 인간 행위자 범위에서는 자율성은 곧 법적 책임을 의미한다. 그러나 기계의 자율성을 어떻게 해석할지는 여전히 모호하다. 추가적인 논의가 필요하다.

스마트 로봇의 법적 지위를 비교해 볼 수 있는 사례로는 "법인(juridical person)" 개념이 있다. 기업이나 사회단체는 법인의 자격을 가질 수 있다. 법인은 인간이 아님에도 불구하고 자산을 가질 수 있고 그 자산의 행동에 대한 의사결정 권한을 가지고 있다.

그 외 이 권고 안은 설계자 허용 기준(Licence for Designers) 개념을 제시하고 있는데, "선택적 이탈 기제(opt-out mechanisms)"항목을 포함시켰다. 명시적으로 '킬 스위치(kill switches)'라고 예시하고 있다. 이를 흔히 "끄는-스위치 문제(off-switch problem)"라고 부르기도 한다. 기계 오작동 등의 문제가 있을 때 전원을 내려서 그 기계를 멈추는 장치를 부착하는 것이다. 이 방법은 의미가 있지만 근본적인 해법은 아니다. 스마트 로봇이 사용되기 시작한다면 그것은 이미 세탁기와 같은 단순한 도구가 아닐 것이다. 상당한 의존적인 관계가 대중적으로 형성되고 나면 개별적 전원 스위치는 무의미해질 수 있다.

마지막으로 사용자 허용 기준(Licence for Users)도 제시하고 있다. 예를 들어서 사용자는 "윤리, 법적 원칙과 표준에 위배되는 방식으로 로봇을 사용하는 것이 허용되지 않는다"고 밝히고 있다. 스마트 로봇의 사용자는 단순 기계 사용자 보다 더 높은 책임을 져야 할 것이다. 스마트 로봇을 사용하는 것만으로도 역량강화가 발생할 것이기 때문이다.

아실로마 AI 원칙 개발

2015년 푸에르토리코에서 AI 컨퍼런스가 열렸고 학계, 산업계, 경제지도자, 법률, 윤리철학 분야에서 많은 연구자들이 모였다. AI 관련 영역에 있는 다양한 사람들이 AI의 미래에 대해서 논의하고 그 기술이 사회적 이익이 되도록 만들려는 시도였다. 이 회의는 계속 인공지능 개발 원칙에 대해서 논의해갈 예정이다.

아실로마는 역사적으로 과학 윤리와 연관 있는 지명이다. 1975년 미국 스탠포드 대학

[그림 6-12] 아실로마 회의 웹사이트

의 폴 버그(P. Berg)의 제안으로 열린 아실로마 회의(Asilomar conference)는 유전공학 연구자들이 자발적으로 생명공학 윤리를 제기했던 것으로 유명하다. 이 회의에서 나온 여러 가지 제안을 토대로 유전공학자들은 자율적인 윤리 강령을 만들었고, 미국, 일본 등 선진국 정부에서는 유전자재조합 실험 지침들을 작성했다.

2017년 1월 아실로마에서 개최된 세미나에서는 (1) 연구 문제(Research Issues), (2) 윤리와 가치(Ethics and Values), (3) 장기적 문제(Longer-term Issues) 등 세 가지 영역에 대해 대규모 토론이 있었다. 그 중 "윤리와 가치" 문제에 대한 세부 항목은 다음과 같다.

- 안전(Safety): AI 시스템은 전 과정에 걸쳐서 안전과 보안을 보증해야 한다.
- 실패 투명성(Failure Transparency): AI 시스템이 손해를 끼친다면 그 이유를 규명하는 것이 가능해야 한다.
- 판단 투명성(Judicial Transparency): 자동 시스템이 관련된 의사결정은 자격이 있는 인간 기관에 의해서 수행되는 만족할만한 설명이 포함된 감사제도를 제공해야 한다.
- 책임성(Responsibility): 첨단 AI 시스템의 설계자와 구축가는 그 시스템의 사용, 오용, 행동의 도덕적 함축에 관하여, 책임과 기회를 가지고 있는 이해당사자이다.
- 가치 할당(Value Alignment): 고도의 자동적 AI 시스템의 목표와 행동이 인간의 가치를 보증할 수 있도록 설계해야 한다.

- 인류의 가치(Human Values): AI 시스템은 인간의 존엄, 권리, 자유와 문화적 다양성이라는 개념과 상호보완하도록 설계되고 작동되어야 한다.
- 개인 사생활(Personal Privacy): 사람들이 생산한 데이터를 AI 시스템이 분석하고 활용하는 경우, 그 사람들은 그 데이터에 접속하고 관리하고 통제할 권리를 가져야 한다.
- 자유와 사생활(Liberty and Privacy): 개인 데이터를 AI가 응용할 때 그것이 사람들의 실제 자유 또는 인식된 자유를 비합리적으로 감축시켜서는 안된다.
- 이익 공유(Shared Benefit): AI 기술은 가능한 많은 사람들에게 이익을 주어야 하고 권한을 주어야 한다.
- 번영 공유(Shared Prosperity): AI에 의해서 창조된 경제적 번영은 광범위하게 공유되어야 하고, 인류에게 이득이 되어야 한다.
- 인류의 통제(Human Control): 인간이 선택한 목표를 달성하기 위해서, AI 시스템에게 의사결정을 위임할 것인지 아니지 그리고 한다면 어떻게 위임할 것인지를 인간이 선택해야 한다.
- 비-전복(Non-subversion): 첨단 AI 시스템의 통제력은 사회의 건강을 유지하는 사회/시민적 절차를 존중하고 개선해야 한다.
- 인공지능 군비확장경쟁(AI Arms Race): 치명적 자동무기에 관한 군비 경쟁을 피해야 한다.

이상과 같은 인공지능 관련 항목들을 보면 이 문제가 사회, 경제, 철학 등 전 분야에 걸쳐있다는 것을 알 수 있다. 가장 가까운 역사적 경험을 떠올려 본다면, 2000년 초 인터넷 기술이 대중화되면서 기존의 거의 모든 사회적 법률적 윤리적 개념들이 다시 논의되어야 했었다. 그 때와 마찬가지로 인공지능 기술이 등장하면서 다시 모든 사회적 주제들이 다시 논의되고 있는 것이다.

새로운 기술은 단지 기능적으로 오는 것이 아니라, 그로 인한 모든 사회적 기준들을 다시 논의되는 방식으로 우리에게 다가온다. 이 과정에서 인공지능이라는 새로운 존재는 우리의 사회적 관계망 안에서 적절한 자신의 자리를 얻게 될 것이다.

여기서도 개인정보 문제는 치열한 논쟁 영역이다. 최근 인공지능 기술은 데이터 분석 기술 덕분에 급격하게 성장할 수 있었다. 지능 기계에서 데이터 수집은 매우 결정적이다. 어떤 데이터를 어떤 방식으로 수집하고 분석하며 배포하는가라는 문제는 사회적인 변화를 수반할 수 있다. 데이터 구축과 데이터 해석의 변화는, 그 데이터로 등장하는 개별 정체성의 변화를 의미하기 때문이다. 동일한 사람(사물)이더라도 다른 분석 방법론에 의해서 출현하는 데이터는 다른 정체성을 구성할 수 있다.

인공지능 기술부터 발생하는 이익을 어떻게 공유할 것인가의 문제도 크게 주목받고 있다. 우리는 지난 시기 기술의 변화로 인한 이익이 모든 사람들에게 공정하게 배분되지 않았던 경험을 가지고 있다. 예를 들어 테일러-포드 시스템은 대량자동생산을 가능하게 했고 비용 효율성을 증대했지만 그 이익은 경영과 자본의 이익으로 집중되었다. 상대적으로 이전 시대와 비교하여 숙련노동자의 지위는 크게 하락했다.

바로 "소외된 노동(alienated labour)"라고 불리는 현상이다. 노동의 규칙보다 기계의 규칙이 더 높은 지위를 가지게 되었다. 생산과정이 중앙집중화되면서 노동자들은 단지 "기계의 보조원(machine minder)"이 되었다. 인공지능 기술이 사회적으로 승인되기 위해서, 이 기술의 이익이 특정 집단에 집중되는 문제를 어떻게 해소할 것인지에 대한 비전을 제시하는 것이 중요할 것이다.

전반적으로 아실로마 원칙개발 회의 의제 목록을 보면, 인공지능기술에 관한 위험과 불확실성을 표현하고 있다. 다시 말해서 이 기술의 사회적 승인문제는 근본적으로 이 기술에 관한 거버넌스 문제임을 보여주고 있다. 우리 사회는 이 기술을 어떻게 수용할 것이고, 어떻게 관리할 것인가?

또한 이들 "윤리와 가치" 문제 목록은 이 기술에 대한 논의가 인간 개별 보다 인간 집단 차원에서 그리고 사회적 차원에서 이루어져야 한다는 점을 다시 한 번 제기하고 있다. 이 기술을 단지 개인적 선택의 문제로 남겨놓는다면 시장 교환 모델에 맡겨질 가능성이 크다. 우리는 그동안 시장 교환 모델이 기술 문제를 충분히 해결하지 못한다는 것을 잘 알고 있다.

IEEE, AI/AS 윤리적 숙고를 위한 자료

IEEE(Institute of Electrical and Electronics Engineers)는 세계에서 가장 큰 기술 전문가 조직이다. 2016년 인공지능과 자동 시스템(Artificial Intelligence and Autonomous Systems, AI/AS)에 대한 대중적 논의를 위한 목적으로 "인공지능과 자동 시스템에 대한 윤리적 고려(The IEEE Global Initiative for Ethical Considerations in Artificial Intelligence and Autonomous Systems, Ethically Aligned Design)"라는 보고서를 발간했다.

이 문서의 목적은 관련 문제를 더 구체적으로 정의하고 권고안을 만들려는 것이다. 문서의 구성은 관련 논의 분야를 8개로 나누고 각각의 문제 후보들을 소개하고 있어서, 관련 문제의 양상을 전체적으로 조망할 수 있다.

IEEE 자료는 방대한 양의 토론 문제를 제시하고 있다. 첫 번째 주제로, 일반 원칙에서 "인공지능/자동시스템(AI/AS)이 어떻게 인간의 권리를 침해하지 않도록 보증할 수 있나?"라는 질문을 던지고 있다. 이 질문은 기술의 역사에서 계속 제기되어 왔던 것이다. 그런 만큼 관련된 선행 자료도 많다.

예를 들면 세계 인권선언(Universal Declaration of Human Rights), 시민정치권리를 위한 국제서약(International Covenant for Civil and Political Rights), 아동권리서약(Convention on the Rights of the Child), 여성 차별 배제 협약(Convention on the Elimination of all forms of Discrimination against Women), 장애인 권리협약(Convention on the Rights of Persons with Disabilities), 제네바협약(Geneva Conventions) 등을 참조할 수 있다.

이들 규약들에 따르면 개인과 회사, 연구 기관, 정부 등은 다음과 같은 고려를 해야 한다: (1) AI/AS는 인간의 권리, 자유, 존엄 그리고 문화적 다양성을 존중하는 방식으로 설계되고 운영되어야 한다. (2) AI/AS는 그 운영 전반에 걸쳐서 안전과 보안을 검증할 수 있어야 한다. (3) AI/AS가 해를 끼칠 때는 언제나 그 피해를 추적하여 원인을 밝힐 수 있어야 한다.

이상 선행하는 국제 규약을 존중하며, IEEE는 기본적으로 AI/AS의 설계와 운영이 인간에게 이득을 주는 방향이 되도록 안전과 보안을 보증해야 한다고 권고하고 있다: (1) AI/AS내에서 공적 진실의 구축에 기여하도록, 표준/규제 기구 등 거버넌스 프레임워크는 보증과 사건 조사의 절차를 감독할 수 있어야 한다. (2) 기존 법적 의무와 다가올 법적 의무를 그들의 정책과 기술적 고려 안으로 번역해 넣는 방법론이 필요하다.

이 보고서는 알고리듬 편향 문제에 대해서도 언급하고 있다. 2번째 범주(자동지능시스템에 포함되어야 할 가치)에 등장하는 문제 중 "특정 집단의 구성원에게 불이익을 줄 수 있는 데이터나 알고리듬 편향이 인공지능과 자동 시스템(AIS)에 내장될 수 있다"는 문제에 대해서 아래와 같이 설명을 제공하고 있다.

전통적 시스템과 비교하여, 자동지능 시스템은 때때로 새로운 유형의 종(species) – 새

[표 6-2] **IEEE가 제시한 AI/AS 관련 토론 문제 항목과 문제 예시**

항목	문제 예시
1. 일반원칙 *(General Principles)*	• 우리는 AI/AS가 인간의 권리를 침범하지 않도록 어떻게 보증할 것인가? (Framing the Principle of Human Rights) • 우리는 어떻게 AI/AS에 대해서 설명할 것인가? (Framing the Principle of Responsibility) • 우리는 어떻게 AI/AS가 투명성을 가지도록 할 것인가? (Framing the Principle of Transparency) • 우리는 어떻게 AI/AS 기술의 이득을 확장하고 남용 위험은 최소화할 것인가? (Framing the Principle of Education and Awareness)
2. 자동지능시스템(AIS)에 포함되어야 할 가치들 *(Embedding Values into Autonomous Intelligence Systems)*	• AIS에 포함된 가치는 보편적이지 않고, 오히려 사용자 공동체와 그 임무에 특화된다. • 도덕적 과부하: AIS는 보통 서로 상충할 수 있는 여러 표준과 가치에 영향을 받는다. • AIS는 특정 집단의 구성원에게 불이익을 주는 내장 데이터와 알고리즘 편향을 가지고 있을 수 있다. • (특정 공동체에서 AIS의 특정 역할)의 연관 표준 집합이 일단 정의되었다면, 그런 표준이 어떻게 컴퓨터 구조 내에 구축되어야 하는지는 명백하지 않다. • AIS안에 구현된 표준은 관련 공동체의 표준과 호환 가능해야 한다. • 인간과 AIS 사이 적절한 신뢰 수준 달성하기 • AIS의 가치 조정에 대한 제3자 평가
3. 윤리적 연구와 설계로 안내할 방법론 *(Methodologies To Guide Ethical Research and Design)*	• 윤리는 학위 프로그램(degree programs)의 일부가 아니다. • 우리는 AI/AS 문제가 정확히 무엇인지를 설명하기 위해서 간학제적이고 간문화적인 교육 모델이 필요하다. • 문화적 차원에서 AI 설계안에 포함된 명백한 가치들을 식별할 필요가 있다. • 산업계의 가치-기반 윤리 문화와 실천의 결여 • 가치-인식적 리더쉽의 결여 • 윤리적 관심을 제기 권한부여의 결여 • 기술 공동체의 소유권이나 책임의 결여 • AI/AS의 맥락을 최선으로 향하게 하려면 이해관계자를 포함할 필요가 있다. • 빈약한 문서화는 윤리적 설계를 방해한다. • 알고리즘에 대한 비밀관성 또는 감독 부족 • 독립적인 심사 조직의 결여 • 블랙-박스 구성요소의 사용

4. 인공일반지능(AGI)과 인공슈퍼지능(ASI)의 안전과 선행 *(Safety and Beneficence of Artificial General Intelligence(AGI) and Artificial Superintelligence(ASI))*	• AI 시스템이 더 광범위한 영역에서 더 큰 자동성으로 더 복잡한 목적의 기능을 최적화하는 능력으로 측정될수록, 예측하지 못한 행위나 의도하지 않은 행위가 발생할 수 있어서 점점 더 위험해진다. • AI 시스템은 미래에 더 안전하고 더 일반적 가능하게 개량하는 것이 어려워질 수 있다. • 더 자동적이고 사용가능한 AI 시스템 개발과 배치에서, 연구자와 개발자는 점점 더 복잡한 윤리적이고 기술적 안전 설정에 직면할 것이다. • 미래 AI 시스템은 농업 및 산업 혁명 규모에서 세계에 영향을 줄 역량을 가질 수 있다.
5. 개인 정보와 개인 접근 통제 *(Personal Data and Individual Access Control)*	• 알고리즘 시대에 개인이 어떻게 자신의 개인 정보의 범위를 정의하고 조직할 수 있나? • 개인 식별할 수 있는 정보의 개념정의와 범위는 무엇인가? • 개인정보에 관하여 통제의 정의는 무엇인가? • 우리는 개인을 존중하는 데이터 접속을 어떻게 재정의할 수 있나? • 우리는 어떻게 개인 데이터를 존중하면서 동의문제를 재정의할 것인가? 그래서 어떻게 그 데이터가 개인을 존중하게 할 수 있나? • 공유하기 쉬운 데이터는 그 사람이 공유를 원하지 않았을 추론을 만들 수 있다. • 데이터 처리자는 사람들이 데이터 접근과 수집의 (긍정적, 부정적) 결과를 분명하게 이해하도록 동의과정에서 충분히 안내되는 것을 어떻게 보증할 것인가? • 개인은 개인화된 AI 또는 알고리즘 안내자를 확보할 수 있나?
6. 자동무기시스템(AWS) 다시 구성하기 *(Reframing Autonomous Weapons Systems)*	• 전문가 조직 행동강령은 종종 중요한 허점을 가지고 있다, 구성원 자신이 보유하는 가치와 기준, 그런 작업이 될 수 있는 범위에서, 구성원의 저작물, 그들이 창조한 인공물과 장치를 유지해야 한다는 것을 간과한다. • 인공지능, 자동화 시스템 그리고 자동화 무기 시스템(AWS)의 중요 개념을 정의하면서 발생하는 혼란은 결정적인 문제에 대한 더 실질적인 논의를 방해한다. • AWS는 기본적으로 비밀 및 비귀속적 사용이 허용된다. • AWS 행동의 책임이 손상될 수 있는 방법이 많다. • AWS는 예측되지 못할 수 있다(그 설계와 작동운영에 따라 다르다). • 학습 시스템은 예측가능한 사용 문제를 구성한다. • AWS 개발 정당화는 중기적 차원에서 지리학적으로 위험한 전례를 수립한다. • 전투공간에서 인간 감독을 배제하는 것은 아주 쉽게 부주의한 인권 침해와 긴장의 상승으로 이어질 수 있다. • AWS를 구매하려는 직간접적 고객들은 다양한데, 이것은 확산과 남용의 복잡한 문제 환경으로 이어질 것이다. • 기본적으로 AWS의 자동화 유형은 급격한 충돌 상승을 촉발한다. • AWS를 위한 설계 보증 검증 표준이 없다. • AWS와 반-자동화 무기 시스템의 작동에 대한 윤리적 경계를 설정하거나 해석할 때 혼란이 발생한다.

7. 경제/인도적 문제 *(Economics/Humanitarian Issues)*	• 미디어에서 AI/AS의 해석오류는 공중에게 혼란을 준다. • 자동화는 일반적으로 단지 시장 맥락으로만 볼 수 없다. • 로봇공학/AI에 관하여 고용의 복잡성은 무시되고 있다. • 기존의 노동력 (재)교육하는 방법에서 볼 때 기술변화는 너무 빠르게 일어나고 있다. • 모든 AI 정책은 혁신을 지연시킬 수 있다. • AI와 자동화 기술은 전 세계적으로 동등하게 사용가능하지 않다. • 개인 정보를 존중한 접근과 이해의 결여가 있다. • IEEE Global Initiative에서 개발국가의 적극적 대표성이 필요하다. • AI와 자동화 시스템의 도래는 선진국과 개발도상국가 사이의 경제적 차이와 권력-구조 차이를 악화시킬 수 있다.
8. 법률 *(Law)*	• 우리는 자동화 지능 시스템에서 책임과 검증가능성을 어떻게 개선할 수 있나? • 우리는 어떻게 AI가 투명하고 개인의 권리를 존중하도록 보증할 수 있나? 예를 들어 국제기관, 국가차원 정부와, 지역 정부는 그들의 권리를 침해하는 AI를 사용하고 있다. • AI 시스템이 어떻게 자신이 원인이 되어 일어나는 해악에 대해서 법적 책임을 보증하도록 설계될 수 있나? • 자동화/지능 시스템이 어떻게 개인정보 통합을 존중하는 방식으로 설계되고 배치될 수 있나?

로운 존재론적 범주-이라고 언급되곤 한다. 인간이 새로운 시스템과 상호작용하고 심리적으로 반응하기 때문이다. 예를 들어 여러 연구들에 따르면 기술 시스템은 인간의 의사결정에 영향을 줄 뿐만아니라, 심지어 인간들이 로봇(시스템)의 강한 요구를 기꺼이 따른다는 연구보고도 있다. 따라서 사용자는 기술 시스템이 조작 목적으로 사용될 수 있다는 것을 인지하는 것이 중요하다.

덧붙여서, 이 시스템의 여러 측면들은 의도하거나 또는 의도하지 않더라도 사용자들에게 편향을 주입하도록 설계될 수 있다. 편향의 원천은 시스템이 그 세계를 감지하는 방식(예, 그 시스템이 한 쪽 팔을 잃은 사람을 탐지할 수 있나? 또는 모든 사람은 두 팔을 가지고 있다고 가정하는가?)으로부터 감지된 정보를 처리하고 그에 반응하는 방식에 이르기(예, 그 시스템이 여러 민족, 성별, 인종의 사람들에게 다르게 반응하는가?)까지 방대한 영역에 걸쳐서 발생할 수 있다.

가치와 규범을 결정하는 과정에서, 우리는 취약한 이해관계와 과소 재현된 인구집단(예, 소수자)에 특별한 관심을 가져야 한다. 소수 사용자 집단은 (의도하지 않았더라도) 비윤리적 설계에 의해 혜택을 받지 못할 수 있다. 전통적으로 취약한 인구집단이라는 용어는 아동, 노인, 범죄자, 소수민족, 경제적 무혜택자, 신체적 장애자와 지체장애자 등 하위-집단들을 의미한다.

이어서 이 문제에 대해서 IEEE 문서는 다음과 같은 권고도 내놓았다.

(1) 자동시스템에 편향이 내장되기 쉽다는 것을 아는 것이 중요하다. 예를 들어 얼굴인식에 의존하는 시스템은 전반적으로 코카서스 인종(백인) 얼굴에 대해 훈련하므로, 비-코카서스인 피부 톤이나 얼굴 구조를 가진 사람에 대해서는 오작동하거나 전혀 작동하지 않을 수 있다. 우리가 이들 편향의 잠재적 원천을 더 의식함으로써 할 때, 편향 때문에 일어날 사고를 줄일 수 있다.
(2) 우리는 또한 인간-로봇 상호작용과 인간-기계 상호작용에서 진행 중인 연구의 영역을 발굴해야 한다. 로봇에 내장된 편향이 인간 사용자와 로봇의 상호작용 과정에 어떤 영향을 줄 것인가? 그 시스템들이 사용자와 사회에 대해서 얼마나 역동적이고 장기적 효과를 가질 것인가? 특정 로봇 사용의 목표가 된 사용자 집단에게 어떻게 영향이 일어날 수 있나? 이 질문들은 우리가 아직 명백하게 답하지 못하고 있는 연구 질문들이다.
(3) 특히, 취약한 인구집단을 위한 설계에서 설계자는 스스로 목표 인구집단에게 특화된 상황에 익숙해야 한다. 시스템은 충돌하는 가치를 가지고 있는 다양한 사용자들의 요구를 조정해야 하는 임무에 직면할 수 있다. 설계자가 그런 충돌을 의식해야 하고 이들 충돌하는 가치에 우선순위를 부여하는 과정을 투명하게 공개해야 한다.
(4) 게다가 모든 취약 인구집단을 대변하는 목소리는 하나가 아니다. 그래서 설계자와 실행전문가들은 이해관계자 집단에게 다가가야 한다. 또한, 역동적인 취약 인구집단을 위해 설계할 때, 설계자는 다학제적 접근을 취하고 설계 과정에 관련 전문가 및 자문 집단을 참여시켜야 한다.

토론 문제 대분류 항목 중에서, 자동무기시스템(AWS)은 가장 많은 문제 목록을 가지고 있다. 예를 들어서 "전문가 조직 행동강령은 종종 중요한 허점이 있다"고 지적했다. 많은 전문가 조직은 특별한 가치를 지향하는 "행동강령(code of conduct)"을 제정할 수 있다. 기술 혁신이 사회적으로 또는 특정인들에게 심각한 결과를 가져올 개연성이 있을 때, 그 혁신은 인간성을 위협하는 것으로 간주되어야 한다. 그런데, 특별한 인공물을 만드는 과정에서 그들은 동료 구성원의 행위에 대해서 제대로 문제제기하지 못할 수도 있다.

이에 대해서 IEEE 문서는 이렇게 권고했다. 모든 행동강령은 인간성을 위협한다고 간주되는 기술 혁신을 하거나 그것에 기여하는 구성원들의 선택을 관리하는 범위까지 확장되어야 한다. 행동강령이 인간성을 위한 긍정적 이득이나 결과를 보증하는 방향으로 나아가고, 전문가 조직은 구성원들이 그런 이득을 손상시키거나 무시하는 기술을 창조하지 못하도록 보증해야 한다.

행동강령이 지지하는 가치를 체화하는데 실패하거나 그 가치와 충돌하는 기술이나 인공물을 만드는 경우, 전문가 조직은 그런 사례들을 관리하기 위한 수단(집행력)을 수립할 필요가 있다. 전문가 조직은 자신의 구성원들을 위해서, 구성원들의 작업이 국제 인도주의 법이나 국제 인권법(International Humanitarian Law or International Human Rights Law)을 위반하는지에 관한 연구도 할 수 있어야 한다.

이 보고서는 "(7) 경제적/인도적 문제"에서 노동문제를 언급하면서, "노동교육 보다 기술 변화가 너무 빠르다"고 지적했다. 흔히 자동화 및 고용에 대한 관심은 일자리를 잃어버리거나 새로 얻는 수에 초점을 두는 경향이 있는데, 자동화 시스템에 영향을 받을 직업의 수가 얼마나 될 지를 계산하기 보다는 고용 구조가 자동화 및 AI에 의해 어떻게 변화될 것인지에 대한 분석에 초점을 맞추는 것이 중요하다고 지적한다. 따라서 기술 변화에 따라 현재 직무 내용이 어떻게 변경되는지에 초점을 두고 분석해야 한다.

이 보고서는 지능 기계가 불러온 질문 항목을 제시했다는 의미가 있다. 그리고 인공지능 관련 질문을 논의할 구조가 필요하다고 보았고 "다중-이해관계자 생태시스템(Multi-stakeholder ecosystems)"을 제기했다. 이는 다시 말하자면 '인공지능 거버넌스'가 필요하다는 제안이다. 기술 거버넌스의 필요는 거의 모든 사람들이 동의하지만 실제로 구현하기는 쉽지 않다.

인터넷 거버넌스의 경험에서도 알 수 있듯이 형식적으로는 모든 사람에게 참여의 권리를 보장하지만, 일반 시민이나 소수자가 꾸준히 참여하여 자신의 견해를 관철해내기가 어렵다. 그들은 일상의 삶을 유지하기 바쁘기 때문이다. 따라서 이를 보완할 제도적 노력이 필요하다. 일반 시민이 인공지능 문제에 관한 의사결정을 위임할 수 있는 새로운 방법론이 필요하다. 위임한 권한을 다시 소환할 수 있는 절차도 필요하다. 원한다면 언제든지 개입할 수 있도록 접근가능성을 보증해야 한다.

인공지능의 자격, 윤리

인공지능 문제에서 윤리는 핵심적 사안이다. 인공지능은 스스로 윤리적이지 않다면 '사회적 튜링테스트'를 통과할 수 없을 것이다. 우리는 '윤리가 없는 지능'에게 동료 의식을 느낄 수 없을 것이기 때문이다. 윤리가 없는 지능은 튜링테스트를 통과할 수 없을 것이다. 결국 인공지능은 윤리를 배울 때만 '지능'으로 승인될 수 있을 것이다.

따라서 최종적으로 '지능의 문제'는 '윤리의 문제'가 될 것이다. 지능으로서 자격을 얻으려면 인간의 지능이든 기계의 지능이든 그 사회의 구성원으로 승인되어야 하는데, 사회 구성원에게 윤리는 필수적이다. 이전의 기술들은 사후적으로 윤리 검증을 통해 개선을 하기도 했다면, 인공지능 기술은 윤리없이 출발조차 할 수 없을것이다.

6 인공지능은 노동을 대체하나

인공지능 관련 논쟁에서 가장 큰 문제는 아마도 노동 문제일 것이다. 대다수 인공지능 미래 예측 보고서에 따르면, 인공지능이 인간의 노동을 대체할 것이고 그 때문에 많은 사람들이 실업의 위기에 처할 것이라는 우려가 크다. 인공지능이 사회적으로 필요한 일을 수행하다면 인공지능이 수행한 작업도 '노동'이라고 정의할 수 있을까? 최종적으로 인간은 노동을 하지 않아도 될 것인가? 인공지능 기술을 통해서 사회적 차별이 해소될 수 있을까? 아니면 차별이 더 강화될 것인가?

마르크스의 노동과 기계

마르크스(K. Marx)는 인간의 노동에 대한 가장 권위 있는 연구자다. 그에 따르면, 노동은 "자신의 목적을 자연물에 실현"하는 것이다. 그런 점에서 인간의 노동을 거미나 꿀벌의 작업과 구분했다.

> "우리가 상정하는 노동은 오로지 인간에게서만 볼 수 있는 형태의 노동이다. 거미는 직포공들이 하는 일과 비슷하게 일을 하며, 꿀벌의 집은 인간 건축가들을 부끄럽게 한다. 그러나 가장 서투른 건축가들 가장 훌륭한 꿀벌과 구별하는 점은, 사람은 집을 짓기 전에 미리 자기의 머리 속에 그것을 짓는다는 것이다. 노동과정의 끝에 가서는 그 시초에 이미 노동자의 머리 속에 존재하고 있던 결과가 나오는 것이다. 노동자는 자연물의 형태를 변화시킬 뿐 아니라 자기 자신의 목적을 자연물에 실현시킨다."

거미와 꿀벌의 작업결과는 훌륭하지만 인간처럼 "의도"를 포함하지 않는다. 인간의 의도는 효율성이나 필요성을 포함하지만 그 이상이기도 하다. 인간의 의도는 다양해서 그 의도를 자연에 실현할 때 다양한 변이를 만들어 낸다.

[표 6-3] **마르크스의 인간, 꿀벌, 기계 비교(저자 구성)**

	필요를 위한 행위	자유로운 의식 행위	자연을 전유하는 활동	잉여가치 생산
인간	○	○	○	○
꿀벌	○	×	○	×
기계	×	×	×	×

또한 마르크스에 따르면 인간의 노동만이 잉여가치(surplus value)를 생산한다. 잉여가치란 노동 비용(노동자가 생존하는데 드는 비용: 필요노동)을 초과하여 노동자가 창출한 새로운 가치를 말한다. 이 정의에 따르면 꿀벌은 잉여가치를 생산하지 않는다. 꿀벌은 자신의 생존에 필요한 분량 이외 추가적인 가치를 만들지 않는다(또는 그럴 의지가 없다!).

마르크스의 노동에 대한 견해를 정리하면 [표 6-3]과 같다. 인간은 자신의 필요에 의해서 그리고 자유로운 의식에 의해서 자연을 전유하는 활동(노동)을 하며 그 결과 자신의 생존에 필요한 분량 이외에 추가적으로 잉여가치를 생산한다.

자본가들은 기계가 노동자의 작업을 '대체'한다고 주장하지만 마르크스에 따르면 기계는 인간 노동과 다르다. 특히 기계는 인간노동과 달리 잉여가치를 생산하지 않는다. 기계는 단순히 자신 내에 적재된 인간노동분을 생산품 속으로 이전할 수 있을 뿐 추가적인 가치를 만들어내지 못한다.

그의 노동에 대한 정의에 따라서 정리하면, 기계는 '자신의 필요'라는 것이 아예 존재하지 않고, 자유로운 의식도 없으며 따라서 기계의 작업이 자연을 전유하는 활동(노동)이라고 할 수도 없다. 기계의 활동이 노동이 아니므로 잉여가치를 생산할 수도 없다.

마르크스의 잉여가치 정의에 따르면 기계는 자신의 생활을 유지하는데 드는 비용이란 것이 없다. 물론 기계를 유지하는데 비용이 들기는 하지만, 그것은 기계가 스스로 원하는 '생존 비용'이 아니라, 자본가의 의지에 따른 지출 비용일 뿐이다. 기계에게는 생존에 필요한 필요 노동이라는 것이 없으므로 잉여 노동이란 것도 존재하지 않는다.

마르크스의 노동에 대한 정의는 다소 인간중심적이지만 의미심장하다. 기계는 인간 노동을 대체할 수 없다. 노동이라는 용어는 인간에 한정해서 생성되었기 때문에 당연한 결론이기도 하다. '기계의 노동'이라는 개념을 사용하려면 인공지능의 튜링테스트에 비견할 만한 검증방법이 제시될 필요가 있다.

인공지능과 노동문제

백악관 과학기술위원회 보고서(Artificial Intelligence, Automation, and the Economy, Executive Office of the President of the U.S. Dec. 2016)는 인공지능과 노동에 대해 미국 정부의 고민을 털어놓고 있다.

이 보고서는 인공지능에 대해서 용어적으로 다음과 같이 유형을 분류했다: (1) 인간처럼 생각하는 시스템(예, 인지 구조와 신경망) (2) 인간처럼 행동하는 시스템(예, 자연어 처리, 지식 재현, 자동 추론 및 학습을 통해 튜링테스트를 통과) (3) 합리적으로 생각하는 시스템(예, 논리적 문제풀이 장치, 추론, 최적화) (4) 합리적으로 행동하는 시스템(예, 인지, 기획, 추론, 학습, 의사소통, 의사결정, 행동을 통해 목표를 달성하는 지능 소프트웨어 대리인과 체화된 로봇)

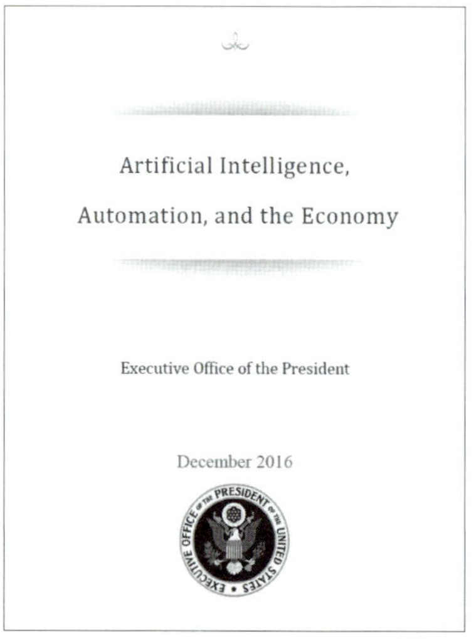
Artificial Intelligence,
Automation, and the Economy

Executive Office of the President

December 2016

이어서 이 보고서는 연구, 노동현장, 경제, 공정성, 거버넌스, 국제 문제, 보안 등 각 분야에 인공지능이 미칠 영향에 크다고 지적했다.

인공지능이 경제에 미칠 영향에 대해서 구체적으로 10년~20년 동안 대략 9%에서 47%의 일자리가 위협받을 것이라고 예견했다. 그러나 대응 가능할 것이라는 낙관적 태도를 취하고 있다. "변화의 속도와 특정 직업에 손실이 얼마나 집중될 지에 따라 달라질 수도 있겠지만, 경제는 반복해서 이런 정도의 변화는 감당할 수 있다는 것을 증명할 것이다." 이어서 인공지능 상황에서의 노동문제와 경쟁 정책 전략을 다음과 같이 제시했다.

(1) 가능한 많은 혜택을 창출하도록 인공지능에 투자하고 개발해야 한다.

이 기술에 대한 책임감을 가진다면, 인공지능은 총 생산성을 향상하는데 중요하고도 긍정적인 기여를 할 것이다. 정부는 인공지능 관련 연구 및 개발에 투자해서 다른 국가보다 앞서 나아가는 데 역할을 해야 한다. 인공지능이 기여해야 할 분야로는 사이버 방위와 부정거래 및 사기 메시지 탐지 분야이다. 기초 기술분야(STEM: Science, Technology, Engineering, and Mathematics)와 인공지능 공동체의 인적 다양성을 확보하기 위해서 신규 유입을 늘리는 방안을 마련해야 한다. 그러면 향후 알고리듬의 편향적 문제를 사전에 해결할 수 있을 것이다. 기존 혹은 신규 기업 간 경쟁을 촉진시킬 수 있는 건전한 친경쟁 정책을 개발해야 한다. 그러면 인공지능 기술과 혁신이 일어날 것이다.

(2) 미국인을 교육하고 훈련시켜서 미래의 일자리에 대비해야 한다.

인공지능으로 인해 노동시장이 요구하는 전문기술(skills)과 일의 본질(nature of work)이 바뀌었기 때문에, 노동자들이 지속적으로 일을 하기 위한 교육과 훈련이 지원되어야 하고, 그것을 위해서 막대한 투자가 필요하다. 먼저 모든 아이들이 양질의 조기교육과 지속적으로 교육을 받을 수 있어야 한다. 그래서 모든 미국인들이 저렴하게 학사 수준의 교육을 받을 수 있어야 한다. 미국 노동자들이 일자리 전환에 성공해야 한다. 일자리를 손쉽게 찾을 수 있도록 개선된 가이드를 제공하고, 일자리와 연계된 훈련과 평생 학습의 기회를 확대해야 한다.

(3) 널리 성장을 공유하기 위해서 전환기의 노동자를 돕고 노동자의 역량을 강화시켜야 한다.

정책입안자는 노동자들이 최적의 직업을 찾을 수 있도록 도와야 한다. 노동자는 임금의 형태로 자신이 한 일에 대해서 적절한 대가를 받을 수 있어야 한다. 이를 위해 실업보험, 저소득층 의료지원 프로그램(Medicaid), 영양보조 프로그램(SNAP: Supplemental Nutrition Assistance Program), 빈곤가정을 위한 임시 지원프로그램(TANF: Temporary Assistance for Needy Families)과 같은 기존 지원 프로그램을 강화해야 하고, 임금보험이나 긴급지원프로그램 등을 새로 도입해야 한다. 사회 안전망을 적절하게 현대화해야 한다. 노동자의 역량을 강화하기 위해서는 21세기에 맞는 퇴직 체계를 구축하고, 건강관리프로그램을 확대해서 가정 및 노동자를 위한 안전 장치를 강화해야 한다. 인공지능이 지역마다 다른 영향을 줄 수 있다. 이 모든 것들이 노동자를 지원하고, 노동시장에서의 재배치나 이동 등과 관련된 우려에 대한 대처가 될 수 있다. 중단기적으로 인공지능이 일자리를 심각하게 대체할 수도 있다. 이에 대한 대비책으로 실업보호제도를 강화하는 것은 물론 실업을 상쇄시킬 수 있을 정도로 새로운 일자리를 창출하는 등 적극적으로 시장에 개입해야 한다.

보고서는 끝으로 인공지능이 주도하는 자동화 문제를 해결하기 위해서 모든 미국인이 직접 참여할 것을 촉구했다. 학생이든, 노동자든, 관리자든, 혹은 기술 책임자든, 그것도 아니라면 단지 시민으로서 정책 토론에서 자신의 목소리를 낼 수 있어야 한다고 강조했다. 특히 사회적 안전망을 제공하기 위해서 주로 실업보험이나 보편적 기본소득(universal

Basic Income)을 의제로 제안했다. 이를 위한 재원을 마련하기 위해서 자본 소득에 대한 과세도 언급했다.

신자유주의적 정책 경향, 일의 종말?

백악관 보고서는 인공지능으로 인한 경제 문제를 중심으로 논의를 진행하고 있기 때문에, 권고사항이 매우 제한적이다. 사실 노동자의 역량 강화를 지원하는 것은 정부가 신자유주의 경쟁 체제에서 항상 해왔던 정책이다.

이 보고서는 인공지능이 큰 변화를 불러올 것이라고 하면서도 정책적 접근은 기존의 신자유주의 관점을 그대로 유지하고 있다. 인공지능에 대한 사회적 협의를 적극적으로 논의하기보다 인공지능 환경에 노동자들이 적응하도록 지원하는 방식만을 제시하고 있다. 이 보고서는 이 기술에 대한 적극적인 사회적 구성 가능성은 간과하고 있다.

인공지능이 인간노동을 정말 대체한다면, "일의 종말(the end of work)"이 다가올 것이다. 이 용어는 1995년 제러미 리프킨의 동명저서 〈일의 종말〉로 유명해졌고 관련 논쟁들도 다수 등장했다. 이미 많은 기계들이 노동 현장에 배치되었고 그로 인해 노동자의 지위는 불안해졌던 경험에 근거해서 인공지능은 더욱 강한 우려(기대)를 낳고 있다.

아주 오랜 동안 우리는 기계가 노동을 대체한다고 믿어 왔다. 그것이 사실이라면 기계가 점점 더 증대할수록 인간 노동은 줄어들 것이다. 종국에는 인간노동이 사라질 것이다. 정말 그럴 것인가? 기계가 노동을 대체한다는 믿음에 따르면 그래야 하지만, 어쩐지 우리는 그 결론에 의심을 거둘 수가 없다. 왜 그런가?

인공지능이 계속 발전한다면 인공지능이 인간의 (지적)노동을 대체하고 결국 인간의 지적 노동도 사라질 것인가? 대부분의 인공지능 관련 보고서들은 논리적 추론을 생략한 채, 기계가 노동을 대체해왔다고 전제하고 인공지능이 그런 전례를 따를 것이라는 암시를 한다.

> "인공지능과 신기술이 정교해지면 질수록 인간이 비교우위를 가질 수 있는 기술은 점점 없어질 것이다.[백악관 보고서, 2016]"

관련 보고서들은 때로 단서를 붙이기도 한다. 기술은 운명이 아니며 "자동화가 더 발전하고 생산성이 높아지면 오늘날보다 고용이 더 많아질 수도 있다"고 주장한다. 그러나 어떻게 더 많은 고용으로 이어질 수 있는지는 충분히 설명하지는 않는다.

결론적으로 이 보고서는 인간 노동자에게 기계가 할 수 없는 일(창의적, 사회적 지능 등)을 권고하고 "인간이 인공지능 자동화 기술을 보완하는 영역에서는 노동 수요가 증가"라는 관점의 교육 프로그램을 권장한다. 이것은 '친절한' 안내인 것 같지만, 기계 지능을 중심으로 인간 지능을 배치하려는 프레임에 동조하는 것이다.

이 관점의 정책과 교육 프로그램은 기계 지능의 규칙을 인간에게 수용하도록 만드는 편향적 이데올로기를 지지한다. 이런 정책 프레임에서 인간은 결코 행복할 수 없을 것이다. 계속 인공지능과 로봇이 할 수 없는 일을 찾아 떠나야 하는 수동적 존재로 간주되기 때문이다.

'기계가 노동을 대체한다'는 신화

지난 기술의 역사를 보면, 새로운 기계의 등장은 사회적 정당화의 과정을 수반했다. 대표적으로 직조 기계가 숙련공의 사회적 지위를 무너뜨리면서 기계파괴 운동이 일어났었다. 20세기 초 대량생산을 위한 공장 자동화가 도입되었을 때 노동자들은 같은 맥락에서 걱정하며 그 시스템을 거부했었다.

18세기 산업과 노동을 상세하게 기록한 〈영국 노동계급의 형성〉에서 톰슨(E. P. Thompson)은 말했다. "어떤 사회적 마술을 부렸기에 노동을 줄여주는 발명품들이 노동자들을 더 비참하게 만드는 기구가 되었을까?"

자동화에 대한 가장 격렬한 윤리적 주제는 기계가 노동을 대체하고 그 결과 실업자가 양산될 것이라는 것이다. 그러나 마르크스의 노동에 대한 정의에 따르면 기계는 인간을 대체할 수 없다. 인간과 기계의 활동은 성격이 매우 다르기 때문이다. 그런데도 기계-중심의 생산 환경이 구축되면서 인간노동의 입지는 좁아지고 있다.

이 문제를 논의하기 위해서 우리는 기계와 인간노동의 관계 전반을 재논의할 필요가 있다. 그동안 "기계가 인간노동을 대체한다"는 관점은 인간과 기계의 관계를 대표하는 발언이었다. 거의 아무도 이 믿음에 대해서 의문을 품지 않고 있다.

이 믿음은 아주 오랜동안 사회적으로 구성된 것이다. 기계화(자동화) 과정은 계몽주의자 또는 자본가 계층에 의한 인간 노동의 불신에 기원을 두고 있다. 18세기 산업시대 자본가들은 기계와 노동을 경쟁하는 관계로 만들었고, 인간과 기계를 대립하게 만드는데 성공했다.

쉐퍼(Schaffer, 1994)에 따르면, 컴퓨터의 아버지라고 불리는 찰스 배비지(C. Babbage)는 이른바, "계산하는 엔진(calculating engines)"을 설계했는데, 궁극적으로 인간의 지능을 기계화하려는 것이었다. 만약 인간의 지능을 기계로 이전할 수 있다면 생산과정을 안정적으로 통제할 수 있을 것이었다.

이를 위해 배비지는 여러 정보원들을 통해서 노동 과정을 조사하고 감시했다. 당시 배비지와 같은 계몽주의자들은 노동자들이 노동 과정(labor processes)의 진정할 원리를 충분히 표현할 수 없거나 너무 비밀로 한다고 생각했다. 그들은 노동과정을 완벽하게 가시적인 전문기술로 재구성한다면 언제나 어느 곳에서나 분명하게 재생산할 수 있을 것이라고 확신했다.

계몽주의자들은 인간의 행위를 관찰한 다음 세분화하여 다시 원하는 대로 통합할 수 있는 구조를 상상했다. 산업혁명은 분업의 원리 위에 구축되었다. 분업은 노동자의 자본가에 대한 종속을 강화시켰다. 시계 완제품을 생산하는 숙련 노동자는 독립적인 사업을 원할 것이다. 그러나 뚜껑 놋쇠 경첩을 부착하는 작업만 하는 노동자는 결코 독립적인 사업을 희망할 수 없다. 매뉴팩처 내 여러 노동 과정의 상호관계는 이전의 단순 분업과는 달리 자본가의 힘을 강화하는 방향으로 움직였다. 매뉴팩처 내 노동자는 생산 과정 전체를 이해할 수 없게 되었고 완제품을 만들 수도 없게 되면서, 이전 수공업 노동자들이 소유했던 생산에 대한 지적 통제력을 상실했다.

그 과정에서 "기계가 노동자의 노동을 대체한다"는 믿음이 사회적으로 학습되었기 때문에 그것은 '진실'의 지위를 가지게 되었다. 그 믿음은 진실이라기보다는 이데올로기적으로 채택된 것이다. 산업자본가들은 생산현장을 통제하기 위해서 숙련노동자를 제압해야 했다. "기계가 노동을 대체한다"는 이데올로기는 자본가들에 의해 널리 유포되었고 '진실'인 것으로 승인되었다.

그렇게 노동 과정은 인간 노동자로부터 기계로 이전하는 듯 보였다. 이 후 사람들은 자동기계가 인간의 행위를 그대로 대체한다고 믿게 되었다. 이 믿음은 자동 장치들을 정당화했다. 그러자 기계의 규칙이 노동의 규칙을 압도했다. 그렇게 노동자들은 통제 가능해졌고, '유순해졌다'. 그 결과 자본은 노동을 장악했다. 그러나 그것은 형식적 포섭(formal subordination)에 불과했다.

머리와 손의 분리

분업으로 작게 조각난 노동 행위는 기계로 이전되었다. 기계로의 작업 이전은 어느 정도 생산성 향상을 불러왔다. 이 과정은 노동자에게서 의사결정 권한을 박탈했다.

> "지적 인간과 생산적 노동자는 서로 분리되었고 지식은 노동자의 수중을 벗어나 그의 생산 능력을 증진시키는 수단으로 변모되었다......지식은 노동에서 분리되어 거의 모든 곳에서 노동에 대립하게 되었다(맥킨지, 1995 재인용)."

이제 물질적 생산 과정에 대한 의사결정은 자본가에게 집중되면서 오히려 노동자를 지배하는 힘으로 강화되었다. 이로써 노동은 노동자로부터 소외되고 있다. 노동자는 기계(도구)와 같은 지위에 불과했고 자신의 노동에 대한 어떤 통제력도 허락받지 못하는 처지가 되었다.

자본주의는 그렇게 노동에서 머리와 손을 분리했다. 이제 노동자는 신체만을 소유한 것처럼 간주되었고 머리를 사용할 필요가 없는 것으로 여겨졌다. 모든 계획은 중앙집중적 방식으로 수립되었고, 작업지시서 형태로 제공되었다.

대신 자본주의 공장 내에서 기계의 역할은 노동자와 대립하도록 배치되었다. 단순 수공업에서는 노동자가 도구를 사용하지만, 자본화된 공장에서는 기계가 노동자를 '사용'한다. 단순 수공업에서는 노동수단은 노동자에 의존하지만 자동화된 공장에서는 노동자가 노동수단(기계)을 뒤따라가야 한다.

> "노동이 가벼워지는 것조차 고통의 원천이 되는데, 왜냐하면 기계가 노동자를 노동에서 해방시키는 것이 아니라, 그의 노동으로부터 일체의 내용을 빼앗아버리기 때문이다. 자본주의적 생산은 노동과정일 뿐 아니라 동시에 자본의 가치증식과정이기 때문에 어떤 자본주의적 생산에서도 노동자가 노동조건을 사용하는 것이 아니라 그와 반대로 노동조건이 노동자를 사용한다는 점이다. 그러나 이 **거꾸로 된 관계는 기계의 출현**과 함께 비로소 기술적인 분명한 현실성을 얻게 된다. 자동장치로 전환됨으로써 노동수단은 노동과정의 진행 중에 자본[즉 살아있는 노동력을 지배하며 흡수하는 죽은 노동]으로서 노동자와 대립한다. **생산과정의 지적 요소들을 육체적 노동으로부터 분리시키고 전자를 노동에 대한 자본의 지배력으로 전환시키는 것**은 기계의 토대 위에 세워진 대공업에 의해 비로소 완성된다(마르크스, 2006)(강조는 저자)."

데이비드 노블(David Noble)은 공작기계 자동화를 분석한 바 있다. 1940-50년대 공작기계 수용과정에서 수치제어(numerical control) 방식이 선택된 이유는 이 방식이 기술적 차원에서나 경제적 차원에서 더 훌륭했기 때문이 아니다[1-2장 참조].

수치제어 시스템은 의사결정의 장소를 경영진이 있는 사무실로 이전할 수 있게 했고, 생산에 대한 경영진의 통제를 만족시킬 수 있었기 때문이다. 인간의 능력을 신뢰하지 않고 인간의 판단을 오류로 간주하는 통제 이데올로기가 기술 채택의 동기였다.

인간노동의 재현?

기계는 정말 인간노동을 대체하나? 기계가 노동을 대체하려면 우선 노동을 그대로 재현(representation)할 수 있어야 한다. 만약 기계가 노동을 그대로 재현한다면 노동을 대체할 수 있을 것이고, 노동과 배타적 경쟁관계가 성립될 것이다. 그런데 우리의 경험이 잘 말해주듯이 기계는 인간의 노동을 그대로 재현하지 못했다.

18세기 스타킹 제조기계가 대량생산한 스타킹은 장인들이 만든 스타킹 대신 시장을 장악했다. 기계 제작 스타킹은 저렴했지만 품질이 낮았다. 스타킹 기계는 장인들의 노동을 그대로 재현하지 못했다. 포드시스템의 생산된 자동차는 수작업으로 만들어진 자동차보다 덜 정교하다. 대신 노동자들도 자동차를 구매할 수 있을 만큼 가격을 낮출 수 있었다.

20세기 초 대량생산 시스템의 대표적 사례, 테일러-화이트 공법은 정교한 부품을 제작하는 기계를 세팅하는데 시간이 많이 들었고 그 이후 과정은 거의 자동적으로 진행되었다. 그러나 테일러의 기계는 인간의 준비 작업 없이는 아무 일도 할 수 없다. 기계가 마치 노동을 '그대로' 대체하는 것처럼 간주되었지만 사실은 그 기계를 작동하게 만들기 위해서는 인간 작업자들이 그 기계를 섬세하게 준비(전처리)해주어야 했다. 그런 이후에도 생산물에서 품질 차이가 명백했다. 자본가들은 그런 과정 자체를 일부러 무시했고 마치 기계가 완전히 인간노동을 대체하는 것처럼 선전했다.

모든 노력에도 불구하고 경영진이 숙련 노동자를 완전히 제거할 수는 없었다. '자동' 기계가 제대로 작동하려면 경험 있는 기계공이 필요했다. 한 기계공은 다음과 같이 말했다.

> "드릴은 돈다. 분쇄기가 작동한다. 기계는 조금씩 미끄러져 나간다. 단단하게 보이는 금속주물을 자르려고 나사를 조여 놓으면 탄력이 생기고 다시 나사를 풀면 뒤로 튕긴다. 납작한 칼날은 무디어지고 제자리에 정확히 뚫린 구멍들은 다른 곳으로 움직인다. 텅스텐 카바이드 절단

가정용 기계는 가사 노동을 줄였나?

루쓰 코완(Cowan, R.)은 가정용 기계들이 가사 노동을 줄이는데 기여했는지를 연구했다. 세탁기와 전자레인지, 청소기 등 많은 전자제품들은 가사노동을 감축시킬 것처럼 보인다. 사람들은 전자제품이 가정 일을 대신하면서 여성이 집에서 할 일이 사라졌다고 믿고 있다. 그래서 일부 사람들은 빵굽기나 채소가꾸기를 하면서 잃었던 생산 기능을 재건하려고 한다. 또 어떤 사람들은 여성해방운동을 "하릴없이 시간만 많은 부유한 여성들의 집단"이라고 몰아붙인다. 남편은 아내가 쓸데없는 일에 너무 많은 시간을 보낸다고 불평한다. "도대체 하루 종일 무엇을 하는 거지, 여보?"

그런데 주부는 여전히 항상 지쳐 있다. 가전제품의 종류와 양은 증가했지만 주부의 가사 노동량은 결코 줄어들지 않았고 오히려 증가했다. 이전에는 장작을 준비하고 스토브에 불을 피우는 가사노동을 남편과 가족이 모두 함께 준비했지만 전자제품들이 일반화되면서 가사노동은 여성이 모두 전담해야 하게 되었다.

기는 임계 구멍을 1/2000의 정도로 작게 만들면서 미세하게 닳아 없어진다"

맥킨지, 1995

기계가 노동을 대체할 것처럼 선전했지만 기계는 노동을 대체할 수는 없었다. 그러나 자본가와 경영진들은 "기계가 인간노동을 대체한다"는 사회적 믿음을 확산하는데 성공했다. 기술의 형성은 공장생산 과정에서 채택된 기계들에는 자본가와 경영진의 이해가 크게 작동했고 그런 이해관계는 공장을 넘어서 전 사회로 확산되었다.

자동 기계의 인간 노동 구성

그렇다고 해서 자동기계를 쉽게 폄하할 수는 없다. 자동기계는 인간노동 방식에 큰 영향을 주었다. 공장의 기계는 노동자들 사이의 의사소통 방식을 기계의 규칙에 의해 매개되는 간접적인 의사소통으로 바꾸었다. 이제 인간들은 직접 소통하기 보다는 기계(시스템)을 통해서 소통하는 것을 더 편안하게 여긴다. 가전제품은 인간의 가사노동을 재현하지는 못했지만 가사노동을 여성만의 것으로 만들면서 가사노동의 지위를 격하시켰다.

우리도 일상에서 유사한 경험을 많이 하고 있다. 1970년대 버스에는 안내양이 있었다. 이제는 버스 내 시스템을 점차 자동화하면서 버스회사들은 안내양을 더 이상 고용하지 않았다. 우리는 자동 장치들이 안내양의 노동을 대체했다고 쉽게 믿는다. 그러나 버스기사의 노동 강도가 높아졌다는 것은 주목하지 않는다. 이전의 버스기사는 운전에만 집중할 수 있었지만, 이제 버스기사는 고객이 요금을 지불하는지 주의를 기울여야 하고 고객의 요청에 따라 문을 개폐해야 하고 고객의 안전을 돌보아야 한다. 버스 승객들의 임무도 늘어났다. 승객들은 기계 장치에게 요금 지불 여부를 승인받아야 하는데 기계 시스템은 자주 승인 오류를 낸다.

최근 까페나 민원시설에서 무인단말기(키오스크)를 많이 채택하고 있다. 직원의 노동을 대체한다고 주장하지만 사실 직원의 노동을 소비자의 노동으로 이전한 것에 가깝다. 그리고 무인단말기를 사용하지 못하는 노인들을 곤경에 빠트리고 있다. 무인단말기가 정말 직원의 노동을 대체하는 것이었다면 노인의 난감함은 일어나지 않았어야 한다.

노동에 대한 이해 부족

이상에서 볼 수 있듯이, 인간노동과 기계작업은 대체 관계가 아니다. 기계와 노동의 대립은 자본과 노동의 대립을 대행한 것이고 자본편향적 이데올로기에서 나온 것이다. 자본(경영)은 생산과정을 통제하기 위해서 노동자의 자율권과 숙련공의 우선권을 승인하지 않으려 했다. 숙련공과 노동자를 통제하기 위해서 기계가 노동을 대체한다는 이데올로기를 퍼트렸다. 기계를 노동자의 대체 행위자로 '임명'하고 노동자를 덜 필요한 것으로 인식시켰다. 기계와 '경쟁'하는 위치에 서게 된 노동자의 지위는 하락했다.

우리들이 자본의 노동통제 논리를 쉽게 수용한 배경에는 노동에 대한 이해 부족이 큰 원인이다. 노동에 대한 이해 부족은 '고숙련'과 '저숙련'이라는 용어의 사용에서도 드러난다. 예를 들어 우리는 아무 저항 없이 다음과 같은 말을 쉽게 받아들인다: "학력과 임금은 기술과 어느 정도 상관관계가 있다는 점에서 저숙련 노동자에 대한 수요가 엄청나게 감소하고, 고숙련 노동자의 수요는 다소 감소할 것" 또는 "인공지능이 패턴을 읽고 예측을 하더라도, 사회적, 혹은 일반 지능, 창의성, 인간의 판단력 등을 복제하지는 못할 것이다. 물론 이런 유의 기술을 요하는 직업의 상당수는 고숙련 직업군이며, 높은 수준의 학력을 요구할 가능성이 높다."

"기계가 저숙련 노동을 대체해왔다"는 믿음은 근거가 없다. 로봇 기술 초창기에 로봇이 요리를 하게 될 것이며 주부의 역할을 대신 할 것이라고 상상했지만 아직도 그런 일은 일어나지 않고 있다. 요리는 대표적인 가사노동 중 하나이고, 당연히 저숙련 노동이라고 간주되어 왔다. 그래서 로봇이 쉽게 대체할 것으로 기대했다. 그러나 요리는 매우 고도의 지적 노동이다. 모든 요리 재료들은 표준적이지 않기 때문에 로봇은 다양한 요리재료에 적절한 반응을 모두 학습하기 어렵다.

사실 기계는 저숙련 노동을 대체한 적이 없다. 흔히 저숙련 노동이라고 일컬어지는 화장실 청소 같은 일을 로봇은 할 수 없을 것이다. 화장실 청소도 요리만큼 지적 역량을 필요로 한다. 만약 기계가 저숙련 노동을 대체한다는 주장이 사실이려면, 기계가 화장실 청소를 대체하지 못한다면 그 일은 매우 고급 노동으로 재평가 받아야 한다. 그러나 그런 일은 일어나지 않았다.

한편에서는 기계가 대체할 수 있는 노동이라면서 낮은 임금을 주고, 다른 한편에서는 기계가 대체하지 못하는 노동에 대해서도 여전히 낮은 대우를 하고 있다. 기계가 노동을 대체한다는 주장은 진정성이 없다. 그런 주장과 믿음은 근거가 없고 편향적 주장에 불과하다.

노동과 지능

이제 인공지능이 인간지능을 대체할 것이라는 믿음에 대해서도 살펴보자. 그 믿음이 사실이라면 인공지능의 등장과 함께 우리의 지능은 불필요해질 것이다. 그 믿음이 사실이라면 우리는 인공지능의 등장을 필사적으로 막아야 한다. 인간의 지능이 불필요해진다면 전혀 행복하지 않을 것이기 때문이다.

우리는 기계가 인간의 노동을 대체하기를 바라면서 인간의 지능은 대체하지 않기를 바란다. 흔히 노동과 지능은 별 개의 문제처럼 간주해왔기 때문이다. 그러나 그 둘은 깊게 연결되어 있다.

우리가 지능을 형성하는 과정은 세계와의 상호작용을 필요로 한다. 노동(실천)은 세계와의 가장 격렬한 상호작용 과정이다. 그러므로 노동은 우리의 지능을 구성하는 중요한 경로다. 따라서 노동 없이 지능도 없다. 아무런 노동도 하지 않는 상태에서 어떻게 지능이 작동할 수 있겠는가?

노동의 소멸은 우리가 원하는 세계가 아니며 실제로 그럴 수도 없다. 혹자는 노동은 고통스러운 것이므로 노동만 제거하고 지능은 남겨두자고 주장할 수도 있다. 그러나 지능은 결코 사회적 실천(노동)과 분리될 수 없다. 노동(실천)만 제거하고 지능은 남겨놓는 해법은 불가능하다. 노동은 육체적인 것이고 지능은 정신적인 것이라는 이분법은 폐기되어야 한다.

이런 점에서 지능의 대체를 원하지 않는다면 노동의 대체도 거절해야 한다. 기계는 인간의 노동을 대체할 수도 없지만 대체해서도 안되는 것이다. 이런 관점에서 보면 오히려 인간과 기계는 경쟁하거나 대립할 필요가 없다. 그동안의 대립은 기계가 자본가의 대리인으로서 노동자를 압박하는 역할에 배치되어 왔기 때문에 벌어진 일이다. 이제 인간과 기계의 새로운 관계 정립이 필요하다. 인공지능 시대를 준비하는 가장 우선적 문제다. 인간과 기계의 관계를 재구성하지 않는다면, 기존의 인간과 기계의 대립적 관계를 또다시 인간과 인공지능 사이의 관계에서 되풀이할 수 있다. 그렇게 된다면 누구도 인공지능 시대를 흔쾌히 환영하기는 어려울 것이다.

인간과 기계의 새로운 관계 구성

이상과 같은 맥락에서 노동에 대한 우리의 관점의 전환이 필요하다. 기계는 매우 매력적이며 우리의 삶에 기여한 바가 적지 않다. 그러나 기계가 인간의 노동을 대체하기 때문에 매력적인 것은 아니다. 사실 기계가 인간 노동을 그대로 재현했다면 '또 하나의 인간노동'의 추가에 불과할 것이다. 그런 양적 증가는 그다지 매력적이지 않다. 사회적 차원에서 인간 실업자도 많은데 왜 우리가 굳이 기계를 채택해야 하겠는가?

그리고 기계가 인간 노동과 같았다면 기존의 노동 방식에 영향을 주지도 못했을 것이다. 기계와 인간노동이 서로 다르다는 것은 오히려 좋은 일이다. 서로를 보충할 수 있기 때문이다. 노동 현장에서 기계는 인간노동을 돕기 위해서 출현했고 여전히 그럴 수 있다. 최초로 공작기계를 만든 사람들은 숙련 기계공들이었다. 노동자와 기계의 대립은 자연스러운 것이 아니다.

기계와 인간 노동은 서로 보완적으로 작동할 수 있다. 인간 노동자와 기계는 서로를 모방할 수는 있지만 완전히 같아질 수는 없는 독자적 성격을 가지고 있다. 인간과 기계는 서로 다르기 때문에 매력적이다. 기계와 인간 노동은 생산현장에서 친밀하게 상호 조응할 수 있어야 하는데, 그동안 자본주의 논리, 인간과 기계 대체 관계 논리 때문에 불화해 왔다.

기계가 인간노동과 다르듯이, 인공지능은 인간지능과 다르다. 인공지능을 폄하하거나 인간지능을 숭배하기 위해서가 아니라, 각자 독자적 역할이 있다는 맥락을 인정하는 것이다. 인공지능과 인간지능에 대한 더 구체적인 이해를 통해서 서로 경쟁/대체 관계가 아니라는 것을 확인할 필요가 있다. 그로써 인간지능과 인공지능은 상호보완적 관계를 수립할 수 있다.

인간과 기계, 서로 각자의 고유한 역량이 있다는 점을 승인한다면, 인간노동자를 인공지능이 할 수 없는 일에 배치하기 위한 재교육을 하기 보다는 오히려 전향적으로 인간노동을 중심으로 인간 노동을 보완하도록 인공지능의 장점을 배당하는 것이 더 정당하다.

새로운 기술 시대를 맞으며, 우리는 산업시대에 있었던 기계와 노동의 불화를 극복하고 진지하게 노동과 기계의 관계를 재 논의해야 한다. 그 과정을 통해서 인공지능의 사회적 정당화 과정도 함께 형성할 수 있을 것이다.

인공지능을 사회의 구성원으로 승인하는 튜링테스트처럼 '기계노동'을 승인하는 테스트를 개발하자. 그러면 튜링테스트가 그러했듯이 인간(노동)을 재현하기 얼마나 어려운지를 이해할 수 있을 것이다. 동시에 인간(노동) 자신에 대한 이해를 높일 수도 있을 것이다.

[참고문헌]

Cowan, Ruth S. 1985. *More work for mother : the ironies of household technology from the open hearth to the microwave*. Basic Books: U.S.A.

Schaffer, S. 1999. "Enlightened Automata", *The Sciences in Enlightened Europe*. University of Chicago Press.

Schaffer, Simon. 1994. "Babbage' s Intelligence: Calculating Engines and the Factory System," *Critical Inquiry* 21(1) : 203-227.

마르크스, K. 2006. 〈자본론 1권〉 김수행 옮김. 비봉출판사.

톰슨, E. P. 2000[1963] 〈영국 노동계급의 형성〉. 나종일 외 옮김. 창작과비평사.

맥킨지, D. 1995. "마르크스와 기계", 송성수 편. 〈우리에게 기술이란 무엇인가: 기술입문〉. 녹두출판. 67-108.

노블, D. F. 1995. "기계 설계에 있어서 사회적 선택", 송성수 편. 〈우리에게 기술이란 무엇인가: 기술입문〉. 녹두출판. 199-236.

나가며

4차 산업혁명 시대 희망 만들기

과학기술은 번성했지만 위험과 불확실성은 오히려 증가했다. 불확실한 사회에서 시민이 된다는 것이 무엇인가? 과학기술과의 관계에서 시민들은 단지 개별적인 행위자가 아니라 과학 기술 공동체의 일원으로서 상호적으로 구성원 자격을 형성하고 동화되는 과정을 필요로 한다. 그 과정에서 우리의 정체성도 재구성될 것이다.

이 책에서 던진 질문과 해석들은 최종적으로 '4차 산업혁명 시대 희망 만들기'를 위한 것이다. 2016년 다보스 세계경제포럼에서 클라우스 슈밥은 "4차 산업혁명의 핵심은 디지털, 물리적, 생물학적 경계가 없어지면서 기술이 융합되는 것"이라고 말했다. 그러나 여전히 충분하지 않다. 4차 산업혁명에 대한 용어 정의는 진행 중이다. 다수의 보고서에서 언급되는 4차 산업혁명은 단지 기술 현상만을 말하고 있을 뿐이다. 대부분의 미디어에서는 마치 4차 산업혁명이 첨단 기술 도입만으로 성취될 것이라고 전망하고 있다. 그러나 기술이 일방향적으로 사회를 변화시킬 수는 없다는 점을 다시 한번 상기해 본다면 4차 산업혁명의 정체성은 사회적 개입으로 완성될 것이라고 추정할 수 있다.

사회적 개입의 단적인 형식은 기술 거버넌스가 될 것이다. 새로운 거버넌스에서 가장 중요한 키워드는 불확실성(Uncertainty)와 지속가능성(Sustainability)이 될 것이다. 과학 거버넌스와 마찬가지로 기술 거버넌스는 불확실성을 관리하고 지속가능성을 형성해야 한다. 이 두 개념은 어느 특정 전문가 집단이 해답을 낼 수 있는 것이 아니다. 만약 그랬다면 '불확실성'이라는 이름을 얻지도 않았을 것이다. 이 문제는 전 사회적인 문제다. 우리는 어떻게 불확실성을 극복하고 지속가능한 사회를 전개해 갈 수 있을 것인가? 그 과정에서 기술은 어떻게 기여해야 하나?

기술 거버넌스를 형성하기 위해서 우리는 먼저 누가 기술의 주체(Technological Subject)인지를 정의해야 한다. 기존의 사회에서처럼 기술 전문가만이 기술의 주체인가? 모든 기술 사용자가 기술의 주체인가? 기술의 주체란 그 기술이 제시하는 규칙을 승인하고 그 규칙 세계의 구성원이 된 자를 의미한다. 기술은 기술의 주체와 함께 공진화한다. 기술의 주체가 없다면 기술은 어떤 진화도 불가능하다. 최근 메이커 운동, 리빙랩, 시민과학 등 여러 가지 시도들이 번져가고 있다. 이 사업들은 모두 일반인, 사용자들의 참여를 강조하고 있다. 기술 사용자의 참여는 4차 산업혁명의 핵심 키워드이기도 하다. 기술 사용자는 기술 진화의 중심 동력이다.

1장과 5장에서 다루었던 바와 같이, 기술은 단지 도구에 머물지 않고, 그 기술이 영향을 미치는 영역을 형성한다. 그리고 그 영역은 특정한 희소가치와 도덕적 상황을 생성한다. 그 과정에서 그 영역 내 구성원들은 공통의 주체성을 의식하고, 이 상황을 조정하고 제어할 수 있는 "기술의 정치 공동체"를 필요로 한다. 그리고 그 공동체의 관리를 위임받은 관리 시스템을 형성해 간다. 기술의 정치 공동체를 형성하는 구성원들은 동등한 멤버십, 참여, 입장 또는 지위를 가지는 것으로 전제한다. 그들이 바로 기술 시민권(technological citizenship)자들이다.

기술 시민권은 동등한 권리는 물론이고, 구성원으로서의 의무도 부담한다. 그 의무의 내용은 다음과 같다. (1) 자신의 안전을 확인하고 마음의 평화를 얻기 위해 지식을 배우고 활용할 의무 (2) 다수의 의지에 참여하고 이를 수용할 의무 (3) 기술 시민의 문해 능력과 덕성을 실행할 의무다. 그런 의무들이 구성원으로서 그들을 결합시키고, 그 사회에 대한 기여, 주인 의식, 통일성, 단일성, 동화의 느낌을 제공한다. 권리와 의무의 통일성은 역동적이고 풍부한 기술 시민권의 내용을 형성해 갈 것이다.

최근 '에너지 시민권' 개념은 에너지 전환 과정에서 소비자 개념을 대체하고 있다. 에너지 전환에서 에너지 전문가만이 아니라 에너지 사용자와 시민들이 스스로 바람직한 결과를 형성할 수 있다는 기대가 확산되고 있다. 성대골 에너지 자립마을 사례에서처럼 재생가능 에너지 생산 과정에서 시민들이 단순한 소비자가 아니라 점차 에너지 기술의 주체로 성장하고 있다. 지역 에너지 자치 관리가 강화되고 분산적 민주주의를 구체적으로 실현하고 있다.

기술 시민권은 대화를 통한 학습과, 대화를 촉진하는 참여적 실천 속에서 형성될 수 있다. 이를 위해서 지속해서 '규범적 숙의의 정치(politics of normative deliberation)'의 방법을 개발해야 한다. 집합적 학습(collective learning)과 전환적 변화(transformative change)는 기술 시민권 실천에서 필수적이다. 그런데 기술에 대한 집합적 학습과 전환적 변화는 쉽게 일어나지는 않는다. 일반 시민들은 항상 바쁘기 때문이다. 일상적 대화보다는 기술에 대한 견해의 충돌이 발생했을 때, 그 문제를 숙의하는 과정을 통해서 지속가능한 시민권(sustainable citizenship)이 더 잘 형성될 수 있다. 논쟁과 충돌의 과정에서 구체적으로 권력의 불평등 문제를 제기하고 다양한 대중들과 연결되면서 그 기술에 대한 가치를 공유할 수 있다.

첨단 기술의 개발만으로는 우리를 풍요로운 삶으로 유도할 수 없다. '첨단 기술'이라는 용어 정의도 사회적 차원에서 숙고되어야 한다. 기술의 형성 과정에 모든 기술 사용자/시민들이 참여할 수 있어야 한다. 그런 참여는 기술 민주주의만이 아니라 기술 개발에도 이득이 된다. 사용자와 시민의 참여가 기술 개발을 더욱 효율적으로 진행하게 만들 수 있다. 예를 들어 현재는 기술 개발 이 후 기술 영향 평가를 수행하고 있는데 이는 매우 비효율적이다. 기술 평가 단계에서 거부된다면 그 기술 개발 주체는 막대한 손실에 직면하게 된다.

최근 부상하고 있는 시민과학과 리빙랩 방식은 기술 개발 단계에서 시민과 사용자들을 포함한 개발팀을 구성하기 때문에 초기 개발 과정에서 자연스럽게 사회적 평가가 포함된다. 이는 기술 개발과 기술 평가를 결합하는 것으로서 사회적 차원의 안전성만이 아니라 기술 개발 차원에서 안정성도 담보할 수 있다. 사회와 기술 양쪽 모두에서 지속가능성을 구현할 수 있다. 이처럼 시민참여와 사용자 참여는 새로운 기술 개발 방식을 안전하게 안내할 수 있다. 이러한 과정은 기술 개발과 기술 거버넌스를 자연스럽게 결합할 것이다. 기술 개발 과정에서 참여한 사용자와 시민들과 개발자와의 의사소통은 그 자체로 거버넌스 모델이 될 것이다.

4차 산업혁명 시대란, 단지 전문가에게만 독점되었던 기술 문제를 모든 사용자와 시민들에게 개방하는 것으로 정의되어야 한다. 모든 기술의 주체가 여러 가지 방식으로 흔쾌하게 기술 문제에 개입할 수 있을 때, 위험과 불확실성을 극복하고 지속가능성을 구현하는 희망을 발견할 수 있다. 미래는 예견되어질 수 있는 것이 아니다. 미래는 현재의 모든 구성원들에 의해서 구성됨으로써 자연스럽게 스며들는 것이어야 한다. 기술 거버넌스의 과제는 모든 구성원들을 참여시킴으로써 동의와 합의를 형성하는 것이다. 그렇게 미래는 서서히 구성되어야 한다.

국문 색인

ㄴ

ㄷ

ㄹ

ㅁ

ㅂ

ㅅ

ㅇ

ㅈ

영문 색인

U

V

W

김지연 저자

저자는 고려대학교에서 과학기술학(Science &Technology Studies, STS) 박사 졸업, 현재 고려대 과학기술학연구소 연구교수이며 기획실장이고, 한국과학기술학회 연구이사다. 그동안 인공지능 등 정보 기술 분야와 DNA DB, 신고리 원전 등 과학 논쟁 사례들을 분석해왔다. 주 연구 분야는 과학기술의 사회적 구성, 과학기술 시민권, 과학기술 거버넌스다. 저서로는 〈머신러닝 기술의 이해: 기술사회학과 공학적 측면을 중심으로(2018)〉가 있다.

기술 거버넌스를 위한 질문 파일

김지연 지음

1판 1쇄 인쇄 2019년 8월 26일
1판 1쇄 발행 2019년 8월 31일

편집인 명 지 안
펴낸이 안 기 열
발행처 드림 미디어

13524 경기도 성남시 분당구 판교역로 192번길
14-2 골드타워 9층 914-w19
전화 (031)705-3812
메일 dream356@empal.com

등록번호 제 6-0465호
ISBN 978-89-91051-57-7
정가 20,000원

* 저자와의 협의 하에 인지는 생략합니다.

* 이 저서는 2016년 정부(교육부)의 재원으로 한국연구재단의 지원을 받아 수행된 연구임(NRF-2016S1A6A4A01019339)